U0317264

中国互联网发展报告
2016

中国互联网协会
中国互联网络信息中心 编

电子工业出版社
Publishing House of Electronics Industry
北京·BEIJING

内 容 简 介

《中国互联网发展报告 2016》客观、忠实地记录了 2015 年中国互联网行业的发展状况，对中国互联网发展环境、资源、重点业务和应用、主要细分行业和重点领域的发展状况进行总结、分析和研究，既有宏观分析和综述，也有专项研究。报告内容丰富、重点突出、数据翔实、图文并茂，对互联网相关从业者具有重要的参考价值。

图书在版编目（CIP）数据

中国互联网发展报告. 2016 / 中国互联网协会，中国互联网络信息中心编. —北京：电子工业出版社，2016.7
ISBN 978-7-121-29101-2

Ⅰ. ①中… Ⅱ. ①中… ②中… Ⅲ. ①互联网络—研究报告—中国—2016 Ⅳ. ①TP393.4

中国版本图书馆 CIP 数据核字（2016）第 136455 号

责任编辑：徐蔷薇　　特约编辑：劳嫦娟
印　　刷：涿州市京南印刷厂
装　　订：涿州市京南印刷厂
出版发行：电子工业出版社
　　　　　北京市海淀区万寿路 173 信箱　邮编　100036
开　　本：787×1092　1/16　印张：32.5　字数：832 千字
版　　次：2016 年 7 月第 1 版
印　　次：2016 年 7 月第 1 次印刷
定　　价：1280.00 元

凡所购买电子工业出版社图书有缺损问题，请向购买书店调换。若书店售缺，请与本社发行部联系，联系及邮购电话：（010）88254888，88258888。
质量投诉请发邮件至 zlts@phei.com.cn，盗版侵权举报请发邮件至 dbqq@phei.com.cn。
本书咨询联系方式：xuqw@phei.com.cn。

张朝阳	搜狐公司董事局主席兼首席执行官、中国互联网协会副理事长
陈忠岳	中国电信集团公司副总经理、中国互联网协会副理事长
邵广禄	中国联合网络通信集团有限公司副总经理、 中国互联网协会副理事长
赵志国	工业和信息化部网络安全管理局局长
侯自强	中国科学院原秘书长
钱华林	中国互联网络信息中心首席科学家、中国互联网协会副理事长
高卢麟	中国互联网协会副理事长
高新民	中国互联网协会副理事长
黄澄清	中国互联网协会副理事长
曹国伟	新浪公司首席执行官兼总裁
曹淑敏	中国信息通信研究院院长、中国互联网协会副理事长
韩　夏	工业和信息化部信息通信管理局局长、中国互联网协会副理事长
雷震洲	中国信息通信研究院教授级高工
廖方宇	中国科学院计算机网络信息中心主任、中国互联网协会副理事长

总 编 辑

卢 卫

副总编辑

石现升　刘　冰

编·　辑

陆希玉　刘　鑫

王　朔　苗　权　黄　恬　李美燕　谢程利　孙立远　刘博元

撰稿人（按章节排序）

侯自强	刘聪伦	吴　萍	曹　岩	闫　辰	孟　蕊	李　原	汤子健
苏　嘉	杨　波	聂秀英	高　巍	潘永花	于佳宁	姜祺瀛	刘　赞
谢程利	李美燕	李慧颖	黄蕴华	严寒冰	丁　丽	李　佳	纪玉春
狄少嘉	徐　原	何世平	温森浩	赵　慧	李志辉	姚　力	张　洪
朱芸茜	郭　晶	朱　天	高　胜	胡　俊	王小群	张　腾	吕利锋
何能强	李　挺	陈　阳	李世淙	王适文	刘　婧	饶　毓	肖崇蕙
贾子骁	张　帅	吕志泉	韩志辉	马莉雅	钟　睿	郭　悦	苗　权
于　莹	乐　冬	杨海便	柏丹霞	易晓峰	陈晶晶	李　超	高　爽
程晶晶	葛自发	吕荣慧	谭淑芬	单志广	王　威	吴洁倩	唐斯斯
李　超	张文娟	吕森林	陈　滢	饶小平	戴天逸	张　然	王　璐
姜天骄	任　艳	陈晶晶	毕　涛	田兰宁	钟兰云	刘博元	

前　言

《中国互联网发展报告 2016》按期与读者见面了，我们感到由衷的高兴和欣慰。自 2002 年开始，中国互联网协会联合中国互联网络信息中心（CNNIC），每年组织编撰出版一卷《中国互联网发展报告》（以下简称《报告》），真实记录每个年度中国互联网行业的发展状况。

回顾 2015 年全年，我国互联网基础设施建设投入持续规模增长，各项基础资源发展情况良好，各种网络应用继续稳步发展，新技术、新应用、新升级层出不穷，微博、微信影响力令人刮目，网络文化建设稳步推进，各类专业网络信息服务保持持续发展，移动互联网发展突飞猛进，云计算、物联网等新兴领域从战略部署走向实施，互联网的影响力与日俱增。

《中国互联网发展报告 2016》尽可能客观、忠实地记录和描绘 2015 年中国互联网行业的发展轨迹，期望能够为互联网管理部门、从业企业和有关单位以及专家学者提供翔实的数据、专业的参考和借鉴。

结构上，本卷《报告》分为综述篇、资源与环境篇、应用与服务篇、附录篇四篇，共 32 章，力求保持《报告》结构的延续性。

内容上，本卷《报告》主要对 2015 年中国互联网发展环境、资源、重点业务和应用、主要细分行业和重点领域的发展状况进行总结、分析和研究；既有对 2015 年全年互联网发展情况的宏观分析和综述，也有着重对互联网细分业务和典型应用发展状况的关注和研究，内容丰富，重点突出，数据翔实，图文并茂，是一本对互联网从业者具有重要参考价值的工具书。

本年度《报告》的编写工作继续得到了政府、科研机构、企业等社会各界的关心、支持和参与，来自工业和信息化部、中国科学院、国家计算机网络应急技术处理协调中心、工业和信息化部信息通信研究院、工业和信息化部信息中心、艾瑞咨询集团、阿里巴巴、中国互联网协会、中国互联网络信息中心（CNNIC）等诸多部门和单位的专家和研究人员等 80 余人参与了《报告》的撰写工作，编委会各位编委对《报告》内容进行了认真和严格的审核，一如既往地给予充分鼓励和支持，保障了《报告》的质量和水平。在此，编辑部谨向为本《报告》贡献了精彩篇章的各位撰稿人，向支持本《报告》编写出版工作的各有关单位和社会各界表示诚挚的谢意。

由于我们的力量和水平有限，《报告》中难免会存在一些缺陷甚至错误，恳请广大专家和读者予以批评指正，以便在今后的编撰工作中及时改进，使《中国互联网发展报告》的质量和价值不断得到提升。

《中国互联网发展报告 2016》编委会
2016 年 5 月

目　　录

第一篇　综　述　篇

第二篇　资源与环境篇

第三篇　应用与服务篇

第四篇 附 录

第一篇

综述篇

 2015 年中国互联网发展综述

 2015 年国际互联网发展综述

第 1 章　2015 年中国互联网发展综述

1.1　中国互联网发展概况

1.1.1　网民

截至 2015 年 12 月，我国网民规模达约 6.88 亿，全年共计新增网民 3951 万人。互联网普及率为 50.3%，较 2014 年年底提升了 2.4 个百分点（见图 1.1）。

资料来源：CNNIC 中国互联网络发展状况统计调查。　　　　　　　　　　　　　　　　　2015.12

图1.1　中国网民规模和互联网普及率

截至 2015 年 12 月，我国手机网民规模达约 6.20 亿，较 2014 年年底增加 6303 万人。网民中使用手机上网人群的占比由 2014 年 85.8% 提升至 90.1%，手机依然是拉动网民规模增长的首要设备（见图 1.2）。仅通过手机上网的网民达到 1.27 亿，占整体网民规模的 18.5%。

资料来源：CNNIC 中国互联网络发展状况统计调查。　　　　　　　　　　　2015.12

图1.2　中国手机网民规模及其占网民比例

截至 2015 年 12 月，我国网民中农村网民占比为 28.4%，规模达 1.95 亿，较 2014 年年底增加 1694 万人，增幅为 9.5%；城镇网民占比为 71.6%，规模为 4.93 亿，较 2014 年年底增加 2257 万人，增幅为 4.8%。农村网民在整体网民中的占比增加，规模增长速度是城镇的 2 倍，2015 年农村互联网普及工作的成效日显（见图 1.3）。

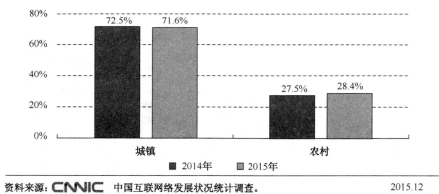

资料来源：CNNIC 中国互联网络发展状况统计调查。　　　　　　　　　　　2015.12

图1.3　中国网民城乡结构

1.1.2　基础资源

截至 2015 年 12 月，我国 IPv4 地址数量为 3.37 亿个，拥有 IPv6 地址 20594 块/32。我国域名总数为 3102 万个，其中".CN"域名总数年增长为 47.6%，达到 1636 万个，在中国域名总数中占比为 52.8%。

我国网站总数为 423 万个，年增长 26.3%；".CN"下网站数为 213 万个。截至 2015 年 12 月，中国网页数量为 2123 亿个，年增长 11.8%。其中，静态网页数量为 1314 亿，占网页总数量的 61.9%；动态网页数量为 808 亿，占网页总量的 38.1%。

国际出口带宽为 5392116Mbps，年增长 30.9%（见表 1.1）。

表 1.1　2014—2015 年中国互联网基础资源对比

	2014 年 12 月	2015 年 12 月	年增长量	年增长率
IPv4（个）	33198224	336519680	4531456	1.4%
IPv6（块/32）	18797	20594	1797	9.6%
域名（个）	20600526	31020514	10419988	50.6%
其中.CN 域名（个）	11089231	16363594	5274363	47.6%
网站（个）	3348926	4229293	880367	26.3%
其中.CN 下网站（个）	1582870	2130791	547921	34.6%
国际出口带宽（Mbps）	4118663	5392116	1273453	30.9%

截至 2015 年年底，全国移动宽带用户数达到 7.85 亿，其中 4G 用户全国新增 2.89 亿，总数达到 3.86 亿户。4G 基站达 200 万个。

截至 2015 年 12 月，我国手机网民中通过 3G/4G 上网的比例为 88.8%，较 2015 年 6 月增长了 3.1 个百分点。

2015 年 5 月，国务院办公厅印发了《关于加快高速宽带网络建设推进网络提速降费的指导意见》，明确指出要加快基础设施建设，大幅提高网络速率。意见出台后，三大运营商相继行动，降低网络流量费用，实施"流量当月不清零"等措施。这对于改善网民网络接入环境，提升 3G/4G 网络使用率有良好的促进作用。

截至 2015 年 12 月，91.8%的网民最近半年曾通过 Wi-Fi 无线网络接入互联网，较 2015 年 6 月增长了 8.6 个百分点。随着"智慧城市"、"无线城市"建设的大力开展，政府与企业合作推进城市公共场所、公共交通工具的无线网络部署，公共区域无线网络日益普及；手机、平板电脑、智能电视等无线终端促进了家庭无线网络的使用，Wi-Fi 无线网络成为网民在固定场所下的首选接入方式。

2015 年第四季度全国平均接入速率 8.34Mbps，较 2014 年增长 1.7 倍，固定宽带和移动流量平均资费水平下降幅度已分别超过 50%和 39%。

1.1.3　市场规模

据艾瑞咨询数据，2015 年我国网络经济市场规模约为 11218.7 亿元（见图 1.4）。

2015 年 12 月 1 日，中国主要上市互联网公司市值前五为：腾讯（2257.0 亿美元）、阿里巴巴（2096.2 亿美元）、百度（751.7 亿美元）、京东（430.6 亿美元）、网易（213.5 亿美元），如图 1.5 所示。

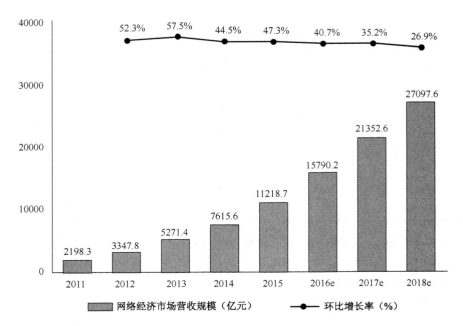

注释：1.网络经济规模：基于经营互联网（含PC与移动）相关业务产生的企业收入规模之和，以电商、广告、金融和游戏为主，其他业务和网络招聘、网络婚恋未计入，两者在网络经济中占比不足1%，此外在线教育、在线医疗也未统计入内。
资料来源：根据企业公开财报、行业访谈及艾瑞统计预测模型估算。

© 2016.5 iResearch Inc.   www.iresearch.com.cn

图1.4   2011—2018年我国网络经济市场营收规模

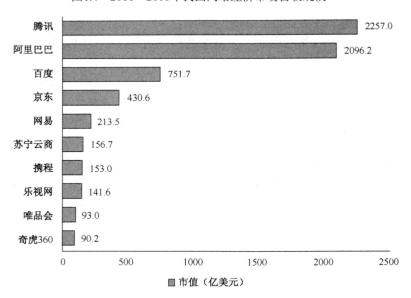

注释：市值=当日收盘价×总股本。
资料来源：艾瑞咨询根据公开资料整理所得。

© 2015.12 iResearch Inc.   www.iresearch.com.cn

图1.5   中国主要上市互联网公司市值前十

1.2　中国互联网应用服务发展情况

1.2.1　移动互联网

手机具备便捷、即时、交互、个性化的特征，已经成为用户获取信息的首选，据调查，用户约 30% 的信息获取自手机（见图 1.6）。

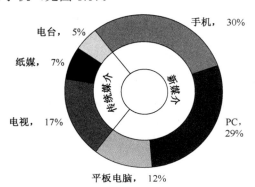

图1.6　用户获取信息方法占比

2015 年 8 月，手机端 APP 使用时长达到 255 亿小时，月度覆盖人数超过 5 万的 APP 约有 4000 个，其主要价值体现为广告服务、导流、精准营销及大数据挖掘。2006—2015 年中国 PC 端网页、手机端 APP、Pad 端 APP 月度使用时长如图 1.7 所示。

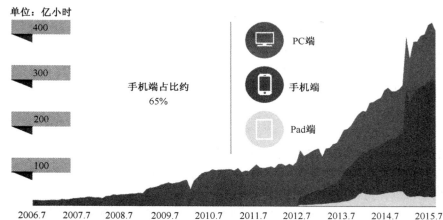

资料来源：1. iUserTracker. 家庭办公版2015.10，基于对40万名家庭及办公（不含公共上网地点）样本网络行为的长**期监测数据获得**；2. mUserTracker.2015.10，基于对15万名iOS和Android系统的智能终端用户使用行为长期监测获得。

图1.7　2006—2015年中国PC端网页、手机端APP、Pad端APP月度使用时长

主要移动应用月底有效使用时长占比如图 1.8 所示。即时通信和在线视频类应用占据用户 50% 以上使用时长，长尾效应突出。

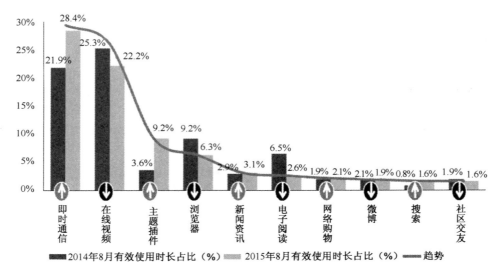

资料来源：艾瑞mUserTracker2015.10，基于对15万名iOS和Android系统的智能终端用户使用行为长期监测获得。

图1.8　2014年8月—2015年8月中国主要移动应用类别月度有效使用时长比

1.2.2　网络金融

2015 年国家政策密集出台，对互联网金融发展予以肯定，明确了互联网金融对于促进就业和"大众创业、万众创新"所发挥的积极作用，推动了我国互联网金融的深入发展。其中，2015 年中国互联网支付用户规模达到 5.1 亿人，同比增长 13.3%；移动支付渗透率从 2014 年的 60.7%上升至 2015 年的 72.6%。2015 年中国第三方互联网支付交易规模达到 118674.5 亿元，同比增长 46.9%。受政策激励和产业发展影响，2015 年互联网金融发展的显著特点之一是互联网金融逐渐向生态化过度，互联网支付、众筹股权、小贷金融等行业热点不断。与此同时，互联网金融与实体经济、实体金融之间的隔阂凸显，成为未来行业发展的重点和难点。为此，国家相关职能机构积极进行政策引导，在日益规范的制度框架内，发挥互联网金融对实体经济、创意产业的扶植作用。

1.2.3　网络视频

截至 2015 年 12 月，中国网络视频用户规模达 5.04 亿，网络视频用户使用率为 73.2%。其中，手机视频用户规模为 4.05 亿，增长率为 29.5%。手机网络视频使用率为 65.4%。2015 年中国在线视频市场保持快速增长（见图 1.9）。

各大视频网站的用户付费业务明显增长，收入结构更加健康。随着网络视频用户基数的不断增长，国家相关部门对盗版盗链打击力度的增强，在线支付尤其是移动支付的普及，再加上知识产权（Intellectual Property，IP）大剧的推动，用户付费市场从以前的量变积累转化到质变阶段，预计未来会成为视频网站重要的收入来源（见图 1.10）。大型视频网站纷纷加强生态布局，构建视频产业生态圈。

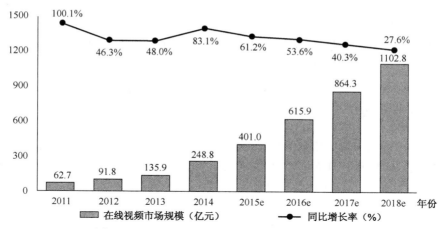

图1.9　2011—2018年中国在线视频行业市场规模

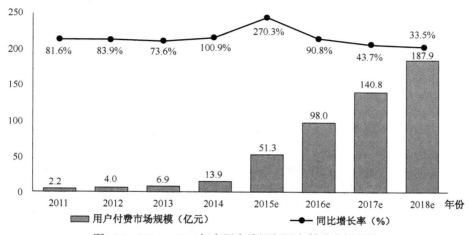

图1.10　2011—2018年中国在线视频用户付费市场规模

1.2.4　电子商务

中国电子商务研究中心监测数据显示，2015 年中国电子商务市场整体交易规模为 16.2 万亿元，其中 B2B 交易规模达到 12.9 万亿元，占电商整体交易规模的近八成，同比增长 27.2%。其中，2015 年上半年 B2B（企业对企业的营销）交易额达 5.8 万亿元，同比增长 28.8%；网络零售市场交易规模达 1.61 万亿元，同比增长 48.7%。在市场结构上，B2B 仍然占主导地位，网络零售占比持续扩大。目前 B2B 服务商不断寻求盈利模式的多元化探索，从而推动整体交易规模的稳定增长；网络零售市场持续升温，行业进入兼并整合期，巨头企业通过收购、兼并等资本投资方式，迅速对新市场、新业务领域进行渗透，同时不断拓展新的业务线。

截至 2015 年 12 月，我国网络购物用户规模达到 4.13 亿，较 2014 年年底增加 5183 万，增长率为 14.3%，交易额为 3.3 万亿元。手机网络购物用户规模达到 3.40 亿，使用比例为 54.8%。2015 年，政府部门出台多项政策促进网络零售市场快速发展。《"互联网+流通"行动计划》和《关于积极推进"互联网+"行动的指导意见》明确提出：推进电子商务进农村、进中小城市、进社区，线上线下融合互动，跨境电子商务等领域产业升级；推进包括协同制造、现代农业、智慧能源等在内的 11 项重点行动。上述政策有利于电子商务模式下大消费格局的构建。《中共中央关于制定国民经济和社会发展第十三个五年规划的建议》提出，将"共享"作为发展理念之一，而网络零售的"平台型经济"顺应了这一发展理念，使广大商家和消费者在企业平台的共建共享中获益。

1.2.5　网络广告

2015 年，中国网络广告市场规模达到 2123.4 亿元。预计未来 3 年中国网络广告市场规模的增速将趋于平稳，到 2018 年将达到 4125 亿元（见图 1.11）。互联网广告在整个广告市场中占比达到 52.4%，远超过电视和报纸。

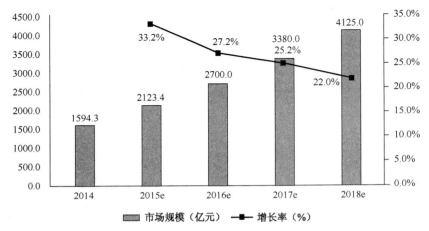

图1.11　2014—2018年中国网络广告市场规模

伴随着中国互联网广告的高速发展，以及客户需求的转变，程序化购买将成为互联网广告的主要购买方式，这也推动了需求方平台（DSP）进入 2.0 时代。所谓程序化购买，就是通过数字平台，代表广告主，自动地执行广告媒体购买的流程。与之相对的是传统的人力购买的方式。程序化购买的实现通常依赖于 DSP 和广告交易平台（AdExchange）。它包括实时竞价（RTB）模式和非实时竞价（non-RTB）模式。2015 年程序化购买展示广告市场达到 101.6 亿元，占比为 14.6%（见图 1.12）。

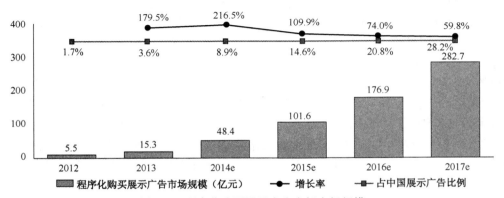

图1.12　程序化购买展示广告市场市场规模

1.2.6　搜索引擎

截至 2015 年 12 月，我国搜索引擎用户规模达 5.66 亿，使用率为 82.3%，用户规模较 2014 年年底增长 4400 万，增长率为 8.4%；手机搜索用户数达 4.78 亿，使用率为 77.1%，用户规模较 2014 年年底增长 4870 万，增长率为 11.3%。

搜索引擎由信息服务向生态化平台的转型持续推进。各大搜索平台融合语音识别、图像识别、人工智能、机器学习等多种先进技术，依托基础搜索业务，打通地图、购物、本地生活服务、新闻、社交等多种内容的搜索服务，通过对用户行为大数据的深入挖掘，实现搜索产品创新与用户体验完善，为网民和企业提供更好的服务，并因此在流量、营收、电商化交易规模等不同方面实现新增长、新突破。

1.2.7　网络游戏

截至 2015 年 12 月，网民中网络游戏用户规模达到 3.91 亿，较 2014 年年底增长了 2562 万，占整体网民的 56.9%，其中手机网络游戏用户规模为 2.79 亿，较 2014 年年底增长了 3105 万，占手机网民的 45.1%。2015 年，中国网络游戏市场规模将达到 1264.9 亿元，其中移动游戏市场规模达到 412.5 亿元。用户付费能力显著提升、细分游戏类型得到市场认可，以及软硬件技术水平提高带来的用户游戏体验进一步增强。作为 IP 产业链的下游环节，2015 年很多由网络小说、影视剧改编的客户端游戏和手机游戏均在短时间内完成了大量忠实用户的转化。以 IP 为核心拉动粉丝为游戏付费已经成为游戏推广的普遍手段。

1.2.8　社交网络平台

国内的社交应用市场主要分为两大类：一是各类信息汇聚的综合社交类应用，如 QQ 空间、微博（网民使用率分别为 65.1%、33.5%）等；另一类则是相对细分、专业、小众的垂直类社交应用，如图片/视频社交、社区社交、婚恋/交友社交、匿名社交、职场社交等。社交通信应用是向用户提供聊天通信以及社交平台功能的一类应用，代表性的有微信、QQ、陌陌、来往、易信、line 等。

移动社交通信行业的格局比较稳定，无论是月度覆盖人数还是日均覆盖人数，微信、QQ、陌陌占据前三（见图 1.13）。2015 年 1～9 月微信月度覆盖人数如图 1.14 所示。

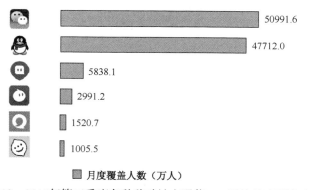

图1.13　2015年第三季度各种移动社交通信APP平均月度覆盖人数

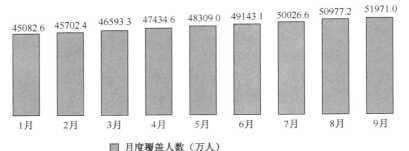

图1.14　2015年1～9月微信月度覆盖人数

1.2.9　云计算

2015 年，云计算得到国家战略层面重视，云服务产业与应用均有突破。2015 年，国务院发布《关于积极推进"互联网+"行动的指导意见》及《中国制造 2025》路线图，提出促进云计算与传统产业相结合，推动制造业和传统企业的转型升级。11 月，工信部发布《云计算综合标准化体系建设指南》，将统一云计算技术接口、云服务运营标准，进一步降低企业部署门槛。阿里云、腾讯、华为等巨头 2015 年公布的云计算投入金额合计超过百亿元人民币，重金部署技术研发，并开始在全球范围内进行数据中心布局。云服务在智慧城市、交通、医疗、教育等领域均已有所应用。银行、证券、保险业开始利用公有云服务平台开展金融核心业务。根据云计算市场 2015 年 1～11 月的发展情况，赛迪顾问预测 2015 年云计算市场整体规模可达到 2030.0 亿元，SaaS 模式作为企业级服务最主要的形态，2015 年其市场规模可达 185.7 亿元。已经有 46 家云服务商，96 项云服务通过可信云认证。云计算为大众创业、万众创新提供了坚实的基础平台，能够有效降低创新创业门槛。阿里巴巴、百度、腾讯等互联网企业的云平台服务数百万中小企业和数亿用户。2015 年阿里云生态创造的就业机会约 120 万，其中七成以上为创业型企业。阿里云以 29.7% 的市场份额，在中国公有云市场排名第一。

即时通信 IM 云服务快速发展。云运营商将即时通信技术封装成 SDK 供 APP 开发者下载使用，并向开发者提供平台环境、技术支持、UI 前端以及后期运维等服务，使 APP 能够快速获得消息实时收发的能力，实现单聊、群聊等功能，满足社交、客服等场景需求。2015 年下半年开始，阿里、腾讯、网易、用友等巨头公司纷纷推出 IM 云业务。主要专业 IM 厂商 Top10 客户日均用户总支持量从 2015 年 10 月的 1447 万人，快速增加到 2016 年 1 月的 2994 万人。

1.2.10　大数据

中国信息通信研究院发布的《2015 年中国大数据发展调查报告》预测，2015 年中国大数据市场规模将达到 115.9 亿元，增速达 38%。市场主要由基于 Hadoop、Spark 的大数据软件产值、用于承载大数据应用的硬件产值，以及大数据相关的专业服务产值三部分构成。

国务院 2015 年 9 月发布《促进大数据发展行动纲要》（以下简称《纲要》），成为解决政府数据开放共享不足、产业基础薄弱、缺乏统筹规划、创新应用领域不广等一系列问题的"抓手"。《纲要》提出，2017 年年底前形成跨部门数据资源共享共用格局；2018 年年底前建成国家政府数据统一开放平台，率先在信用、交通、医疗、卫生、就业、社保等重要领域实现公共数据资源合理适度向社会开放。2015 年是各部委和各地政府的"数据开放年"。农业部在 2015 年年底发布的《关于推进农业农村大数据发展的实施意见》中提出，"农业部各类统计报表、各类数据调查样本和调查结果、通过遥感等现代信息技术手段获取的数据、各类政府网站形成的文件资料、政府购买的商业性数据等在国家农业数据中心平台共享共用。"在地方，北京、上海、佛山、青岛、贵州等多个省市的数据开放平台已纷纷上线。

1.2.11　智能硬件和可穿戴设备

2015 年智能硬件产业不断迎来来自政策、资本、技术等方面的利好，产业结构也逐渐趋于完整，越来越受到各方关注，行业参与热情高涨。由国务院牵头，多个部门分别推出支持智能硬件行业发展的政策，并在一些地区予以实施。政策内容从较为宏观、分散，向细分化、标准化方向完善。以 BAT、小米、京东为代表的互联网巨头均已布局智能硬件：京东推出 JD+ 计划及京东微联，百度推出 Inside 平台，阿里推出阿里 Alink 物联平台，腾讯推出 QQ 物联平台，海尔发布 U+智慧生活平台。

从总体上看，国内智能硬件产业正处于初创期。热门智能硬件品类的销量已成规模，销量接近平板电视等成熟品类。线上渠道是智能硬件销售的主要渠道。2015 年代表性智能硬件销量估测如图 1.15 所示。

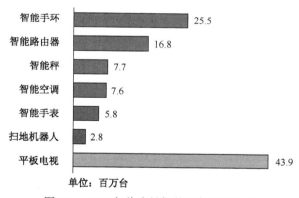

单位：百万台

图1.15　2015年代表性智能硬件销量估测

目前存在的问题是产品较难切中用户刚性需求，用户对智能硬件的依赖度不高，智能硬件产品还不属于居民生活必需品；产品层面的问题（设计水平、产品质量、操作便捷性、连接的服务等）正制约智能硬件产业的发展。

1.2.12　物联网

2015 年，中国物联网市场总体规模达到 7500 亿元，年复合增长率超过 30%。目前我国物联网及相关企业超过 3 万家，其中中小企业占比超过 85%，创新活力突出，对产业发展推动作用巨大；已初步形成环渤海、长三角、泛珠三角以及中西部地区四大区域集聚发展的空间格局，已有 4 个国家级物联网产业发展示范基地和多个物联网产业基地。

2015 年，中国传感器市场规模达到 1200 亿元以上。国内传感器产业在双加工程的方针指导下，建立了中国敏感元器件与传感器生产基地。目前，国内有三大传感器生产基地，分别为：安徽基地，主要是力、光敏传感器；陕西基地，主要是电压敏、热敏、汽车传感器；黑龙江基地，主要是气、湿敏传感器。

2015 年，我国视频监控设备市场规模为 304 亿元，视频监控集成工程及服务市场规模为 403 亿元。

2015 年，中国 RFID 行业共有 150 多家公司，中国的 RFID 标签年生产能力达到了 60 亿枚，已经达到了全球总产能的 85%。

1.3 互联网对中国经济社会影响

互联网的创新成果正在与经济社会各领域深度融合，在推动技术进步、效率提升和组织变革，提升实体经济创新力和生产力方面发挥日益重要的作用。正在形成更广泛的以互联网为基础设施和创新要素的经济社会发展新形态，对我国经济社会发展产生着战略性和全局性的影响。

互联网跨界融合使得国民经济各行业的效率问题被不断细化解决：使生产要素协调运转的信息流更加通畅；使流通环节的物流效率更加快速；使消费服务的感受与资金流动更加丰富。这种"全价值链，三流合一"的特性，已经成为"互联网+产业"的核心特点。依靠互联网独有的包容属性，融合产业特性推进着供应链和价值链两端的效率提升与产业形态的发展，如图 1.16 所示。

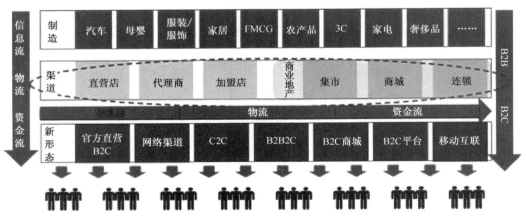

资料来源：易观智库。

图1.16　产业价值链的互联网化方向

1.3.1 互联网与农业融合

农业生产的特点是：市场空间大、产业落后信息不对称较严重、大规模分散的用户、交易环节较长、交易成本高、交易可持续性强。此前电脑和网络普及率低限制了互联网在农村的应用。手机和移动互联网的快速普及解决了这个问题。农业类 APP 应用开始在移动互联网领域大量出现，农业与互联网融合在 2015 年走上快速发展轨道。互联网农业的三种主要模式包括：

一是运用互联网技术实现自动化、精准化操作的智能农业模式；

二是利用互联网的强大营销能力，创建廉价且高效的营销入口；

三是借助互联网的整合能力，打造营销、金融深度融合的产业链模式。

北大荒集团发展家庭农场承包模式的高端定制农业电商，将"绿色"和"定制"很好地结合起来。用户通过公司与家庭农场签合同，形成一个 C2B 的生产模式。此外，众多互联网巨头也纷纷加入互联网农业的行列。

1.3.2　互联网与工业的融合

工信部 2015 年启动智能制造试点示范专项促进工业转型升级，加快制造强国建设进程。聚焦流程制造、离散制造、智能装备和产品、智能制造新业态新模式、智能化管理、智能服务 6 方面试点示范。厂商有：振华重工、利欧股份、汉威电子、川仪股份、江淮汽车、上海电气、长安汽车、劲胜精密、宇通客车、正泰电器、特变电工、陕鼓动力、海信电器、四川长虹、青岛海尔、许继电气、全柴动力等。海尔上线了"众创汇"用户交互定制平台和"海达源"模块商资源平台，并在沈阳、郑州、青岛等地建立多处可视化工厂。

1.3.3　互联网与服务业的融合

互联网与服务业融合的主要模式是 O2O，互联网（Online）与实体经济（Offline）融合互动并促进后者的转型升级。目前 O2O 已经涉及服务业的各个领域，如图 1.17 所示。

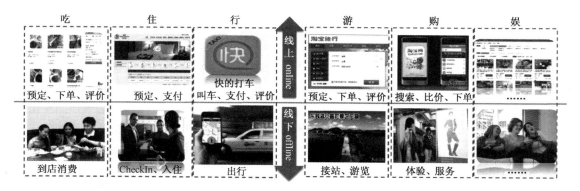

图1.17　O2O推进互联网与服务业融合

1.3.4 互联网与电子政务益民服务融合

利用现有移动互联网平台推进政务新媒体发展建设成效显著。微博和微信已经成为各级政府与人民沟通交流的重要渠道。各地政府已经或正在建立微博微信平台，各地还利用微信或支付宝客户端作为入口，利用其平台开展智慧城市服务，例如阿里巴巴提供的"智慧城市"一站式解决方案。各地政府通过接入该"城市服务"平台，可以利用手机为用户提供公共服务。该平台在全国 50 个城市上线，覆盖 1 亿市民。用户可以通过支付宝钱包、微博和手机淘宝进入城市服务平台，完成交通违章查询、路况及公交查询、生活缴费、医院挂号等通用服务。"微信城市服务"服务入口将过去分散在各个政务微信账号中的服务能力聚合到统一的一站式服务平台，目前覆盖人口 1.5 亿，服务 2300 万人。

1.3.5 互联网+

为了充分发挥我国互联网的规模优势和应用优势，推动互联网由消费领域向生产领域拓展，加速提升产业发展水平，增强各行业创新能力，构筑经济社会发展新优势和新动能，李克强总理在 2015 年两会上提出制定"互联网+"行动计划。2015 年 7 月国务院发布《关于积极推进"互联网+"行动的指导意见》（以下简称《意见》）。《意见》提出，到 2018 年，互联网与经济社会各领域的融合发展进一步深化，基于互联网的新业态成为新的经济增长动力，互联网支撑大众创业、万众创新的作用进一步增强，互联网成为提供公共服务的重要手段，网络经济与实体经济协同互动的发展格局基本形成。到 2025 年，网络化、智能化、服务化、协同化的"互联网+"产业生态体系基本完善，"互联网+"新经济形态初步形成，"互联网+"成为经济社会创新发展的重要驱动力量。

《意见》提出 11 项重点行动：①"互联网+"创业创新。②"互联网+"协同制造：大力发展智能制造，发展大规模个性化定制，提升网络化协同制造水平。③"互联网+"现代农业。④"互联网+"智慧能源。⑤"互联网+"普惠金融。⑥"互联网+"益民服务。⑦"互联网+"高效物流。⑧"互联网+"电子商务。⑨"互联网+"便捷交通。⑩"互联网+"绿色生态。⑪"互联网+"人工智能。

1.3.6 分享经济

分享经济是指利用互联网等现代信息技术整合、分享海量的分散化闲置资源，满足多样化需求的经济活动总和。网络约租车和房屋短租是这种业态典型代表。近两年，分享经济领域从业人员年均增长速度在 50%以上，参与分享经济活动总人数已经超过 5 亿人。滴滴平台上乘客已达 2.5 亿人，已成为全球最大的分享交通平台。2015 年中国分享经济规模约为 1.95 万亿元。据国家信息中心信息化研究部、中国互联网协会分享经济工作委员会近日发布的《中国分享经济发展报告 2016》数据：2015 年中国分享经济市场规模约为 19560 亿元，其中交易额为 18100 亿元，融资额为 1460 亿元，主要集中在金融、生活服务、交通出行、生产能力、知识技能、房屋短租六大领域。分享型企业发展进程如图 1.18 所示。

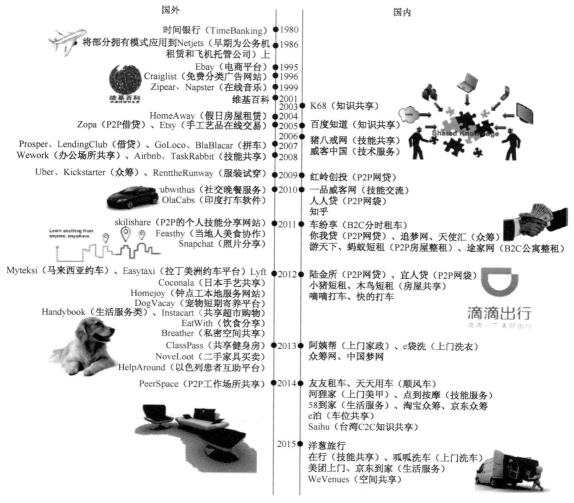

国外　　　　　　　　　　　　　　　　　　　　　　　国内

时间银行（TimeBanking）● 1980

将部分拥有模式应用到Netjets（早期为公务机 ● 1986
租赁和飞机托管公司）上

Ebay（电商平台）● 1995
Craiglist（免费分类广告网站）● 1996
Zipear、Napster（在线音乐）● 1999

维基百科 ● 2001
2003 ● K68（知识共享）
HomeAway（假日房屋租赁）● 2004
Zopa（P2P借贷）、Etsy（手工艺品在线交易）● 2005 ● 百度知道（知识共享）
2006 ● 猪八戒网（技能共享）
Prosper、LendingClub（借贷）、GoLoco、BlaBlacar（拼车）● 2007 ● 威客中国（技术服务）
Wework（办公场所共享）、Airbnb、TaskRabbit（技能共享）● 2008

Uber、Kickstarter（众筹）、RenttheRunway（服装试穿）● 2009 ● 红岭创投（P2P网贷）

ubwithus（社交晚餐服务）● 2010 ● 一品威客网（技能交流）
OlaCabs（印度打车软件）● 人人贷（P2P网袋）
知乎

skilishare（P2P的个人技能分享网站）● 2011 ● 车纷享（B2C分时租车）
Feasthy（当地人美食协作）● 你我贷（P2P网贷）、追梦网、天使汇（众筹）
Snapchat（照片分享）● 游天下、蚂蚁短租（P2P房屋整租）、途家网（B2C公寓整租）

Myteksi（马来西亚约车）、Easytaxi（拉丁美洲约车平台）Lyft ● 2012 ● 陆金所（P2P网贷）、宜人贷（P2P网袋）
Coconala（日本手艺共享）● 小猪短租、木鸟短租（房屋共享）
Homejoy（钟点工本地服务网站）● 嘀嘀打车、快的打车
DogVacay（宠物短期寄养平台）●
Handybook（生活服务类）、Instacart（共享超市购物）●
EatWith（饮食分享）●
Breather（私密空间共享）●
ClassPass（共享健身房）● 2013 ● 阿姨帮（上门家政）、e袋洗（上门洗衣）
NoveLoot（二手家具买卖）● 众筹网、中国梦网
HelpAround（以色列患者互助平台）●

PeerSpace（P2P工作场所共享）● 2014 ● 友友租车、天天用车（顺风车）
河狸家（上门美甲）、点到按摩（技能服务）
58到家（生活服务）、淘宝众筹、京东众筹
e泊（车位共享）
Saihu（台湾C2C知识共享）

2015 ● 洋葱旅行
在行（技能共享）、呱呱洗车（上门洗车）
美团上门、京东到家（生活服务）
WeVenues（空间共享）

图1.18　分享型企业发展进程

1.4　中国互联网资本市场发展情况

2015 年，互联网行业融资、并购持续活跃，IPO 相对低迷。根据 CVSource 投中数据终端显示，互联网行业融资案例 1105 起，其中披露金额的 286.14 亿美元，环比增长 316.28%；互联网实现 IPO 的有 6 家企业，募集金额 4.98 亿美元；退出方面，互联网行业 IPO 退出事件 19 起，披露账面退出回报共 3.39 亿美元，环比降低近 242 倍，平均账面回报 1.04 倍。

2015 年互联网行业 VC/PE 融资案例 1105 起，环比增长 29.7%；披露金额 286.14 亿美元，环比激增 316.28%（见图 1.19）。

电子商务与互联网其他持续领跑互联网行业细分。行业网站、电子支付、网络社区分列融资额第三、第四、第五位（见图 1.20）。

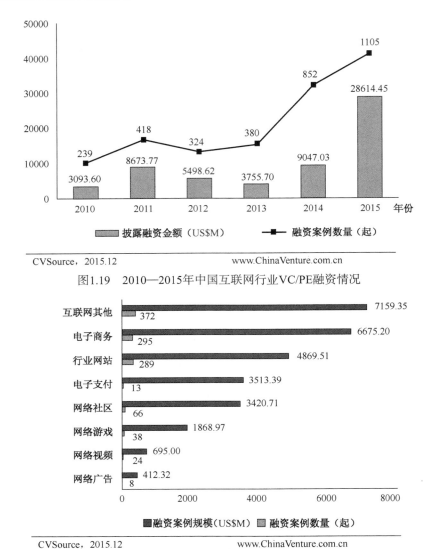

CVSource，2015.12   www.ChinaVenture.com.cn

图1.19   2010—2015年中国互联网行业VC/PE融资情况

CVSource，2015.12   www.ChinaVenture.com.cn

图1.20   2015年互联网行业细分领域VC/PE融资分布

　　2015 年，互联行业并购宣布 836 起，环比增长 54.24%；披露金额共 518.69 亿美元，环比增长 197.38%。电子商务并购再成热点，并购宣布金额为 171.63 亿美元，占比为 33.09%（见图 1.21）。其中，阿里巴巴集团 45 亿美元收购合一集团优酷土豆，为本年度互联网并购宣布案例金额最高的一例。在并购宣布金额前 20 起，电子商务并购独占 7 起，均为上市公司并购电商公司。

　　2015 年，国内互联网企业 IPO 规模低至近年来最低点，总融资规模仅为 4.98 亿美元（见图 1.22）。一方面，受 7～11 月 IPO 暂停 4 个月影响；另一方面，2015 年二级市场波动较大，IPO 存在一定的不确定性，部分待 IPO 企业保持观望态度。

　　综合 2015 年"互联网+"行动计划的推出，"大众创业、万众创新"的浪潮下相关政府引导基金的设立，互联网行业的融资规模和案例数会有相对提高，未来互联网行业的退出份额和回报会持上升趋势。

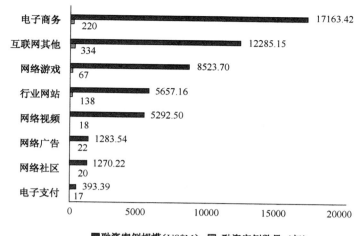

图1.21　2015年互联网行业细分领域并购宣布情况

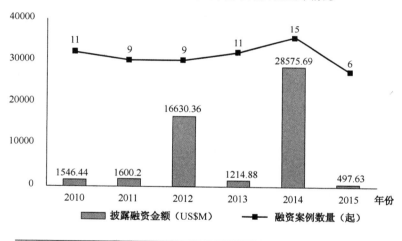

图1.22　2010—2015年国内互联网行业企业IPO 融资规模

1.5　中国互联网技术应用发展情况

1.5.1　物联网/智能家居入口争夺战

2015 年，在全国约 12.4 亿移动互联网用户中，智能硬件的渗透率为 5.8%，约 0.72 亿，其中认可度高的智慧家庭类智能硬件（包含智能家电、智能家居、安防、健康管理）占整体的 56.9%。这是一个非常有潜力的市场，2015 年在中国领域出现了新一轮的入口争夺战。

华为发布 HiLink 智能家居战略，采用 HiLink 物联网连接协议和 Huawei LiteOS 物联网操作系统，以连接为核心，以技术为驱动，与众多垂直行业领导品牌一起，共建一个全连接的智能家居开放生态，为用户提供舒适、简单、自由的智能家居体验。阿里巴巴推出阿里智能云-智能生活，给智能硬件和物联网应用开发者提供开发平台。应用客户端"阿里智能"中引入 HTML5 使其具有客户端和浏览器双重功能，用户下载一个客户端应用软件——"阿里智能"可以支持大量不同的智能设备。小米推出智能家居 APP 客户端软件，用户手机安装此 APP 可以控制加盟小米的各种智能硬件，从路由器到空气净化器。据统计，截至 2015 年 9 月，我国已销售在线智能设备 1500 万，APP 已安装 3500 万，日活跃用户达 300 万。

1.5.2　人工智能研发快速发展

以 BAT 为首的互联网巨头已在人工智能领域布局。百度研发投入接近 70 亿元，推出度秘等 AI 产品并成立无人驾驶事业部。度秘是为用户提供秘书化搜索服务的机器人助理。它依托百度强大的搜索及智能交互技术，通过人工智能用机器不断学习和替代人的行为，为用户提供各种优质服务。阿里云宣布推出国内首个人工智能平台"DTPAI"。该平台将集成阿里巴巴核心算法库，包括特征工程、大规模机器学习、深度学习等。腾讯人脸识别软件腾讯优图在国际权威人脸识别数据库 LFW 上无限制条件下人脸验证测试最新成绩为 99.65%，打破了 Facebook、Face++、Google 等团队创造的纪录，在视角、姿态、表情、光照、遮挡、年龄等方面复杂多样性条件下基本上做到了通关。借助腾讯云的基础支撑能力，优图将人脸识别技术进行了产品的商用化开放，除了为移动开发者提供高可靠的图片云存储，还推出了多样灵活的图片加工、深度定制处理等接口，将人脸识别商用化推进到一个全新的云时代里。

1.6　中国互联网信息安全与治理

2015 年，党中央、国务院加大了对网络安全的重视，我国网络空间法制化进程不断加快，网络安全人才培养机制逐步完善，围绕网络安全的活动蓬勃发展。我国新《国家安全法》正式颁布，明确提出国家建设网络与信息安全保障体系；《刑法修正案（九）》表决通过，加大打击网络犯罪力度；《反恐怖主义法》正式通过，规定了电信业务经营者、互联网服务提供者在反恐中应承担的义务；《网络安全法（草案）》向社会各界公开征求意见；高校设立网络空间安全一级学科，加快网络空间安全高层次人才培养；政府部门或行业组织围绕网络安全举办的会议、赛事、宣传活动等丰富多样。

2015 年，我国不断完善网络安全保障措施，网络安全防护水平进一步提升。然而，层出不穷的网络安全问题仍然难以避免。基础网络设备、域名系统、工业互联网等我国基础网络和关键基础设施依然面临着较大安全风险，网络安全事件多有发生。木马和僵尸网络、移动互联网恶意程序、拒绝服务攻击、安全漏洞、网页仿冒、网页篡改等网络安全事件表现出了新的特点：利用分布式拒绝服务攻击和网页篡改获得经济利益现象普遍；个人信息泄露引发的精准网络诈骗和勒索事件增多；智能终端的漏洞风险增大；移动互联网恶意程序的传播渠道转移到网盘或广告平台等网站。

（中国科学院　侯自强）

第2章 2015年国际互联网发展综述

2.1 国际互联网发展概况

回顾 2015 年，互联网发展成为各国重点，渗透到了国防、医保、教育、政府等领域，跨国、跨区域的信息交融方式也给全球的经济、政治、文化、科研等带来了一定的影响。

2.1.1 网民

根据国际电联（ITU）发布的 2015 年度报告《衡量信息社会报告 2015》显示，截至 2015 年年底，上网人数已达 32 亿，占全球人口的 43.4%（见图 2.1），而全球蜂窝移动服务使用者近 71 亿，蜂窝移动网络信号现已覆盖 95%以上的世界人口。最新数据表明，互联网使用的增长放缓，在增速达到 2014 年的 7.4%以后，2015 年的全球增长为 6.9%。发展中国家的互联网用户数量在 5 年中（2010—2015 年）近乎翻番，目前 2/3 的网民居住在发展中国家。

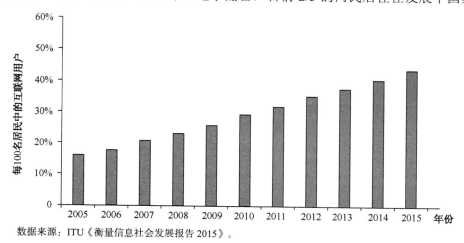

数据来源：ITU《衡量信息社会发展报告 2015》。

图2.1 2005—2015年全球互联网人口百分比

2.1.2 基础资源

1. 域名

据国际组织 CENTR（欧洲国家顶级域注册管理机构委员会）报告显示，截至 2015 年 12 月 31 日，全球域名总量达 3.115 亿个。其中，.COM/.NET/.ORG 等域名占比超过 50%，国家顶级域名约占 45%。

2015 年，.cc、.tv 类国际化域名国家顶级域（IDN、ccTLD）的数量为 160 万，新顶级域名后缀注册数则达到了 1090 万个。中国域名总量 3102 万个，约占全球总量的 10%。虽占比不大，但.CN 域名以 1640 万注册量，赶超德国.DE、英国.UK 域名登上国际顶级域名榜首。

根据 CENTR 报告显示，十大国家顶级域名后缀及总数如表 2.1 所示。

表 2.1　十大国家顶级域名后缀及总数

国家	域名后缀	总数（万个）
中国	.CN	1640
德国	.DE	1600
英国	.UK	1060
荷兰	.NL	560
俄罗斯	.RU	500
欧盟	.EU	390
巴西	.BR	370
澳大利亚	.AU	300
法国	.FR	290
意大利	.IT	290

2. IPv4 地址分配情况

根据中国教育和科研计算机网（CERNET）2015 年年报，2015 年全球 IPv4 地址分配数量为 983B。获得 IPv4 地址数量列前三位的国家/地区，分别为美国 568B，埃及 113B，塞舌尔 32B。

自亚太地区 APNIC、欧洲地区 RIPENCC、拉美地区 LACNIC 的 IPv4 地址相继耗尽之后，2015 年 9 月北美地区 ARIN 的 IPv4 地址也宣布耗尽。2015 年全球 IPv4 地址分配情况如表 2.2 所示。2015 年获得地址较多的国家/地区，依次是美国、埃及、塞舌尔、南非、突尼斯、巴西等。

表 2.2　2015 年的 IPv4 地址分配情况

排名	国家/地区	分配数量
1	美国	568
2	埃及	113
3	塞舌尔	32
4	南非	31
5	突尼斯	28
6	巴西	22
7	中国	20
8	印度	19

续表

排名	国家/地区	分配数量
9	加拿大	17
10	加纳	9
—	其他	124
总计	—	983

截至 2015 年年底，全球 IPv4 地址分配总数为 3623587768，折合 215A+251B+143C，地址总数排名前 10 位的国家/地区如表 2.3 所示。各地区 IPv4 地址空间耗尽时间及剩余地址数量如表 2.4 所示。

表 2.3　IPv4 地址分配总数排名前 10 位的国家/地区

排名	国家/地区	地址总数（个）	折合（A+B+C）
1	美国	1614251264	96A+55B+133C
2	中国	336770816	20A+18B+183C
3	日本	203071488	12A+26B+160C
4	英国	122891288	7A+83B+44C
5	德国	118677888	7A+18B+225C
6	韩国	112382464	6A+178B+210C
7	巴西	81940224	4A+226B+79C
8	法国	79554352	4A+189B+231C
9	加拿大	72965888	4A+89B+95C
10	意大利	53770048	3A+52B+119C

表 2.4　各地区 IPv4 地址空间耗尽时间及剩余地址数量（单位：/8 或 A）

APNIC	2011 年 4 月 19 日	0.63
RIPENCC	2012 年 9 月 14 日	0.95
LACNIC	2014 年 6 月 10 日	0.12
ARIN	2015 年 9 月 24 日	0
AFRINIC	预计 2018 年 10 月 28 日	1.97

数据来源：CERNET。

3. IPv6 地址分配情况

2015 年全球 IPv6 地址分配数量为 20230 块/32，与 2014 年相比，有上升。2015 全年获得 IPv6 地址分配数量较多的国家/地区，依次是南非、中国、英国、德国、荷兰、俄罗斯、巴西、西班牙、意大利、美国等，2015 年 IPv6 地址分配情况（/32）如表 2.5 所示。

表 2.5　2015 年 IPv6 地址分配情况（/32）

排名	国家/地区	分配数量
1	南非	4441
2	中国	1797
3	英国	1277
4	德国	1269
5	荷兰	1010

排名	国家/地区	分配数量
6	俄罗斯	864
7	巴西	755
8	西拔牙	716
9	意大利	707
10	美国	660
—	其他	6734
总计	—	20230

截至 2015 年年底，全球 IPv6 地址申请(/32 以上)总计 20055 个，分配地址总数为 180104 块/32。地址数总计获得 4096 块/32（即/20）以上的国家/地区，如表 2.6 所示。

表 2.6　IPv6 地址数总计获得 4096*/32 以上的国家/地区

排名	国家/地区	地址数	申请数（个）
1	美国	41494	4255
2	中国	20592	619
3	德国	14400	1386
4	法国	10458	727
5	日本	9.606	501
6	澳大利亚	8770	829
7	意大利	6403	525
8	欧盟	6321	63
9	英国	5430	1317
10	韩国	5233	144
11	南非	4607	142
12	阿根廷	4457	392
13	埃及	4105	10

数据来源：CERNET。

4．4G 网络情况

据 GSMA 发布的最新《移动经济》报告显示，目前全球 4G 连接已超过 10 亿，预计到 2020 年 4G 连接将占全部移动连接的 1/3。报告显示，发达国家和新兴市场正向 3G 和 4G 移动宽带网络迁移，数字化创新、智能手机占有量以及数据应用也在加速发展。

数据显示，移动产业在 2015 年为全球经济贡献了约 3.1 万亿美元，相当于全球 GDP 的 4.2%；预计到 2020 年，该贡献值将达到 3.7 万亿美元，直接或间接提供的就业岗位将从当前的 3200 万个升至 3600 万个。2016 年，移动产业将以税收形式为公共资金贡献 4300 亿美元，该数字有望在 2020 年增加到 4800 亿美元。除此之外，到 2020 年频谱许可费用将达到 900 亿美元。

GSMA 称，全球独立手机用户已达到 47 亿，占全球人口总数的 63%，到 2020 年该比例将达到 70%。2015 年，全球 4G 用户数量增长了一倍，这主要是由于印度等市场加速推广 4G。目前，全球已有 451 个 4G 网络在 151 个国家运行，其中一半是在新兴市场。移动宽带覆盖率的增长和智能手机的普及推动了数据流量的强劲增长。预计到 2021 年，数据量的复合年均增长率（CAGR）将达到 49%。到 2020 年，全球所有用户每月数据使用量将达到 40 艾字节（EB），即每用户每月 7GB。

5. 流量使用情况

根据 2015KPCB《互联网趋势报告》，全球互联网数据流量增长强劲，第一季度全球数据流量增长 77%。市场研究与分析公司 Gartner 指出，全球移动数据流量将在 2015 年达到 5200万太字节（TB），较 2014 年同比增长 59%，亚洲太平洋地区产生的 IP 流量最大（每月 241亿 GB）。

6. ICT 技术发展指数（IDI）

根据国际电联（ITU）发布的 2015 年度报告《衡量信息社会报告》，信息通信技术（ICT）发展指数（IDI）是一项集 11 种指标为一项基准值的综合指数，旨在监测和比较不同国家间信息通信技术（ICT）的发展情况（见图 2.2）。IDI 的主要目标是衡量：

（1）相较其他国家，相关国家在一段时间 ICT 发展的水平和演进程度；

（2）发达国家和发展中国家的 ICT 技术发展成就；

（3）数字鸿沟，即 ICT 技术发展水平不同的国家之间的差别；

（4）ICT 技术的发展潜力或各国能在多大程度上使用 ICT 技术来促进增长与发展。

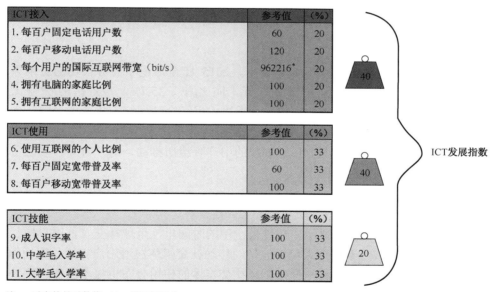

注：*对应的是对数值 5.98，用于标准化。
资料来源：国际电联。

图2.2　ICT技术发展指数：指标、参考值和权重

2015 年，韩国位居国际电联 ICT 发展指数（IDI）排行榜首，紧随其后的是排名第二的丹麦和第三的冰岛（见表 2.7）。

表 2.7　2015 年 ICT 技术发展指数（IDI）

经济体	排名 2015	IDI 2015
韩国	1	8.93
丹麦	2	8.88

续表

经济体	排名 2015	IDI 2015
冰岛	3	8.86
英国	4	8.75
瑞典	5	8.67
卢森堡	6	8.59
瑞士	7	8.56
荷兰	8	8.53
中国香港	9	8.52
挪威	10	8.49

数据来源：ITU《衡量信息社会发展报告 2015》。

2.2 国际互联网应用发展情况

当前全球新一轮信息革命的浪潮已经来临，随着创新不断涌现，应用日益深入，互联网越来越成为促进全球经济社会发展的重要力量，它的应用创新也在推动全球经济发展方式加快转变。

2.2.1 电子商务

市场调研公司 eMarketer 的研究数据显示，2015 年全球电子商务市场的总销售额达到16000 亿美元，其中亚太地区达到 8776 亿美元，同比增长 35.7%。报告指出，"亚太地区不仅首次占据了全球最大的数字化零售市场，且首次占据了全球网络零售额的半壁江山——其比例高达 52.5%。"亚太地区电子商务增长速率高于全球平均水平 10 个百分点，其迅猛发展一方面是由中国、印度和印度尼西亚日益崛起的中产阶级所推动，另一方面移动设备的日益普及也使越来越多的人开始选择网上购物。

2.2.2 社交媒体

据全球数字化年度研究报告显示，在过去一年的时间里，全球社交媒体用户增长率算是比较健康的，达到了 10%，不过令人惊讶的是，移动社交媒体注册用户年增长率增幅很大，为 17%。不过，正如互联网接入率一样，全球社交媒体的使用分布也极不平衡，绝大多数中亚国家的社交媒体渗透率只达到可怜的个位数。在全球社交媒体网站使用排名中，Facebook依然占据了统治地位。不过，腾讯公司几乎垄断了中国本土市场，而且他们也将自己的业务范围拓展到了亚洲邻国。

2.2.3 移动支付

美国移动支付机构 Intuit 发表报告称，到 2015 年，全球手机移动支付总额将高达 1 万亿美元，通过手机支付购买电子产品的消费总额将达到 25 亿美元。消费者的支付习惯正逐渐由现金消费向借记卡或者信用卡消费转变，并将进而向电子消费转变，这是推动移动支付消费增长的首要原因。在过去的一年里，通过借记卡和信用卡消费的数额占总消费额的比例最多，而移动支付占比仅为 5%。

2.2.4　搜索引擎

Webcertain 发布了全球搜索及社交媒体分析报告。据报告显示，在印度尼西亚 Twitter 和 Facebook 的渗透率全球居首；Pinterest、Tumblr 和 Instagram 是全球发展最快的社交应用；谷歌搜索引擎在中国、韩国和俄罗斯这三个国家的搜索市场份额为全球最低。

2.2.5　消息应用

根据 2015 年 KPCB 互联网趋势报告，以用户数和会话数来看——全球排名前列的应用均为消息应用（见图 2.3）。消息应用能带来更多的应用会话，人们的日常生活、工作也逐渐依赖于各消息应用，导致消息应用发展速度很快，不同应用之间存在一定的互补性。

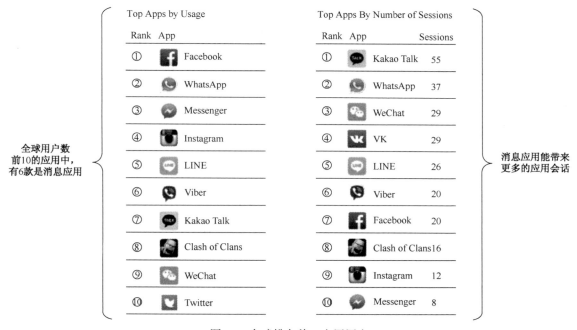

图2.3　全球排名前10应用用户

2.3　热点政策

1. 中国提出"互联网+"行动计划

2015 年 3 月 5 日，李克强总理在政府工作报告中提出"互联网+"行动计划。 2015 年 6 月 24 日，国务院发布《"互联网+"行动指导意见》，提出促进创业创新、协同制造、现代农业、智慧能源、普惠金融、公共服务、高效物流、电子商务、便捷交通、绿色生态、人工智能等若干能形成新产业模式的重点领域的发展目标，并确定了相关支持措施。

2.《跨太平洋伙伴关系协定》(TPP 协定）关注电信与电商领域

2015 年 11 月 5 日，TPP 缔约方披露了 TPP 协定全文文本，其中"电信"章节鼓励网络接入竞争规则也适用于移动网络供应商，对于稀缺电信资源的分配和使用，包括频率、号段、网路权（rights-of-way）等，它们承诺以一种客观、及时、透明和非歧视的方式进行管理。在"电子商务"章节中，确保互联网和数字经济的驱动力——全球信息和数据的自由流动，但须遵循合法的公共政策目标，如个人信息保护等。

3. 欧盟公布数字一体化市场战略详细规划

2015 年 5 月 6 日，为了打破欧盟境内的数字市场壁垒，欧盟委员会公布了"欧洲数字一体化市场"（Digital Single Market）战略的详细规划，这一战略包括三大支柱：为个人和企业提供更好的数字产品和服务，创造有利于数字网络和服务繁荣发展的环境，以及最大化地实现数字经济的增长潜力。

4. 全球域名管理机构改革进程延期

2015 年 9 月，互联网名称与号码分配机构（ICANN）未能按时完成方案制定，互联网管理权移交工作延期一年至 2016 年 9 月。2014 年，美国商务部下属的国家电信及信息管理局（NTIA）准备向全球互联网社群移交互联网号码分配局（IANA）的管理权，并要求互联网名称与号码分配机构（ICANN）组织各利益相关方提出移交方案。

5. 中国推出网络租车管理政策

2015 年 10 月 10 日，交通运输部为推进出租汽车行业改革，规范网络预约出租汽车发展，促进行业创新发展、转型升级，更好地满足人民群众出行需求，发布《网络预约出租汽车经营服务管理暂行办法（草案）》。

6. 欧盟立法确立"网络中立"原则

2015 年 10 月 27 日，欧洲议会投票通过了欧盟理事会一项有关确立互联网接入服务的"网络中立"（net neutrality）原则的提案，意味着"网络中立"原则已在欧盟层面以法律形式确立。

7. 《美国自由法案》替代《爱国者法案》

2015 年 6 月 2 日，美国总统奥巴马签署《美国自由法案》，替代之前颇具争议的《爱国者法案》，该法案允许美国政府继续监控，但需满足法院许可等多项新增限制。

8. 俄罗斯立法数据存储本地化

2015 年 9 月 1 日，俄罗斯《个人数据保护法》生效。法律规定：任何收集俄罗斯公民个人信息的本国或者外国公司在处理与个人信息相关的数据，包括采集、积累和存储时，必须使用俄罗斯境内的服务器。

2.4 国际互联网投融资并购

最新统计显示，2015 年互联网行业融资、并购持续活跃。互联网行业融资案例 1105 起，其中披露金额 286.14 亿美元，环比增长 316.28%。与此同时，由于 IPO 的短暂停止，互联网行业在保持并购事件大幅增长的同时交易金额也增长近 3 倍。综合近几年来看，互联网行业并购事件一直处于大幅上升趋势，同时并购交易金额平稳增长。2015 年在保持并购事件大幅增长的同时，交易金额增长近 3 倍。同 VC/PE 融资态势相似，受相关政策影响，互联网行业并购势头强劲有力。

与此同时，信息通信产业并购频发，产业整合进入新的阶段。

1. 戴尔 670 亿美元收购 EMC

10 月 12 日，在迈克尔·戴尔（Michaél Dell）与合作伙伴银湖（Silver Lake）的推动下，全球第三大个人电脑制造商戴尔（Dell）宣布以约 670 亿美元收购企业数据存储设备制造商易安信电脑系统（EMC），从而成为全球科技市场最大规模的并购交易。戴尔将以每股 33.15 美元的现金和特殊股票（special stock）收购 EMC。

2. 诺基亚收购阿尔卡特朗讯

诺基亚同意以 156 亿欧元（约 166 亿美元）收购阿尔卡特朗讯，成为世界上最大的移动电话网络设备供应商。在移动网络领域的收购，这笔交易影响是最大的。

3. Ciena 收购 Cyan 的 Blue Planet 部门的 SDN 编排工具

Ciena 以 3.35 亿美元的价格收购了 Cyan，Cyan 的 Blue Planet 部门的 SDN 编排工具应该是 Ciena 公司的额外收获，在收购后不久，Blue Planet 宣布为服务提供商提供的网络编程软件中使用容器技术。

4. EBay 分拆 Paypal

6 月，美国电商巨头 eBay 宣布分拆旗下在线支付公司 Paypal，独立后的 Paypal 市值高达 470 亿美元。

5. Intel 以 167 亿美元收购 Altera

英特尔 2015 年 6 月宣布完成公司史上最大一笔收购交易。芯片巨头斥资 167 亿美元收购了 Altera 公司。

6. Avago Technologies 收购 Broadcom 半导体制造商

安华高科（Avago Technologies）宣布已经同芯片制造商博通（Broadcom）达成一份协议，Avago 将出资价值 370 亿美元（包含现金和股份）收购 Broadcom。这是全球芯片业历史上最大规模的一桩并购案。安华高科前身为安捷伦的半导体事业部，合并后新公司名称已被定为"Broadcom Limited"，年营收总计约 150 亿美元，将成为美国以营收计的第三大半导体制造商，位居英特尔和高通之后。

7. Western Digital 收购 SanDisk

全球最大的硬盘厂商之一的西部数据（Western Digital）宣布将以约 190 亿美元收购全球最大闪存制造商之一的闪迪（SanDisk）。而在此前，中国的紫光集团刚刚宣布入股西部数据，并成为其第一大股东。

8. 英国电信收购德国电信

英国电信（BT Group）收购德国电信（Deutsche Telekom）与 Orange 旗下的英国无线企业 EE 获得监管部门批准。该起并购规模达 125 亿英镑。

2.5　国际互联网安全发展情况

据赛迪智库显示，展望 2015 年，国际层面，随着各国竞相加强网络空间部署，全球网络空间军备竞赛的风险不断增加，加上网络犯罪和网络攻击呈现出愈演愈烈的发展势头，网络安全国际形势将更为复杂；国内层面，我国网络攻防能力建设虽然颇有成效但依然难以有效抵御外部风险，产业虽然迎来发展机遇期，但总体环境依然有待优化，法律法规建设虽然取得不少进展但依然滞后于形势快速发展的需要，人才队伍虽然日益庞大但优秀人才和领军人才依然匮乏，这些因素制约着我国网络安全总体保障能力的提升。同时，因为网络具有开放性、隐蔽性、跨地域性等特性，存在很多安全问题亟待解决。2015 年国际上就发生过很多网络安全事件，如美国人事管理局 OPM 数据泄露，规模达 2570 万，直接导致主管引咎辞职；英宽带运营商 TalkTalk 被反复攻击，400 余万用户隐私数据终泄露；摩根士丹利 35 万客户信息涉嫌被员工盗取；日养老金系统遭网络攻击，上百万份个人信息泄露等。

根据互联网资讯网站"Dev Store"调查显示，2015 年国内外影响面较大的与安全政策相关的事件情况如下：

从国内来看，6 月，《中国互联网协会漏洞信息披露和处置自律公约》在北京签署，公约提出漏洞信息披露的"客观、适时、适度"三原则。国务院办公厅发布《关于运用大数据加强对市场主体服务和监管的若干意见》。加大网络和信息安全技术研发和资金投入，建立健全信息安全保障体系。7 月，我国新的国家安全法实施。新法要求建设网络与信息安全保障体系，提升网络与信息安全保护能力，实现网络和信息核心技术、关键基础设施和重要领域信息系统及数据的安全可控。8 月，全国人大常委会正式通过《中华人民共和国刑法修正案（九）》。明确了网络服务提供者履行信息网络安全管理的义务，加大了对信息网络犯罪的刑罚力度，进一步加强了对公民个人信息的保护，对编造和传播虚假信息犯罪设立了明确条文。9 月，国务院印发《促进大数据发展行动纲要》，在网络和大数据安全方面要求，在涉及国家安全稳定的领域采用安全可靠的产品和服务，到 2020 年，实现关键部门的关键设备安全可靠。11 月，工商总局印发《关于加强网络市场监管的意见》，全面加强网络市场监管。推进"依法管网"、"以网管网"、"信用管网"和"协同管网"。

国际上，5 月，美国商务部工业与安全局公布《瓦森纳协定》的修改草案，新规则规定美国企业或个人向境外厂商报告漏洞情况是一种出口行为，需预先申请政府许可，否则将被视为非法。6 月，美国国会通过《美国自由法案》，11 月国家安全局正式停止对公众的大规模监听电话数据的行动。10 月，欧盟法院宣布与"美国-欧盟安全港协议"有关的"2000/520 号欧盟决定"无效。欧盟成员国数据监管机构可以依此禁止美国公司收集、存储其国民的个人数据。10 月，美国国会参议院通过《网络安全信息共享法案》，允许公司和政府分享黑客攻击信息，之前众议院也通过了这个法案，最终等到美国总统奥巴马签署后，将成为正式法律。11 月，英国政府公布新版《调查权法草案》，要求互联网公司和手机制造商能永久地拦截和收集通过其网络传播的个人数据，并赋予其协助安全机构和警察调查国家安全相关事项的权利。

2.6　国际互联网治理

随着互联网技术的快速发展及其向政治、经济、社会和文化等领域的广泛渗透，互联网正在成为全球最为重要的信息基础设施，其影响日甚一日，由此引发的互联网治理问题也正在成为世界各国共同关注的一个热点问题。

2.6.1　国际互联网治理大事件

1. IANA 职能管理权移交进程牵动众人心

2015 年 10 月 17 日至 24 日，ICANN 第 54 次会议于爱尔兰都柏林召开。会后 IANA 管理权移交协调小组（ICG）宣布工作完成，现已对《IANA 管理权移交提案》定稿，仅遗留一项未决事务。

2. 全球互联网治理联盟首次会议在巴西圣保罗举行

2015 年 6 月 30 日，全球互联网治理联盟第一次会议在巴西圣保罗召开。全球互联网治理联盟由互联网名称与数字分配机构（ICANN）、巴西互联网指导委员会和世界经济论坛联合发起。联盟致力于建立开放的线上互联网治理解决方案讨论平台，方便全球社群讨论互联网治理问题、展示治理项目、研究互联网问题解决方案。

3. 第一届中欧数字合作圆桌会议在比利时召开

2015 年 7 月 6 日，由中国互联网协会和中欧数字协会共同主办的第一届中欧数字合作圆桌会议在比利时召开，探讨建立中欧在互联网、大数据、电子商务、数字投资及高新科技创业企业等领域的具体合作机制。

4. 第八届中美互联网论坛在美国举行

2015 年 9 月 23 日，在国家互联网信息办公室的指导下，由中国互联网协会与微软公司联合主办的第八届中美互联网论坛在美国西雅图微软公司总部召开。论坛强调中美都是网络大国，双方拥有重要共同利益和合作空间。双方理应在相互尊重、相互信任的基础上，就网络问题开展建设性对话，打造中美合作的亮点，让网络空间更好地造福两国人民和世界人民。

2.6.2　国际互联网治理论坛

2015 年 11 月 10 日至 13 日，第十届联合国互联网治理论坛（IGF）在巴西若昂佩索阿召开。来自全球政府、国际组织、民间社会、互联网技术社群、研究机构和企业等 5000 余名代表参加会议。会议围绕全球互联网可持续发展的趋势等方面展开交流，对国际互联网治理空间的热点问题进行了探讨。

联合国互联网治理论坛自 2006 年开始每年举办一次，是联合国经济及社会理事会的重要项目，旨在探讨如何加强联合国互联网治理论坛建设，开展多领域和多边互联网治理，推动全球互联网信息产业的可持续发展。

（中国互联网协会　刘聪伦、吴　萍）

第二篇

资源与环境篇

第3章 2015年中国互联网基础资源发展情况

3.1 IP 地址

"互联网+"成为国家战略后，一方面为移动互联网、云计算、大数据、物联网等带来空前绝佳的发展机遇，另一方面也对互联网基础资源和技术提出了更高的要求。IP 地址是互联网建设发展所必需的核心基础资源之一，更是互联网发展的基石。IPv4 是首个被广泛使用的互联网协议版本，地址总量约为 43 亿个，历经几十年的消耗，全球 IPv4 地址于 2011 年 2 月告罄，各国际大区的 IPv4 地址池也即将分配殆尽。为减缓 IPv4 彻底耗尽的速度，各国际大区互联网中心相继收紧本区内的 IPv4 分配政策。受此影响，各国每年实际可获取的 IPv4 地址的数量十分有限，且逐年减少。

2015 年，全球共分配 983B IPv4 地址，与 2014 年和 2013 年基本持平，获得 IPv4 地址较多的国家/地区依次是美国、埃及、塞舌尔、南非、突尼斯、巴西等。2015 年，我国新获得 4531456 个 IPv4 地址，IPv4 地址总量达到 3.365 亿个。受亚太地区 IPv4 地址限量分配政策（每家单位最多可申请 2048 个 IPv4 地址）影响，以及国内可流转的闲置 IPv4 地址的愈发难求，国内一些互联网企业把 IPv4 地址的获取渠道投向欧美地区和亚太地区其他国家。值得一提的是，在 2015 年，共有 11 段较大 IPv4 地址块从北美地区转让给中国境内的互联网企业。但无论是向亚太互联网信息中心直接申请，还是通过转让交易的方式获取，其可得的 IPv4 地址数量都是有限的，无法从根本上解决 IPv4 地址耗尽带来的问题。

IPv6 是 IETF（互联网工程小组）在 1995 年 12 月公布的互联网协议的第六版本，其核心使命就是凭借海量的地址空间（约 34×10^{38} 个）应对 IPv4 地址枯竭，继续支撑全球互联网未来的发展。截至 2015 年年底，IPv6 已诞生二十年，并在全球 IPv4 地址告罄后着力发展了近五年时间。虽然各国为向 IPv6 过渡积极申请和储备了大量的 IPv6 地址，但这批地址空间的实际使用率很低，仅占全部已用 IP 地址空间的 10% 左右。从这一点来看，IPv6 在全球的发展并不理想。

截至 2015 年 12 月，我国 IPv6 地址总量为 20594 块/32，位列全球第二。在政府的支持和倡导下，我国 IPv6 发展取得一定进展，但整体状况仍不及预期，相比发达国家仍然滞后。在我国，IPv6 发展滞后突出表现在两个方面：一是我国 ICP（互联网内容提供商）对 IPv6 支持率低；二是我国 IPv6 商用网络覆盖及用户访问量非常低。IPv6 发展缓慢主要是网络、内容和用户的发展不平衡所致。

在"互联网+"政策的推动下，移动互联网、云计算、大数据、物联网等必将呈现爆发式增长，向 IPv6 过渡的紧迫性空前加大。向 IPv6 过渡虽然会面临诸多困难和挑战，但绝不能过多依赖电信运营商、或内容提供商、或终端厂商中某一环节的力量。全行业应在政府的统一组织下，加强产业链的协调均衡发展，充分发挥电信运营商、内容提供商、终端厂商的各自优势，齐心协力推进 IPv6 业务应用和用户终端的同步发展。

3.2　域名

截至 2015 年 12 月，我国域名总数增至 3102 万个，年增长 50.6%。其中".CN"域名总数约为 1636 万个，年增长 47.6%，占中国域名总数比例为 52.8%，超过德国国家顶级域名".DE"，成为全球注册保有量第一的国家和地区顶级域名（ccTLD），如表 3.1 所示。

表 3.1　中国分类域名数[1]

	数量（个）	占域名总数比例
CN	16363594	52.8%
COM	10997941	35.5%
NET	1415001	4.6%
ORG	397970	1.3%
中国	352785	1.1%
BIZ	70770	0.2%
INFO	26107	0.1%
其他	1396346	4.5%
总和	31020514	100.0%

3.2.1　.CN 域名

1. ".CN"域名概况

".CN"域名是以 CN 作为域名后缀的域名形式，是在全球互联网上代表中国的英文国家顶级域名。2015 年".CN"域名注册趋势如图 3.1 所示。".CN"域名是在国家加大互联网投入水平，实施网络强国战略和"互联网+"行动计划的大背景下，实现注册量提升的，有力地提升了我国的信息化建设水平，保障了我国互联网的安全。

2. 完善域名业务管理体系

2015 年，CNNIC 通过加强管理，优化服务，规范应用，逐步完善域名业务管理体系的建设。陆续采用多项措施强化注册服务机构的合规性管理，提升其管理和服务水平；逐渐优化注册服务机构申请流程，加强对互联网薄弱地区的业务覆盖，有力地保障了我国互联网基础资源建设；升级国家域名注册系统，优化注册服务机构及用户的注册体验，提升业务效率；规范域名应用，及时发现不良应用域名，保障域名的良性发展。

---

[1] 类别顶级域名（gTLD）由国内域名注册单位协助提供，往期来源于域名统计机构 WebHosting.Info 公布的数据。

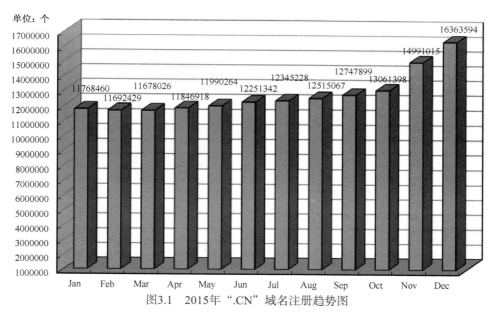

图3.1 2015年".CN"域名注册趋势图

3. 优化升级国家域名系统与政策

2015 年，CNNIC 升级国家域名注册系统至 EPP1.0，完成了中、英文注册体系的合并，国家域名注册更高效、使用更便捷、运行更稳定。此外，还升级优化了电子证书查询系统、审核系统等多个相关系统，大幅提高了国家域名用户使用体验。同时对国家域名产业政策不断优化，优化域名实名审核流程及政策，在保证国家域名安全、可靠的前提下，使用户获得便捷的注册、使用体验，增加用户对国家域名品牌的认可。

4. 打击域名不良应用

2015 年，CNNIC 及中国反钓鱼网站联盟共处理钓鱼网站 58660 个，联盟累计认定并处理钓鱼网站 278693 个，如图 3.2 所示。联盟优化了钓鱼网站认定处理流程，有效提高了钓鱼网站处理效率。联盟推动金融行业钓鱼网站主动侦测服务，快速、有效地发现并处理钓鱼网站，防止网民的个人隐私泄露。同时联盟积极参加网络安全宣传周，向网民普及钓鱼网站危害，通过反钓鱼小游戏等方式，提高网民分辨钓鱼网站的能力，增加网民安全防范意识。

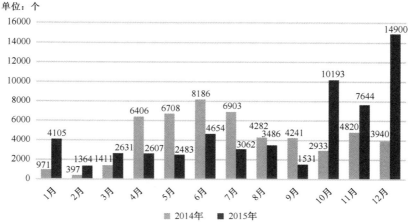

图3.2 2014—2015年钓鱼网站处理情况

2015 年，CNNIC 与国际反钓鱼工作组（AWPG，Anti-phishing Working Group）紧密合作，对全球中文钓鱼网站现状及趋势进行分析，并联合发布《全球中文钓鱼网站趋势分析报告》。

3.2.2 中文域名

中文域名是指含有中文字符的域名，其中，".中国"域名是指以".中国"作为域名后缀的中文国家顶级域名，它是在全球互联网上代表中国的中文顶级域名，同英文国家顶级域名".CN"一样，全球通用，具有唯一性，是用户在互联网上的中文门牌号码和身份标识。

截至 2015 年 12 月底，".中国"域名总数超过 35 万，如图 3.3 所示。

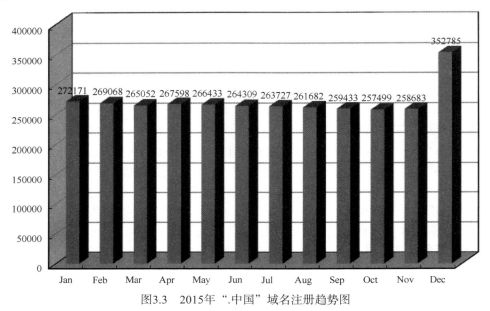

图3.3　2015年".中国"域名注册趋势图

通过一系列深度的商业合作，".中国"域名社会认知度于 2015 年得到大幅提升，一些企业、机构启用了".中国"域名，在给自身品牌带来商业价值提升的同时，也让更多国人渐渐开始认识、了解".中国"域名，如图 3.4 所示：国内最为知名的访谈类节目之一——《杨澜访谈录》启用"杨澜访谈录.中国"域名，主持人以口播+字幕的形式宣传".中国"域名，观众可通过该域名访问《杨澜访谈录》官方微博，与主持人互动。该栏目在北京卫视、60 余家地方电视台以及新浪视频、搜狐视频、爱奇艺等十余家知名视频网站同步播出；正大鸡蛋启用"正大溯源.中国"，消费者可通过鸡蛋包装上的唯一溯源码，通过该域名追溯鸡蛋的所用饲料原料、养殖、加工、运输、生产日期等各个环节；著名 O2O 平台惠刷网启用"惠刷.中国"、"返利通卡.中国"等域名。在合作期间，超过 800 万人将拥有印有".中国"域名的返利通卡，消费者可通过"返利通卡.中国"网站，进行储值、返利、查验等操作；慢严舒柠启用".中国"域名，并在山东、四川、河北、安徽、湖北、河南、重庆、浙江等上星电视台、3 家地面频道的黄金时段全面覆盖播出带有".中国"域名的广告。

图3.4　2015年企业、机构启用了".中国"域名

在提升".中国"域名社会认知度的同时，CNNIC 还持续推动".中国"域名应用环境改善与优化，在 2015 年大力推动实现了新浪微博对中文域名超链接功能的支持。新浪微博（包括网页版、客户端）作为国内最大的网络社交平台，现已全面识别中文域名，当微博中出现或用户输入中文域名时，新浪微博将自动显示为特定超链接形式，方便微博发布者及阅读者快速访问目标网站。另外，继 2014 年好搜（360 搜索）支持".中国"域名收录工作后，SOSO 搜索已于 2015 年支持".中国"域名收录工作，目前已收录的启用".中国"域名网站达百余家。

3.3　网站

根据中国互联网络信息中心（CNNIC）发布的《第 37 次中国互联网络发展状况统计报告》，截至 2015 年 12 月，中国网站[1]数量为 423 万个，年增长 26.3%，".CN"下网站数为 213 万个，如图 3.5 所示。

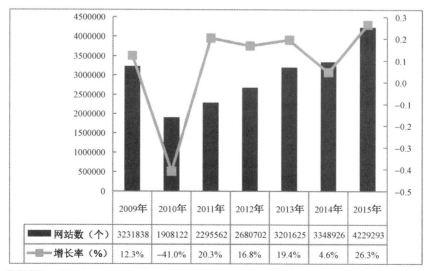

	2009年	2010年	2011年	2012年	2013年	2014年	2015年
网站数（个）	3231838	1908122	2295562	2680702	3201625	3348926	4229293
增长率（%）	12.3%	−41.0%	20.3%	16.8%	19.4%	4.6%	26.3%

数据来源：CNNIC。

图3.5　2009—2015年中国网站数

---

[1] 指域名注册者在中国境内的网站。

我国网站数量快速增长。在网站分类上，CN 网站数在整体网站总数中的占比较 2014 年提高超过 3 个百分点，如表 3.2 所示。

表 3.2　分类网站数量及比例

	CN 网站数		其他网站	
	数量（个）	占网站总数比例	数量（个）	占网站总数比例
2014 年	1582870	47.3%	1766056	52.7%
2015 年	2130791	50.4%	2098502	49.6%

数据来源：CNNIC。

从分省网站数来看，与 2014 年年底相比，网站总数前三甲依旧保持不变，广东省居第一位，北京名列第二位，上海排在第三位，如表 3.3 所示。

表 3.3　2015 年我国网站分省数据（前十位）

	网站数量（个）	占网站总数比例
广东	670539	15.9%
北京	514532	12.2%
上海	371696	8.8%
浙江	262049	6.2%
福建	247506	5.9%
山东	226118	5.3%
江苏	214247	5.1%
河南	166217	3.9%
四川	158218	3.7%
河北	119178	2.8%

数据来源：CNNIC。

3.4　网页

截至 2015 年 12 月底，中国网页[1]数量为 2123 亿个，年增长 11.8%，如图 3.6 所示。

2015 年，静态网页数量为 1314 亿，占网页总数量的 61.9%；动态网页数量为 808 亿，占网页总量的 38.1% 。中国单个网站的平均网页数有所下降：平均网站的网页数约为 5.02 万个，较上年同期下降了 11.5%。而单个网页的字节数则取得较快增长：平均每个网页的字节数为 70KB，较 2014 年同期上升了 42.9 个百分点。网页数量表和网页更新情况表分别如表 3.4 和表 3.5 所示。

---

[1] 数据来源：百度在线网络技术（北京）有限公司。

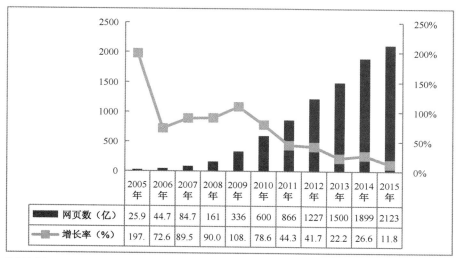

数据来源：CNNIC。

图3.6　2005—2015年中国网页规模变化

表 3.4　网页数量表

	网页数（个）	平均每个网站的网页数（个）	网页总字节数（kB）	平均每个网页字节数（kB）
2006 年 12 月	4472577939	5057	122305737000	27.3
2007 年 12 月	8471084566	5633	198348224198	23.4
2008 年 12 月	16086370233	5588	460217386099	28.6
2009 年 12 月	33601732128	10397	1059950881533	31.5
2010 年 12 月	60008060093	31414	1922538540426	32
2011 年 12 月	86582298393	37717	3313529625009	38
2012 年 12 月	122746817252	45789	5140463284447	42
2013 年 12 月	150040762685	46864	7479873203607	50
2014 年 12 月	189918649085	56710	9310312446467	49
2015 年 12 月	212296223670	50197	14815932917365	70

数据来源：百度在线网络技术（北京）有限公司。

表 3.5　网页更新情况表

	1 周以内（%）	1 周至 1 个月（%）	1～3 个月（%）	3～6 个月（%）	半年以上（%）
2006 年 12 月	7.4	26.4	32.3	17.8	16.1
2007 年 12 月	12.1	17.4	14.5	41.0	15.0
2008 年 12 月	12.5	24.1	29.1	14.4	20.0
2009 年 12 月	7.7	21.2	28.1	18.8	24.3
2010 年 12 月	4.8	21.0	6.1	5.0	63.0
2011 年 12 月	3.4	20.0	4.3	8.5	63.8
2012 年 12 月	2.0	7.4	18.5	16.5	55.6
2013 年 12 月	4.8	50.8	25.0	10.0	9.4
2014 年 12 月	5.6	20.3	24.2	19.3	30.7
2015 年 12 月	4.5	24.4	33.0	27.6	10.5

数据来源：百度在线网络技术（北京）有限公司。

3.5 网络国际出口带宽

截至 2015 年 12 月，中国国际出口带宽为 5392116 Mbps，年增长率为 30.9%，如图 3.7 所示。主要骨干网络国际出口带宽数如表 3.6 所示。

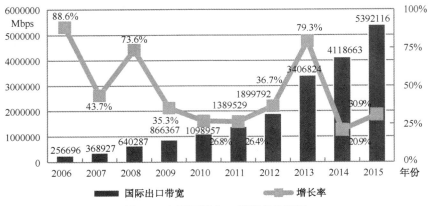

图3.7 中国国际出口带宽变化情况

表 3.6 主要骨干网络国际出口带宽数

	国际出口带宽数（Mbps）
中国电信	3223629
中国联通	1414868
中国移动	645073
中国教育和科研计算机网	61440
中国科技网	47104
中国国际经济贸易互联网	2
合计	5392116

（中国互联网络信息中心　曹　岩、闫　辰、孟　蕊）

第4章 2015年中国互联网络基础设施建设情况

4.1 基础设施建设概况

2015年，党的十八届五中全会将"网络强国"战略纳入"十三五"规划的战略体系，明确提出了实施网络强国战略，加快构建高速、移动、安全、泛在的新一代信息基础设施等发展目标。我国通信运营业认真贯彻落实中央各项政策措施，全年互联网及数据通信建设投入达716.8亿元，同比提高79.9%，有力地推动了网络基础设施的顶层设计、统筹规划和发展建设，大幅提升了4G网络和宽带基础设施水平，全面服务国民经济和社会发展，推动全行业保持健康发展。

我国固定互联网宽带接入用户2015年净增1288.8万户，总数达2.13亿户，位居全球第三。宽带城市建设继续推动光纤接入的普及，截至2015年年底，光纤接入（FTTH/0）用户净增5140.8万户，总数达1.2亿户，占宽带用户总数的56.1%，同比增长22%。

骨干网络全面进入100Gbps时代，100Gbps路由器规模部署，省际干线传输网基本全部引入100G波分，互联网骨干网总带宽超过100Tbps。主导固网运营商逐步向国际顶级Tier-1级迈进，7个新增国家级骨干互联互通点效用逐渐凸显。2015年，我国互联网互联带宽扩容612G，全国互联总带宽超过3.1Tbps。我国国际通信网络布局初步形成，通过3个国际互联网业务出入口局、6个区域性国际业务出入口局，与30多个国家和地区建立跨境连接，国际出口总带宽达到12.4Tbps。

我国宽带接入网络建设和技术水平全球领先，多个省份实现光纤网络全覆盖，开启了全光网新时代。2015年年底，互联网宽带接入端口数量达到4.74亿个，比上年净增7320.1万个，同比增长18.3%。2015年，全国新建光缆线路441.3万公里，光缆线路总长度达到2487.3万公里，同比增长21.6%，比上年同期提高4.4个百分点。接入网光缆和本地网中继光缆长度同比分别增长28.9%和16.3%，分别新建276.4万公里和161.8万公里；长途光缆保持小幅扩容，同比增长3.4%，新建长途光缆长度达3.2万公里。整体保持较快的增长态势。

随着4G业务的发展，我国移动网络设施建设步伐加快，已建成全球最大TD-LTE、FDD-LTE网络，移动基站规模创新高。2015年，新增移动通信基站127.1万个，是上年净增数的1.3倍，总数达466.8万个。其中4G基站新增92.2万个，总数达到177.1万个。移动互联网接入流量消费达41.87亿G，同比增长103%。月户均移动互联网接入流量达到389.3M，同比增长 89.9%。手机上网流量达 37.59 亿 G，同比增长 109.9%，占移动互联网总流量的比重达到 89.8%。

应用基础设施方面，CDN 网络多方参与快速发展，深刻改变了我国网络架构。其中，互联网企业和电信企业成为 CDN 发展的新亮点。中国电信 300 多个 CDN 节点覆盖全网，总服务能力接近 19T，已在 41 个国家和 83 个城市建立节点。我国 IDC 数据中心发展加速，PUE 值明显下降，布局更为合理。但由于相对发达国家建设起步晚，我国应用基础设施规模和全球化进程与发达国家差距较大。

总体来看，2015 年，我国互联网规模和覆盖范围持续扩大，带宽迅速增长，接入手段日益丰富便捷，基础设施能力不断完善，服务能力大幅提升。网络基础设施水平的不断提高和技术创新能力的持续提升，直接带动了我国设备制造业和网络信息服务的发展，成为推动社会信息化和经济社会建设的新抓手，为推动经济发展和社会进步提供了重要支撑。

4.2 互联网骨干网络建设

新增骨干直联点开通以来，我国互联网网间互联架构持续优化，互通质量总体不断改善，中西部流量绕转问题逐步好转，特别是直联点所在省份的疏通效率和互联互通性能得到大幅提升。据中国信息通信研究院自建的互联网监测分析平台及其承建的骨干直联点监测系统监测，新增骨干直联点建成后，部分省份网间访问的绕转距离大大缩短，跨网跳数相应减少，互通性能提升显著。比如，西安直联点开通前，乌鲁木齐联通访问西安电信需要经由广州绕转，直联点开通后直接从西安过网，节省绕转距离至少 2500 公里。郑州直联点开通后，郑州联通和电信之间跨网访问绕转距离缩短 1600 多公里，跳数由 14 减少到 10 跳，河南部分方向网间时延下降至原来的 1/5，访问部分主流网站性能提升一倍（见图 4.1）。

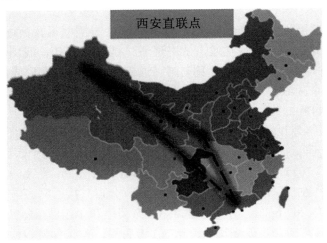

图4.1 西安直联点开通前后路由绕转变化情况

注：虚线表示开通前，实线表示开通后。

4.2.1　骨干网络架构不断完善调整，逐步迈向全球骨干核心

我国骨干网络架构优化调整工作持续进行，各大基础运营商进一步推进从骨干网到城域网的扁平化工作，骨干核心节点数量持续增加。2015 年，中国电信 ChinaNet 网络核心层和汇聚层已覆盖全国 28 个省（区市），共 42 个节点城市，其中网络核心层共计 9 大节点，实现网状网互联；33 个汇聚节点实现各省到骨干核心的连接和流量疏导。中国联通 China169骨干网以北京 1、北京 2、上海、广州为核心，各省的汇聚节点与这四个核心进行连接；全网分为四个大区，更好地实现网内流量区域内和跨区域调度。中国移动 CMNET 骨干网由北上广等 7 个核心节点以及各省 31 个接入节点构成，目前扁平化工作正积极推进。

随着我国互联网骨干网络规模不断增长以及与全球顶级骨干网络连通度的上升，我国骨干网络已经进入全球互联网骨干核心区域边缘。2015 年，中国电信已与全球顶级互联网对等互联，中国联通也仅购买了极少的转接带宽，我国主导运营商的互联网骨干网络已从全球Tier2 逐步迈向 Tier1。

4.2.2　应用基础设施与骨干网络协同发展，骨干网架构逐步去中心化

随着互联网业务应用迅速发展，应用基础设施与骨干网络正呈现协同发展趋势。一方面，为了加强业务数据传递、提升业务访问性能，结合互联网业务流量调度需求，我国互联网企业正逐步自建骨干网络。2015 年，百度积极租用专线构建自有 DCI（数据中心互联）网络，连接百度华北、华东、国际三个数据中心。另一方面，电信运营企业为适应互联网应用发展，正积极建设应用基础设施网络。2015 年，中国电信推出"8＋2＋X"超级混合云的全网布局，目前已建设覆盖全网的 300 多个 CDN 节点，总服务能力接近 19T。中国联通则与 Akamai 达成战略合作伙伴关系协议，推动 CDN 网络建设发展。

应用基础设施的建设发展也正推动互联网网络架构由分层星形网络向网状网连接转变，呈现去中心化趋势（见图 4.2）。根据中国信息通信研究院监测分析数据，2007 年，京沪穗共拥有全国 64% 以上的信源；而 2015 年，京沪穗占比降低明显，仅为 30% 左右。信源分布的去中心化趋势引发基础网络架构逐步转向网状网模型，骨干核心节点数量持续增加，接入层开始通过集群方式接入核心层，多个骨干接入节点之间开通省际直达电路。目前，中国联通China169 网络在网内有选择性的进行跨省汇聚路由器的直接互联，实现了 16 个重点省份间的直接网状互联。

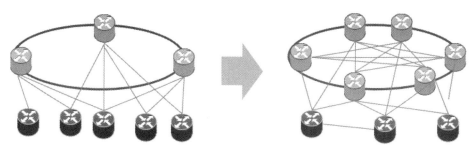

图4.2　骨干网络架构变化趋势

4.2.3　我国国际互联网建设进一步推进

2015 年，我国国际网络布局进一步完善。我国境内国际通信业务节点的部署进一步优化，形成了以沿边、沿海省份为主要集结地的布局。2015 年，我国新增哈尔滨和南通 2 个国际通信专用通道，新增呼和浩特 1 个区域性国际通信业务出入口，新增昆明、乌鲁木齐和呼和浩特 3 个境外互联网业务转接点，在阿联酋、埃及、巴西、俄罗斯、荷兰、美国和英国各新增 1 个海外 POP 点（在新加坡减少 1 个 POP 点）。截至 2015 年年底，我国共已设立 3 个国际通信业务出入口、6 个区域性国际通信业务出入口、3 个境外互联网业务转接点、13 条国际通信专用通道和分布于国际 6 大洲的 78 个海外 POP 点。

我国国际通信传输网络建设持续推进，已辐射周边绝大多数国家和地区，并且横跨太平洋、贯穿印度洋，连通了我国与亚太地区、非洲大陆、欧亚大陆以及北美洲国家和地区之间的信息通道。2015 年，我国在珲春新增 1 个跨境陆缆信道出入口，在中朝和中老方向各新增 1 条跨境陆缆。截至 2015 年年底，我国已累计设立 27 个国际信道出入口，具备 9 条跨境登陆海缆和 37 条跨境陆缆，和中国接壤的 17 个国家和地区中的 14 个与我国开通了跨境光缆。此外，我国还拥有 10 颗国际通信卫星，建设了 4 个卫星地球站。

4.3　中国下一代互联网建设与应用状况

4.3.1　基础网络 IPv6 支持能力持续增强

随着我国下一代互联网进入试商用部署阶段，3 家主要的电信运营企业持续推进基础网络 IPv6 升级改造，IPv6 支持能力日益增强。中国电信在接入网、数据中心、城域网和骨干网各个层面一直积极推动 IPv6 网络部署。2015 年，中国电信已在超过 180 个城域网开启 IPv4/IPv6 双栈，占比超过 60%；在接入网中有超过 55% 的设备开启 IPv6；在数据中心互联层面，已有 50% 支持双栈，四星级以上 IDC 全部支持 IPv6 接入；在 LTE 无线网络上，中国电信在 3 省进行现场实验，目前已贯通整个 LTE IPv6 端到端业务流程，LTE 的 IP 承载网络也已具备 IPv6 承载能力。中国联通在北京、上海、广州、深圳、沈阳、大连、济南、青岛、郑州、武汉 10 个城市开展 IPv6 试点商用部署，2014 年在东部省份逐步扩大 IPv6 试点，2015 年在东部地区、中西部中心城市具备 IPv6 规模商用条件。中国移动借助 LTE/VoLTE 部署时机，全面同步引入 IPv6；目前已基本完成 10 省网络和业务升级，LTE 网络已具备 IPv6 支撑能力，实现 LTE 终端全面支持 IPv6。

广电网络是三网融合建设发展的重要网络主体，也是下一代互联网建设应用的重要领域。2015 年 9 月 4 日公布的《国务院办公厅关于印发三网融合推广方案的通知》中要求，网络承载和技术创新能力进一步提升，加快建设下一代广播电视网骨干节点和数据中心，全面支持 IPv6。目前，已在河南、长沙、湘潭、成都等地区针对基础网络、前端云服务平台和广电增值类业务完成升级改造工作。

电子政务网络是发展电子政务的基础网络。依据国家"十二五"规划对下一代互联网在国家电子政务外网落地的要求，国家电子政务外网逐渐向 IPv6 过渡，新建支持 IPv4/IPv6 双栈的国家电子政务外网 CEGN2，并对现网业务逐步进行割接，最终完成全网升级改造。目前，已完成"国家电子政务外网下一代互联网应用平台网络及安全改造试点工程"，对中央节点和 32 个省级节点进行了 IPv6/IPv4 双栈协议实施。

4.3.2   网络应用支持 IPv6 能力有待提升

IPv6 应用是 IPv6 建设发展的关键因素，是我国下一代互联网部署的重要环节。目前，我国 IPv6 应用内容源总体上相对缺乏，国内主流应用几乎不支持 IPv6，国际出入口还未开启 IPv6，国际优质内容源也无法引入。我国 IPv6 应用推广还需要政府统一组织，加强产业链协调均衡发展，调动电信运营商、内容提供商、终端厂商的积极性，共同推进 IPv6 业务应用以及用户终端同步发展。

国内直接支持 IPv6 的应用极少，成为制约我国 IPv6 发展的重要瓶颈。目前，我国支持 IPv6 的网站和业务系统主要分布在校园网内，能够直接提供 IPv6 接入服务的商业网站数量还比较少。据全球 IPv6 测试中心提供的数据，2015 年国内网站（在线邮箱、在线文件存储、社交网站、在线视频、购物网站等）和应用软件（浏览器、即时通信、邮件、视频播放、下载、安全、文件传输等）IPv6 支持度很低，落后于国外网站和应用软件；采用 IPv6 过渡技术进行迁移改造后，国内网站能够简单、快速地转换为支持 IPv6 的网站，但国内应用软件对 IPv6 过渡技术的支持度还较低（不到被测应用的 60%）。另外，根据国外对全球网站 IPv6 DNS 解析的统计数据，我国 ALEX TOP500 网站已有 8.2%支持 IPv6 DNS 解析（不反映网站自身对 IPv6 的支持），如图 4.3 所示。

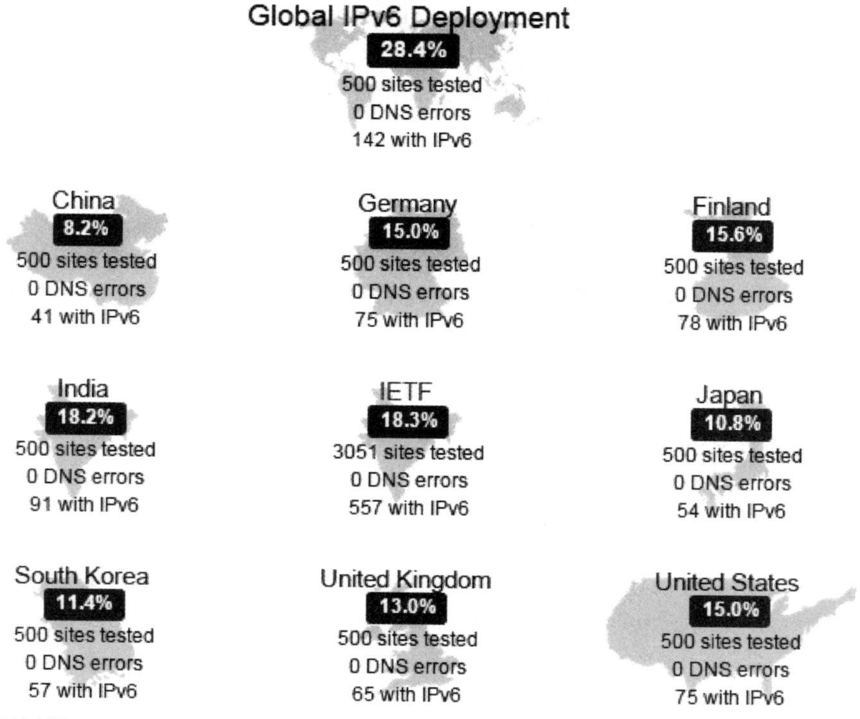

图4.3   分国家统计TOP500网站支持率

接入和终端层面 IPv6 支持还存在较大空缺，间接影响 IPv6 业务的部署应用。据全球 IPv6 测试中心提供的数据，国内终端操作系统中，PC 操作系统、iOS 操作系统已完全支持 IPv6，但占据 80% 以上市场份额的安卓移动操作系统还不支持 DHCPv6，成为 IPv6 向移动互联网延伸的障碍。同时，国内家庭网关产品通过 IPv6 认证的比例还不高，成为影响 IPv6 业务应用推广的接入侧阻碍。

4.4　移动互联网建设

我国 4G 网络建设继续保持 2014 年以来的快速增长势头。2015 年全国 4G 投资规模累计千亿元人民币，4G 基站建成规模接近 170 万个，其中 TD-LTE 基站占比为 70%，FDD 基站占比为 30%。2016 年 4G 网络建设将继续稳步推进，覆盖范围由城市向乡镇和行政村延伸。工信部统计数据显示，截至 2015 年年底，全国 4G 用户总数达 3.86 亿户，其中中国移动 4G 用户数达 3.12 亿户，意味着全国超过八成的 4G 用户使用中国移动网络服务。面对已成一家独大之势的中国移动 4G，中国联通和中国电信决定联手，除了共享 4G 基站外，还推出六模终端（全网通），双方在网络共建共享、提高网络互联质量等五个方面开展战略合作。

我国"4G+"商用进程正不断加快。2015 年下半年，中国电信、中国移动、中国联通相继发布"4G+"商用计划，标志着国内市场"4G+" 开始大规模商用。一方面，我国 VoLTE 技术在发展过程中遇到设备间兼容性、用户体验一致性以及参数配置复杂性等问题，给网络建设带来困难，导致商用延期。2015 年 10 月浙江移动部分城市实现 VoLTE 商用，江苏移动部分城市已经开始 VoLTE 正式商用，中国移动计划于 2016 年 6 月实现 260 个城市商用。另一方面，以聚合载波为代表的 LTE-Advanced 网络成为移动运营商部署热点，中国移动 2016 年将在全国部署超过 10 万个 4G 载波聚合基站，覆盖国内所有地级以上城市的核心城区、热点区域；中国联通 2016 年年底将实现载波聚合的全国商用。

全球 5G 标准研究进程加快，我国积极推进 5G 试验。为在 2020 年完成 5G 技术标准，国际标准化机构积极推进 5G 技术标准研究工作，目前已经初步确定了 5G 标准时间规划，3GPP 将于 2016 年正式启动 5G 标准研究。我国于 2015 年 5 月率先提出 5G 应采用统一、灵活、可配置的空口技术框架和智能、开放、高效的新型网络架构，并积极规划 5G 试验（包括关键技术验证、技术方案验证和系统验证三个阶段）。我国计划于 2018 年下半年启动产品研发试验，并力争在 2020 年启动 5G 网络商用。

4.5　互联网带宽发展情况

我国宽带接入带宽突飞猛进。随着我国"宽带中国战略"的深化推进，我国宽带接入带宽飞跃发展。2015 年年底，我国平均宽带接入带宽达到 20.05Mbps，较 2014 年的 7.10Mbps 提升了近 2 倍。随着"全光城市"的加速推进，高带宽用户数激增，2015 年年底，我国 20Mbps 以上的宽带用户占比高达 33.4%，高出 2014 年年底高带宽用户占比 3 倍以上。

我国骨干网带宽稳步增长。我国骨干网络宽带化趋势日益显著，全面进入 100Gbps 时代。目前，100Gbps 光传送网已从省际网络向省内网络和城域网层面部署。2015 年，省际干线传输网基本全部引入 100Gbps 波分系统，发达省份已经完成省内干线 100Gbps 双平面建设，大型城域传输网已在核心层开展 100Gbps 网络建设。与此同时，我国骨干中继单端口带宽能力已突破 100Gbps，并正向 400Gbps 迈进。2015 年，我国互联网骨干网络带宽已达到约 130T，有效应对了互联网业务流量迅速激增带来的网络承载挑战。

我国骨干网网间带宽有序扩容。新增成都、武汉、西安、沈阳、南京、重庆、郑州 7 个骨干直联点与原有的北上广骨干直联点一起，基本形成相互支撑、均衡协调、互为一体的全国互联网间通信格局。2015 年，各骨干互联单位重点推进网间互联带宽扩容和网间互通路由优化调整工作，同时带动主要互联单位网内架构调整优化，从而总体上推动了网间互通效率和质量的进一步提升，在促进各地互联网产业发展和带动地方经济转型升级等方面的作用也进一步得到发挥。

2009—2015 年互联网网间带宽扩容情况如图 4.4 所示。

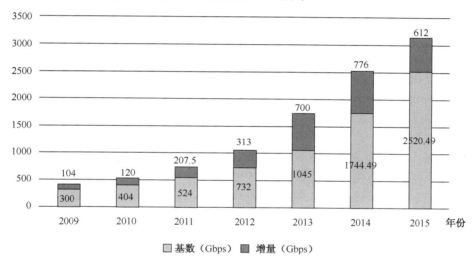

图4.4   2009—2015年互联网网间带宽扩容情况（单位：Gbps）

国际互联网出口带宽持续提升。根据 TELEGEOGRAPHY 统计，2015 年年底，我国国际互联网出口带宽（含港澳）达 12.4Tbps，年增长率达 33%。然而我国人均国际互联网出口相较发达国家存在数百数量级的差距，如图 4.5 所示。

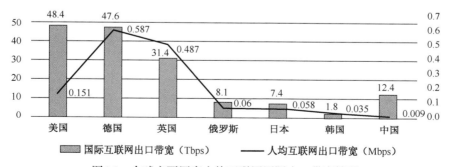

图4.5   全球主要国家人均互联网国际出口带宽情况

4.6 互联网交换中心

互联网作为由众多网络互联构成的"网中网"，网间互联模式是互联网构成的核心环节。国际上通用的物理互联方式包含"直接电路互联"和"交换中心互联"两种。前者是互联双方直接互联，实现简单，在运营商间广泛使用，适合大型网络之间对等互联或者大型网络与少数中小网络之间转接互联，随着互联主体不断增多，直联方式扩展性差的问题愈加突出，在此背景下出现了交换中心互联。交换中心是多方互通的基础平台，具有接入成员多、业务种类丰富、灵活性和扩展性好的特点，是众多互联单位小流量交换的首要选择。在我国，由于之前 90%以上的宽带接入用户与互联网内容资源都集中在基础电信运营企业网内，对于交换中心互联方式没有太多需求，随着基础电信运营企业间直联电路互联方式的发展，基于京沪穗交换中心（2000 年建成）的网间交换流量几乎可以忽略。

然而，近几年随着互联网产业的高速发展，在"互联网+"等国家战略支持下，互联网已逐步成为公共、开放的基础设施，由基础电信运营企业主导互联网的局面正在发生转变，一方面，从用户端来看，随着电信体制的深化改革，民营资本不断涌入宽带接入市场，越来越多的民营公司开始提供宽带接入服务，其宽带用户市场份额已经达到三成；另一方面，从信源端来看，随着互联网业务的不断丰富，基础电信运营企业难以满足各类业务的体验需求，互联网内容提供商为给用户提供更好的服务，开始搭建自治域网络，逐步增强自有业务的调度把控能力。越来越多拥有自治网络能力的互联单位（主要指宽带接入服务提供商以及互联网内容提供商）涌现，成为我国互联网交换中心的潜在接入方。

与此同时，公有云服务在我国高速成长与快速普及，已涌现出了阿里云、腾讯云、百度开放云、uCloud、青云、华为企业云等一批优秀的云平台，为了向大量中小企业提供普遍覆盖的优质云服务，云企业不满足于平台仅与基础电信运营企业建立通道，而是越来越重视市场覆盖范围，因此借助交换中心实现与宽带服务提供商广泛、快速的互联互通也是云企业的重要诉求。

正是在上述需求的推动下，产业界已自发开展互联网交换中心的发展探索。例如，腾讯通过搭建内容加速平台（CAP），实现了与 30 家以上的 ISP 通过 BGP 方式互联；又如，驰联网络推出的 We IX 平台，也已接入浙江华通、东方有线、优酷土豆、腾讯云等十多家互联单位。2015 年部省两级政府都在积极尝试探索构建交换中心，计划开展交换中心试点建设，国家级互联网交换中心有望尽快在我国推出。

4.7 内容分发网络发展情况

内容分发网络（CDN）作为缓解互联网网络拥塞、提高互联网业务响应速度、改善用户业务体验的重要手段，已经成为互联网基础设施中不可或缺的重要组成部分。内容分发网络业务是指利用分布在不同区域的节点服务器群组成流量分配管理网络平台，为用户提供内容的分散存储和高速缓存，并根据网络动态流量和负载状况，将内容分发到快速、稳定的缓存服务器上，提高用户内容的访问响应速度和服务的可用性服务。

国家对 CDN 产业发展非常重视，2015 年 5 月工业和信息化部发布的《关于实施"宽带中国" 2015 专项行动的意见》中将加大内容分发网络等应用基础设施建设投资作为优化宽带网络性能，提高宽带网络速率的重要方式之一。2015 年，CDN 作为第一类增值电信业务列入电信业务分类目录（2015 年版），多个内容分发网络相关的研发和应用项目获得了国家级或省部级科学技术奖励，工业和信息化部下达了多项 CDN 相关标准制修订任务。

2015 年我国 CDN 网络发展主要特点如下。

（1）我国 CDN 产业规模不断扩大，专业 CDN 服务商部署的 CDN 节点设备数量不断增加，CDN 网络覆盖范围进一步扩大，基础电信运营商一方面与专业 CDN 服务商合作提供服务，另一方面着手自建 CDN 网络，CDN 业务服务用户数和覆盖领域迅速扩大；CDN 设备制造商研发的 CDN 设备销售量和销售范围迅速增长；互联网企业与专业 CDN 服务商合作开发和自建 CDN 并重。中国电信自营业务 CDN 已成为全球最大的 IPTV 业务承载网，领先的 IPTV、OTT、WEB 融合承载网络，并通过与全球/国内的多个 CDN 运营商合作，建成覆盖全球多个运营商的出租型 CDN；中国联通建设的 CDN 已经覆盖国内 118 个城市；网宿科技、蓝汛等公司已经在国内外建设了非常多的 CDN 加速节点，客户覆盖互联网网站、政府、中大型企业以及运营商等；阿里、百度、腾讯等互联网企业为了支撑自身业务，建设了很多 CDN 节点；华为、中兴的 CDN 产业也已经向境内外大范围部署。

（2）CDN 市场格局正在加速调整。第一，专业 CDN 服务商业务已基本覆盖国内所有省份，服务器数量超过 8.8 万台，总峰值带宽达到 18.5Tbps。第二，专业 CDN 服务商无法完全满足互联网企业需求，BAT 等企业开始加速建设 CDN，网络规模与专业 CDN 服务商相当，TOP 100 中国网站中自建 CDN 网站比例超过 30%，并开始对外提供商业服务。第三，三大基础电信运营商加速自建 CDN，主要用途是为本网用户以及自有业务提供加速服务，用以缓解骨干网的压力和优化疏导端到端的流量。中国电信正在建设 1000 个节点，覆盖国内 31 个省市；中国联通建设 4.36Tbps 的 CDN 服务，覆盖国内 118 个城市；中国移动正在建设 3.42Tbps 的 CDN 服务，覆盖 31 个省。

（3）中国开始在国际 CDN 市场占据一席之地。全球 CDN 市场以美国一家独大，我国崭露头角。目前，我国 CDN 服务商的业务已经覆盖包括美国、欧洲、东南亚、日本、韩国、中国香港和澳门在内的 100 多个国家和地区。据统计，TOP1000 网站使用比例较高的中国 CDN 包括：网宿（3.4%）、新网（2.6%）、蓝汛（2.4%）、淘宝（1.7%）、腾讯（0.6%）。

（4）为提升用户的网络体验，CDN 向用户侧延伸。为有效提升用户体验质量，CDN 服务提供商在考虑逐渐将 CDN 节点下沉到社区和城域驻地网。2015 年，网宿启动了社区云建设计划，将 CDN 节点进一步下沉到城域网，这些社区云节点，不仅具有 CDN 节点的功能，还将集合存储、计算以及安全等多方面的能力；迅雷推出"星域"，采用 P2P 技术和软硬结合的方式来为用户提供 CDN 服务。

（5）CDN 加快与新技术融合部署。随着云计算、HTTP/2 协议、SDN 和 NFV 等技术发展成熟，CDN 网络开始融合先进技术，探索新型发展路径。例如，专业 CDN 服务商提供云 CDN 服务，互联网企业将自建 CDN 整合到原来的云服务中；CDN 开始支持 HTTP/2 协议，提升网络效率和 CDN 服务能力。

随着软件定义网络/网络功能虚拟化（SDN/NFV）、云计算、大数据、移动互联网等新技术和新应用的不断融合与发展，特别是我国"互联网+行动计划"在全国范围内的广泛推进和实施，互联网内容的种类、数量、投递方式越来越丰富，无论是互联网服务提供者，还是互联网服务使用者均对内容的快速、精准的投递以及服务的可用性提出了更高的要求，对 CDN 所提供的服务寄予了更高的期望，未来 CDN 发展挑战和机会并存。

4.8 网络数据中心发展情况

随着互联网基础设施建设加快推进，以及云计算、大数据、物联网等的兴起，政府、企业对于网络数据中心基础设施的需求越来越强烈，国内 IDC 机房建设高速增长。自 2013 年 IDC 牌照重新开放申请以来，国内 IDC 机房建设如火如荼，保持着 30%～40%的年增长率。数据中心呈现以下发展特点：

数据中心呈现规模化发展趋势。数据中心规模越大，客户越多，成本越低。小型数据中心的建设和运维成本越来越高，为追求规模化效益，数据中心的规模正变得越来越大。据统计，2013 年年底全国的数据中心大约有 46.7 万个，其中绝大部分数据中心是中小型的。当前，机柜数量超过 1 万个的超大型数据中心的数量已占所有数据中心的 10%左右。

数据中心绿色节能是大势所趋。数据中心是高能耗产业，国家大力倡导绿色数据中心建设。2015 年 3 月，为贯彻落实《国务院关于加快发展节能环保产业的意见》要求，全面提升数据中心节能环保水平，国内开展了绿色数据中心试点工作，旨在树立绿色数据中心样板，建立数据中心的评估体系。我国数据中心节能市场蕴藏巨大商机，统计数据显示，2015 年国内市场规模达 30 亿元，主要包括对机柜微环境的改造，以及新风制冷系统的使用等。在国家政策的扶持下，按照当前发展趋势，未来 3 年我国数据中心节能市场的规模达将达 85 亿元。

数据中心流量井喷推动网络架构变革。随着网络流量急剧膨胀和云计算、大数据的发展，运营商和互联网厂商都日益关注数据中心网络的建设和演进，以满足虚拟机迁移、资源灵活调度、容灾备份、就近服务体验等新业务需求，如 KDDI 已经基于 VPLS 构建了全国 IDC 互联平面，在同城小范围内也开通了 DC-LAN；国内电信、联通都在积极构建适应云时代要求的数据中心网络；腾讯把全国规划为四大区域，每个区域部署 20 到 30 万台量级的服务器，开展数据中心节点互联。

数据中心建设中心逐步向偏远地区迁移。鉴于气温低、土地廉价以及政府电价优惠政策，偏远地区建设数据中心的成本优势显著。内蒙古、贵州、宁夏、云南、新疆等偏远地区开始兴建数据中心，例如，中国电信"8+2+X"云资源战略中，2 就是指贵州、内蒙古两大云计算基地；亚马逊也在宁夏中卫建设了数据中心，支撑未来 AWS 在华业务。然而，偏远地区数据中心面临客户资源、网络延迟和运维人才问题，短期并未成熟，一二线城市 IDC 机房仍是主流。

4.9　网络设备发展情况

4.9.1　网络设备集成化程度日益增高

随着我国互联网网络建设和业务应用的快速发展，互联网流量呈现爆发式增长态势，由此也带来网络容量的迅速增长。为了更好地承载巨大的网络流量，增强网络流量疏导效率，同时降低网络成本，网络设备也不断向大容量、高集成度方向发展。一方面，现网路由器设备朝着集群路由器方向不断发展，端口能力和交换能力不断提升。近几年，我国互联网骨干网设备逐步从 100Gbps 平台升级到 400Gbps 平台。2012 年 9 月，华为发布 480Gbps 路由线卡，开启了设备商竞逐 400Gbps 的时代。随后不久，思科、阿朗也先后推出 400Gbps 线卡。2014 年，我国三大运营商先后开展了 400Gbps 路由器集采测试。到 2015 年，三大运营商均已在现网网络建设中引入 400Gbps 网络平台。另一方面，光网络设备也正适需向高速、大容量、绿色和低成本方向演进。100Gbps 技术已成熟商用，在全球范围内规模部署，业界正在加快推进 400Gbps、1Tbps 超高速传输技术的研发和产业化进程，以应对未来更大容量的传输需求。目前 400Gbps 国际标准正在制定，主流设备商竞相推出 400Gbps 产品，中国移动在 2014 年已完成国内首次 400Gbps 实验室及现网测试。

4.9.2　网络设备向支持 SDN/NFV 方向发展

互联网业务的加速创新以及互联网流量流向的日益复杂，使得网络流量调度难度越来越大。随着互联网网络架构的演变，SDN（软件定义网络）和 NFV（网络功能虚拟化）技术应运而生。SDN 通过将网络设备的控制和转发功能分离，实现网络流量的集中调度，以及网络资源的高效、合理利用，提升网络和业务性能。NFV 则通过网络设备软硬件解耦、资源虚拟化、硬件通用化、管理云化等方式，让电信运营商的网络架构更开放，加速业务创新，同时降低运营成本，提升运维效率。在这种趋势下，要求网络设备也逐步向支持 SDN/NFV 技术方向发展。

SDN 目前已成为当前全球网络领域最热门的研究方向。谷歌、微软等互联网公司均在 SDN 领域投入了大量的科研力量，思科、华为、中兴、爱立信、IBM、HP 等 IT 厂商也正在研制 SDN 控制器和交换机。同时，SDN 全新的概念也对传统网络造成冲击，现今网络设备并不兼容于 OpenFlow 功能，未来将渐进部署具有 OpenFlow 功能的设备。目前华为与中兴在国内已陆续与各家运营商在现网 SDN 测试试点中展开合作。另外，SDN 快速的发展可能会对网络产业格局造成重大影响，未来开放架构的 SDN 竞争焦点将集中在 NOS（网络操作系统）上，通信设备商在开放架构的控制层研发将不再具备先发优势，因此，一方面跟随新的技术领域并发布支持 OpenFlow 的 SDN 产品和解决方案，另一方面也积极探索在现有架构中实现网络集中控制和开放应用 API 界面的定制化与私有化技术。

NFV 是极具颠覆性的技术，国内外领先的网络设备制造商已推出 NFV 设备平台，并与互联网企业和运营商合作在现网逐步展开测试验证部署。2015 年 3 月，中国联通、中兴联合惠普实现 vEPC、vIMS 的 NFV 概念验证项目。2015 年 6 月，中国电信、华为以及 Intel、惠普发起包括"基于 NFV 架构的 VNF（虚拟网络功能）自动化安装和终止"、"基于服务编排技术的 VNF 生命周期管理"在内的六种业务场景概念验证。2015 年 7 月，华为正式发布了基于 NFV 的 OMF（Open Mobile Foundry）开放互联平台，通过标准 API 向互联网、物联网和垂直行业等产业伙伴开放网络能力，探索新的商业模式，打造多方共赢的开放互联生态圈。腾讯与华为成立的联合创新实验室，探索基于运营商管道能力开放提升用户移动游戏体验的业务创新；在优化后的网络上，腾讯的实时对战游戏"全民突击"的时延为原来的 1/6～1/5。对于 NFV 架构下用户面性能下降问题，华为通过软硬件直通、硬件加速技术的深度优化，满足电信级转发需求。

（中国信息通信研究院　李　原、汤子健、苏　嘉、杨　波、聂秀英）

第5章 2015年中国云计算发展状况

5.1 发展概况

5.1.1 全球云计算市场发展概况

2015 年,全球云计算市场总体平稳增长。2015 年,以 IaaS、PaaS 和 SaaS 为代表的典型云服务市场规模达到 522.4 亿美元,增速为 20.6%,预计 2020 年将达到 1435.3 亿美元,年复合增长率达 22%(见图 5.1)。

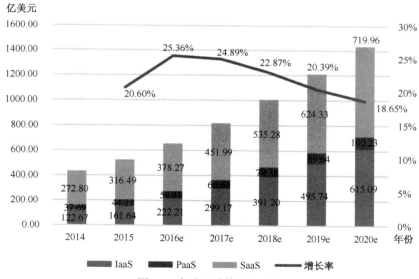

图5.1 全球云计算市场规模

5.1.2 我国云计算市场发展概况

我国云计算市场总体保持快速发展态势。2015 年,我国云计算整体市场规模达 378 亿元,整体增速 31.7%。其中专有云市场规模 275.6 亿元,年增长率 27.1%,预计 2016 年增速仍将达到 25.5%,市场规模将达到 346 亿元左右(见图 5.2)。

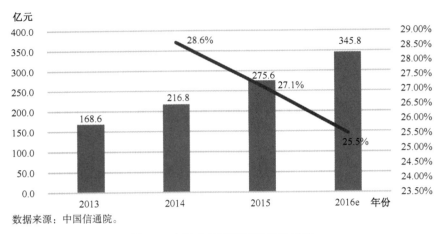

数据来源：中国信通院。

图5.2　中国专有云市场规模及增速

我国公共云服务逐步从互联网向行业市场延伸，2015 年市场整体规模约 102.4 亿元，比 2014 年增长 45.8%，增速略有下滑。预计 2016 年国内公共云服务市场仍将保持高速增长态势，市场规模可望达到近 150 亿元（见图 5.3）。

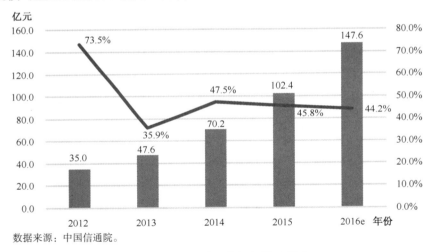

数据来源：中国信通院。

图5.3　中国公共云市场规模及增速

5.1.3　我国云计算市场用户需求分析

1.　当前用户使用情况

根据中国信息通信研究院云计算企业用户的调查结果显示，在接受调查的企业中，有一半的企业对云计算使用情况表示不清楚，有云计算应用的企业占到 20%，剩余 30% 的企业没有云计算应用。在有云计算应用的企业之中，只采用公共云服务的占 56.9%，只采用专有云的占 18.7%，既有公共云也有专有云应用的占 24.4%。云计算市场需求空间仍然较大。

2.　用户需求分析

对于采用云计算的原因，在已开展云计算应用的企业中，出于减少 IT 支出目的最多，占近 60%，同时认为云计算可提升系统可靠性和安全性的企业也均有 40% 左右，说明企业对于云计算安全性、可靠性的认可度已经比较高（见图5.4）。

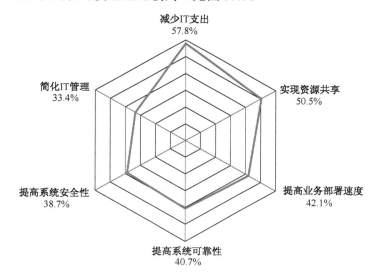

图5.4　采用云计算的原因

　　低成本是用户选择公有云的一个主要因素。在已经使用云计算的企业之中，有超过 80% 的企业选择采用公共云服务（包括仅使用公共云的企业和同时采用公共云与专有云的企业），成本低是吸引用户的一项重要考虑因素。其次，由于公共云服务将 IT 建设与运维的工作交由云服务商完成，降低了企业对于自身 IT 支撑能力的要求，这也成为企业选择公共云服务的主要动力之一。除此之外，资源扩展速度快、部署周期短也是用户采用公有云的原因。

　　采用公共云服务可大幅减少企业 IT 支出。在采用公共云服务的企业之中，有 70% 以上的企业表示在使用公共云服务后，单位的 IT 支出较之前有所减少，这一方面是因为对于公共云服务用户来说，只需采购服务而无需购买服务器等软硬件设备，从而节约了支出；另一方面是因为云服务商通过 IT 资源的集约化建设和利用降低了单位 IT 资源的成本，为用户提供了更便宜的 IT 资源。

　　IaaS 是当前企业主要采用的公共云服务模式。从已经应用公共云服务的企业来看，有90% 以上的企业采用了 IaaS 服务，65% 的企业采用了 PaaS 服务，采用 SaaS 服务的企业仅有 30%。企业用户对公共云服务的应用目的仍是以基础 IT 资源租用为主，云服务与其核心业务之间仍缺乏有效关联。

　　总体上，用户对未来公共云服务的应用前景看好，更多业务将向云计算迁移。在已经使用公共云服务的企业当中，大多数企业表示未来将有更多业务向云计算迁移，表明虽然当前对云计算服务满意度不是很高，但绝大多数用户对公共云服务的未来更加坚定。

　3. 云服务的选择

　　用户在选择云服务商时，考虑的因素众多，涉及云服务的价格、安全性、服务的质量、售后服务、品牌等多个方面，其中最主要的因素是云服务的安全性和服务价格。通过采用云服务来降低成本是选择云服务的一大主要因素，因此服务价格是选择云服务的一个重要因素。随着云计算的发展，用户对云服务的安全性问题更加关注，安全性也成为用户选择云服务商的一个主要考虑因素。

当前用户对云服务商的忠诚度较低。由于服务价格过高、稳定性差、服务不丰富、售后服务差等原因，用户会更换云服务商。目前已有超过三分之一的企业用户曾经更换过云服务商，说明不同云服务商之间的服务替代性较强，对用户无法形成较大的黏性。

另外，用户对国内云服务商的信任度不断提升。在面对国外云服务商和国内云服务商的选择问题上，越来越多的企业明确表示优先考虑国内服务商，优先选择国外服务商的企业大幅减少。

5.2 行业热点

1. 国内云服务商技术能力不断增强

我国云计算核心技术自主研发能力不断增强，根据 2015 年 7 月可信云大会发布数据显示，目前通过认证的 37 个云主机服务，采用开源和自研的虚拟化方案占比为 80.7%，采用开源和自研的虚拟化管理软件占比为 61%，开源和自研所占比重较 2015 年 1 月数据提升近 15%。

我国云服务厂商自主研发免重启热补丁技术。漏洞修补一直是影响云服务连续性的棘手问题，2015 年 3 月，XEN 的漏洞修补造成了亚马逊 AWS、IBM SoftLayer、Linode 及 Rackspace 多家云服务商的大面积主机重启。我国云服务厂商自主研发免重启热补丁技术，比如 UCloud 自主研发的热补丁技术，可实现免重启修复所有内核代码，并将热修复过程业务中断时间控制在 10ms 内，这项技术在 UCloud 云平台已经运行超过一年，通过热补丁修复了近 20 个内核故障，累计进行了约 5 万台次的热补丁修复，理论上避免了相应次数的服务器重启。

Docker 技术在我国云计算领域逐步从实验阶段走向应用阶段。雪球公司的 SRE 团队借助 Docker 对整个公司的服务进行了统一的标准化工作，在 2015 年上半年已经把开发测试、预发布、灰度、生产环境的所有无状态服务都迁移到 Docker 容器中；蘑菇街采用了 Openstack+Novadocker+Docker 的架构；蚂蚁金融云是蚂蚁金服推出的针对金融行业的云计算服务，旨在将蚂蚁金服的大型分布式交易系统中间件技术以 PaaS 的方式提供给相应客户，在整个 PaaS 产品中，蚂蚁金服通过基于 Docker 的 CaaS 层来为上层提供计算存储网络资源，以提高资源的利用率和交付速度；腾讯游戏从 2014 年开始接触 Docker，经过一年的调研、测试、系统设计和开发，2014 年年底整个系统开始上线运行，现在整个平台总共使用 700 多台物理机，3000 多个 Docker 容器，总体运行良好；大众点评在 2014 年 7 月基于 Docker 搭建私有云平台，目前平台承担了大部分的线上业务，实例数 2800 个左右，Docker 物理集群 300 多台。

2. 国内云服务商从内向型向外向型转变

近两年，国内云计算厂商向海外拓展的步伐正在加快。2014 年 UCloud 在北美部署数据中心，2015 年开始在全球 37 个数据节点提供加速方案，逐步拓展海外市场。阿里云 2015 年集中启用了 3 个海外数据中心，2 个位于美国，1 个位于新加坡，海外业务量随之增长了 4 倍以上，未来还计划在日本、欧洲、中东等地设立新的数据中心，完善阿里云的全球化布局。继 2014 年在香港部署云数据中心之后，2015 年腾讯也启用了位于加拿大多伦多的北美数据中心，提供超过 10 项云服务。随着中国企业国际化发展的不断加快，尤其是互联网领域，国内云计算厂商纷纷提供海外服务，实现云计算业务全球化，并积极拓展海外企业客户，加速国际化发展。

3. 国内云服务商积极构建生态系统

伴随着云计算应用逐渐从互联网、游戏行业向传统行业延伸，国内云服务商开始构建生态系统，与设备商、系统集成商、独立软件开发商等联合为企业、政府提供一站式服务。继 2014 年发布"云合计划"（3 年内招募 1 万家云服务商）之后，2015 年 7 月阿里云携手 200 余家大型合作伙伴推出了 50 多个行业解决方案，2015 年 10 月召开的云栖大会吸引了全球超过 20000 个开发者参加，200 多家云上企业展示了量子计算、人工智能等前沿科技，阿里云生态系统正在加速形成。2015 年国内创业型公司 UCloud 获得近 1 亿美元的 C 轮融资，启动 UEP 企业成长计划持续扶持创业者，以上海为试点布局 UCloud 孵化器，并在全国开展与投资及创业服务机构的深入合作，标志着 UCloud 已由单纯的第三方服务商向完善的游戏行业生态平台拓展。国内电信运营商也逐步构建合作伙伴生态系统，2015 年 6 月中国电信天翼云发起亿元资金扶持创业的计划，首站定位医疗移动行业，创业者只要通过认证均能获得天翼云提供的资金和技术支持。联通沃云联合华为部署 SDN 联合创新战略，与 CDN 服务商 Akamai 建立战略合作关系，利用其 CDN 技术部署高度可扩展、完全交钥匙的内容分发网络（turnkey CDN）产品。

4. 国内云保险的引入为高可用服务提供完善的保障机制

云服务风险备受关注，进而引发赔偿问题，中国信息通信研究院联合国内各大云服务商和主要保险公司，展开云保险的相关研究。目前云保险 1.0 方案已经形成：对云服务商自身故障、云服务商人员误操作、第三方责任造成的服务中断以及设备故障引起的数据丢失进行赔偿，承保单位是中国人保为首席承保人的共保体承担，共保体还包括平安保险和渤海保险，中国电信、中国联通、UCloud 和万国数据作为首批投保单位已完成签约。云保险的引入最大限度地降低了用户和云服务商的损失，为云服务商承诺的高可用提供了保障机制。

5.3　各类云服务发展情况

5.3.1　专有云服务细分市场

国内专有云市场中硬件市场占主导。2015 年专有云市场中硬件市场约 200 亿元，占比为 72.6%，软件市场约 41.6 亿元，服务市场约 33.9 亿元（见图 5.5）。据中国信息通信研究院调查统计，70% 的企业采用硬件、软件整体解决方案部署专有云，少数企业单独采购和部署虚拟化软件，硬件厂商仍是私有云市场的主要服务者，其中国内设备厂商已经占据半壁江山。

在云平台的部署选择方面，国内企业对开源软件的接受程度较高，在已经部署专有云的企业中，有超过 70% 的企业不同程度地采用了开源软件（包括虚拟化软件、专有云平台软件等），其中 OpenStack 是使用率最高的云计算开源管理

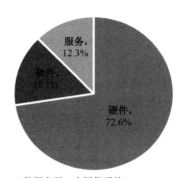

数据来源：中国信通院。

图5.5　中国专有云市场构成

平台。采用开源软件可以降低软件支出，但同时也对 IT 人员的开发和维护水平提出了更高的要求。

从用户角度来看，企业选择专有云的首要原因是可控性强、安全性好，但大多数企业并没有把核心业务系统运行在专有云上，企业管理系统是专有云承载的主要应用。在使用专有云的企业中，70%以上的企业将企业管理系统承载在专有云上，只有约 1/4 的企业选择将核心业务系统承载在专有云上，未来企业应用将加速向专有云迁移。

5.3.2　公有云服务细分市场

从应用细分来看，我国公有云市场中 SaaS 市场规模最大，2015 年达到 55.3 亿元，超过 PaaS 和 IaaS 的市场总和，增速为 37.6%，与前两年相比增速有所提升；IaaS 市场增长放缓，2015 年增速为 60.3%；PaaS 的技术门槛高，市场规模仍然比较小，随着 IaaS 与 SaaS 服务的深入，PaaS 也将快速增长（见图 5.6）。

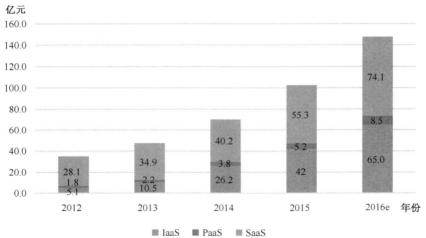

数据来源：中国信通院。

图5.6　公共云细分市场规模

1.　IaaS 服务市场

IaaS 服务得到国内企业用户的充分认可。2015 年国内 IaaS 市场成为游戏、视频、移动互联网等领域中小企业 IT 资源建设的首选，市场规模达到 42 亿元，与 2014 年相比增长 41%，预计 2016 年仍将保持较高的增速。从应用形式来看，云主机、云存储用户采用率最高，使用比例在 70%以上，同时也有 70%以上的企业表示未来将会采用云主机或云存储服务，并且云存储的比例将进一步提升。从应用行业来看，除了互联网之外，制造、政府、金融、教育等行业也逐步开始采用云计算，尤其是政府机构，同时作为云计算的推动者带动云计算产业的发展。

从竞争格局来看，IaaS 服务行业集中度较高，国内阿里云、中国电信天翼云、中国联通沃云等几大服务商占据主要市场份额，微软、亚马逊等国际巨头落户中国后在 IaaS 服务市场中占有一席之地，七牛云存储、UCloud、蓝汛等创业型云服务商凭借其创新能力和灵活的商业模式也快速发展。同时，由于 IaaS 服务产品同质化，市场竞争激烈，产品价格不断下降。

2. PaaS 服务市场

我国 PaaS 服务市场仍然处于起步阶段，与 IaaS、SaaS 服务市场相比，市场规模较小，但是涉及的服务范围较广，据中国信息通信研究院统计，当前大数据分析是用户采用率最高的服务产品。在采用 PaaS 服务的企业中，有将近 60%使用大数据分析服务，说明用户对大数据分析服务的需求正在迅速升温，而采用 PaaS 服务的形式不需要用户自行搭建大数据分析平台，为用户提供了较好的便利性，从而受到了企业用户的青睐。

PaaS 服务成为互联网创业的重要平台。由于低成本、快速、灵活的特点，并为开发者提供丰富的 API 接口，PaaS 平台成为互联网创业者的首选。到 2014 年 6 月，腾讯开放平台已为超过 500 万开发者服务；新浪 SAE 拥有 53 万活跃开发者，2015 年推出免费 100MB 空间、10GB 存储空间及缓存、域名绑定等服务为开发者提供"零成本创业"。同时，为了吸引开发者，云服务商通过开发者大赛、开发者沙龙、孵化器等线上线下相结合的方式招募开发者，不断扩大市场。从用户应用来看，市场需求正从最初的搜索/地图引擎服务、Web 服务逐渐向大数据分析、安全监控等服务转变。

从市场竞争来看，国内阿里云凭借其 IaaS 平台和阿里巴巴的电商业务作为 PaaS 市场的领头羊，占据较大市场份额；国际云服务商微软、亚马逊、IBM 等通过本地化的工作和国际一流的技术服务也占据重要市场地位；新浪 SAE 的分布式 Web 应用/业务开发托管、运行平台，吸引大量开发者，占领一定市场份额。除此之外，国内的京东、腾讯、盛大等互联网企业以及国外的 Oracle、SAP、Salesforce 等软件企业也在不断开拓国内 PaaS 市场。

3. SaaS 服务市场

国内 SaaS 市场仍然缺乏领导者。从市场规模看，2015 年 SaaS 市场规模达 55.3 亿元，远超过 IaaS 和 PaaS 市场的总和，增长率达到 37.6%，增速有所提高。在 ERP、CRM 等核心企业管理软件服务领域，国际厂商占据主要市场份额，缺乏有力的国内竞争者，虽然畅捷通、国信灵通等国内企业都开始提供相应产品，但从产品水平、技术能力等方面，仍无法与 Salesforce、Oracle、IBM 等国际厂商竞争。从用户应用来看，据中国信息通信研究院统计，在采用 SaaS 服务的企业中，有将近 70%使用云邮箱、统一通信平台等基础通信软件服务，且大多数是免费服务，采用 ERP、CRM 等企业管理软件服务和专业的行业应用软件服务的用户均低于 50%。

5.4　发展趋势

1. 企业级应用场景成为云计算产业蓝海

当云服务从业者逐渐增多，云计算生态链日益完善，越来越多的企业开始走向并深入云计算，而混合云则是其中最可能的实现方式。据 RightScale2015 年的调研数据显示，虽然有 88%的企业使用公共云，但 68%的企业在云端仅运行不到 1/5 的企业应用，大多数企业未来会将更多的应用迁移到云端，并且 55%以上的企业表明目前至少有 20%以上的应用是构建在云兼容（Cloud Friendly）架构上的，可以快速转移到云端。对于企业，其在转移到云计算的需求与管理内部资源之间寻找平衡，特别是出于数据安全性顾虑，混合云则满足市场需求，既可以保存敏感数据在私有云上，又可以利用公共云的低成本和可扩展性优势。据统计，在公共云、私有云以及混合云策略中，82%的企业优先选择混合云。目前云服务商和设备厂商也采用虚拟私有云、托管云等多种方式进军混合云市场，提供多种混合云解决方案，未来几年混合云市场仍将快速增长（见图 5.7）。

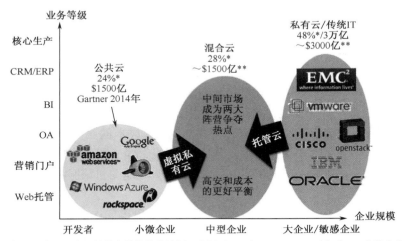

*数据：企业对在云计算上的投资的比例，来源于2014年451 Research对全球1400多家企业的调查。
**数据：根据比例，以公共云服务产值外推的估算值。私有云可能有较大偏差。

图5.7　混合云市场发展趋势

同时，各大云服务商也在加速布局混合云业务。2016 年，戴尔与微软携手合作，基于开放架构，推出了业界第一个经过 Microsoft Hybrid Cloud Platform System Standard（微软混合云平台系统标准）验证的集成式云解决方案，采取"快准狠"的策略，帮助用户构建了一个灵活、便捷、可控的混合云模式，2016 年 2 月，IBM 超 13 亿美元收购私有云计算公司 Cleversafe（Cleversafe 开发的数据存储软件能够在公共和私有云计算系统中使用），加速推进混合云业务；3 月份思科宣布以 2.6 亿美元收购混合云环境应用管理解决方案提供商 CliQr，进一步增强思科的混合云解决方案。

2. 云计算与物联网（IoT）技术的结合成为新的技术与业务发展方向

随着"工业 4.0"、"工业互联网"等新概念的出现，以物联网（IoT）技术为基础，连接生产现场的各类传感器、执行器，进行大量数据采集并实时或离线分析，实现运行监控、预测维护、制造协同等成为制造、交通、医疗、能源等多个行业新的技术趋势。对 IoT 海量数据进行分析需要庞大的计算能力，这成为云计算与 IoT 相互结合的最大动力。2015 年以来，来自 IT、互联网和制造业的巨头纷纷发布其面向 IoT 场景的云计算服务。2015 年 3 月，微软发布了"Azure IoT"服务，其可以与 Windows10 IoT 操作系统结合，将现场数据发送至 Azure 平台进行进一步分析。制造业巨头 GE 在 2015 年 8 月发布了"Predix Cloud"平台，可以通过内置在发动机、发电机等产品上的"Predix Machine"将现场数据发送至 Predix 平台，用户可以利用开放的 PaaS 环境开发 APP 应用对数据进行分析。亚马逊在 2015 年 10 月的 AWS 峰会上发布了"AWS IoT"服务，可以通过连接生产、生活中的各类设备，并利用 AWS 上已有的各类云服务进行数据的存储与分析。与 IoT 在技术和业务模式上的结合不仅将成为云计算向各垂直行业渗透的重要切入点，而且也将成为未来 10～20 年 ICT 技术的重要热点。

3. 云计算应用逐渐从互联网行业向传统行业渗透

当前，云计算的应用正在从包括游戏、电商、移动、社交等在内的互联网行业向制造、政府、金融、交通、医疗健康等传统行业转变，政府、金融行业成为主要突破口，如截至 2015 年，济南市 52 个政府部门、300 多项业务应用均采用购买云服务方式，非涉密电子政务系统在政务云中心建设和运行的比例达 80%以上。"数字福建政务外网云计算平台"建设一期按 5 年使用规模预算，拟承载 50 个省直部门、7321 项业务事项、1804 个业务线，共计 616 个应用系统应用。中国金融电子化公司的"金电云"平台可提供基于异构 IaaS 平台的灾备数据中心服务，为中小金融机构提供灾备、演练、接管、恢复、切换和回切等云服务，目前已经为中国人民银行总行和 20 多家中小金融机构提供了灾备服务。此外，蚂蚁金服、天弘基金、人人贷、宜信、众筹网、众安保险等众多互联网金融机构均已将业务迁移至云端。

（中国信息通信研究院　高　巍）

第 6 章　2015 年中国大数据发展情况

6.1　发展概况

自 2014 年 3 月 5 日首次进入政府工作报告以来，大数据已经连续 3 年（2014—2016 年）出现在《政府工作报告》中，这足以说明大数据对我国未来经济发展的重要作用。在 2015 年，无论是聚焦大数据发展的《促进大数据发展行动纲要》出台，还是"十三五"规划中的"实施国家大数据战略"，都深刻体现了政府对大数据产业和应用发展的重视。

数据正在成为物理世界向虚拟空间映射的关键，随着信息化、工业化的深入和经济社会发展中海量数据的积累，具有"4V"特征的大数据将在未来信息经济中扮演重要角色。当前，我国正处于工业经济和信息经济交织发展的关键阶段，加强大数据的研究、开放与共享，将有助于深入挖掘数据要素潜力、充分释放数据红利，提高经济的数字竞争力。

中国大数据生态在 2015 年得到进一步发展。围绕着数据的收集、存储、管理、分析、挖掘和展现等不同功能，逐渐出现不同的角色：从数据生产者，数据提供者、数据服务提供者、第三方数据市场、大数据解决方案提供者到数据消费者、数据资产评估机构等多个物种，都在完善和丰富着大数据的生态世界。

从行业应用来看，目前的行业创新领先者，大都围绕着数据解决方案提供者和数据服务提供者这一角色。阿里巴巴、百度、腾讯等互联网企业已经基于自身的主营业务，建立数据解决方案和数据服务供应商生态。此外，数据分析服务也是现在最受关注的领域之一，Metamarkets、Gooddata、Domo 等创新企业都是以数据的分析和展现云服务模式而出现的。

从技术层面来看，在 2015 年，Hadoop 获得更为广泛的应用，除了以 Cloudera 为代表的国外 Hadoop 发行版的应用之外，国内大数据技术创业企业开始获得不少大型行业用户的青睐。Spark 内存计算、Storm 流计算应用在从互联网公司延伸到更多行业应用之中。

从数据层面来看，数据变现以及数据交易成为年度热点，以贵州、武汉、哈尔滨等城市为代表的大数据交易中心纷纷成立。数据可否成为一种无形资产通过第三方交易市场进行交易还非常值得探讨，主要由于数据本身的零边际成本以及可复制性并不等同于工业时代的传统商品定价模式。同时数据的外部性使得数据在不同场景下价值存在巨大差异，因此数据资产的评估变得异常重要（见图 6.1）。

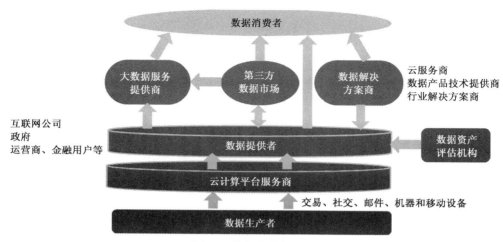

图6.1　数据交易与评估

中国信息通信研究院发布的《2015 年中国大数据发展调查报告》预测，2015 年中国大数据市场规模将达到 115.9 亿元，增速达 38%（见图 6.2）。未来随着应用效果的逐步显现，一些成功案例将产生示范效应，预计 2016—2018 年中国大数据市场规模还将维持 40%左右的高速增长。

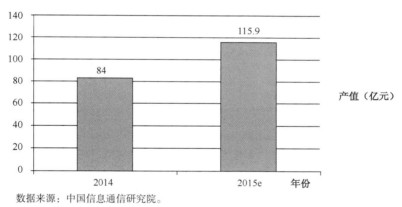

数据来源：中国信息通信研究院。

图6.2　中国大数据市场规模

据 IDC 每年针对数字宇宙的研究，2010 年起全球进入 ZB 时代（见图 6.3），中国数据量在 2014 年达到 909EB（1EB=1000PB），占全球比例为 12%，伴随着物联网设备的大量普及，据预测到 2020 年这个数字将会达到 8060EB，占全球比例将会达到 18%。正是基于这样的背景，大数据受到了各界广泛关注，已渗透到金融、医疗、消费、电力、制造等几乎各个行业。随着大数据领域的新产品、新技术、新服务不断涌现，行业的大数据应用进程正在加速，2015 年大数据应用如同互联网的扩散一样开始从离消费者最近的行业扩散到更加后端的生产制造等行业。

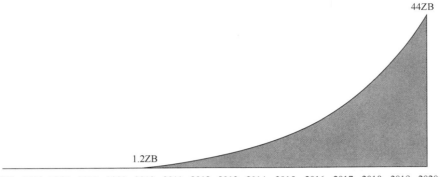

数据来源：IDC。

图6.3　全球数据量的变化趋势（ZB）

6.2　行业应用

不同行业大数据应用进程的速度，与行业的信息化水平、行业与消费者的距离、行业的数据拥有程度最为相关。总体来看，可以分为四类：

第一类是互联网和营销行业。互联网行业本身就是离消费者最近的行业，同时拥有大量实时产生的数据，在线化是其企业运营的基本要素，因此大数据应用的程度是最高的。与之相伴的营销行业，是围绕着互联网用户行为分析、为消费者提供个性化营销服务为主要目标的行业。

第二类是信息化水平比较高的行业，比如金融、电信这两类行业，它们比较早就已进行信息化建设，内部业务系统的信息化相对比较完善，对内部数据有大量的历史积累，并且有一些深层次的分析类应用，目前正走在内外部数据结合起来共同为业务服务的阶段。

第三类是政府及公用事业行业，不同部门的信息化程度和数据化程度差异较大，比如交通行业目前已经有了不少大数据应用案例，但有些行业还处在数据采集和积累阶段，但政府将会是未来整个大数据产业快速发展的关键，通过政府及公用数据开放可以使政府数据在线化走得更快，从而激发数据类创新创业的大发展。

第四类是制造业、物流、医疗、农业等行业，它们的大数据应用水平还处在初级阶段，但未来消费者驱动的 C2B 模式会倒逼这些行业的大数据应用进程逐步加快。

各行业的大数据应用程度对比如图 6.4 所示。

具体来说，2015 年的大数据应用呈现以下显著特点。

6.2.1　互联网公司数据业务化加速

互联网公司拥有大量的线上数据，而且数据量的增长速度是非常惊人的，除了利用大数据提升自己的业务之外，如何实现数据业务化，利用大数据发现新的商业价值对于大家来说，依然处在不断尝试过程之中。

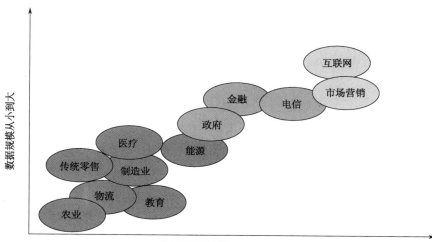

资料来源：阿里数据经济研究中心。

图6.4　各行业大数据应用程度对比

在这方面，电子商务公司的数据业务化最为明显，通过数据化，让一切业务都变得可以分析，从而更好地掌握市场和用户。传统企业也在两化融合的过程中进行业务数据的搜集、分析、改进流程。其实不止传统企业的转型，扑面而来的整个信息经济，无论是互联网金融、在线教育（MOOC），还是智慧城市，其核心都是数据化，人类将通过越来越普及的电子记录手段建构一个和物理世界相对应的数据世界。这个数据世界在时间、空间二个维度上不断衍生、扩大，形成一个和真实世界对应的镜像和映射。这个数据世界可以随时被重构、被分析，人类因此可以更好地了解过去、把握未来。

以阿里巴巴为例，从个性化推荐、千人千面这种面向消费者的大数据应用加强之外，智能客户服务利用大数据的力度也在不断加强，这种应用场景会逐渐从内部应用到外部很多企业的呼叫中心之中，面向商家的大数据应用以生意参谋为例，超过 600 万商家在利用生意参谋提升自己的电商店面运营水平等。除了面向自己的生态之外，阿里巴巴数据业务化在不断加速，芝麻信用这种基于收集的个人数据进行个人信用评估的应用在 2015 年获得长足发展，应用场景从阿里巴巴的内部延展到越来越的外部场景，比如租车、酒店、签证等。

6.2.2　大数据营销实现精准触达，全域大数据营销成新方向

营销的实质是从消费者出发，首先需要找到消费者内心深处很清晰、或者不那么清晰但潜意识中对于商品的喜好；其次，以数据为驱动，使商品能够精准地触达用户，并不断在实施过程中进行优化。再次，让老客户的营销能获得社会化的传播。效果营销和品牌建设在大数据驱动下更加高效、明晰。

DMP（数据管理平台）平台在从早期广告服务平台逐步演变为企业客户营销的核心引擎，DMP 服务商在不断把更多的数据整合进统一平台，并对这些数据进行标准化、标签化和细分，为客户提供更精准的数字化营销服务。程序化营销的概念得到了普及和发展，正在朝着更精细化方向发展，利用大数据实现更精准的受众、营销效果以及 ROI 透明化成为主要方向。

如何收集消费者更多元化的数据，对消费者给出更全方位的画像成为营销大数据应用的重要方向。比如，通过收集消费者的消费、所属行业、搜索行为、品牌喜好、兴趣等行为数据以及社交、位置等数据，通过可视化的标签，可以帮助企业更方便、直观地选择、触达到目标人群。

利用大数据推动内容营销，并分析不同内容模式的效果，就可以更敏锐地洞察到哪些内容能够将潜在客户转化为客户；利用大数据创造更有意义的个性化，并且选择在适合的时间以适合的渠道向潜在客户自动发送适合的内容；融合线上线下数据、内部外部数据，尤其是重视移动端和社交数据的整合，通过统一的全域大数据平台对消费者或最终用户进行全方位分析和展示，才能利用大数据实现营销效果最大化，实现营销应用的闭环。

6.2.3　金融大数据应用从点到面，逐渐深化

金融行业数据类型丰富，数据质量好，信息化程度高，数据商业应用较早。金融行业的大数据商业应用较为成熟，一直是传统行业中走在大数据商业应用前列的行业。传统金融行业的数据源非常丰富，以银行为例，银行的交易系统每天产生数亿笔交易信息，这些数据以结构化数据为主；在其业务处理过程中，产生了大量日志数据，网上银行业务的频繁使得消费者的金融消费行为数据变得丰富，还有越来越多的移动端和社交媒体数据等。

金融业在 2015 年的应用场景变得更丰富多彩：从最受关注的反欺诈和风险控制类应用来看，金融业互联网业务的出现在为大家带来便利的同时，也增加了出现风险的渠道。因此，无论是传统金融业还是新兴的互联网金融企业，都在利用大数据搭建更加精准的信用风险评估模型，以降低金融服务的风险，同时对一些不合规行为提前进行预警；金融行业的大数据营销应用方面开始把社交和移动端数据结合进营销类应用，对消费者进行更为精准的分析，为后续的新产品服务开发奠定基础；在客户关系管理领域，金融企业开始利用大数据刻画消费者的行为，进行客户流失率分析、客户体验分析以及客户分类优化分析等细分类应用。

6.2.4　运营商大数据应用从自身发展到跨行业

运营商主要的大数据应用场景主要还是围绕着自己的传统业务，在网络运营、精准营销以及客户服务等方面开展应用，提高运营效率，比如根据用户的使用习惯进行用户群体划分，从而对用户个性化推荐合理的套餐等营销类应用；根据网络故障以及网络拥堵的状况所积累下来的日志数据进行网络优化，合理部署网络资源，提高网络的效率，为客户提供差异化服务；根据用户的投诉或者客户服务水平的评估分析离网客户的特征，制定挽留潜在离网用户的措施。

最近两年的变化在于，第一是运营商拥有大量的用户移动互联网使用数据、支付数据以及 GPS 数据等，开始通过将经过脱敏后的数据资源开放给数据需求方或者通过交换的方式获取自己所需的数据；第二是开始将依据已有数据的分析服务对外输出给其他行业客户，比如有交通行业用户利用运营商信令数据进行交通状况的预测。

6.2.5　交通大数据应用突破：从交通管理发展到智慧交通

作为直接为市民提供公共服务的管理部门，交通状况的好坏是一个城市或区域城市管理水平的直接体现。2015 年，交通大数据的应用从以往的交通数据收集和管理，朝向智慧交通的方向发展，开始利用物联网技术全面感知交通状况，实现不同来源数据的融合，用云计算和大数据来服务和决策，通过数据的实时、科学分析和建模做出预测和预判，通过多元化的服务渠道主动传递。

智慧交通成为很多智慧城市重要的切入点。有不少城市在利用大数据进行交通状况预测和统筹管理方面有了实际的进展，比如，浙江交通利用来自运营商的信令数据分析，实现了对未来 1 个小时路况的预测，准确率达到 90%以上，使得交通管理部门可以依此进行决策；贵州交警则对海量交通数据进行全库关联，通过对车辆图片进行结构化处理并与原有真实车辆图片进行对比，实现了对套牌车的精准识别，并依此开始建立重点驾驶人征信系统。以高德交通大数据应用为例，高德通过交通大数据云平台支撑使得交通数据的采集、生产、发布到用户反馈形成了完整闭环，不仅为用户提供实时路况查询，还可以根据信息在导航过程中调整路线规划，躲避拥堵路段。

6.2.6　政府重视数据共享和开放，推动大数据产业快速发展

中央政府以及地方政府都深刻认识到政府数据共享和开放对于提升政府治理水平以及促进创新创业的深刻价值。尤其是，不同政府部门之间打破信息孤岛是政府机构搭建大数据应用的一个基石和关键。2015 年，不同区域政府都已经在省或市一级成立大数据办公室或大数据处，以推动当地政府大数据应用和产业的发展，尤其在推动政府数据开放领域也起到了重要的推动作用。

以北京、上海为代表的城市级政府数据开放领域从 2012 年就开始了有益的探索，并取得了初步的成果。2015 年上海开放数据创新应用大赛（Shanghai Open Data Apps，SODA）的举办显示了上海市在政府数据开放领域的前瞻性。该比赛旨在发掘城市数据中的价值，以数据开放为切入口，集大众智慧，为城市交通系统建设出谋划策，为数据产品的创新提供竞技平台。2012 年 6 月，上海在国内率先上线"上海市政府数据服务网（www.datashanghai.gov.cn）"，网站目前已经开放近 500 个可机读数据集，涵盖经济建设、资源环境、教育科技、道路交通、社会发展、公共安全等 11 个领域。

北京市政务数据资源网（bjdata.gov.cn）自 2012 年 10 月试运行以来，网站已上线发布了 36 个政府部门 306 类 400 余个数据包，覆盖旅游、教育、交通、医疗等领域，多达 36 万条地理空间等原始数据资源，以及软件与信息服务业、文化创意产业相关政策文件 1475 件。此外，其他地方也都在积极为政府数据开放做准备。

随着云计算基础设施的广泛应用，数据之间的互联互通可以以云计算为基础平台，企业、行业以及科学领域的数据开放受到关注。以气象数据为例，美国每年有 1/3 GDP 的产值和天气有关，也就是说天气对其他产业（如旅游、放在、交通等行业）的影响非常大。气象数据与其他行业数据的融合将会产生非常有价值的行业解决方案，通过吸引大量创业者基于气象数据创新产品和服务，气象产业也就能够产生更大的社会经济价值。2015 年正式上线的中国

气象数据网成为中国气象局对社会开放基本气象数据和产品的共享门户。目前，用户可以通过中国气象数据网官方网页（http://data.cma.cn）访问和下载各类气象数据。

中国气象数据网所公开的数据内容，基于《基本气象资料和产品共享目录》（2015 年），涵盖地面、高空、气象卫星、天气雷达、数值模式天气预报 5 类 17 种基本气象资料和产品。网站全面向社会各类用户提供便捷的数据发现服务、多维度目录导航服务、灵活的数据检索服务、可视化数据显示服务、开放的数据接口服务以及个性化数据定制服务。

6.3 发展趋势

6.3.1 新技术为大数据发展奠定基石

在谷歌的 AlphaGo 与李世石的人机大战中不仅仅体现的是谷歌的人工智能水平，更重要的是谷歌后端的云计算基础设施以及云分析技术实力。云计算技术的日臻成熟奠定了大数据发展的技术基础，人工智能、深度学习、分布式数据处理、大规模计算、认知计算等技术的发展带动着云端数据处理和分析能力的提升。

从最早 2005 年的云计算概念出现到 2015 年的 10 年间，云计算技术发生了翻天覆地的变化，云计算技术的成熟使得更多用户从互联网相关的边缘业务上云，已经逐渐把云计算作为实现大数据应用的平台甚至是关键交易类应用平台。

以 2015 年阿里巴巴双 11 的 912 亿元交易额大场景为例，其背后是云计算技术能力成熟的体现，阿里巴巴首次把双 11 的应用场景运行于混合云平台上再次验证了云计算对于大规模并发用户交易场景的能力，而 OceanBase 这种自主研发的数据库支持支付宝峰值高达 8.59 万次/秒的能力也验证了其所具备的金融级交易数据库的技术水平。

以 Hadoop、Spark、Storm、R 等为代表的开源大数据技术不仅应用在互联网公司，在传统的行业用户中应用也愈发广泛。深度学习、自然语言处理、模式识别等人工智能技术的发展使得计算机的智慧化水平获得快速提升，从而开始进入更多应用场景之中，比如人脸识别技术已经在新版支付宝钱包成为身份识别的一种方式。

6.3.2 大数据新模式为互联网+创新创业注入新力量

互联网+数据的创新创业模式成为互联网+创新创业的主要方向之一，为经济创新带来新增量。目前其在大数据营销、大数据信用与风险控制类应用方向有了不少成功的实践。

数据从产生、采集、存储、处理、分析到展现整个生命周期会产生各种新的商业模式，目前是数据相关技术领域的业务模式比较清楚，基于开源大数据技术的创新和服务是主线，但围绕着数据本身如何提供服务，产生商业价值的模式依然还处在初步探索阶段。大数据+营销或大数据+信用风险控制类服务有不少有益的探索，比如阿里妈妈的营销服务通过利用消费者大数据为企业提供精准营销闭环服务，提高品牌商家到消费者触达效果，而芝麻信用是基于大数据的个人信用评估，将服务场景从线上延伸到线下，从商业和城市服务跨越到政府治理创新，探索了大数据创新业务模式。

未来的创新模式将会围绕着数据的跨界融合衍生出数据服务新产业，企业内外数据、线上线下数据融合产生化学反应，基于数据的创新模式将带来无限想象空间。

6.3.3　大数据带来新问题值得关注

目前基于数据的全新商业模式依然还处在探索的初级阶段，数据交易、交换及服务的商业化面临诸多挑战，比如应用场景和价值不易标准化，数据定价及资产评估问题，安全和隐私的问题，政府数据开放和商业化问题等。

由于数据的应用场景和价值不容易标准化，就如同挖金子的初期一样，真正赚钱的还是卖铁锹的，如今还没有到真正卖金子的时候。数据与工业时代的商品有截然不同的属性，工业时代的商品是以实体物品为主，基于一定成本的原料生产后，基于工厂相对标准化的大规模生产模式生产出来；而目前的数据应用水平和程度有限，数据标准化程度很低，无法按照传统的商品销售模式进行销售。同样的数据，在不同的应用场景下也体现出不同的价值。

工业时代的商品经历了上百年的发展之后，已经形成了大家都认同的标准化定价模式，比如基于物权的定价模式，基本上是成本加上品牌定价；而数据产生的边界成本基本为零，显然这种模式不太适用，但从数据加工的成本出发，针对源数据进行加工后再以 API 或数据集的方式销售给用户，比如以数据堂为代表的第三方数据服务公司正在尝试这样的模式。

6.3.4　大数据带动传统制造业变革新趋势

大数据开始带动存量变革，传统企业和行业用户开始围绕着数据进行业务流程重构和再造，以数据为核心开始尝试业务创新模式，比如 C2B/C2M 模式实质是以消费者数据为核心倒逼传统产业的升级转型。

大数据对传统产业的影响与互联网对传统产业的影响很类似，目前数据在传统产业的角色依然还是辅助角色，大部分传统产业还处在以自己部署实施 ERP、CRM、SCM 等应用的阶段，对数据的沉淀还有限，数据还无法真正贯穿到整理业务流程之中，但有些先进的制造企业已经开始进行了有益尝试。

例如，海尔、红领等企业不仅在营销领域利用大数据，开始尝试利用消费者的需求和行为数据倒逼业务流程变革和再造，比如红领以全程数据驱动生产为核心，人机结合作为辅助，充分发挥智能制造的威力，以工业化手段和效率生产个性化产品，实现个性化定制的大规模工业化生产。

未来大数据将会在某种程度上驱动主要传统产业的解构、重构和再造，基于数据的传统产业变革成为主流。

6.3.5　大数据的共享开放助力政府治理新时代

政府部门以利他分享的 DT 思想考虑政府数据共享开放的发展将会加速《促进大数据发展的行动纲要》的快速落地，为智慧城市、政府治理创新变革、大数据创新创业奠定基础。

政府各部门的数据如果不流动起来，不与其他的外部数据进行融合，将大大降低数据的价值，数据的外部性说明数据的价值不是只存在于内部，站在更高的层次和角度考虑政府数据共享才能使得数据的价值最大。政府数据开放其实是在利用社会力量基于大数据实现政府治理现代化的目标，因此把与民生相关的经过脱敏的政府数据开放给民众以及企业会促进基

于大数据的创新创业发展，才能让数据通过流动和融合发挥更大的社会和经济价值。

6.3.6　大数据发展呼唤新政策、新法规

数据安全相关政策与法规的不完善是影响我国大数据发展的挑战之一，尤其是我国个人信息保护相关法律规范以及跨境数据流动政策需要尽快完善才会推动我国大数据的健康顺利发展。随着个人对隐私保护的关注和重视，个人信息保护相关的法律规范面临我国针对个人信息隐私保护的法律规定尚不完善，有待于更深层次的研究和改善才能对大数据的发展起到更有益的作用。

（阿里数据经济研究中心秘书长　潘永花）

第7章　2015年中国物联网产业发展情况

7.1　总体情况

2015 年，在国家政策和产业技术创新的推动下，中国物联网产业继续保持了强劲的发展势头。据中国物联网研究发展中心测算，2015 年我国物联网整体市场规模达到 7500 亿元，年复合增长率达到 30%。代表物联网行业应用情况的关键指标 M2M 连接数（机器与机器连接数，反映机器接入网络的情况）迅猛增长，我国 M2M 连接数已突破 7300 万，同比增长 46%，占全球 M2M 连接数的 30%，保持全球第一大市场地位，未来中国 M2M 规模将继续扩大，2020 年预计达到 3.5 亿，占全球比重将达 36%[1]。2030 年，物联网预计将为中国额外创造 1.8 万亿美元的累计 GDP 增长[2]。

我国物联网产业布局持续优化，我国已经形成了具有特色的以北京—天津、上海—无锡、深圳—广州、重庆—成都为核心的四大物联网产业集群，同时在交通、安全、医疗健康、车联网、节能等应用领域涌现出一批龙头企业，物联网第三方运营服务平台逐渐崛起，产业发展模式逐渐清晰。

物联网领域的标准建设实现了一系列突破。在 2015 年 12 月举行的第二届世界互联网大会上，中国自主研发的一项物联网安全关键技术 TRAIS 被纳入国际标准，这是中国在物联网核心技术 RFID 领域的首个国际标准，是中国科技企业参与国际标准制定的又一次突破。目前国内多个研究机构和单位致力于物联网网络架构的研究并已形成初步研究成果，为我国不同物联网应用领域的系统设计提供了参考依据。中国信息通信研究院牵头制定的国际标准 ITU-TY.2068《物联网功能框架与能力》已于 2015 年 3 月正式发布，该标准主要明确了物联网功能架构和联网能力等内容。

---

[1] 数据来源：中国通信研究院《2015 年物联网白皮书》。

[2] 数据来源：埃森哲公司。

7.2 发展环境

7.2.1 国际环境

2015 年，全球物联网产业保持较快发展，2015 年全球约有 10 亿部物联网设备出货，比 2014 年增加约 60%。全球的物联网设备总量约达 28 亿部，物联网硬件设备总值预计达到 100 亿美元；相关衍生服务，如专业咨询、数据分析和可穿戴医疗保健设备等，更高达约 700 亿美元[1]。2014 年年底，全球 M2M 连接数达到 2.43 亿，同比增长 29%，而同期智能移动终端的移动连接数（反映人接入互联网的情况）同比增长率只有 4.7%。M2M 连接数占移动连接数的比例从 2013 年的 2.8%提高到 2014 年的 3.3%，2015 年年底全球 M2M 连接数预计达到 3.2 亿[2]。物联网产业国际市场的规模将继续保持快速增长，全球物联网市场规模有望在 2025 年以前达到 11 万亿美元[3]。BI Intelligence 预计到 2018 年物联网设备数量将超过 PC、平板电脑与智能手机存量的总和，而根据国际电信联盟（ITU）、思科、Intel 等多个机构的预测，到 2020 年全球联网设备可达 200 亿～500 亿。

考虑到物联网产业的基础性、战略性地位，2015 年发达国家普遍加强物联网战略统筹和资金支持。美国政府 2015 年宣布投入 1.6 亿美元推动智慧城市计划，将物联网应用试验平台的建设作为首要任务。美国能源部组建"智能制造创新机构"，投入多达 7000 万美元推动先进传感器、控制器、平台和制造建模技术的研发。欧盟重构物联网创新生态体系，2015 年成立了横跨欧盟及产业界的物联网创新联盟（AIOTI），并投入 5000 万欧元，通过咨询委员会和推进委员会统领新的"四横七纵"体系架构，将包括原有 IERC、地平线 2020 在内的 11 个工作组纳入旗下，统筹原本散落在不同部门和组织的能力资源，协同推进欧盟物联网整体跨越式创新发展。韩国政府也投入大量资金推动物联网产业发展，2015 年起，韩国未来科学创造部和产业通商资源部投资 370 亿韩元用于物联网核心技术以及 MEMS 传感器芯片、宽带传感设备的研发。

国际物联网产业生态进一步完善。英特尔继 2014 年发布爱迪生（Edison）适应可穿戴及物联网设备的微型系统级芯片之后，2015 年继续发布居里（Curie）芯片，为开发者提供底层芯片及开发工具。平台化服务方面，IBM 等 IT 巨头将物联网大数据平台作为构建生态的重点，电信运营企业着力打造 M2M 网络和平台，互联网企业则依托其平台优势和数据处理能力，将服务拓展到物联网。操作系统方面，谷歌推出基于 Android 内核的物联网底层操作系统 Brillo，同时发布了一个跨平台、支持开发者 API 的通信协议 Weave，能够让不同的智能家居设备、手机和云端设备实现数据交换。

---

[1] 数据来源：德勤公司《2015 年科技、传媒和电信行业趋势预测》。

[2] 数据来源：中国通信研究院《2015 年物联网白皮书》。

[3] 数据来源：麦肯锡公司。

7.2.2　国内环境

物联网产业的重要发展基础是物联网相关硬件设备和相关软件及服务的发展。硬件方面，我国电子信息产业发展迅速，2015 年，电子信息制造业的销售产值同比增长 8.7%，内销值同比增长 17.3%，其中通信设备行业实现销售产值同比增长 13.2%；家用视听行业销售产值同比增长 4.8%；电子元件行业实现销售产值同比增长 7.8%；电子器件行业销售产值同比增长 10.5%；计算机行业实现销售产值同比增长 0.4%[1]。软件方面，2015 年，我国软件和信息技术服务业完成软件业务收入 4.3 万亿元，同比增长 16.6%[2]。硬件和软件行业总体的良性发展为物联网产业发展奠定了良好的基础。

物联网的发展离不开大规模传感网络的铺设。传感器是物联网整个产业的基础，也是整个物联网产业链中需求量最大、最基础的环节。我国传感器市场持续快速增长，从 2010 年的 397 亿元上升至 2014 年的 865 亿元，年均增长率达 21.4%。预计未来 5 年我国传感器市场将加速发展，平均销售增长率达到 30% 以上[3]。目前，我国已有 1700 余家从事传感器研制、生产和应用的企事业单位，传感器产品达到 10 大类、42 小类、6000 多个品种。传感器市场的快速发展为我国物联网的持续发展奠定了良好的硬件基础。

7.3　产业政策

物联网作为具有重大战略性意义的新兴产业之一，近几年国家出台了多个规划及政策支持其发展。国务院和各部委持续推进物联网相关工作，从顶层设计、组织机制、智库支撑等多个方面持续完善产业发展环境。2015 年发布的《关于积极推进"互联网+"行动的指导意见》、《中国制造 2025》、《促进大数据发展行动纲要》等一系列国家战略中，均将物联网产业发展放在重要位置，予以重点支持。

除此之外，国家对物联网的具体应用，如智慧医疗、车联网、智能交通、智能电网、智慧物流、智慧农业和智慧能源等也出台了多个相关政策。智慧医疗方面，2015 年 3 月，《全国医疗卫生服务体系规划纲要（2015—2020 年）》提出开展健康中国云服务计划，积极应用移动互联网+、物联网、云计算、可穿戴设备等新技术，推动惠及全民的健康信息服务和智慧医疗服务，推动健康大数据的应用，逐步转变服务模式，提高服务能力和管理水平。

车联网方面，《中国制造 2025》提出到 2020 年要掌握智能辅助驾驶总体技术及各项关键技术，初步建立智能网联汽车自主研发体系及生产配套体系。2015 年 12 月，工信部发布《关于印发贯彻落实〈国务院关于积极推进"互联网＋"行动的指导意见〉行动计划（2015—2018 年）的通知》，提及将出台《车联网发展创新行动计划（2015—2020 年）》，组织开展车联网试点和基于 5G 技术的车联网示范。

智慧能源方面，2015 年 7 月，国家发展改革委、国家能源局联合印发《关于促进智能电

---

[1] 数据来源：工业和信息化部。

[2] 数据来源：工业和信息化部。

[3] 数据来源：工业和信息化部电子科学技术情报研究所《中国传感器产业发展白皮书》。

网发展的指导意见》指出，借助物联网等技术，到 2020 年，初步建成安全可靠、开放兼容、双向互动、高效经济、清洁环保的智能电网体系，满足电源开发和用户需求，全面支撑现代能源体系建设，推动我国能源生产和消费革命；带动战略性新兴产业发展，形成有国际竞争力的智能电网装备体系。2016 年 2 月，国家发展改革委、国家能源局和工业和信息化部联合发布《关于推进"互联网+"智慧能源发展的指导意见》，提出营造开放共享的能源互联网生态体系，建设基于互联网的绿色能源灵活交易平台，支持风电、光伏、水电等绿色低碳能源与电力用户之间实现直接交易。

7.4 应用情况

7.4.1 可穿戴设备

可穿戴设备是物联网的典型应用，也是发展起步较早的应用品类之一。2015 年，随着技术进步和产品性能的提升以及价格的下降，智能可穿戴设备的市场接受度继续提升，智能可穿戴设备市场继续保持快速发展。2015 年第三季度全球共交付了 2100 万只可穿戴设备，同比增长 197.6%，预计到 2019 年，全球可穿戴设备出货量将达到 1.734 亿部，年复合增长率为 22.9%[1]。可穿戴设备的主要应用领域包括以运动监测为代表的健康保健领域，以血糖、血压和心率监测为代表的医疗领域，以及智能家居等领域。

可穿戴设备的代表性产品——智能手表在 2015 年出现了井喷式增长。京东商城智能手表销售额 2015 年内增长了 6.7 倍，而非智能手表销售额仅增长 26%。Apple Watch 上市以来一直热卖，2015 年第三季度销量达到 450 万部。在 Apple Watch 的带领下，2015 年各主流厂商也纷纷推出新款智能手表，三星推出了 Gear S2，华为发布了 Huawei Watch，这些智能手表不仅可以与智能手机实时连接、进行语音交互，还可以更换表盘，将科技与时尚完美结合。2015 年，我国儿童可穿戴设备市场也异常火热。2015 年 7~9 月，小天才儿童电话手表在中国的销量超越了三星所有可穿戴设备在全球的销量[2]。360 和搜狗分别发布了 3S 儿童手表和新款糖猫儿童智能手表，不仅支持双向通话、单向监听、语音对讲、实时定位等功能，还利用 GPS、Wi-Fi、基站和重力传感定位相结合的定位方式，让家长和孩子保持室内 20 米、室外 5 米的精准定位。

7.4.2 智能家居

智能家居是物联网的另一项典型应用，智能家居以家庭住宅为载体，综合利用物联网、云计算、无线网络及自动化控制等技术，建立一个由家庭安全防护系统、网络服务系统和家庭自动化系统组成的家庭综合服务与管理集成系统，实现全面安全防护、便利通信网络以及舒适的居住环境的家庭住宅。2015 年我国智能家居相关产业产值达 843.4 亿[3]。在产业布局上，已初步形成"四分天下，粤省占先"的空间分布格局，珠三角地区是智能家居发展最主要的

---

[1] 数据来源：IDC 公司。

[2] 数据来源：IDC 全球季度性可穿戴设备跟踪报告。

[3] 数据来源：国家统计局。

市场，占全国总产值的 49%。

传统的家电生产企业不断创新转型，如传统的冰箱产品正在从生产单纯的制冷保鲜职能的传统家电，向食品健康管理系统改变，如美的冰箱"i+智能管理系统 2.0"和海尔的馨厨冰箱，不仅可以通过冰箱上的触控平板查询相关的菜谱，而且可以通过这快平板集成的电子商务平台实现一键下单购买商品的需求；另外，还可以通过语音交互的方式咨询这台冰箱天气、生活辅助信息等提示。安防空调等跨界产品也纷纷出现，空调上安装的网络摄像头，可实现自动辨别、动态事件侦测等，将空调与家庭安防有效整合。家庭安防与智能硬件的整合将成为未来趋势。

在智能家居领域，重要趋势之一是智能家居生态圈的建立。无论是小米、阿里等互联网企业，还是美的、海尔等传统家电巨头，都在积极搭建智能家居生态圈。2015 年 3 月，海尔正式对外发布了其基于 U 开放平台构建的洗护、用水、空气、美食、健康、安全、娱乐七大智慧生态圈及每个生态圈里的多个网络电器新品。美的也公布了其智慧家居系统白皮书，未来美的 M-Smart 系统将建立智能路由和家庭控制中心，除了提供 Wi-Fi 网络之外，还能提供 Thread、PLC、BLE、EnOcean 等新的连接方案。同时 M-smart 系统还将扩展到黑电、娱乐、机器人、医疗健康等品类，以开放、互存、共进的原则构建更加广义的商业圈及生态圈。华为也发布了 HiLink 连接协议和 Huawei LiteOS 操作系统来实现智能家电的连接，HiLink 连接协议和 Huawei LiteOS 操作系统就是智能家电连接所需要的共同"语言"，具有快速接入、简单易用、安全可靠、兼容多协议等特点。

7.4.3　车联网

近两年来，年轻消费者对汽车电子产品与车联网功能的需求明显上升，汽车正朝着下一个智能终端方向发展，也成了物联网产业应用的重要阵地。以 BAT 为代表的互联网巨头纷纷涌入车联网领域，百度于 2015 年 1 月发布百度车联网平台。百度车联网提供四种解决方案，分别是：百度 Carlife、百度 MyCar、百度 CoDriver、百度 CarGuard。百度 CarLife 可以完美适配 Linux、QNX 和 Android 系统，百度 Carlife 附带了百度的语音识别技术及实时路况数据，初步建立了车联网生态系统。2016 年 3 月，腾讯正式推出了腾讯车联开放平台，发布车联 ROM、车联 APP 和 MyCar 服务。阿里巴巴也与上汽合作，于 2015 年 4 月合并成立汽车事业部，借助电商平台和大数据处理技术，梳理车主价值链，打通物流、资金流和信息流。2016 年 3 月，乐视车联在北京举办了"前所未见"战略发布会，正式发布了"三大战略"，与北汽、比亚迪和东风签署协议，携手打造新一代智能互联的车内生态，并发布了两款"汽车可穿戴设备"——乐视行车记录仪和乐视轻车机套装。

7.4.4　智能交通

智能交通是物联网应用的重点领域之一，通过在车辆、道路、相关设施上布设传感器，并实现车辆-车辆-道路-管理部门联网互通，能够促进物流和信息流的高度融合，大幅提升交通运输效率。美国洛杉矶研究所研究表明，通过物联网技术优化公交车辆和线路组织，减少46% 的车辆运输就可以提供相同或更好的运输服务。目前国内从事智能交通行业的企业有 2000 多家，主要集中在道路监控、高速公路收费、3S（GPS、GIS、RS）和系统集成环节。目前国内约有 500 家企业在从事监控产品的生产和销售。在 3S 领域，国内也已有 200 多家企业，一些龙头企业在高速公路机电系统、高速公路智能卡、地理信息系统和快速公交智能系统领域占据了重要的地位。

互联网企业也积极布局，通过多方合作打造智能交通。2015 年 11 月，江苏省交通运输厅与百度公司在京签署战略合作框架协议，双方将整合共享交通数据资源，应用云计算平台、大数据分析等技术，在交通运输信息化服务领域开展深度合作。双方还将共同推进"互联网+公众出行服务"建设，进一步探索智能公交调度系统、出租汽车管理与服务系统等服务。

7.4.5 智慧物流

物联网的出现，带给物流业新的发展契机。为了解决电子物流出现的问题，物流业也率先应用物联网技术，形成一个智能化的物流管理网络。物联网与物流业的融合，可以为企业减少成本，降低资源浪费，实现科学管理和企业利润最大化。同时更能为企业提供智能化的实时信息采集系统，保证为用户提供优质的信息服务，为物流企业最佳的决策提供高效的信息支持。我国智能物流系统设备市场的市场规模 2014 年为 425 亿元，同比增长 20%，2015年达到约 600 亿元，未来几年每年增速也将在 20%以上[1]。在经济新常态下，物流行业也由传统物流模式向现代物流体系转型升级，企业在生产与物流环节正不断寻求变革与创新。同时，新技术与新业态层出不穷，智能化和信息化技术在生产与物流中快速普及应用，所有核心环节都将变得更加"智能"。京东公司"亚洲一号"的自动化运营中心，充分利用多种物联网技术，具有货到人系统、AS/RS 系统、交叉带分拣机系统、AGV 系统、阁楼货架系统和输送系统，使所有商品集中存储在同一物流中心仓库，快速完成商品拆零拣选，进而达到减少成本、提高效率和准确性以及提升客户满意度的效果。

7.4.6 智慧城市

智慧城市是物联网技术的集中应用。随着人类社会的不断发展，未来城市将承载越来越多的人口，我国正处于城镇化加速发展的时期，部分地区"城市病"问题日益严峻。为解决城市发展难题，实现城市可持续发展，建设智慧城市已成为当今世界城市发展不可逆转的历史潮流。智慧城市运用信息和通信技术手段感测、分析、整合城市运行核心系统的各项关键信息，从而对包括民生、环保、公共安全、城市服务、工商业活动在内的各种需求做出智能响应。目前中国有 2000 多个市镇提出打造智慧城市，并且有近 500 座城市已开展智慧城市相关建设工作，范围遍及中东西部各地区、涵盖不同经济发展水平的城市，如佛山电子政务项目、乌海实施的智慧安全项目、辽源实施的智慧医疗项目、上海实施的智慧城管等，珠三角、长三角等经济发达区域所占数量比重较高。2015 年，中国智慧城市市场 IT 投资规模达到 2480 亿元，年投资增长率为 20.4%。各省市智慧城市建设规划与政策也在逐步落实，仅武汉一地明确智慧城市投入 817 亿元。在未来 10 年里，我国智慧城市建设的相关投资将超过 2 万亿元。

江门市采用移动物联网技术，将台山市区 48 条马路的路灯、46 个气象站、50 个小区水管全部联网，实现了远程监控管理。江门市水文和水务局防汛系统覆盖了江门市各区 20 个防汛点，通过 4G 网络，在春夏雨季及时监控、掌握各水库、江河水线状况。河南省洛阳市

---

[1] 数据来源：中国物流信息中心。

物联网技术成功用于智慧城市管理，例如，"平安洛阳"技防全覆盖系统工程项目，整合了"视频洛阳"、区域卫生信息共享平台和全民健康保障网络数据中心、洛阳市地理信息公共平台和采用多种数字城市技术的数字城管等多个项目系统，实现了信息全面采集和全面共享。

7.4.7　智慧医疗

我国智慧医疗起步较晚，与物联网产业结合空间巨大。据 IDC 预测，2013—2017 年我国医疗信息化市场的年复合增长率预计为 14.5%[1]。智慧医疗的医院信息化、区域医疗信息化和健康管理三个板块中，医院信息化发展相对最为成熟，目前国内市场规模约为 70 亿元；区域医疗信息化次之，目前正处于快速成长期，目前国内市场规模约为 17.5 亿元；个人和家庭健康管理则是处于雏形阶段，目前国内市场规模约为 20 亿元。湖北荆州市公安县卫生部门联合中国移动湖北公司搭建的 120 急救指挥中心监控平台运用移动 4G 和物联网技术，对全县 23 家卫生院所有急救车辆进行实时监控和紧急调度管理，提高 120 接诊效率，为病患提供更便捷、快速的急诊急救服务。联想集团在重庆 2015 COA 骨科大会上正式发布了最新款医疗领域的可穿戴设备——智能眼镜 new glass C100，智能眼镜在医疗场景中达成应用。医务人员借助 new glass 的灵活视角可以做手术直播、远程会诊、监测病人体征数据，还可以利用智能眼镜结合 AR 的医疗应用程序，构建患者虚拟的 3D 身体模型，清晰观察皮肤、血管、骨骼等关键结构，这些功能将颠覆传统诊疗模式。

7.4.8　智慧能源

智慧能源也是物联网产业的应用重镇。我国能源发展面临总量失衡、结构矛盾、效率偏低、体制障碍等一系列问题，矛盾突出，形势非常紧迫。我国能源生产和消费总量均为全球第一，石油对外依存度已超过 60%，天然气对外依存度超过 30%。我国能源以煤炭为主，占比高达 64.2%，比世界平均水平高出 32 个百分点。充分借助物联网技术，发展智慧能源对我国实现可持续发展具有重大意义。2015 被认为是中国能源互联网元年。2015 年 2 月，全国智慧能源公共服务云平台在北京正式启动。该平台基于物联网技术，可以对能源生产和能源消费状况实行实时监控、可视化管理，开展数据分析，推行风险管理、健康诊断，促进提高能效、降低排放、低碳化管理等。对于打破能源数据壁垒，实现互联互通和信息共享，从而减少数据资源浪费，防止弄虚作假、规避人为干预有着重要作用。通过挖掘真实可靠的能源生产和消费数据，为全国各种能源生产和消费单位甚至为家庭提供直接服务，也为政府购买第三方服务创造了条件。重庆市采用国家电网建设的水、电表合一集中采集项目系统，实现了对智能表计数据的远程自动采集，并实时反映在供能企业的数据库中，实现了跨行业能源运行动态数据集成汇总，耗能状况实时监控，为政府和社会提供节能降耗、减排增效等政策提供了数据支撑，从而促使供能企业其合理安排生产，降低能源损耗。

7.4.9　智慧农业

物联网技术和应用与古老的农业产业相结合，开创了智慧农业的新模式。智慧农业综合运

---

[1] 数据来源：IDC。

用云计算、物联网、无线网络等多种信息技术，实现信息支持、大田信息采集、生产数据收集等各个环节的连接，实现农业生产智能控制，进而实现农产品生产工厂化，提前预测农业生产的风险，推动传统农业向现代农业转化。消费者可以随时追溯农产品生产数据与产地，实现了农产品"从田地到餐桌"的全过程管理。2015 年我国智慧农业的产业规模预计突破 6000 亿元[1]。智慧农业强调整体化，将田地、养殖场所、周边村落视作一体，利用现代科技，实现能量的循环利用，对农业生产的能量消耗与污染物排放进行监测，保障农业生产环境质量，对土壤、水田品质及耐受程度进行计算，合理处理禽畜粪便，实现循环利用。兴化现代农业产业园是物联网与农业结合的案例之一，该园区集现代农业生产、示范、科技研发、培训、推广和体验于一体，核心区面积 5000 亩，核心展示区面积 850 亩。园区的物联网使得所有工作只需要一位工作人员和一部电脑就可以全部完成。农业物联网系统通过实时监测、云计算、数据挖掘和分析，将分析指令与各种控制设备进行联动，从而完成农业生产和管理。通过物联网，就可以轻松完成施肥、喷灌、增氧等工作，还能看到光照强度、二氧化碳浓度和土温、土湿等数据。

7.4.10　工业应用

物联网应用在工业领域日益发挥着越来越重要的作用。预计到 2020 年，全球工业物联网产值将达到 1510 亿美元[2]。我国工业物联网发展需求迫切，条件良好，年增长超过 20%[3]。根据中国工程院测算，在有效推广应用以物联网为核心的制造系统后，到 2020 年钢铁与石化、水泥、造纸行业的能源消费强度下降比例分别可达到 5%～7%、15%、29%，主要污染物排放强度下降空间在 10%～30%。华为提出了基于 4.5G 技术的 eW-IOT 解决方案，能够为用户打造一个统一的工业互联平台，其将人与人、人与物、物与物的联接融为一体，从园区物流、自动出入库、AGV 上下料、智能装配再到柔性生产都可以实现移动、可靠的现场可管可控。通过授权和开放频谱的 LTE，以及开放频谱上的 eW-IoT 技术，可以实现开放兼容、可靠联接、工业性能、维护便捷、灵活组网、统一接入等特性的物联网解决方案。三一重工建成车间智能监控网络和刀具管理系统，公共制造资源定位与物料跟踪管理系统，计划、物流、质量管控系统、生产控制中心（PCC）中央控制系统等智能系统，实现了智能化立体仓库、智能化加工设备、AGV 智能小车等一系列智能设备和系统。美的空调广州南沙工业园全智能工厂建成，该厂拥有两条智能生产线、近 200 名机器人，能够实现客户订单生产配送全过程时时监控，大幅提高了生产的自动化率，提升了品质，降低了成本。

7.5　发展趋势

7.5.1　我国物联网技术标准体系及技术平台将逐步完善

目前，我国物联网产业链仍不完整，技术标准和体系亟待完善。物联网产业涵盖诸多技

[1] 数据来源：中国产业信息研究网《2014—2019 年中国智慧农业行业发展现状与投资机会研究咨询报告》。
[2] 数据来源：Lux Research（一家位于波士顿的数据分析公司）。
[3] 数据来源：前瞻产业研究院《2016—2021 年中国物联网行业应用领域市场需求与投资预测分析报告》。

术、诸多行业、诸多领域，不可能一次性制定一套普适性的统一标准。同时，技术本身的先进性并不能确保标准必然具有长久的活力和生命力，标准的开放性、市场竞争情况均会对标准的生命力产生重要影响。因此，物联网标准体系的建立过程将是渐进发展成熟的过程，较可能的路径是从成熟应用方案提炼形成行业标准，行业标准带动关键技术标准，进而演进形成产业标准体系。

此外，物联网领域的创新主要是应用集成性的创新，一个技术成熟、服务完善、产品丰富、界面友好的应用，将是由设备提供商、技术方案商、运营商、服务商协同合作的结果。随着产业逐步成熟，将诞生支持多种设备接口、多种互联协议、多种服务的大型共性技术平台。

7.5.2　物联网对供给侧结构性改革的促进作用更加凸显

在未来几年内，物联网在推动我国经济结构调整、发展方式转变、促进供给侧结构性改革方面的作用将更加凸显。在"互联网+"、"大众创业、万众创新"、中国制造 2025 等政策激励下，物联网产业将进一步促进我国新兴产业与传统产业互渗透、交叉和重组，激发产业链、创新链、价值链的分解、重构和升级，引发传统产业技术水平、产业形态、组织方式和商业模式的重大变化。

物联网技术与理念重构传统行业的运营范式，将大幅拓展行业价值空间，优化行业供给水平。例如，在工业领域，借助物联网技术，生产线可以动态地根据个性化的订单需求进行供料、加工，匹配大规模个性化的制造需求，进而推动企业技术研发、企业管理、市场营销等各个环节的互联网化，带来整个工业生产方式的深刻变革。物联网在污染源监测、危化品定位、产品追溯、节能减排等方面有明显优势，将推动工业文明和生态文明融合发展，对于破解资源环境约束做出重要贡献。

7.5.3　万物互联网为我国产业带来重要发展机遇

在全世界范围内，从移动互联到万物互联的发展趋势正在加速演进，物联网的发展将促进物理世界和网络空间的深入融合，节点数量的剧增将使互联网的整体价值继续保持指数级增长，人、物、数据的关系将重新再造，进而重构整个世界的生产方式和生活方式。移动互联向万物互联的扩展浪潮，将为我国相关产业创造出极大的市场空间和非常重要的历史性机遇。

随着公共管理和服务市场应用解决方案的不断成熟、企业集聚、技术提升，我国物联网产业链将进一步完善、扩展，进而将带动各行业企业应用市场。物联网与新一代信息技术的深度集成和综合应用，将在工业应用、智慧农业、智能交通、智慧能源等重点应用领域带来真正的"智能"、"智慧"的应用，并将在推动产业转型升级、提升社会服务、改善服务民生、推动增效节能等方面发挥越来越重要的作用。

（工业和信息化部信息中心　于佳宁、姜祺瀛）

第 8 章　2015 年中国人工智能发展状况

8.1　发展概况

8.1.1　人工智能的定义

随着数字化和网络化的深入发展，智能化成为新一代信息技术发展的重要方向。人工智能技术是智能化发展的重要基础，重点关注"智能行为的自动化"，发展成为集理论方法、技术应用于一体的系统科学体系。受到"智能"定义范围的影响，人工智能涵盖的范围非常广泛并且较难清晰界定。从产业角度而言，人工智能是包括计算能力、数据采集处理、算法研究、商业智能、应用服务构建在内的产业生态系统。

人工智能的核心要素是算法，随着互联网与经济社会生活日益融合，数据也成为关键要素。人工智能的价值在于提升效率，改变生产方式。随着环境数据和行为数据的继续被采集，企业数据化水平将影响运营效率和决策效果。未来，随着物联网的普及，数据采集手段更加智能化，数据的应用也将逐步由机器完成。人类各种生产、消费、环境监测等的数据将被更充分地利用和挖掘，从而节省流程环节中资源的损耗，提升整体资源利用率和生产效率，并提升人类的生活服务水平。

8.1.2　人工智能的发展阶段

人工智能自 1955 年由麦卡锡教授在达特茅斯会议提出以来，经过了半个多世纪的持续发展，期间经历了大约两次发展的高潮和低谷。自 2006 年起，深度学习领域的突破推动人工智能迎来第三次高潮，如图 8.1 所示。

深度学习算法的发明，大大推动了人工智能技术的整体进步，尤其是商业化进程大大加快。深度学习开辟了机器学习研究中的一个新领域，通过借鉴人工神经网络的相关研究，利用组合数据初级特征形成高层抽象表示的方法，发现数据的分布式特征。深度学习的动机在于建立、模拟人脑进行分析学习的神经网络，它模仿人脑的机制来解释多样化的数据。自 2006 年以来，关于深度学习的大量论文被发表，互联网企业纷纷投入大量人力、财力进行相关领域的研究。

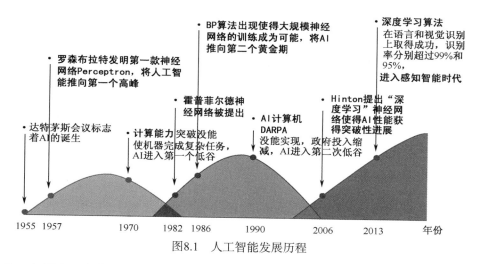

图8.1　人工智能发展历程

目前，中国人工智能发展环境利好因素较多，受到产学研各方重视。2015 年中国人工智能成为投资热点，人工智能创业公司共获得投资金额约 12.6 亿元。1981 年成立的中国人工智能学会（CAAI）也在积极推动中国人工智能产业发展。百度、阿里巴巴、腾讯、华为等信息通信企业也积极布局人工智能，人工智能技术应用能力已经与国际领先企业接近，为我国人工智能突破性发展奠定了基础。

8.1.3　人工智能的产业链图谱

与云计算、大数据类似，人工智能属于通用平台型技术，对整个信息通信网络都有影响。因此，从产业角度，可以将人工智能分成三层：应用层、技术层和基础层（见图 8.2），分别解决"做什么"、"怎么做"、"谁来做"的问题。

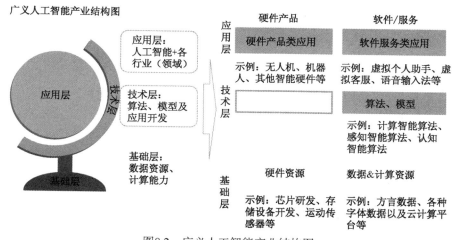

图8.2　广义人工智能产业结构图

应用层范围很广泛，当前主要是商业应用。从最终产品呈现形式上看，可以大致分为硬件产品和软件服务两大类，当然两类之间仍然有交叉。硬件产品包括传统领域智能产品，如智能家居、智能汽车、智能安防等；新型智能硬件，如智能移动终端、可穿戴设备、服务机器人等。软件服务包括智能运维、智能个人助理、商业智能等。技术层主要为核心算法、应用模型的技术开发，软件领域正在逐渐形成算法市场和专业的模型库，开源算法社区正在逐渐形成。基础层既有硬件资源，也包括计算资源和虚拟的数据资源。基础层为人工智能算法的实现提供资源和平台支撑，当前深度学习等热点的形成也与基础层资源能力的大幅提升密切相关。

8.1.4 人工智能的应用场景

人工智能的应用发展与其他信息通信技术类似，是从实验室研发到逐步商业应用的过程。但因其技术实现的要求更高，可以大致分为四个阶段，依次是实验室研发、企业试点、企业大范围推广、个人普及。其中，第四个阶段普及到个人层面上的应用，涉及环境及个人动态的数据资源会非常庞大，由于集中式计算将消耗巨量的网络资源，庞大的数据量也会影响计算速度，难以在个人细分应用场景中有稳定的表现。因此，人工智能本地化计算的实现将是这一阶段突破的重点，本地化计算的实现，将使人工智能真正延展到智能可穿戴设备、智能家居产品、智能汽车等消费级应用。

目前人工智能尚处于试点阶段，如图 8.3 所示。据媒体报道，如语音识别、人脸识别等技术的准确率都已超过 95%，已经逐步进行企业试点。试点应用场景有智能硬件/机器人、安防、商业智能、虚拟服务和虚拟场景 5 种。

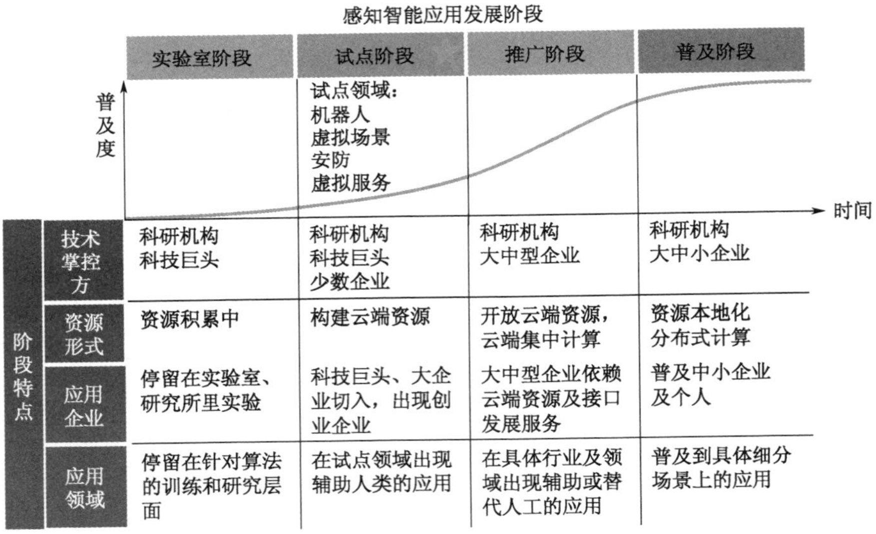

感知智能应用发展阶段

		实验室阶段	试点阶段	推广阶段	普及阶段
阶段特点	技术掌控方	科研机构 科技巨头	科研机构 科技巨头 少数企业	科研机构 大中型企业	科研机构 大中小企业
	资源形式	资源积累中	构建云端资源	开放云端资源，云端集中计算	资源本地化 分布式计算
	应用企业	停留在实验室、研究所里实验	科技巨头、大企业切入，出现创业企业	大中型企业依赖云端资源及接口发展服务	普及中小企业及个人
	应用领域	停留在针对算法的训练和研究层面	在试点领域出现辅助人类的应用	在具体行业及领域出现辅助或替代人工的应用	普及到具体细分场景上的应用

图8.3 人工智能应用发展阶段

（1）智能硬件/机器人：智能硬件产品整体发展可以分为监测、控制、优化和自主四个阶段。人工智能应用于智能硬件产品后，通过利用人工智能的算法使得产品变得更加智能化。如扫地机器人，一方面它可以识别整个房间环境的数据，另一方面在完成整个扫地的过程中对于撞击或者避开障碍物形成数据库，基于这个数据库利用人工智能的深度学习、自动推理的算法自主学习并优化，然后达到智能绕开障碍物替代人类完成扫地的任务。未来人工智能将从交互方式和服务过程两方面改变智能硬件产品，推动智能硬件向优化和自主的阶段发展。

（2）安防：人工智能应用于城市安全、金融安全、个人安全层面，主要依赖于图像、语音等识别技术与云计算、大数据的结合，实现规模化、智能化、个性化的专业服务。

（3）商业智能（Business Intelligence，BI）：人工智能应用于 BI，一是出现云平台应用于数据的存储和计算；二是人工智能的复杂算法模型应用于数据分析和挖掘过程，使分析过程更加准确，辅助企业决策。

（4）虚拟场景：人工智能与虚拟现实技术融合，改进其建模技术、表现技术和交互技术，让使用者更真实地感受所模拟出来的场景。

（5）虚拟服务：虚拟服务的场景是基于人工智能语音识别等相关技术的逐渐成熟而出现的，主要改变了服务沟通方式及后台数据的分析方式，从而提高效率，可以应用在多个行业，部分取代人工服务。

8.1.5　投融资现状

据艾瑞咨询数据，2015 年国内人工智能投资额为 14.2 亿元，单笔投资平均 3300 万元。2015 年中国投资市场共投出 2123 个项目，投资规模达到 5172.3 亿元，较 2014 年分别增长 29%和 52%，已经连续三年增长。从整体投资来看，人工智能市场的投资增长率高于整体，投资量仍只是小微投资额度。

2015 年人工智能领域被投企业主要集中在应用层，超过 2/3 的投资都投向了应用层，且主要集中在软件服务领域，个人虚拟助手、虚拟服务等在 2015 年很受资本的青睐。其中，仅出门问问一家 2015 年 C 轮即获得包括谷歌等投资人的 7500 万美金的融资，占 2015 年人工智能总投资额的 1/3。投向技术层的资本有 55%流向了机器视觉（见图 8.4）。

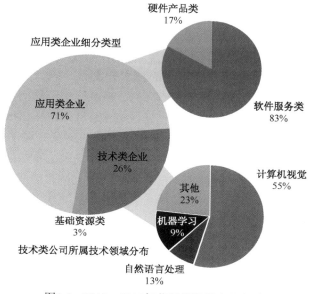

图8.4　2012—2015年获得投资的企业领域

8.2 行业热点

8.2.1 智能硬件

2015 年我国智能硬件市场规模约为 424 亿元，同比增长约为 291.5%，成为人工智能应用的年度最热领域（见图 8.5）。

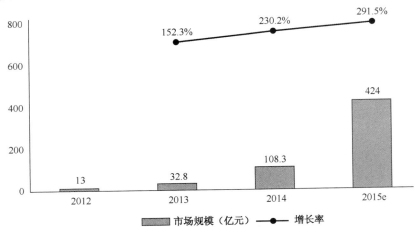

图8.5 2012—2015年中国智能硬件市场规模

智能硬件依赖于应用场景，并根据不同行业应用特点具有不同的特性。

1. 产品聚焦感知能力建设，交互能力尚待开发

受产品集成度、技术成熟度、普及度等因素制约，目前智能硬件产品仍偏重主体感知，如智能手环、智能路由器、智能手表和智能冰箱等。对环境感知以及物物相连的开发较低，用户交互能力的开发仍然较低，进而影响人工智能优势的发挥。

2. 产业巨头积极布局，创业团队注重核心技术开发

智能硬件产品成为互联网接入服务的新型入口，产业巨头纷纷通过开放平台、共享协议、跨界合作等多种方式进行布局。在开放平台与协议领域，主要企业纷纷推出平台协议，如阿里巴巴的 Alink 阿里物联平台，腾讯"QQ 物联"和"微信硬件开放平台"，京东的微联，小米的智能家庭计划和海尔的"U+智慧生活平台"。在跨界合作方面，万科和京东合作成立了智能家居馆，业主可以更充分地体验智能家居生活。万科与阿里合作打造全屋智能系统，将单品体验转变成全系统体验。

8.2.2 视觉识别

2015 年视觉识别技术应用得到快速发展，广泛应用于安防、互联网金融、互联网购物、智能评卷系统、智能手机图像编辑优化等领域。视觉识别主要有个人身份识别（个体生物特征识别）、影像识别（影像数据理解）、文本识别（手写文字识别）三方面，实际应用中往往是这三方面技术的融合实现。

（1）个人身份识别。2015 年该领域的重大技术突破是活体识别，这解决了照片替代本体的关键应用问题，大大提高了身份识别的可靠性。据报道，目前的准确率已经接近商业应用需求，如不考虑硬件铺设成本，未来需要识别个人身份的主要应用场景均可采用机器视觉识别，将大大提高公共服务和商业服务效率。

（2）影像识别。用于场景中的内容识别，如场景里的人、车等可以与身份标识进行匹配的主体，可应用于交通监测、指挥、预警和犯罪分子识别等。与已有的交通监控摄像头结合，可完成环境数据监测并构建未来人工智能发展的数据基础。

（3）文本识别。用于对已有文档资料进行识别和数字化处理，对于已有大量文档资料的整理能大幅提高效率。另外，可用于对有标准答案的文字进行评价和评判，因此已做成评卷系统被应用到大型考试。文字识别对于已有文档资料的非常有价值，但实现难度大于图像、图片和人的特征识别。

8.2.3　语音识别

语音识别的商业应用获得进展，在更多场景中获得突破性应用，如现场语音笔录、智能硬件交互、教育评测系统等应用。2015 年，语音技术开始应用于智能硬件操控系统，包括智能照明设备、智能家电设备等。语音操控的价值是将人转化为操控中心，不再需要依赖其他设备媒介，一方面提升了操控的便捷性，更重要的是将人的行为与环境数据更充分的结合，为下一代硬件设备的发展提供基础。语音识别相对于视觉识别技术更成熟，也将与视觉识别系统合作应用，推动感知智能的普及应用。

8.2.4　虚拟现实应用

虚拟现实技术与人工智能技术的深度结合具有重要意义，是打造下一代"智能"计算平台的重要基础。如图 8.6 所示，自 2015 年起，虚拟现实技术受到科技巨头的重视，谷歌、索尼、Facebook、百度、阿里巴巴等科技巨头纷纷加大投入。人工智能技术在虚拟现实的建模过程、表现方式、交互途径都有应用，无论是虚拟现实、增强现实还是混合现实，都离不开人工智能提供的算法、数据支撑。人工智能将随着虚拟现实技术的发展而获得更广阔的应用。

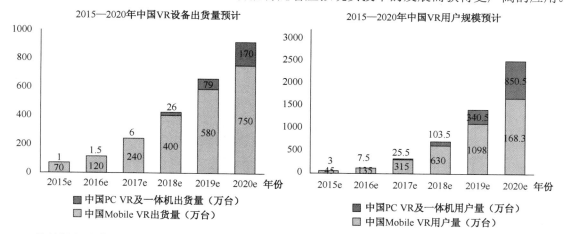

资料来源：出货量及用户规模综合调研数据、行业发展阶段、专家访谈等信息，通过艾瑞统计预测模型预测。
注释：海内外规模对比采用 1 美元兑换 6.5 美元的汇率计算。

图8.6　2015—2020年中国VR设备出货和用户规模

8.3 发展趋势

8.3.1 发展方向分析

深度学习算法的突破掀起了人工智能的第三次热潮，与前两次热潮的不同在于算法实现了商业化应用，并对一些领域发展实现了变革性的推动。长期来看，人工智能未来将会具有部分人类智能，结合更加全面的数据感知能力和应用场景，将会驱动机器完成重复劳动、提供辅助决策。自然语言处理是短期内可以突破的人工智能关键问题。因此，人工智能的发展面临着长周期和短周期两条轨道。长周期的发展聚焦于人工智能核心算法的迭代突破。从应用场景来看，较长一段时间内，人工智能的应用功能场景将从主体识别发展到情绪、行为识别，乃至环境监测、预测和辅助决策能力的实现。短期内仍将聚焦于算法改进、数据感知和计算能力开发等已有产品服务的优化提升。

据艾瑞预测，感知智能的普及应用尚需 5～10 年的时间。首先，从技术层面来看，虽然视觉识别、语音识别等识别技术准确率较高，但是其他配套技术如语音翻译仍需 5～10 年的成熟期；其次，从数据基础角度来看，通过物联网获取环境数据、通过体域网获取行为数据尚不成熟，面向数据感知的 5G 网络尚在标准制定中，人工智能应用的数据基础仍需要 5～10 年的发展期；最后，从计算能力看，目前使用云计算、GPU 为代表的并行计算解决方案已经较为成熟，但是其应用范围较为有限，支持分布运算的人工智能芯片还需要 2～3 年发展。综上所述，未来 5～10 年人工智能的发展将仍处于感知智能逐渐普及应用阶段。

8.3.2 市场规模预测

人工智能目前主要应用领域为硬件产品和软件服务。其中，短期内，人工智能算法的技术应用市场规模主要受软件服务市场规模影响。据艾瑞咨询估计，2015 年中国人工智能软件服务市场规模约为 12 亿元（据主要企业销售收入推测）。参考全球 19.7%的市场规模，考虑国内人工智能产业起步较晚但增长迅速等因素，预计到 2020 年我国狭义人工智能产业市场规模将达到 91 亿元，市场前景广阔，产业潜力巨大（见图 8.7）。

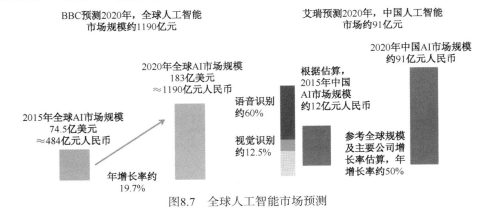

图8.7 全球人工智能市场预测

（艾瑞咨询 刘 赞）

第9章 2015年中国网络资本发展状况

9.1 中国互联网创业投资 VC 及私募股权 PE 投资市场概况

9.1.1 2015 年中国 VC/PE 市场

2015 年中国 VC/PE 市场基金募资状况明显好转。整体募资氛围有向好的趋势，无论是开始募集还是募集完成的基金，基金的募集数量和规模均创历史最高值。根据 CVSource 投中数据终端统计，2015 年全年共披露 914 支基金开始募集和成立，总目标规模约为 1826 亿美元，同比 2014 年（披露 327 支基金开始募集和成立，目标总规模为 699.00 亿美元）的新募集的基金数量和规模均有较大幅度的提升。2015 年共披露出 1206 支基金募集完成，披露的募集完成的规模约为 573 亿美元。从开始募集和募集完成的基金数量和规模来看，成长型基金依旧成主流。从开始募集和募集完成的基金币种来看，依旧呈现出以人民币基金为主导的格局（见图 9.1 和图 9.2）。

另据清科集团编译数据显示，2015 年政府支持的风险投资基金筹资了 1.5 万亿元，管理总资产增至 2.2 万亿元，意味着 2015 年风投基金管理资产翻了 3 倍。据总部位于伦敦的咨询公司 Preqin 估计，这是全球规模最大的创业基金，相当于 2014 年全球其他地区创投基金募资总额的 5 倍。

CVSource，2016.01   www.ChinaVenture.com.cn

图9.1   2010—2015年中国VC/PE市场募资基金数量

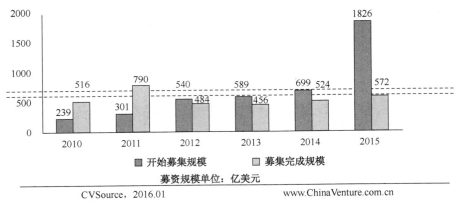

图9.2　2010—2015年中国VC/PE市场募资基金规模

9.1.2　2015年国内创投市场

CVSource 投中数据终端统计，2015 年全年国内创投市场（VC）共披露案例 2824 起，披露的总投资金额为 369.52 亿美元，同比 2014 年（披露的投资案例 2184 起，投资金额为 155.38 亿美元）的投资案例数目有所增加，投资金额规模有成倍的增长。2015 年的投资案例数目和金额规模达到了近几年的峰值，单笔较大金额规模的案例较多，使得全年的投资金额规模与近几年相比翻倍（见图 9.3）。

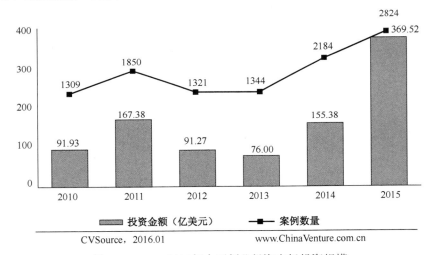

图9.3　2010—2015年中国创业投资市场投资规模

从投资行业来看，互联网行业依旧是投资者最追捧的投资领域，紧随其后的是电信及增值和 IT 行业（见表 9.1）。从投资地域的分布来看，北京、上海、广东和浙江依旧是最活跃的投资地域。发展期的企业阶段融资依旧占主导，早期阶段的企业融资也受到投资者的大力追捧，增长态势不容小觑。人民币投资依旧占主流。

表 9.1　2015 年度中国创投市场不同行业的投资规模

行业	案例数量	融资金额 (US $M)	平均单笔融资金额 (US $M)
互联网	1109	22240.15	20.05
电信及增值	479	3997.99	8.35
IT	464	4819.53	10.39
制造业	163	535.49	3.29
金融	110	1172.71	10.66
综合	95	791.62	8.33
医疗健康	92	781.98	8.50
文化传媒	72	406.79	5.65
连锁经营	41	354.89	8.66
教育及人力资源	38	389.61	10.25
能源及矿业	33	159.28	4.83
交通运输	24	376.67	15.69
汽车行业	21	569.94	27.14
食品饮料	18	178.35	9.91
化学工业	17	39.07	2.30
农林牧渔	16	27.25	1.70
建筑建材	15	29.71	1.98
旅游业	9	54.42	6.05
公用事业	8	26.56	3.32
总计	2824	36952.02	13.08

CVSource 2016.01

　　2015 年中国创投市场行业投资案例数量比例如图 9.4 所示，2015 年中国创投市场行业投资金额比例如图 9.5 所示。

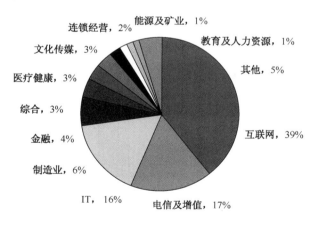

CVSource，2016.01　　　　　　　　　　www.ChinaVenture.com.cn

图9.4　2015年中国创投市场行业投资案例数量比例

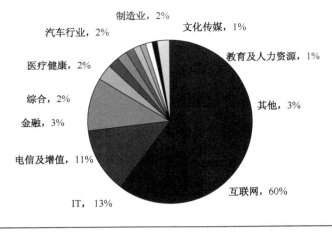

CVSource，2016.01　　　　　　　www.ChinaVenture.com.cn

图9.5　2015年中国创投市场行业投资金额比例

9.1.3　2015 年国内私募股权市场（PE）

根据 CVSource 投中数据终端统计，2015 年全年国内私募股权市场（PE）共披露的投资案例数 1207 起，披露的投资金额为 483.53 亿美元，同比 2014 年度（披露的投资案例数目为 443 起，投资金额为 370.27 亿美元）投资案例的数目有大幅度提高，投资规模也有相应提升（见图 9.6）。

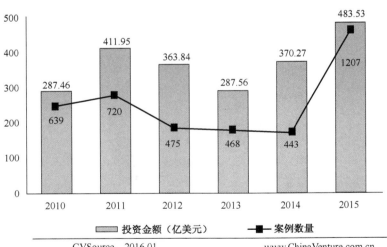

CVSource，2016.01　　　　　　　www.ChinaVenture.com.cn

图9.6　2010—2015年中国私募股权投资市场投资规模

从行业分布来看，制造业和 IT 业最为活跃。从投资地域分布来看，北京地区发生的案例数量和规模都是最大的（见表 9.2）。从融资类型来看，PE-Growth 的投资成主流。PE 市场人民币投资依旧占主流，但美元投资也受到投资者的大力追捧。2010—2015 年中国私募股权投资市场投资金额比例如图 9.7 所示。

表 9.2　2010—2015 年中国私募股权投资市场不同行业的投资金额

行业	案例数量	融资金额 （US $M）	平均单笔融资金额 （US $M）
制造业	293	6364.37	22.06
IT	215	9262.34	43.08
医疗健康	99	3253.57	32.86
能源及矿业	91	2517.42	27.66
综合	74	1133.36	15.32
文化传媒	56	1730.22	30.90
农林牧渔	54	1713.52	31.73
化学工业	51	745.01	14.61
电信及增值	51	4218.32	82.71
建筑建材	41	940.51	22.94
金融	40	4028.57	100.71
汽车行业	28	424.03	15.14
互联网	28	5640.72	201.45
交通运输	22	1507.24	68.51
房地产	21	3282.20	156.30
食品饮料	12	86.92	7.24
公用事业	10	228.41	22.84
连锁经营	9	1060.91	117.88
教育及人力资源	9	96.49	10.72
旅游业	3	19.75	6.58
总计	1207	48352.89	40.06

CVSource 2016.01

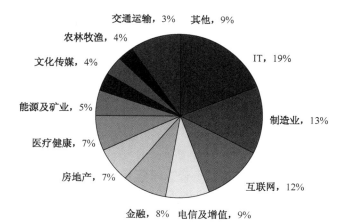

CVSource，2016.01　　　　　　www.ChinaVenture.com.cn

图9.7　2010—2015年中国私募股权投资市场投资金额比例

9.1.4　国内互联网非公开股权融资

众筹是公众作为一个集体，通过互联网投入资金，支持其他个体或组织的活动。作为众筹领域的重要分支，互联网非公开股权融资是指公司面向普通投资者出让一定比例的股份，投资者通过出资入股公司，获得未来收益的行为。按照发行形式分类，互联网非公开股权融资先后采取过三种发行方式：凭证式发行、会籍式发行与天使式发行。

相关法律法规的出台也陆续对互联网非公开股权融资做出了较为完善的明确和约束，

包括：

（1）2014 年 12 月 18 日《私募股权众筹融资管理办法（试行）》：规定股权众筹平台不得兼营个人网络借贷（即 P2P 网络借贷）或网络小额贷款业务），平台净资产不低于 500 万元人民币；投资者应当为不超过 200 人。

（2）2015 年 7 月 18 日《关于促进互联网金融健康发展的指导意见》明确了股权众筹定义：股权众筹融资主要是指通过互联网形式进行公开小额股权融资的活动。股权众筹融资必须通过股权众筹融资中介机构平台（互联网网站或其他类似的电子媒介）进行。

（3）2015 年 8 月 10 日中国证券业协会发布了关于调整《场外证券市场业务备案管理办法》个别条款的通知将"私募股权众筹"修改为"互联网非公开股权融资"。

（4）2015 年 7 月 18 日，央行等十部委联合发布《关于促进互联网金融健康发展的指导意见》，其明确了股权众筹融资的定义，并将股权众筹融资业务划归证监会监管。股权众筹的界定越来越清晰，即"股权众筹"仅指"公募股权众筹"，而"私募股权众筹"则修改为"互联网非公开股权融资"

目前市场中活跃的互联网非公开股权融资平台的募资模式基本相同，都采取了"平台展示+投资人打款"的方式。一些风控意识较为严格的平台会针对自融现象，加入银行托管融资资金的方式作为风控策略链的一环。筹资发起人在募资过程中，需要通过各种方式展示自己的企业或产品。目前常见方式包括网页展示、视频展示、线下路演与投资人约谈等。

截至 2015 年年底，中国互联网非公开股权融资平台数已有 141 家，其中 2014 年和 2015 年上线的平台数分别有 50 家和 84 家，分别占互联网非公开股权融资平台数的 35.5%和 59.6%，2014 年和 2015 年成为互联网非公开股权融资行业"井喷"的年份，京东、阿里巴巴也在 2015 年加入互联网非公开股权融资行业。截至 2015 年年底，中国互联网非公开股权融资平台累计成功众筹项目数达 2338 个，其中 2015 年成功众筹项目 1175 个，占全部众筹数目的五成，股权众筹累计成功众筹金额近百亿元人民币，其中 2015 年成功众筹金额 43.74 亿元人民币，占全部众筹金额的接近一半。

国内互联网较有影响力的非公开股权融资平台主要有：

（1）"创投圈 vc.cn"互联网股权融资平台。截至 2015 年 12 月 31 日，创投圈平台已累计登记超过 44000 个项目，约 2600 位认证投资人，累计融资额超过 30 亿元人民币，共投出约 30 个种子轮项目，24 个天使轮项目，1 个 pre-A 轮项目和 1 个 B 轮项目。

（2）天使汇平台。截至 2015 年年末，认证投资人数达 3220 人，注册项目累计 51407 个，审核通过的挂牌项目 4844 个；平台注册项目已有 499 家企业完成融资，融资总额近 50 亿元，其中知名案例有滴滴打车、黄太吉煎饼等。

（3）牛投网。是一家以"社群+众筹"为特色的非公开股权融资平台。截至 2015 年 12 月 31 日，牛投网已成功募集项目数 21 个，可披露成交金额达到 5443.8 万元。

（4）智金汇。由国际知名投资机构 CA 创投孵化的互联网股权投资平台，该平台以实现"股权投资互联网化"为使命。2015 年 9 月，智金汇获东方富海、险峰华兴、力合清源、星汉资本、众诚资本、弘鹰投资、墨柏资本、博派资本八家风投机构千万级别融资，正式成为九家专业风投机构共同打造的互联网股权投资平台。

（5）京北众筹。属股权众筹平台，采取"领投+跟投"模式，在融资过程中，由京北众筹认定的专业投资机构与投资人领投，领投投资额度下限为 20%，其他众多投资人进行跟投。截至 2016 年 1 月，京北众筹成交项目数 6 个，可披露成交金额达到 6357.7 万元，平均融资完成率达 109%。

（6）36 氪非公开股权融资平台于 2015 年 6 月 15 日上线，3 个月后单月融资额即过亿。截至 2015 年 12 月 31 日，36 氪股权投资平台已经融资近 3.3 亿金额，帮助 40 家创业企业众筹成功。

9.2　2015 年中国互联网投资概况

9.2.1　2015 年中国互联网行业投资情况

2015 年，互联网行业融资持续活跃。根据 CVSource 投中数据终端显示，互联网行业融资案例 1105 起，其中披露金额约 286.14 亿美元，环比增长 316.28%（见图 9.8）。

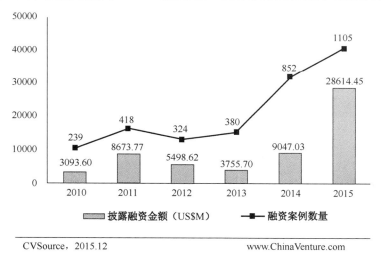

CVSource，2015.12　　　　　　　　　　www.ChinaVenture.com

图9.8　2010—2015年国内互联网企业VC/PE融资趋势图

互联网行业 VC/PE 融资规模达到前所未有的高度的原因主要是"互联网+"行动计划的促进。此外，近年来机构投资互联网退出回报甚高（2014 年全年互联网行业 IPO 退出平均回报率为 47.57 倍），投资机构希望可以在互联网行业摘取更大的收益。综合 2015 年整个 VC/PE 市场来看，总披露规模为 853.05 亿美元，而互联网行业独占 33.54%，占据了整个市场的核心地位。目前，互联网行业仍处于快速发展状态，互联网行业上市企业所占比重较小，因此在 PIPE 融资规模中所占比重甚微，而 PIPE 事件融资规模巨大。所以在未来的发展中，互联网行业逐步成熟稳定，VC/PE 规模所占整个市场比重会更大，规模会更广。

2015 年国内互联网企业融资在 10 亿美元以上的共 3 个案例，其中融资规模最大的交易为蚂蚁金服，融资金额为 32.26 亿美元，由社保基金、国开金融、人保资本和国寿投资等联合投资。蚂蚁金服旗下主要产品包括支付宝、支付宝钱包、余额宝、招财宝、蚂蚁小贷和网商银行等。蚂蚁金服日支付笔数超过 8000 万笔，支付宝钱包活跃用户超过 1.9 亿人。值得注意的是，此次融资有保险行业资本进入，在以往互联网行业融资中极其少见。另外一个融资案例是美团，2015 年 9 月由美团原股东联合其他机构继续注资美团网 15 亿美元，而在年初美团还曾获 7 亿美元融资，连续两次融资规模高达 23 亿美元。10 月美团与大众点评宣布战略合作成立新公司后，便再获得腾讯产业 10 亿美元注资。2016 年 1 月新公司宣布融资 33 亿美元，创全球 O2O 融资记录。

2015 年其他互联网行业 VC/PE 融资规模虽不及前两者规模宏伟，但从历年的案例综合来看，融资规模也相当可观。其中，融资规模超过 1 亿美元的事件超过 90 起，足见互联网行业 2015 年 VC/PE 融资的热度。

表 9.3　2010—2015 年国内互联网企业获得 VC/PE 融资重点案例

企业简称	投资金额（US$M）	二级行业	投资机构
蚂蚁金服	3225.81	电子支付	社保基金/国开金融/人保资本/国寿投资
美团网	1500.00	电子商务	—
美团点评	1000.00	网络社区	腾讯产业
巨人网络	963.92	网络游戏	鼎晖百孚/鼎晖百孚/云锋基金/私毅投资（上海）
大众点评网	850.00	网络社区	腾讯/淡马锡/复星集团/方源资本
美团网	700.00	电子商务	
饿了么	630.00	互联网其他	中信产业基金/歌斐资产/腾讯/红杉中国
优车科技	550.00	互联网其他	君联资本/华平/瑞信资本/兴业基金/新华信托
乐视网	516.13	网络视频	鑫根资管
去哪儿网	500.00	行业网站	银湖
盛大游戏	479.68	网络游戏	东证资本
猪八戒网	419.35	网络社区	赛伯乐
同程网	403.23	行业网站	腾讯/中信资本

CVSource,2016.01

2015 年国内互联网行业细分领域 VC/PE 融资分布如图 9.9 所示。

在细分领域中，综合网络游戏、网络视频、网络社区、网络广告、行业网站、电子支付和电子商务之外业务的"互联网其他"以获得约 71.59 亿美元 VC/PE 融资额位列互联网细分领域第一。其中点餐平台饿了么成为细分中热点案例，在 2015 年年初和年中分别获得 3.5 亿美元和 6.3 亿美元融资，一年连续两次融资之和近 10 亿美元。百度旗下百度外卖获得 2.5 亿美元融资，外卖平台在互联网其他的行业细分中成为最热门行业。电子商务领域获得 VC/PE融资额也高达 66.75 亿美元。行业网站、电子支付、网络社区分别位列融资额第三、第四、第五位。

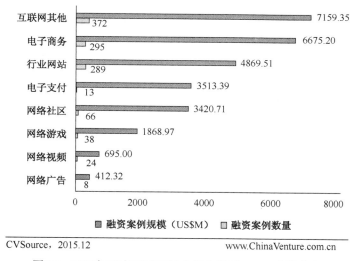

CVSource，2015.12　　　　　　　　　　　　www.ChinaVenture.com.cn

图9.9　2015年国内互联网行业细分领域VC/PE融资分布

9.2.2　2015 年中国移动互联网融资情况

2015 年移动互联网行业 VC/PE 融资继续保持增长态势，根据投中集团旗下金融数据产品 CVSource 统计显示，2015 年移动互联网行业 VC/PE 融资案例 479 起，环比 2014 年 409 起增长 17.11%；披露融资金额约 45.32 亿美元，环比增长 69.44%（见图 9.10）。

CVSource，2016.01　　　　　　　　　　　　www.ChinaVenture.com.cn

图9.10　2010—2015年国内移动互联网企业VC/PE融资趋势图

从融资轮次上的案例数量分布来看，2015 年移动互联网融资的 VC-Series A 发生了 338 起相关案例，同比 2014 年 276 起增长 22.46%，表明机构投资者主要更倾向于处于发展初创期的企业；后续轮次基本与 2014 年持平或略有增幅（见图 9.11）。

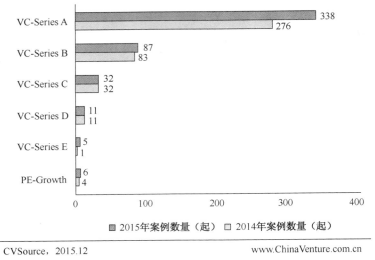

CVSource，2015.12 　　　　　　　　　　　　　www.ChinaVenture.com.cn

图9.11　2015年国内移动互联网企业VC/PE融资轮次案例数量分布

从融资轮次上的案例规模分布来看，2015 年移动互联网融资除 VC-Series B 略低于 2014 年以外，其他轮次均呈现过半的增长，表明了整体行业良好的发展态势，机构投资者对优秀企业项目的后续跟进保持高热度（见图 9.2）。

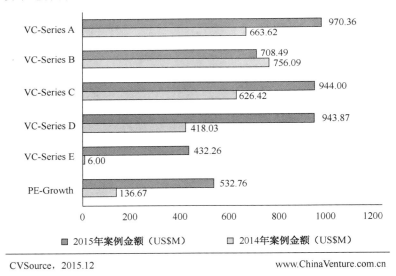

CVSource，2015.12 　　　　　　　　　　　　　www.ChinaVenture.com.cn

图9.12　2015年国内移动互联网企业VC/PE融资轮次案例金额分布

从具体案例来看，2015 年国内移动互联网企业融资金额居首位的是快的打车，获阿里巴巴、软银中国等 6 亿美元注资。1 月 15 日，杭州快智科技有限公司（快的打车）获得 6 亿美元注资，由软银中国资本领投，阿里巴巴以及老虎环球基金也参与了此次投资。2013 年，快的打车获得来自阿里巴巴等投资方的 A 轮融资，同年 11 月快的打车并购了打车软件大黄蜂；2014 年，快的打车又先后完成两轮投资，融资金额均超 1 亿美元，估值达 10 亿美元。另外，排名第二、第三位的融资案例分别是挂号网获得 3.94 亿美元投资，高瓴资本、高盛领投，复星集团、腾讯、国开金融等共同参与；秒拍视频获 2 亿美元融资，由德丰杰旗下新浪微博基金和红杉资本中国基金、韩国 YG 娱乐有限公司等联合注资（见表 9.4）。

表 9.4　2015 年中国移动互联网企业 VC/PE 融资重点案例

企业简称	行业分类	投资机构	投资金额 US$M
快的打车	生活服务类应用	阿里巴巴/老虎基金/软银中国资本	600.00
挂号网	生活服务类应用	高瓴资本/高盛/复星集团/腾讯/国开金融	394.00
秒拍视频	社交娱乐应用	德丰杰/红杉中国	200.00
骡迹智慧物流	生活服务类应用	—	126.00
有信网络	生活服务类应用	新浪	100.00
趣盛网络	生活服务类应用	红杉中国	100.00
E代驾	生活服务类应用	华平/经纬中国/光速创投	100.00
Dmall	移动电子商务	IDG资本	100.00
普景信息	生活服务类应用	中信资本/安持资本/海润财富/经纬中国/天图资本	80.65
挖财网	移动营销	新天域资本/汇桥资本集团/光信资本/中金公司/宽带资本/IDG资本/启明创投/鼎晖投资	80.00

CVSource，2016.01

9.3　2015 年中国互联网企业并购概况

9.3.1　2015 年中国互联网企业并购情况

2015 年，全行业并购宣布 9701 起，环比增长 24.3%；披露交易金额 7233.28 亿美元，环比增长 81.65%。其中，互联行业并购宣布 836 起，环比增长 54.24%；披露金额共 518.69 亿美元，环比增长 197.38%（见图 9.13）。

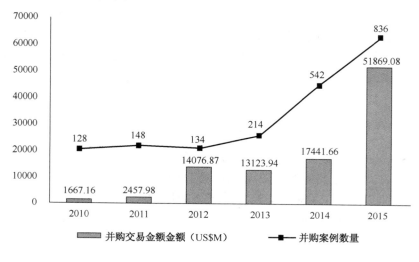

CVSource，2015.12　　　　　　　　　　www.ChinaVenture.com

图9.13　2010—2015年中国互联网并购市场宣布交易趋势图

近几年来，互联网行业并购事件一直处于上升趋势，同时并购交易金额平稳增加。2015年在并购事件快速增加的同时交易金额增长近 3 倍，同 VC/PE 融资势态相同，表明受相关政策影响互联网行业发展势头强劲有力。在互联网行业并购宣布中，电子商务并购再成热点，全年电子商务宣布并购案例 497 起，并购宣布金额 171.63 亿美元，占全年互联网并购宣布金额的 33.09%（见图 9.14）。其中，阿里巴巴集团 45 亿美元收购合一集团优酷土豆，为本年度互联网并购宣布案例金额最高的一例。同时，阿里巴巴集团 2015 年以总计 67.4 亿美元连续两次回购股份，奠定了电商并购份额的基础，成为又一亮点。2014 年纳斯达克上市后，阿里巴巴集团 2015 年无论在 VC/PE 市场还是并购市场都表现非常活跃，同时横向延伸明显。

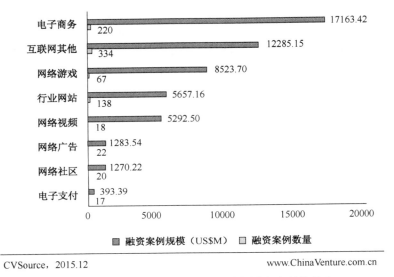

CVSource，2015.12   www.ChinaVenture.com.cn

图9.14　2015年中国互联网行业细分领域宣布并购分布

在并购宣布金额前 20 例中，电子商务并购独占 7 例。由于经济增速放缓，传统行业遭遇盈利下滑，不少上市公司面临主营业务亏损迫切需要转型寻求新的利润增长点。而与此相对，互联网行业却异常火爆，电商近年来的异军突起、势头强劲，虽然规模经济效益明显，但并不影响创业者对其的热情，这为不少上市公司通过并购电商公司从而改善公司经营状况提供了机会。这 7 例电商并购均为上市公司并购电商公司。

9.3.2　2015 年中国移动互联网企业并购情况

根据 CVSource 投中数据终端显示，移动互联网行业并购宣布交易 199 起，环比增长64.46%；披露金额共约 59.52 亿美元，环比增长 118.69%（见图 9.15）。

完成交易方面，根据 CVSource 投中数据终端显示，移动互联网并购市场完成交易案例数量 124 起，环比增长 87.88%；披露金额共约 26.55 亿美元，环比增长 44.10%（见图9.16）。

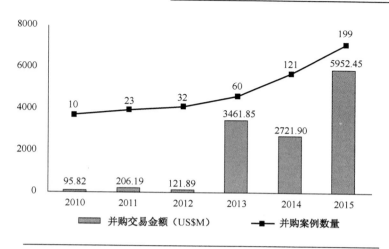

图9.15　2010—2015年国内移动互联网并购市场宣布交易趋势图

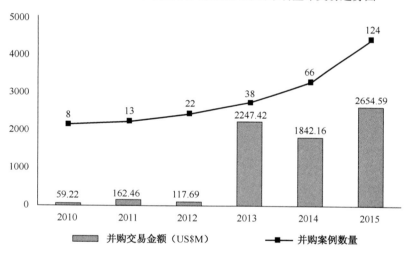

图9.16　2010—2015年国内移动互联网并购市场完成交易趋势图

　　从具体案例来看，2015 年国内移动互联网企业重大并购位居首位的是蚂蚁金服收购 One97 的 25%股权（见表 9.5）。2015 年 2 月，阿里巴巴集团及其金融服务子公司浙江蚂蚁小微金融服务集团宣布，联合向印度手机增值服务提供商 One97 Communications 旗下的在线支付和市集业务 Paytm 投资大约 5 亿美元。此次阿里巴巴的投资是进军印度互联网市场的一个重大举措，将会用于扩张 Paytm 的服务。目前印度人口众多，基础设施水平落后，但消费能力与智能手机数量在日益增长，二者正在促进印度电子商务市场的加速形成，阿里巴巴集团正是借此时机进入印度市场。位列第二、第三名的具体案例是掌趣科技 26.78 亿元收购天马时空 80%的股权以及巨龙管业 25 亿元全资收购艾格拉斯。两起案例均是 2015 年度手游领域的并购大案，前者掌趣科技主要是为了多元化公司的手游产品组合，增加公司收入来源渠道，后者巨龙管业则是战略转型。

表 9.5　2015 年中国移动互联网企业重大并购案例

企业	CV行业	交易金额US$M	交易股权	买方企业
One97	移动互联网其他	500.00	25.00%	蚂蚁金服
天马时空	手机游戏	431.87	80.00%	掌趣科技
艾格拉斯	手机游戏	403.23	100.00%	巨龙管业
巴士在线	移动互联网其他	271.78	100.00%	新嘉联
赞成科技	手机游戏	177.42	100.00%	禾欣实业
火溶信息	手机游戏	131.92	90.00%	拓维信息
多盟	无线广告	109.29	95.00%	蓝色光标
掌淘科技	移动互联网其他	86.77	100.00%	游族网络
微盟	移动互联网其他	80.65	—	海航集团
点入广告	无线广告	78.18	100.00%	久其软件

CVSource，2015.12

　　并购退出方面，2015 年由于两起手游公司的案例，众多机构相继退出获利，账面退出回报总额达到 5781 万美元，账面退出平均回报率 11.04 倍。2015 年国内互联网并购退出统计如表 9.6 所示。

表 9.6　2015 年国内互联网并购退出统计

企业	退出机构	账面退出回报 US$M	账面回报率（倍数）
巴士在线	东源国信	0.95	-0.96
艾格拉斯	泰腾博越	4.19	0.03
	正阳富时	10.08	0.03
	万得投资	4.03	-0.17
	天然道投资管理	2.69	-0.17
	湖南富坤	1.34	-0.17
	盛世景	1.48	-0.09
	深商富坤	2.69	-0.17
	盛达瑞丰永泰	4.84	-0.01
	盛达瑞丰兴裕	3.9	-0.17
火溶信息	青松基金	10.45	63.16
	原子创投	11.17	71.21

CVSource，2015.12

9.4　2015 年中国互联网公司上市概况

9.4.1　2015 年中国互联网公司上市情况

　　国内互联网行业在 2010—2015 年 IPO 规模总体均波动较大，2012 年和 2014 年形成两个明显的波峰，而 2014 年阿里巴巴集团上市成为近几年乃至整个 IPO 史的一个高峰。其余几年 IPO 规模均在 10 亿美元左右。2015 年，国内互联网企业 IPO 规模低至近年来最低点，总融资规模仅约 4.98 亿美元（见图 9.17）。一方面，受 7 月至 11 月 IPO 暂停四个月影响；另一方面，2015 年二级市场波动较大，IPO 存在一定的不确定性，存在部分待 IPO 企业保持观望态度。就国内互联网行业整体发展来看，预计未来 IPO 会呈上升趋势。

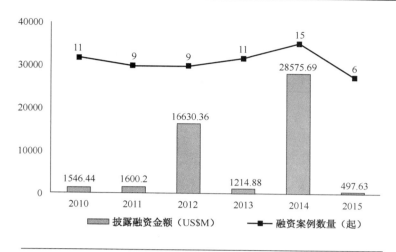

CVSource，2015.12　　　　　　　　　　www.ChinaVenture.com.cn

图9.17　2010—2015年国内互联网行业企业上市融资趋势图

2015 年 IPO 的 6 家企业中融资规模均较小，实现上亿美元融资的案例仅有年初的昆仑万维和快乐购；而在第三、第四季度中受 IPO 暂停影响只有宜人贷一家实现 IPO，并且 IPO 融资规模不足 1 亿美元；剩下的 3 家 IPO 企业超凡网络、窝窝团和暴风科技融资总额之和不足 1 亿美元（见表 9.7）。2015 年互联网行业 IPO 无论从规模或数量上均降至近几年来最低点。

表 9.7　2015 年国内互联网企业上市案例

企业	证券代码	CV行业分类	上市时间	募资金额 US$M
宜人贷	YRD	互联网其他	2015-12-18	75.00
超凡网络	08121	网络广告	2015-05-29	16.60
窝窝团	WOWO	电子商务	2015-04-08	40.00
暴风科技	300431	网络视频	2015-03-24	34.55
快乐购	300413	电子商务	2015-01-21	102.29
昆仑万维	300418	网络游戏	2015-01-21	229.19

CVSource，2016.01

2015 年，互联网行业退出 41 例，披露账面退出金额共 6.29 亿美元，环比下降近 132 倍。由于互联网行业 VC/PE 机构退出主要通过企业 IPO 实现，本年度互联网企业受 IPO 暂停影响，实现 IPO 的互联网企业仅为 6 家，导致本年度互联网行业机构退出金额暴跌，同时受二级市场波动影响，IPO 退出账面回报倍数降到新低。

本年度，在 6 家实现 IPO 的互联网企业中，4 家互联网企业有 VC/PE 背景，IPO 退出 19 笔，账面退出金额仅 3.39 亿美元，平均账面回报仅 1.04 倍，退出金额环比大降近 248 倍（见图 9.18）。IPO 退出遇冷。

　　　　　　　www.ChinaVenture.com

图9.18　2010—2015年国内互联网领域VC/PE机构上市账面退出回报趋势图

本年度，VC/PE 机构参与互联网企业 IPO 获得退出的 19 笔中均无过高退出回报，但值得注意的是在并购退出方面，鑫悦投资在新合文化并购退出过程中获得近 422 倍退出回报。同时，利通基金、容银投资、世纪凯华等在并购退出方面均获得了 10～30 倍的退出回报，虽然涉及金额规模较小，但同样证明了互联网行业在退出过程中依然存在着相当可观的回报率。综合 2015 年"互联网+"行动计划的推出，"大众创业、万众创新"的浪潮下相关政府引导基金的设立等因素的影响，2016 年互联网行业的融资规模和案例数会有相对提高，未来互联网行业的退出份额和回报会持上升趋势。

9.4.2　2015 年中国移动互联网企业上市情况

根据 CVSource 投中数据终端显示，2015 年国内移动互联网企业 IPO 规模低至 5 年来最低点，仅窝窝团一家上市，IPO 规模 4000 万美元（见图 9.19）。

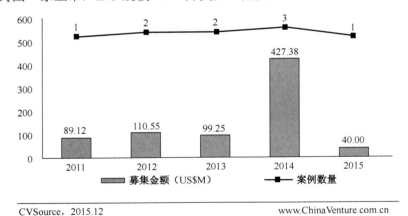

　　　　　　　www.ChinaVenture.com.cn

图9.19　2010—2015年国内移动互联网行业企业上市融资趋势图

上市骤冷一方面是宏观因素造成了市场的冷静，受到中国经济市场 2015 年的波折、上半年二级市场的大幅振动以及 7～11 月 IPO 暂停的影响，部分企业保持观望态度；另一方面是行业因素，2014 年随着阿里巴巴、京东和新浪微博的上市，整个互联网行业达到了历史巅峰，同年蓝港互动、陌陌以及创梦天地将移动互联网领域 IPO 推向高潮，目前行业整体重新回到发展与扩张阶段，未来成熟企业 IPO 正在酝酿。

2012 年至今，包括中国手游集团在内，共有 8 家移动应用企业实现上市，分别为 99 无限、3G 门户、中国手游、掌趣科技、创梦天地、陌陌、蓝港互动以及窝窝团。其中，中国手游集团（CMGE）采取"介绍上市"方式登陆纳斯达克，并未涉及 IPO 融资（见表 9.8）。2013 年第三季度，中国手游企业创梦天地成功实现赴美 IPO，第四季度则有陌陌和蓝港互动相继登陆纳斯达克和港股市场。2012 年 4 月，由经纬中国主投，陌陌完成 A 轮融资。2012年 7 月 B 轮由阿里巴巴、经纬中国和 DST 共同投资。2013 年 3 月，阿里巴巴、经纬中国和DST 等一起参与 C 轮投资。2014 年 5 月，D 轮融资参与者包括红杉资本、云锋基金和老虎环球基金等。

表 9.8　2012 年至今中国移动互联网公司上市情况

企业	上市时间	证券代码	交易所	募资金额US$M
窝窝团	2015/4/8	WOWO	NASDAQ	40.00
蓝港互动	2014/12/30	08267	HKGEM	95.88
陌陌	2014/12/11	MOMO	NASDAQ	216.00
创梦天地	2014/8/7	DSKY	NASDAQ	115.50
3G门户	2013/11/22	GOMO	NYSE	78.54
99无限	2013/10/8	NNW	ASX	20.71
中国手游	2012/9/25	CMGE	NASDAQ	0.00
掌趣科技	2012/5/11	300315	ChiNext	110.55

CVSource，2015.12

（中国科学院　侯自强）

第10章 2015年中国互联网企业发展状况

互联网产业对经济增长和经济结构转型升级起着推进器和加速器的作用。据工信部预测，2015年我国信息消费规模将达到3.2万亿元，同比增长15%左右。伴随着互联网产业的繁荣兴盛，一批优秀的互联网企业发展壮大，成了促进互联网经济发展、提升社会信息化水平的重要力量。

10.1 发展概况

2015年中国互联网企业发展遇有如下有利条件。

1. 党和政府高度重视互联网发展，相关政策密集出台

2015年"两会"期间，李克强总理在政府工作报告中提出制定"互联网+"行动计划，推动移动互联网、云计算、大数据、物联网等与现代制造业结合。7月，国务院印发了《关于积极推进"互联网+"行动的指导意见》。十八届五中全会公报明确指出，实施网络强国战略，实施"互联网+"行动计划，发展分享经济，实施国家大数据战略。2015年，国务院共出台相关文件达15项，工信部、网信办、工商总局、交通运输部、中国人民银行也有相应的文件出台。互联网发展得到党和政府前所未有的重视。

2. 网络安全法治建设持续推进，产业发展法律环境日益优化

2015年7月，第十二届全国人大常委会第十五次会议初次审议了《中华人民共和国网络安全法（草案）》（以下简称《草案》），并面向社会公开征求意见。《草案》的制定为维护我国网络安全提供了保障和依据，进一步完善了我国的互联网法律体系。8月，第十二届全国人大常委会第十六次会议表决通过了刑法修正案（九），明确了网络服务提供者履行信息网络安全管理的义务，加大了对信息网络犯罪的刑罚力度，进一步加强了对公民个人信息的保护。

3. 行业监管和治理加强，市场竞争发展更加规范有序

主管部门出台文件，加强行业治理与监管，确保新兴业态有序发展。2015年4月，国家版权局发布《关于规范网络转载版权秩序的通知》，推动建立健全版权合作机制，规范网络转载版权秩序。为规范支付服务市场秩序，促进网络支付业务健康发展，2015年12月，中国人民银行发布《非银行支付机构网络支付业务管理办法》。国家工商总局也多次下发文件，对网络商品和网络服务质量进行规范。一批不符合行业发展规范的企业，业务受到严肃整治。

4. 产业基础设施建设进一步加强

2015 年我国移动互联网高速发展，4G 网络实现跨越式增长。2015 年，我国已建成全球最大 4G 网络。互联网正在向生产生活领域深度渗透，成为我国经济转型升级的"新引擎"。

宽带中国战略全力推进，网络提速降费初见成效。2015 年 3 月，我国正式实施《宽带接入网业务开放试点方案》，宽带接入开始向民间资本开放，并确定了首批 16 个试点城市。2015年 5 月，工业和信息化部发布《关于实施"宽带中国"2015 专项行动的意见》。截至 2015 年11 月，我国互联网宽带接入用户超 2.1 亿户，其中光纤宽带用户占比近 54%，全国固定宽带用户平均接入速率达 19.4Mbps。

同时，通过采取全面下调境外漫游费、京津冀手机漫游费取消、流量当月不清零等措施，2015 年网络提速降费得以大力推进。截至 2015 年年底，我国固定带宽资费水平比 2014 年年底下降超 50%，移动流量平均资费水平下降约 40%。

5. 大数据、云计算和人工智能推动产业发展

大数据加速产业变革，新技术驱动产业发展。2015 年 4 月，全国首家大数据交易所在贵阳成立并完成首批大数据交易。贵阳大数据交易所的投入运营，率先推动了数据互联共享方面的探索，对大数据分析、挖掘和应用等相关产业的发展，具有重要意义。十八届五中全会正式提出了国家大数据战略，百度、腾讯、阿里、中国电信等企业也已经从日渐成熟的大数据市场中看到商机，开始加速其在大数据领域的布局。

云计算、人工智能等技术的进步同样也在推动产业发展。例如，云服务降低了中小企业的计算和存储成本，软件开源降低了人工智能研究门槛。一系列技术的成熟催化着万物互联、智慧城市等产业的前行。

10.2　企业发展的行业变化

1. 互联网引领信息经济，发展成果惠及百姓民生

O2O 进入传统零售业、房地产业，产业重心向线下转移。随着电商交易进入稳定期，对零售业的冲击开始减弱；同时，实体渠道也在积极探索电商转型，进一步模糊线上与线下商务服务界限。以互联、无缝、多屏为核心的全渠道营销成为趋势，给消费者带来更多更好的购物体验。阿里巴巴与苏宁、京东与永辉超市等分别展开不同形式的合作，将企业资源整合O2O 化，实现业务平台开放和企业价值闭环。

电子商务跨境布局，促进全球消费资源优化。上半年我国跨境电商交易规模为 2 万亿元，同比增长 42.8%。到 2015 年年底，跨境电商进口试点城市已达 10 个，跨境电商已经成为中国进出口贸易的重要组成部分，成为打造开放型经济的重要引擎。借助专业的跨境电商平台和遍布全球的物流体系，中国产品的触角沿着"一带一路"不断延伸。

移动端网络购物首超 PC 端，电子商务发展步入新阶段。2015 年天猫"双 11"全球狂欢节全天交易额达到 912.17 亿元人民币，其中移动端交易额占比为 68%。"双 11"期间，各家主流电商移动端的支付比例为 60%～80%，移动端首超 PC 端，表明移动端正式成为与 PC 端并驾齐驱的电商主流渠道。

互联网金融创新服务面向实体经济，数据分析促进产业纵深发展。互联网金融创新产品

和服务不断推出；大数据技术推进个人征信业务市场化，网络征信和信用评价体系建设加快。

分享经济构建新商业模式，成为拉动经济增长新动力。2015 年，以网络约租车为代表的分享经济快速发展，并渗透到人们日常的出行、饮食、家政和住宿领域。分享经济的实质是通过互联网等新技术消除信息不对称，在更大范围内进行高效的资源优化配置。分享经济带来了新的商业模式和商业机会，是借助互联网思维改造升级传统产业的典型案例。2015 年 10 月，十八届五中全会公报中首次提出"发展分享经济"，分享经济的发展和繁荣将为中国经济找到新的增长点。

2. 智能制造成为主攻方向，协同发展促进产业转型升级

中国制造 2025 引领制造业转型升级，智能制造引发企业热情。2015 年 5 月，国务院发布《中国制造 2025》，提出了中国制造强国建设三个十年的"三步走"战略。2015 年 6 月，为推进实施制造强国战略，加强对有关工作的统筹规划和政策协调，国务院成立国家制造强国建设领导小组。在政策的指引下，互联网与各行各业融合创新步伐加快，成为制造业转型升级的新引擎。汽车、家电、消费品等行业加快拥抱互联网，众包众设、大规模个性化定制等融合创新应用模式不断涌现。

互联网公司联合汽车制造商，推动汽车智能化进程。2015 年，腾讯与富士康、和谐汽车展开合作，乐视与北汽联手打造新能源汽车，阿里与上海汽车集团组建合资公司，专注互联网汽车的技术研发。百度无人车也在北京首次完成全自动驾驶测试。多家互联网企业凭借其在汽车导航、智能操作系统等方面的技术优势，纷纷跨界汽车制造领域，智能汽车市场正在成为互联网+的下一个"风口"。

3. 互联网构建新型农业生产经营体系，食品安全追溯机制逐步推广

互联网+现代农业，促进农贸产品提高产量加速流通。一方面，互联网促进传统的种养殖模式向集约化、精细化、智能化转变；另一方面，网络改变了农业经营理念和模式，助推农业订单，增加农产品销量。

农村电商平台加速落地，带动城市商品流向县城。政策红利下，农村电商市场越发红火。农村淘宝计划在 3～5 年内投资 100 亿元，在全国发展 1000 个县级服务中心，覆盖 1/3 左右的县和 1/6 左右的村；京东旗下的农村电商业务也加速布局。国务院、农业部、发改委、商务部也先后引发促进农村电子商务加快发展的相关指导意见，为推进以农产品和农业生产资料为主要内容的农业电子商务快速健康发展提供了政策支持。

10.3　国内企业发展情况

中国互联网企业整体呈现以下特征。

1. 行业加速整合，市场竞争呈现新格局

大型互联网企业深入合作，增强产业链话语权。2015 年以来，面对行业内竞争的不断加剧，中国约有 12 家大型互联网公司完成合并，涉及金额超过 1000 亿美元。引人注目的事件包括滴滴与快的的合并、58 同城与赶集网的合并、携程与去哪儿的合并、美团和大众点评的合并以及百合网与世纪佳缘的合并。在互联网市场竞争激烈而导致资本压力越来越大的情形下，互联网企业选择通过合作来实现资本的有效利用，提高市场竞争力，从而寻求新的突破。

2. 移动与线下并重，电商企业发展打开新篇章

一方面，移动端占比首超 PC 端，便捷购物成为网购主流选择。2015 年，各电商平台在移动端持续发力，移动端购物占比不断攀升。"双 11"期间，天猫交易额突破 912 亿元，其中移动端交易额占比为 68%，京东移动端下单量占比达到 74%，其余各大电商平台移动端的支付比例也在 60%～80%之间。移动端在 2015 年超越 PC 端，成为网购市场主流选择。

另一方面，电商实体加速资源整合，打通线上线下实现融合互补。随着电商交易发展模式进入平稳期，线上线下各渠道加快融合。6 月，阿里巴巴与银泰商业宣布全面融合，银泰成为阿里集团打通整合线上线下商业的重要平台；8 月，阿里巴巴与苏宁共同宣布达成全面战略合作，双方将尝试打通线上线下渠道，对现有体系实现无缝对接；8 月，京东与永辉超市签署了战略合作框架协议，双方将发挥各自优势打通线上与线下，合作探索零售金融服务；9 月，由万达集团、腾讯公司和百度公司合力打造的飞凡电商也首次亮相。电商与实体的加速融合，有助于双方取长补短、共享资源，给消费者带来更多更好的消费体验。

3. 积极布局海外市场，业务与资本双双取得新进展

一方面，国内企业海外业务蓬勃发展。一批互联网企业走出去，把产品和服务带向全球市场，中国互联网企业足迹遍布亚非拉欧美。又有一批互联网企业，把海外商品和服务带回国内，满足大陆居民的多层次需求。一来一往，互联网充分发挥了信息流动与平台集中的优势，打破了信息不对称，利国利业利民。

国内市场主体对外投资，积极扩展海外市场。2015 年，阿里巴巴购买了美国母婴用品类电商 Zulily 的股份，并以 20.6 亿港元收购香港《南华早报》及其他相关媒体资产，还联合和富士康、软银等投资了印度电商平台 Snapdeal；腾讯 5000 万美元投资加拿大初创企业 Kik，并先后投资或收购 Glu Mobile、Pocket Gems 和 Riot Games 等国外游戏厂商；寇图资本、中国投资有限责任公司和滴滴快的联合投资东南亚打车应用服务公司 Grabtaxi 3 亿 5000 万美元。通过扩展海外市场，实现资源共享，强化自身优势，成为当前中国互联网企业发展的一个趋势。

4. 创新创业企业涌现，为行业发展注入新活力

在国家行动、地方推动、资本躁动、人员激动的多方因素下，2015 年我国创新创业潮涌现，在大众创业、万众创新的背景下，某地曾 1 月举办 62 场创业活动；而有的时段，天使大井喷，1 周投 1 个项目已成平均节奏。众创、众包、众扶、众筹等各种新型形式纷纷出现，竞争带来更灵活的商业模式，为行业发展注入新活力。洗车、美甲、视频等 2C 领域遭遇瓶颈，2B 等新的领域正在孕育。

10.4　发展趋势

2016 年，中国互联网发展有如下趋势值得关注。

1. 互联网发展基础条件进一步提升

基本建成宽带、融合、泛在、安全的下一代国家信息基础设施，提升对"互联网+"的支撑能力，促进中国制造 2025 的实施和网络强国的建设。

全国互联网普及率即将过半，农村与城市"数字鸿沟"进一步缩小。2015 年上半年，我

国互联网普及率已达48.8%，2016年我国互联网普及率将突破50%。高速光纤网络光网覆盖范围更广，20Mbps及以上接入速率成为高速宽带的发展重点。在农村及偏远地区宽带电信普遍服务补偿机制的引领下，农村互联网的普及率与接入速率将有显著提高。

高速移动网络加快普及，提速降费持续推进。随着4G网络城乡覆盖范围的进一步扩大，以及在运营商提速降费政策进一步推进的刺激下，2016年4G移动互联网仍旧会维持高速发展的态势，有望新增加2亿～3亿4G新用户。同时，移动互联网接入流量也将继续保持翻倍增长的态势，移动互联网对信息社会的支撑能力将进一步增强。5G技术试验将全面启动，为下一代移动互联网奠定基础。

2. 互联网技术进步带动市场发展

大数据交易相关标准逐步出台，市场交易转向活跃。大数据交易标准、技术标准、安全标准、应用标准等相应制定完成，大数据流通交易环节中的敏感问题有望得以解决。在国家大数据战略的刺激下，以大数据交易所为平台的大数据市场交易逐渐繁荣，可能会有里程碑意义的数据交易产生。

物联网推动城市生活智能化，平台入口之争愈发激烈。智能家居产品、个人可穿戴智能设备进一步普及，城市基础设施将广泛相连推动智慧城市建设，以智能手机为核心的物联网将会加速融入生活。物联网市场的发展也将带动传感器、闪存市场的活跃，而各个企业也将围绕物联网入口的平台展开激烈竞争。

云计算2.0时代下数据资源成为核心资产。从注重底层技术到关注数据资源，云计算技术的发展使得云计算服务提供商会更加注重数据资源的聚集，并通过数据聚合而产生大数据利息，降低用户使用云计算的成本，从而推动云计算的普及。

3. 产业互联网蓬勃发展

通过传统企业与互联网的融合，产业互联网寻求全新的管理与服务模式，为用户提供更好的服务体验，产生出不局限于流量的更高价值的产业形态，如新型的生产制造体系、销售物流体系和融资体系。

1）互联网+工业

工业互联网加速改造制造业，助推中国向制造强国转型。互联网+工业的软硬一体化将造就新的工业体系，智慧工业将成为工业互联网的重要部分。工业生产模式产生改变，两化融合日益加深，信息物理系统（CPS）产业化、标准化，智能制造将逐步成为新型生产方式，生产性服务业得到快速发展，加快从制造大国转向制造强国，重塑中国制造的全球优势。

互联网创新成果与能源系统逐步融合，智能电网加速发展。随着"互联网+"、能源互联网等战略措施的推进，互联网的新技术会加快升级现有的发电系统、输电系统、配电系统，夯实智能电网的基础性地位。工业园区和企业开展分布式绿色智能微电网建设，智能电网用输变电及用户端设备获得发展，智能电网成套装备产业化。

2）互联网+农业

现代信息技术与农业融合加快，"互联网+"改变农业传统生产经营格局。生产方面，智慧农业逐渐普及，农业的自动化水平稳步提高；流通方面，通过互联网解决信息不对称问题，农业通过与互联网的结合将生产者和消费者直接连接起来，从而有效解决农民盲目生产的问题，实现农村生产营销一体化。互联网企业、组织加速与地方政府合作建设，电商纷纷向村县扩展，将新信息新商品新资金带入农村。

3）互联网+服务业

分享经济影响范围快速扩展，信用服务体系初步建立。"共享、协作"的理念大大普及，可分享的东西将从现有的出行、餐饮、酒店租赁迅速扩展到医疗、教育、家政等与人们日常生活密切相连的各个服务领域，同时分享经济中的信用体系、服务体系完成初步构建，分享经济的发展将进一步改变人们的生活。

移动互联网促进"互联网+健康"向个性化服务演进。移动互联网的快速发展，将使互联网+健康的服务更加定制化。移动健康类 APP 将会逐渐覆盖远程预约、远程医疗、慢病监控等服务，并逐渐改变现有的医疗健康服务模式。借助大数据技术完成健康数据的采集、管理和分析技术，从而实现个性化健康管理与医疗服务。

移动支付业务形态向金融生态圈演变。移动支付的比例将会进一步提升，快速变革传统的消费习惯。尤其在一线城市，随着移动支付终端数量更加广泛地布局，无现金生活或成为可能。通过引入大数据分析，移动支付和移动金融的界限会越来越模糊，而伴随着移动支付可信生态圈格局初步形成，移动支付开始从原有的单一支付应用向多元化的移动应用发展。

创业孵化器深耕"互联网+"。传统企业融合"互联网+"的新模式企业将会与高新产业一样受到孵化器的重视。智能硬件、在线教育、O2O 等领域创业项目的火热，将间接推动新材料、传感器、集成电路、软件服务等行业的兴起，整合进全产业链。物联网的创业将成为热点，把智能硬件、可穿戴、生物医疗等领域连接起来。

"互联网+"服务商开始出现。"互联网+"的兴起会衍生一批在政府与企业之间的第三方服务企业，即"互联网+"服务商。服务商通过帮助从事线上线下双方的对接工作，收取双方对接成功后的服务费用及各种增值服务费用。

4. 网络安全产业前景广阔

工业系统网络与信息安全问题愈发受到重视，专用设备技术快速发展。随着"互联网+"与传统工业融合逐步加深，接入到网络中的设备、信息将会面临新的风险，并且威胁到工业生产过程的稳定性，以及企业机密的安全性。以保障工业系统安全的设备、技术和服务的需求将会大幅增长，自主可控的技术会发展。

主动安全防御受到重视，智能化防御手段保障网络安全。充分利用大数据分析技术与人工智能技术的结合，实现对不安全行为或恶意攻击的自动预警，并融入机器学习技术，提高未知威胁的识别能力，形成被动防御与主动识别相结合的网络安全防护体系，从而确保关键基础设施的安全。

5. 企业参与网络治理，共建网络晴朗空间

互联网立体治理体系的构建初步形成。标准协商机制逐步形成，网络技术标准和网络行为标准在实际应用中达成共识；政府、协会、企业之间的多方合作协调机制逐渐完善，实现全网协同的合作体系；法律体系建设不断推进，个人、企业网络行为的法律边界更加清晰，隐私信息、敏感数据保护体系更加健全。

（中国互联网协会　谢程利）

第 11 章　2015 年中国互联网政策法规建设情况

2015 年是我国全面推进依法治国的重要时期，依法治理网络空间是全面推进依法治国战略的重要环节。国家高度重视互联网法治化建设，积极探寻依法治理网络空间的新思路、新途径、新方法。一年来，我国互联网的政策法规建设工作稳步推进，网络安全、跨境数据流动、个人信息保护、互联网金融、电子商务、共享经济等领域的立法和制度建设成为社会各界关注的热点。

11.1　互联网法律体系建设情况

2015 年，互联网领域立法工作积极推进，网络安全立法全面提速，跨境数据流动、网络监控、个人信息保护、关键基础设施等规则成为研究热点。《中华人民共和国刑法修正案（九）》实施，加强对公民个人信息保护，明确信息服务提供商履行网络安全管理义务，增加编造、传播虚假信息犯罪规定。随着互联网通用性、开放性、交互性与共享性的特征日益明显，《电子签名法》、《广告法》修订更加注重对互联网领域的规范。

11.1.1　互联网领域立法工作推进情况

4 月 24 日，全国人大常委会颁布《中华人民共和国电子签名法（2015 年修正）》，对提供电子认证服务提供服务商加强规范。

9 月 1 日，新修订的《广告法》正式施行，将互联网广告纳入管理，明确广告主、广告发布者和广告经营者的权利义务关系，要求利用互联网发布、发送广告，不得影响用户正常使用网络。在互联网页面以弹出等形式发布广告，应当显著标明关闭标志，确保一键关闭。

7 月 6 日，十二届全国人大常委会第十五次会议初次审议《中华人民共和国网络安全法（草案）》，向社会公开征求意见。草案共有 7 章 68 条规定，主要包括网络产品和服务提供者不得设置恶意程序，及时向用户告知安全缺陷、漏洞等风险，持续提供安全维护服务；网络运营者采取数据分类、重要数据备份和加密等措施，防止网络数据被窃取或者篡改，处置违法信息的义务，赋予有关主管部门处置违法信息、阻断违法信息传播权力的规定。

11 月 1 日，《中华人民共和国刑法修正案（九）》正式实施，对加强对公民个人信息保护，明确互联网信息服务提供商网络安全管理义务，打击编造、传播虚假信息等网络犯罪行为进行重点规范。

11.1.2　互联网领域司法解释发布情况

由于电子数据以指数形式增长，快速记录着虚拟世界的各种行为，数据的存储、输出、交易、使用的规范性问题备受关注。

2 月 4 日，《最高人民法院关于适用〈中华人民共和国民事诉讼法〉的解释》正式实施，网上聊天记录、博客、微博、手机短信等形成或者存储在电子介质中的信息可以视为民事案件中的证据。

8 月 6 日，最高人民法院发布《最高人民法院关于审理民间借贷案件适用法律若干问题的规定》，对互联网借贷平台的责任承担进行规定，明确个体网络借贷机构要明确信息中介性质，网贷平台的提供者仅提供媒介服务，不承担担保责任。若网贷平台服务提供者通过网页、广告或者其他媒介明示或者有其他证据证明其为借贷提供担保，网贷平台提供者可以承担担保责任。同时，司法解释对借贷双方约定利率进行司法指引。

11.1.3　互联网领域部门规章颁布情况

2 月 4 日，国家互联网信息办公室发布《互联网用户账号名称管理规定》，就账号名称、头像和简介等内容以及互联网企业、用户的服务和使用行为进行规范，范围涉及博客、微博客、即时通信工具、论坛、贴吧、跟帖评论等互联网信息服务中注册使用的所有账号。

2 月 5 日，公安部会同国家互联网信息办公室等多个部门联合颁布《互联网危险物品信息发布管理规定》，进一步加强对互联网危险物品信息的管理，规范危险物品从业单位信息发布行为，依法查处、打击涉及危险物品违法犯罪活动。

3 月 15 日，国家工商行政管理总局通过《侵害消费者权益行为处罚办法》，明确规定经营者通过网络、电视等方式销售商品过程中应承担无理由退货的义务，并对经营者在收集、使用消费者个人信息方面做出详细说明，细化《消费者权益保护法》对不执行"七日无理由退货"的规定。

4 月 28 日，国家互联网信息办公室发布《互联网新闻信息服务单位约谈工作规定》，明确约谈的行政主体、行政相对人、实施条件、方式、程序等内容，从发现违法违规行为到谈话示警，再到责令整改，以及后续罚款、吊销许可证等惩罚措施，制定一套合规合法且实际操作性极强的工作流程。

4 月 7 日，工商总局出台《关于禁止滥用知识产权排除、限制竞争行为的规定》，明确滥用知识产权排除、限制竞争行为的概念，要求经营者不得打着"保护知识产权"的旗号，实施排除或限制竞争对手的行为。对于违反规定者予以处罚。

9 月 2 日，国家工商行政管理总局发布《网络商品和服务集中促销活动管理暂行规定》，明确促销组织者和经营者各自应承担的责任，要求交易平台对网络商户的促销活动进行检查监控，发现商户有违法违规行为时，可以停止对其提供服务。

12 月 28 日，中国人民银行发布《非银行支付机构网络支付业务管理办法》，确立坚持支付账户实名制、平衡支付业务安全与效率、保护消费者权益和推动支付创新的监管思路，明确要求清晰界定支付机构定位、坚持支付账户实名制、兼顾支付安全与效率、突出对个人消费者合法权益保护的举措。

11.2 互联网领域政策规划建设情况

2015 年，党和政府高度重视互联网发展，相关政策密集出台，互联网规范可持续发展得到前所未有的重视。工信部、网信办、工商总局、交通运输部、中国人民银行等相关部门文件陆续发布，管理部门开始探索柔性治理方式。同时，公众参与网络空间治理的主动性与创造性不断提升。

11.2.1 "互联网+"融合态势政策规划建设情况

7 月 4 日，国务院印发《关于积极推进"互联网+"行动的指导意见》，推动互联网由消费领域向生产领域拓展、加速提升产业融合发展、推动产业变革转型的重要举措，具体分为11 个方面的行动，包括"互联网+"创业创新、协同制造、现代农业、智慧能源、普惠金融、益民服务、高效物流、电子商务、便捷交通、绿色生态、人工智能。该文件为互联网与经济社会各领域深入融合提出方向目标和政策保障，具有深远的时代意义。

7 月 18 日，中国人民银行等十部门发布《关于促进互联网金融健康发展的指导意见》，积极鼓励互联网金融平台、产品和服务创新，划分互联网金融监管职责，确认了互联网支付、网络借贷、股权众筹融资、互联网基金销售、互联网保险、互联网信托等互联网金融主要业态。

9 月 18 日，国家旅游局发布《关于实施"旅游+互联网"行动计划的通知》，重点推进旅游区域互联网基础设施建设、推动旅游相关信息互动终端建设、推动旅游物联网设施建设、支持在线旅游创业创新、大力发展在线旅游新业态、推动"旅游+互联网"投融资创新、开展智慧旅游景区建设、推动智慧旅游乡村建设、完善智慧旅游公共服务体系、创新旅游网络营销模式。

11 月 25 日，工业和信息化部关于印发贯彻落实《国务院关于积极推进"互联网+"行动的指导意见》行动计划（2015—2018 年）的通知，提出开展两化融合管理体系和标准建设推广行动、智能制造培育推广行动、新型生产模式培育行动、系统解决方案能力提升行动、小微企业创业创新培育行动、网络基础设施升级行动，以及信息技术产业支撑能力提升行动。

11.2.2 产业创新创业发展政策规划建设情况

3 月 23 日，中共中央国务院出台《中共中央、国务院关于深化体制机制改革加快实施创新驱动发展战略的若干意见》，指出深化体制机制改革，加快实施创新驱动发展战略。总体而言，包括以下方面：营造激励创新的公平竞争环境；建立技术创新市场导向机制；强化金融创新的功能；完善成果转化激励政策；构建更加高效的科研体系；创新培养、用好和吸引人才机制；推动形成深度融合的开放创新局面；加强创新政策统筹协调等内容。

6 月 16 日，国务院发布《关于大力推进大众创业万众创新若干政策措施的意见》，为创业从营业执照到知识产权以及上市提供相关政策支持，并鼓励银行针对中小企业创新，支持发展众筹融资平台。同时，意见还指出，完善知识产权快速维权与维权援助机制，缩短确权审查、侵权处理周期。

11.2.3　电子商务健康规范发展政策规划建设情况

5 月 7 日，国务院印发《关于大力发展电子商务加快培育经济新动力的意见》，进一步促进电子商务创新发展，提出了七个方面的政策措施，内容涵盖营造宽松发展环境，促进就业创业，推动转型升级，完善物流基础设施，提升对外开放水平，构筑安全保障防线，健全支撑体系等方面。

5 月 15 日，商务部发布《"互联网+流通"行动计划》，明确农村电商、线上线下融合以及跨境电商等方面创新流通方式，解决电商"最后一公里"和"最后一百米"问题。

6 月 19 日，为支持我国电子商务发展，鼓励和引导外资积极参与，进一步激发市场竞争活力，工信部决定在中国（上海）自由贸易试验区开展试点的基础上，在全国范围内放开在线数据处理与交易处理业务（经营类电子商务）的外资股比限制，外资持股比例可至 100%。外商投资企业要依法依规经营，申请在线数据处理与交易处理业务（经营类电子商务）许可时，对外资的股比要求按本通告执行。

6 月 20 日，国务院办公厅印发《关于促进跨境电子商务健康快速发展的指导意见》（以下简称《意见》），促进跨境电子商务加快发展的指导性文件。《意见》体现了"在发展中规范，在规范中发展"的总体原则，针对制约跨境电子商务发展的问题，有必要加快建立适应其特点的政策体系和监管体系，营造更加便利的发展环境，促进跨境电子商务健康快速发展。

9 月 1 日，为贯彻落实《国务院关于大力发展电子商务加快培育经济新动力的意见》精神，进一步推动农村电子商务发展，商务部等 19 部门联合印发《关于加快发展农村电子商务的意见》，针对目前农村电子商务发展中存在的问题，从培育多元化电子商务市场主体、加强农村电商基础设施建设、营造农村电子商务发展环境等方面提出 10 项举措。

11 月 18 日，国家工商总局发布《关于加强和规范网络交易商品质量抽查检验的意见》（以下简称《意见》），明确第三方交易平台经营者要加强对网络商品经营者的管理，对工商部门开展网络商品质量抽检工作提出要求。《意见》规定，第三方交易平台经营者要健全完善商品质量管控制度和措施，主动开展商品质量检查，督促网络商品经营者履行商品质量及服务义务，及时制止侵权行为，促进网络交易商品质量的提升；同时，建立协助有关行政部门开展监管执法的制度，如实提供网络商品经营者的相关情况，对被抽检的不合格商品及其经营者采取相关措施，协助做好网络商品质量监管工作。

11 月 9 日，国务院办公厅印发《关于促进农村电子商务加快发展的指导意见》，明确推动农村电子商务发展的重点任务：一是培育农村电子商务市场主体，鼓励电商、物流、商贸、金融、供销、邮政、快递等各类社会资源加强合作；二是扩大电子商务在农业农村的应用，在农业生产、加工、流通等环节，加强互联网技术应用和推广；三是改善农村电子商务发展环境，加强农村流通基础设施建设，加强政策扶持和人才培养，营造良好市场环境。

11.2.4　高速宽带网络与提速降费政策指导情况

5 月 20 日，国务院办公厅印发《关于加快高速宽带网络建设推进网络提速降费的指导意见》，提出加快高速宽带网络建设推进网络提速降费的目标和举措，要求通过竞争促进宽带服务质量的提升和资费水平的进一步下降，依托宽带网络基础设施深入推进实施"信息惠民"

工程。该意见的出台对加快基础设施建设，大幅提高网络速率，有效降低网络资费，持续提升服务水平、推动电信企业增强服务能力、提高运营效率，完善宽带网络标准，完善以宽带为重点内容的电信普遍服务补偿机制，加快农村宽带基础设施建设具有重大指导意义。

11.2.5 促进大数据发展与交易规范规划建设情况

6月19日，工业和信息化部发布《关于放开在线数据处理与交易处理业务（经营类电子商务）外资股比限制的通告》，决定在中国（上海）自由贸易试验区开展试点的基础上，在全国范围内放开在线数据处理与交易处理业务（经营类电子商务）的外资股比限制，外资持股比例可至100%。

9月5日，为全面推进我国大数据发展和应用，加快建设数据强国，促使大数据成为推动经济转型发展的新动力，大数据成为重塑国家竞争优势的新机遇，大数据成为提升政府治理能力的新途径，国务院印发《关于促进大数据发展行动纲要的通知》，提出政府要加快数据开放共享，推动资源整合，提升治理能力；推动产业创新发展，培育新兴业态，助力经济转型；强化安全保障，提高管理水平，促进健康发展。

11.2.6 互联网+智能制造战略规划建设情况

4月1日，工信部办公厅印发《关于开展2015年智能制造试点示范项目推荐的通知》，要求试点示范项目实施单位应具有独立法人资格，运营和财务状况良好，项目技术水平处于国内领先或国际先进水平，示范项目使用的装备和系统要自主安全可控，同时要求降低运营成本、缩短产品研制周期、提高生产效率、降低产品不良品率、提高能源利用率。

5月6日，国务院印发《中国制造2025》，部署全面推进实施制造强国战略，提出坚持"创新驱动、质量为先、绿色发展、结构优化、人才为本"的基本方针，坚持"市场主导、政府引导，立足当前、着眼长远，整体推进、重点突破，自主发展、开放合作"的基本原则，通过"三步走"实现制造强国的战略目标，并明确9项战略任务和重点工作。《中国制造2025》是我国实施制造强国战略第一个十年的行动纲领，旨在通过政府引导、整合资源，实施国家制造业创新中心建设、智能制造、工业强基、绿色制造、高端装备创新五项重大工程，实现长期制约制造业发展的关键共性技术突破，提升我国制造业的整体竞争力。

7月23日，按照国务院促进中小企业发展和《中国制造2025》的要求，工信部印发《关于进一步促进产业集群发展的指导意见》，从七个方面提出推动产业集群转型升级、进一步促进产业集群发展的20条意见。上述意见首次就促进产业集群发展进行指导，建设智慧集群，是以系统效率提升和智能制造产业生态塑造为目标，充分利用云计算、大数据、物联网等新一代信息技术在产业集群中的应用，推动集群企业以互联网思维改造传统制造模式、创新模式和服务模式。

11.2.7 互联网知识产权保护与政策规划情况

2015年，党中央、国务院对知识产权工作进行新的部署。十八届五中全会提出要深化知识产权领域改革，加强知识产权保护，加强知识产权交易平台建设。为全面落实党中央、国务院关于知识产权工作的一系列决策部署，各级政府与有关部门深入推进国家知识产权战略实施，助推知识产权保护工作进入新境界。

4 月 9 日，国务院办公厅印发《2015 年全国打击侵犯知识产权和制售假冒伪劣商品工作要点》，从深入推进法规制度建设，依法加强市场监管和集中整治，完善跨区域跨部门执法协作机制，营造公平竞争、放心消费的市场环境等方面部署 6 个方面 24 项重点工作。

7 月 8 日，国家版权局发布《关于责令网络音乐服务商停止未经授权传播音乐作品的通知》，要求各网络音乐服务商应于 7 月 31 日前将未经授权传播的音乐作品全部下线。同时，国家版权局将传播音乐作品的主要网络音乐服务商纳入版权重点监管范围，积极推动获得专有权的网络音乐服务商进行转授权，支持网络音乐服务商探索实行适用的收费商业模式，促进音乐作品的广泛授权和有序传播。

9 月 7 日，为深入实施创新驱动发展战略和国家知识产权战略，切实保护好创新创业者的合法权益，国家知识产权局等 5 部门联合印发《关于进一步加强知识产权运用和保护助力创新创业的意见》，提出要拓宽知识产权价值实现渠道，支持互联网知识产权金融发展，为创新创业者提供知识产权资产证券化、专利保险等新型金融产品和服务；要完善知识产权运营服务体系，充分运用社区网络、大数据、云计算，加快推进全国知识产权运营公共服务平台建设，构建新型开放创新创业平台，促进更多创业者加入和集聚；要健全电子商务领域专利执法维权机制，完善行政调解等非诉讼纠纷解决途径，建立互联网电子商务知识产权信用体系。

10 月 14 日，国家版权局印发《关于规范网盘服务版权秩序的通知》，要求为用户提供网络信息存储空间服务的网盘服务商应当遵守著作权法律法规，合法使用、传播作品，履行著作权保护义务；网盘服务商应当建立必要管理机制，运用有效技术措施，主动屏蔽、移除侵权作品，防止用户违法上传、存储并分享他人作品；网盘服务商应当在其网盘首页显著位置提示用户遵守著作权法，尊重著作权人合法权益，不违法上传、存储并分享他人作品。

10 月 23 日，文化部发布《关于进一步加强和改进网络音乐内容管理工作的通知》，要求网络音乐经营单位要按照"谁经营，谁负责"的原则，坚持社会效益和经济效益相统一、社会效益优先，切实履行内容审核主体责任；要建立网络音乐自审工作流程和责任制度，严格按照文化行政部门统一制定的内容审核标准和规范，对拟提供的网络音乐产品进行内容审核，审核通过后方可上线经营；自审制度和产品自审信息要向省级以上文化行政部门备案。

11 月 7 日，国务院办公厅印发《关于加强互联网领域侵权假冒行为治理的意见》，要求坚持依法监管、技术支撑、统筹协作、区域联动、社会共治的基本原则，充分发挥打击侵权假冒工作统筹协调机制作用，突出监管重点、落实企业责任、加强执法协作。

11.2.8　互联网+便捷交通政策指导建设情况

2015 年，互联网带动交通领域快速发展，交通便民服务举措更加多样化。网络售票、滴滴打车、神州租车等"分享经济"模式的便捷交通服务深刻影响着传统交通运营模式，政府管理部门迎接挑战，积极探索新的监管方式。

6 月 5 日，交通运输部办公厅发布《关于进一步做好道路客运联网售票有关工作的通知》，邀请年底前首批 27 个省份省域道路客运联网售票系统主体工程完成，同时，在 2016 年年底前，全国道路客运联网售票系统整体投入运营。

10 月 10 日，为贯彻落实中央全面深化改革的决策部署，积极稳妥推进出租汽车行业改革，规范网络预约出租汽车发展，促进行业创新发展、转型升级，更好地满足人民群众出行需求，交通运输部起草《网络预约出租汽车经营服务管理暂行办法》（征求意见稿），并向社会公开征求意见。

11.2.9 互联网市场与服务政策指导建设情况

10 月 19 日，国务院发布《关于实行市场准入负面清单制度的意见》，旨在建立一种更加开放、透明和公平的市场准入管理模式，以清单方式明确列出在中国境内禁止和限制投资经营的行业、领域、业务等。从 2015 年 12 月 1 日至 2017 年 12 月 31 日在部分地区（据了解，有可能包括广东）试行，从 2018 年起正式实行全国统一的市场准入负面清单制度。

11 月 6 日，为加强事前规范指导，强化事中事后监管，构建线上线下一体化的网络市场监管工作格局，国家工商行政管理总局发布《关于加强网络市场监管的意见》，提出十条工作意见，包括：加强网络市场监管规范化建设、强化技术手段与监管业务的融合、充分发挥信用激励约束机制的作用、加强监管统筹和推动一体化监管、严厉打击销售侵权假冒伪劣商品违法行为、加强网络经营主体规范管理、积极推进 12315 体系建设、规范各类涉网经营行为、加强网络市场新业态研究，以及强化基层基础建设，提高网络市场监管能力和水平。

11 月 12 日，国家工商行政管理总局发布《关于加强和规范网络交易商品质量抽查检验的意见》，要求工商行政管理部门加强网络商品质量监管，针对消费者投诉、有关组织反映和行政执法中发现质量问题集中的商品，要组织开展网络商品抽检，制定抽检工作计划并确定抽检实施方案。对经网络商品抽检并依法认定为不合格商品的，应当责令被抽样的网络商品经营者立即停止销售，要依法查处网络商品经营者的违法行为，要将行政处罚结果记入企业信用档案。

11 月 26 日，国务院发布《地图管理条例》第五章"互联网地图服务"，专门针对互联网地图服务做出规定。互联网地图服务市场准入、数据安全管理、用户信息保护、违法信息监管及核查备案等制度，要求互联网地图服务单位收集、使用用户信息须经用户同意，发现传输的地图信息含有不得表示内容的，立即停止传输，向有关部门报告。

11.2.10 网络空间治理相关政策建设情况

4 月 9 日，国家卫计委等 12 部委日前联合印发《关于印发开展打击代孕专项行动工作方案的通知》，从本月起至 2015 年 12 月底在全国范围内开展打击代孕专项行动。针对互联网上"代孕"公司信息泛滥，不少"孕母"更是通过社交网站寻求生意的现象。通知要求，网络信息监管部门要加强对网站的监管，要求网站禁止发布代孕服务相关信息，清理和屏蔽网站上有关代孕服务的相关信息等。同时，国家卫计委设立投诉举报电话，并建立有奖举报制度。

4 月 15 日，民政部印发《关于进一步做好福利彩票专项整改工作的通知》，要求坚决停止利用互联网违规销售福利彩票，并积极配合财政、公安和工商管理等部门，坚决打击利用互联网违规销售福利彩票的违法犯罪行为，加大信息公开力度，及时向社会发布游戏开设和变更、开奖过程、中奖、彩票资金以及审计整改等情况，以公开促落实，确保整改取得实效。

4 月 29 日，国家禁毒办牵头会同中央宣传部等 9 部门制定出台《关于加强互联网禁毒工作的意见》，要求各地区、各部门统筹网上网下两个战场，坚决切断涉毒有害信息网上传播渠道，规范互联网管理秩序，保障人民群众根本利益。

10 月 27 日，为有效遏制非法电视网络接受设备违法犯罪活动，切实保障国家安全、社会稳定和人民群众的利益，最高人民法院、最高人民检察院、公安部、广电总局四部门发布了《关于依法严厉打击非法电视网络接收设备违法犯罪活动的通知》，要求有关部门正确把握法律政策界限，依法严厉打击非法电视网络接收设备违法犯罪活动。

11.2.11　互联网文化产业发展政策建设情况

7 月 2 日，文化部发布《文化部关于落实"先照后证"改进文化市场行政审批工作的通知》，明确文化部将落实注册资本登记制度改革工作。取消设立经营性互联网文化单位最低注册资本 100 万元、从事网络游戏经营活动最低注册资本 1000 万元的限制。

7 月 21 日，文化部发布《关于允许内外资企业从事游戏游艺设备生产和销售的通知》，明确鼓励和支持企业研发、生产和销售具有自主知识产权、体现民族精神、内容健康向上的益智类、教育类、体感类、健身类游戏游艺设备。

9 月 4 日，国务院办公厅印发《三网融合推广方案》，明确加快在全国全面推进三网融合，推动信息网络基础设施互联互通和资源共享，提出六项工作目标。

2015 年，党中央、国务院高度重视互联网产业的发展。习近平总书记强调"建设网络强国"目标要与"两个一百年"奋斗目标同步推进，"让互联网发展成果惠及 13 亿中国人民"。李克强总理在 2015 年政府工作报告中明确提出制定"互联网+"行动计划，推动互联网与传统产业融合发展，大力促进信息消费。在新形势下，国家努力营造"大众创业、万众创新"的新局面、大力推动中国制造转型升级、持续助力电子商务快速发展、加快培育外贸竞争优势等方面做出一系列重大战略部署。可以说，党中央、国务院对我国互联网发展、创新创业和安全保障工作提出了新目标和新要求。在互联网与实体经济加速融合的大潮中，准确把握互联网这个"最大变量"，离不开规则的制定与制度的完善。我国互联网法律体系逐步完善，立法更具时代性，司法实践具有更强的操作性，制度逐步为互联网创新提供保障，行业障碍逐步破除，"互联网+"时代宽松包容的政策环境逐步建立，多元合作治理机制构建效果明显。

（中国互联网协会　李美燕）

第 12 章 2015 年中国网络知识产权保护发展状况

12.1 2015 年中国网络知识产权发展概况

"十二五"以来，我国网络知识产权保护的政策环境不断优化，行业迎来发展的新契机。回首 2015 年，我国网络知识产权各领域都取得了长足进步，网络知识产权法律体系进一步完善，行政执法和监管工作继续推进，司法保护不断增强，企业对于网络知识产权重视程度逐步加深，网络知识保护问题得到有效改善。

创新是互联网发展的核心。2015 年，互联网公司更加重视专利申请与自有核心商业秘密的保护。在专利申请数量上，呈现大互联网企业领先的态势。根据国家知识产权局 2012—2015 年公开的数据显示，六大互联网公司（腾讯、360、阿里巴巴、百度、小米科技、金山）历年已公开专利总量接近 2 万件。其中，腾讯、360 和百度以累积公开专利申请 7926 件、4287 件和 3288 件领跑全行业，3 家累积授权发明专利已分别达到 2056 件、471 件和 388 件[1]。2015 年，授予专利数排名前十的企业中，中兴、华为、腾讯分列第 2、第 3、第 9 位[2]。

互联网公司日益重视商标保护。2015 年，科技服务、互联网服务等较高层次的服务行业成为我国商标申请中炙手可热的一大类别，根据《2015 年中国商标行业发展调研系列报告》，2015 年我国科技服务、互联网服务的商标申请数量 116411 件，成为第五大商标申请类别。2015 年互联网领域的企业代表——腾讯与阿里巴巴的商标申请量分别列商标申请数量最多企业的前两位，这与互联网企业自主创新的定位密切相关[3]。

随着版权保护领域法制建设的加强以及著作权保护意识的提高，我国版权产业对经济发展贡献日益增强。据《2013 年中国版权产业经济贡献调研结果》显示，2013 年，包括信息网络版权业在内的我国版权产业行业增加值逾 4.27 万亿元，占全国 GDP 的 7.27%，同比

---

[1] 数据来源：法制日报 2016 年"IT 圈"专利大战或将打响 2016 年 1 月 9 日，参见网址：http://www.legaldaily. com.cn/index/content/2016-01/09/content_6438665.htm?node=20908。

[2] 数据来源：国家知识产权局 2015 年发明专利申请授权及其他有关情况新闻发布会，参见网址：http://www. sipo.gov.cn/twzb/2015ndzygztjsj/，最后访问日期，2016 年 4 月 20 日。

[3] 数据来源：《2015 年中国商标行业发展调研系列报告——商标申请篇》，参见网址：http://www.cnipr.com/ PX/px2/201603/t20160302_195288.htm，最后访问日期，2016 年 4 月 20 日。

增长 20%[1]。其中，软件和数据库、新闻出版、设计、广播影视等版权产业中的主要行业发展势头迅猛，是版权产业中比重较大、增长最快的几个产业组。近年来我国版权产业保持快速增长态势，版权产业对促进经济社会发展的重要作用日益凸显。2015 年，作品著作权登记量再创历史新高，达到 134.8 万件，其中计算机软件著作权登记量 29.2 万件，同比增长 33.63%[2]。

12.2　中国网络知识产权的保护

2015 年年初，国务院办公厅下发《关于转发知识产权局等单位深入实施国家知识产权战略行动计划（2014—2020 年）的通知》（以下简称《通知》），《通知》明确指出要规范网络作品使用，严厉打击网络侵权盗版，优化网络监管技术手段。2015 年，我国在知识产权立法、司法、执法保护等方面都取得了一定成绩。

12.2.1　立法进一步加强网络知识产权保护

（1）《专利法》再次修订，关注电子商务领域专利侵权问题。2015 年国务院法制办、国家知识产权局积极推进专利法第四次全面修改，正在修订的《专利法》关注电子商务领域知识产权保护问题，新增第 63 条规定"网络服务提供者知道或者应当知道网络用户利用其提供的网络服务侵犯专利权或者假冒专利，未及时采取删除、屏蔽、断开侵权产品链接等必要措施予以制止的，应当与该网络用户承担连带责任"，并在该条第 2 款、第 3 款进一步详细规定了网络服务者的"通知-删除"义务及责任。

（2）应对互联网发展带来的知识产权保护挑战，《反不正当竞争法》面临修改。在互联网迅猛发展、新型网络知识产权、不正当竞争问题不断涌现的大环境下，2015 年，《反不正当竞争法》的修订工作提上了日程。国家工商总局有力推进《反不正当竞争法》修订工作，修订过程中，专门考虑了互联网不正当竞争行为条款，拟对典型的互联网不正当竞争行为予以列举规制，也引发社会各界对《反不正当竞争法》修改的关注。

12.2.2　法院审理网络知识产权案件情况

由于互联网迅速发展，网络知识产权案件不断攀升，许多新型法律问题日益涌现，立法规制相对滞后，司法在互联网知识产权保护中作用凸显。根据最高人民法院的统计，2015 年，涉及互联网或者计算机技术的不正当竞争案件和知识产权侵权案件比较突出。2015 年，全国法院新收不正当竞争案件民事一审案件 2181 件（其中垄断民事案件 156 件），同比上升53.38%。其中，随着互联网经济的发展以及商业模式创新，特别是随着"互联网+"行动计划的实施，涉及互联网的不正当竞争案件数量持续增长，因网络应用的专利侵权、商标侵权

---

[1]　中国新闻出版研究院：《2013 年中国版权产业经济贡献调研结果》，参见网址：http://www.chuban.cc/yw/201601/t20160104_171788.html，最后访问日期，2016 年 4 月 20 日。

[2]　申长雨：2015 年我国著作权登记同比增长 35.9%，参见网址：http://www.ce.cn/culture/gd/201604/19/t20160419_10625761.shtml，2016 年 5 月 11 日最后访问。

和计算机软件侵权等知识产权侵权案件越来越多。典型案例如最高人民法院发布的 2015 年 10 大案件之 3 的"电子商务平台承担专利侵权连带责任案件"，最高人民法院发布的 50 件典型案例中还有数件侵害计算机软件著作权案。电子商务平台服务商、网络科技公司等网络企业成为知识产权纠纷高发主体[1]。

在网络版权领域，司法保护呈现下列特点：①网络版权案件数量上升快。根据公开的裁判文书统计，2015 年全国共有 2118 件网络版权相关的民事判决和裁定书，与 2014 年同期相比增长 28.3%[2]。而法院实际审理案件数量则远远超过公布的裁判文书，以上海市司法审判实践为例，2015 年仅上海全市法院便受理一审著作权纠纷案件 5983 件，其中，侵害作品信息网络传播权大的纠纷案件占全部一审著作权纠纷案件的 67.34%，同比上升 29.97%[3]。②网络音乐领域的版权纠纷数量较大。网络音乐版权纠纷是法院审理网络版权案件的重点，据公开的裁判文书统计，2015 年网络音乐民事案件数量为 687 件，成为 2015 年网络侵权案件最多的类型，占整个侵犯信息网络传播权案件数量的 44%左右。③网络版权案件数量的地域特征呈现阶梯式方向发展，北京市和广东省成为网络大版权案件最多的地区，随后的是浙江省与上海市，而江苏省、山东、安徽、福建等地区紧随其后。④刑事司法是网络版权保护的重要手段。在已公布的有关侵犯网络著作权刑事犯罪的案件中，案件类型涉及网络游戏、网络视频和网络文学几个方面[4]。

12.2.3　网络知识产权行政执法保护

在互联网专利侵权领域，2015 年电子商务领域专利执法办案量 7644 件，同比增长 155.2%[5]。在网络商标、标识侵权领域，2015 年，国家工商总局开展红盾网剑专项行动，此次行动以坚决打击网络商标侵权和销售假冒伪劣商品等为工作重点，突出对网络交易平台的监管督导，强化平台责任落实，强化网络交易监管执法。其中，推进网络经营者电子标识、强化网络交易商品定向跟踪监测、完善网络经营者资质审查制度、多渠道多途径收集案源线索等工作，体现了网络市场监管工作契合网络市场发展实际[6]。

在网络版权领域，我国网络版权行政处置与保护取得重大进展。加强版权执法在打击网络侵权盗版方面成效更加显著。2015 年国家版权局、国家互联网信息办公室、工业和信息化部、公安部联合开展第十一次打击网络侵权盗版专项行动，本年度行动重点整治网络音乐、网络影视、网络文学网站以及网络云存储空间、移动互联网、网络广告联盟等领域侵权盗版行为。专项行动共查处行政案件 383 件，行政罚款 450 万元，移送司法机关刑事处理 59 件，进一步净化了我国的网络空间及网络版权环境。在前 10 年的工作基础上，"剑网 2015"专项

---

[1] 参见《最高人民法院 2015 年知识产权司法保护白皮书》。

[2] 引自中国信通院发布的《2015 年中国网络版权保护年度报告》。

[3] 参见上海市高级人民法院发布的《2015 年上海法院知识产权司法保护状况（白皮书）》。

[4] 本部分内容参考中国信通院发布的《2015 年中国网络版权保护年度报告》。

[5] 参见网址：http://tieba.baidu.com/p/4312441878，2016 年 5 月 17 日最后访问。

[6] "工商总局开展 2015 红盾网剑专项行动"，参见网址：http://www.gov.cn/xinwen/2015-06/04/content_2873109.htm，2016 年 5 月 17 日最后访问。

行动措施更加有力，成效更加显著，对推动版权相关产业发展起到了积极的规范作用[1]。

12.3　中国网络版权发展概况

12.3.1　产业总体发展状况

2015 年，随着移动互联网发展与普及，以网络游戏、网络文学、网络视频、网络音乐为主要内容的互联网版权产业发展迅速。网络版权正逐步向移动化、平台化和融合化的方向发展。移动端版权产业用户在所有版权产业网民用户中比例日益增大，截至 2015 年年底，网络视频领域，移动端用户的比例约占 71%，而网络文学的移动端客户占全部网络文学用户的比例则高达 87%[2]。

以网络版权产业为中心的大型产业生态圈正日益形成。以网络视频业为例，网站纷纷加强生态布局，构建视频产业生态圈。硬件设备上，视频网站涉足手机、电视、盒子等视频收看硬件设备制造及 VR（虚拟现实）设备的开发，抢占硬件入口；在营销模式上，试水"视频电商"，实现边看边购，同时上线商城业务，给用户带来一站式的购物体验，挖掘视频的电商价值和内容衍生价值；产业布局上，一方面成立影视公司，进军互联网电影产业，向上游内容制作产业链延伸；另一方面加大对网络剧的开发，以优质内容为基础，与泛娱乐产业链上的文学、游戏、动漫各板块深度联动，将优质内容变现，在大的文化娱乐平台上互相打通推广，发挥内容的最大价值[3]。

12.3.2　网络版权法制建设

2015 年，我国互联网版权保护法制建设进一步发展，主要表现在以下几个方面：

第一，推动立法，完善版权行政执法程序。2015 年《著作权行政处罚实施办法（修订征求意见稿）》向社会公开征求意见。该意见稿就行政处罚程序、网络服务提供者的行政责任以及网络环境下的版权执法等内容进行了修改，以解决版权行政执法工作中特别是办理侵犯著作权行政案件中遇到的实际问题，进一步完善版权行政保护制度，加大对侵权盗版行为的行政打击力度[4]。

第二，修订《刑法》，加强网络版权的刑法保护。2015 年 11 月 1 日实施的《中华人民共和国刑法修正案（九）》，在第 287 条增加第 2 款，规定"帮助信息网络犯罪活动罪"，即明知他人利用信息网络实施犯罪，为其犯罪提供互联网接入、服务器托管、网络存储、通讯传输等技术支持……等帮助，情节严重的，处三年以下有期徒刑或者拘役，并处或者单处罚金。强化了对网络行为和网络犯罪的监管，明确了网络帮助侵权行为的刑事责任，对网络环境下知识产权保护提供[5]。

---

[1] 参见网址：http://www.gx.xinhuanet.com/newscenter/2015-12/16/c_1117480605.htm，2016 年 5 月 17 日最后访问。

[2] 根据中国互联网络信息中心发布的《第 37 次中国互联网络发展状况统计报告》中公布的数据计算。

[3] 引自中国互联网络信息中心发布的《第 37 次中国互联网络发展状况统计报告》。

[4] 参见：《著作权行政处罚实施办法（修订征求意见稿）》。

[5] 参见：《中华人民共和国刑法修正案（九）》。

第三，国家版权局实施分类监管，连续发布数项规范性文件，引导网络版权交易秩序良性发展。2015 年 1 月 8 日，国家版权局印发《关于推动网络文学健康发展的指导意见》，强调加强行业自律，依法规范市场秩序；健全法律法规，加强日常监管，持续打击网络文学作品侵权盗版行为，切实加强版权保护[1]。2015 年 4 月 22 日，发布《关于规范网络转载版权秩序的通知》，以推动建立健全版权合作机制，规范网络转载版权秩序[2]。2015 年 7 月 8 日，版权局发布《关于责令网络音乐服务商停止未经授权传播音乐作品的通知》，责令各网络音乐服务商于 2015 年 7 月 31 日前将未经授权传播的音乐作品全部下线[3]； 10 月 14 日国家版权局发布《关于规范网盘服务版权秩序的通知》，要求网盘服务商应当在其网盘首页显著位置提示用户遵守著作权法，尊重著作权人合法权益，不违法上传、存储并分享他人作品，并在接到权利人通知、投诉后 24 小时内移除相关侵权作品，删除、断开相关侵权作品链接[4]。12 月 1 日，版权局发布《关于大力推进我国音乐产业发展的若干意见》，提出推进网络环境下我国音乐产业发展的 10 项任务、4 项举措[5]。

国家版权局发布的一系列网络版权保护规范性文件，以实现权利人、使用者和社会公众之间利益的平衡为目的，积极探索符合网络使用需求和规律特点的商业模式，提升网络版权保护监管力度，有力地促进了网络作品广泛授权和有序传播。

12.3.3　目前网络版权保护的困境

1.　新的技术发展给网络版权法律保护带来挑战

随着网络技术的发展，直接以盗版形式侵犯权利人权利的行为越来越少，取而代之的是许多以新技术形式出现的侵权方式，如提供加框链接等形式在自己网站显示他人网站视频、新闻内容，通过旁观者模式直播网络游戏等。这些新形式侵权行为的出现，对于传统的版权侵权判定提出了理论上的挑战，如是否仍遵守传统著作权法的"复制"概念作为侵权的判定要素成为理论界和实践界争论的焦点，目前许多司法判例，已经开始突破以是否存储到服务器为版权侵权的标准，判定适用加框链接不正当显示他人网络内容的行为构成版权侵权，但大部分案例仍遵循传统著作权法上的复制标准，一般将此种形式的侵权行为认定为不正当竞争行为。由于《著作权法》保护与《反不正当竞争法》保护的力度不同，因此关于相关问题的争议仍然继续，并愈演愈烈。在新的技术条件下，如何平衡权利人、网络服务提供者的利益成为一个仍应深入探讨并亟待解决的问题。

2.　"互联网+"模式发展带来的版权保护挑战

随着"互联网+"产业的发展，版权产业涉及的利益链条日益增多，围绕一部文学作品可以形成影视剧、网络游戏等贯通全娱乐产业的链条，相关的版权问题也变得更为复杂，在这种形式下，我国网络版权市场中的版权归属、交叉授权等问题也日益暴露。2015 年，由版权授权引发的纠纷层出不穷：《芈月传》、《鬼吹灯》、《花千骨》等热门影视作品先后出现编

---

[1]　参见：《关于推动网络文学健康发展的指导意见》。

[2]　参见：《关于规范网络转载版权秩序的通知》。

[3]　参见：《关于责令网络音乐服务商停止未经授权传播音乐作品的通知》。

[4]　参见：《关于规范网盘服务版权秩序的通知》。

[5]　参见：《关于大力推进我国音乐产业发展的若干意见》。

剧署名权、影视剧改编权等纠纷。这反映出中国 IP 市场的版权归属、交叉授权等方式混乱，造成企业之间的版权纠纷越来越多发，呈现至用户端的同名文化作品数量偏多，各种乱象亟待行业规范[1]。

12.4　网络版权保护模式研究

随着大数据时代的到来，网络作品的使用方式和传播路径发生变化，如何实现网络版权的有效保护是目前世界各国、地区均重视的问题。2015 年，我国网络版权保护模式的研究工作进一步深入，在研究方式上，国家版权局、实务界和学术界均注重分类研究，细分网络文学、网络音乐、网络游戏、体育转播等领域进行有针对性的探讨；在研究内容上，结合网络版权产业实际，从监管方式、商业模式、产业合作等不同角度进行研究，以实现网络版权保护模式的多样化。

12.4.1　推进网络作品标识制度，完善监管方式

在网络版权保护模式方面，我国积极探讨完善政府监管保护方式。在网络文学领域，2014年年底，国家出版广电总局《关于推动网络文学健康发展的指导意见》，指导意见提出建立完善的网络文学监督管理制度。2015 年，国家出版广电总局加快推动研究网络作品标识系统，此项工作以确定明晰原创作者著作权归属特征为目标，逐步推进网络原创作品标准识别，建立监督性强、使用便捷的原创网络作品的编目系统、版权信息系统和社会公示及查询系统，为网络原创作品的保护、产业链的深度开发提供有效、科学和可靠的支撑。据悉，该工作目前已经进展到了确定网络作品标识初步方案的阶段，一旦方案完成，将先在有条件的企业率先实行[2]。

12.4.2　探讨网络版权作品收费、分配制度，实现商业模式变革

我国网络版权保护的深层次问题根源于我国互联网用户免费使用的商业模式，用户的消费习惯导致了大量盗版、侵权现象的存在。针对这种情况，部分版权领域深入探讨更为优化的商业经营模式，培养用户良好消费习惯，以根除版权侵权作品生存市场。

在网络音乐领域，2015 年我国网络音乐版权业积极探索新的商业模式，探讨优化网络版权商业模式的许可制度和分配制度。2015 年 7 月，国家版权局在京召开"网络音乐版权保护工作座谈会"，通报了网络音乐版权专项整治的有关情况和加强网络音乐版权保护的工作安排：一是严厉打击网络音乐盗版活动；二是进一步创新监管方式，丰富监管措施，特别是强化重点作品预警、调解、约谈、警示、公开通报等手段，切实加强网络音乐版权重点监管工作；三是加强行业自律；四是促进音乐作品的广泛授权和有序传播；五是推动网络音乐相关

---

[1] 参见中国信通院发布的《2015 年中国网络版权保护年度报告》。

[2] 参见《网络文学版权保护：依然在路上》，资料来源 http://whkj.rmzxb.com.cn/c/2016-05-06/798088.shtml，2016 年 5 月 20 日最后一次访问。

利益方开展版权合作[1]。

12.4.3 加强上下游产业链合作，建立版权保护长效机制

2015 年互联网企业之间尝试建立合作机制，实现网络版权保护。例如，在网络视频领域，除了法律保护问题继续热烈讨论外，产业界也积极探讨不同产业链的企业相互配合，探索建立网络视频侵权盗版新形态下有效打击和正版保护的长效机制。2015 年 7 月召开的移动互联网视频版权保护与行业规范研讨会上，360 手机助手、小米商店等各大移动应用程序商店的代表表示，一方面建立长效机制，在上架和下载的重要环节加强视频 APP 的监管和重点作品版权预警保护；另一方面通过引导用户下载正版，倒逼视频 APP 诚信守法，传播正版[2]。

12.4.4 进一步探讨完善集体授权管理模式

在大数据环境下，传统"先授权后使用"的许可付酬模式面临挑战。在网络环境下，网络版权产业呈现创作主体全民化、内容作品海量化的趋势，导致著作权人与作品使用人之间产生了信息不对称，传统的先授权、后使用的许可模式已经不能适应现实的发展，网络版权保护要充分考虑到互联网传播的特性，妥善处理好数字环境下权利人与使用者、传播者和社会公众间的利益平衡关系。2015 年，关于网络版权许可方式的探讨仍在继续，实务界、学术界积极探索新的版权在互联网环境下的授权模式，研究主要围绕《著作权法》修订草案中关于延伸著作权集体管理条款、未来制度的设计等展开。

12.5 网络版权行业自律

12.5.1 企业之间加强行业自律合作

2015 年，面对网络版权保护的困难与挑战，互联网企业纷纷加强自律合作，发表声明，保护原创作品，加大版权合作力度。

为有效遏制互联网原创平台的抄袭盗版等不良行为，2015 年 3 月 15 日，百度百家、凤凰新闻客户端、今日头条、搜狐新闻客户端、网易新闻客户端、微博、一点资讯共八家互联网平台共同发布《保护原创版权声明》，旨在抵制抄袭盗版，保护内容消费者权益。各方将以声明为基础，保障用户权益，推动社会诚信进步[3]。

为规范网络媒体转载秩序，推动移动互联网环境下新媒体与传统媒体的和谐发展，2015 年，在国家版权局举行的"规范网络转载版权秩序座谈会"上，北京日报和奇虎 360 分别代表传统媒体和互联网媒体发布了维权声明和自律声明，共同致力于营造健康有序、合作共赢

---

[1] 参见网址：http://www.copyright.gd.gov.cn/html/menhu/html/2015/recent_news_0916/330.html，2016 年 5 月 17 日最后访问。

[2] 参见网址：http://www.cac.gov.cn/2015-07/28/c_1116064798.htm，2016 年 5 月 20 日最后访问。

[3] 参见"八大互联网平台联合声明打击抄袭"，参见网址：东方法治网，http://law.eastday.com/dongfangfz/ 2010dffz/msgc/u1ai79317.html，最后访问日期：2016 年 5 月 21 日。

的网络版权转载环境[1]。

2015 年，国内音乐平台间开始从竞争走向版权合作，2015 年 10 月 13 日，腾讯 QQ 音乐和网易云音乐宣布合作，所涉及的音乐版权达到 150 万首以上[2]。说明我国数字音乐行业各方开始积极接洽，开启了行业发展合作之旅，将促进我国音乐作品的广泛授权。

12.5.2 行业组织发挥作用引导自律

除企业之间自发的自律合作行为外，行业协会积极组织各种活动，配合政府主管部门监管，促进行业交流，同时，2015 年，针对新形势的发展，一些新的行业自律联盟应运而生，引导行业版权保护自律。

2015 年 11 月，由中国版权协会主办的第八届中国版权年会在京举行。此届年会以"互联网+时代的音乐——价值挖掘与实现途径"为主题，探讨如何运用互联网的音乐资源整合与价值发掘功能，实现各方共赢。该论坛针对网络音乐版权保护和产业的健康发展展开探讨，有力配合了国家版权局 2015 年对网络音乐的重点监管工作，对互联网环境下数字音乐价值的实现具有重要意义[3]。

2015 年 12 月，中国作家协会作家法律服务团在中国现代文学馆成立，该法律服务团由知名法律专家、学者和律师组成。成立作家法律服务团，是中国作协推动文学事业繁荣发展的重要举措，也是我国文学界和法律界的一次重要合作，对与引导行业自律、保护广大作家的权利、激发作家创作热情具有重要的意义，更有助于网络环境下，整体版权保护水平的提高[4]。

2015 年 7 月，互联网视频正版化联盟成立，该联盟由搜狐视频、腾讯、优酷、土豆、凤凰视频、爱奇艺、56 网、PPS、PPTV 等互联网公司发起组建，旨在通过联盟成员的自律、互助，维护互联网视频版权市场的良好秩序。该联盟的成立推动了我国网络版权产业的健康发展，有利于企业与政府、主管机构和版权方加强合作，增强技术手段，打击盗版行为，共同推进网络正版化进程[5]。

针对当前云盘领域版权侵权问题突出的情况，2015 年 11 月，北京市版权局和首都版权产业联盟共同发起云盘版权保护共同声明发布会，百度、搜狐、乐视、爱奇艺、腾讯、中国电影著作权协会等企业或权利人组织共同签署了《关于云盘版权保护的共同声明》，共同努力维护版权方利益，促进版权市场在法律框架下蓬勃发展[6]。

2015 年，中国 APP 移动应用正版联盟于第 15 个世界知识产权日版权周期间发起成立。该联盟的成立对规范版权秩序，配合主管部门整治和打击 APP 侵权盗版，服务权利人的版权

---

[1] 国家版权局：规范网络转载版权秩序，推动媒体融合发展，参见网址：http://news.xinhuanet.com/newmedia/2015-04/22/c_1115057678.htm，2016 年 5 月 22 日最后访问。

[2] QQ 音乐签收网易走向竞和，资料引自：http://finance.sina.com.cn/360desktop/china/20151018/131523505308.shtml，2016 年 5 月 22 日最后访问。

[3] 参见网址：http://news.xinhuanet.com/newmedia/2015-11/30/c_134869473.htm，2016 年 5 月 17 日最后访问。

[4] 参见网址：http://news.163.com/15/1203/21/B9UJKF9B00014JB6.html，2016 年 5 月 17 日最后访问。

[5] 参见网址：http://tech.xinmin.cn/2015/07/12/28106278.html，2015 年 5 月 17 日最后访问。

[6] 参见网址：http://toutiao.com/i6216509512925315586/，2016 年 5 月 17 日最后访问。

保护和主管部门的有效监管起到了积极作用。同时，中国 APP 移动应用正版联盟还联合首批百家单位，发布了《抵制侵权盗版，护航互联网+》版权自律公约；倡导移动互联网主动履行版权信息安全责任，做好版权审核工作和正版来源权属标示标注[1]。

（工信部电子知识产权中心 李慧颖、黄蕴华）

---

[1] 参见网址：http://it.gmw.cn/2015-04/29/content_15522651.htm，2016 年 5 月 17 日最后访问。

第13章 2015年中国网络信息安全情况

13.1 网络安全概况

2015 年，党中央、国务院加大了对网络安全的重视，我国网络空间法制化进程不断加快，网络安全人才培养机制逐步完善，围绕网络安全的活动蓬勃发展。我国新《国家安全法》正式颁布，明确提出国家建设网络与信息安全保障体系；《中华人民共和国刑法修正案（九）》表决通过，加大了打击网络犯罪的力度；《反恐怖主义法》正式通过，规定了电信业务经营者、互联网服务提供者在反恐中应承担的义务；《网络安全法（草案）》向社会各界公开征求意见；高校设立网络空间安全一级学科，加快网络空间安全高层次人才培养；政府部门或行业组织围绕网络安全举办的会议、赛事、宣传活动等丰富多样。

2015 年，我国陆续出台了"互联网+"行动计划、"宽带中国 2015 专项行动"等，加快建设网络强国。我国不断完善网络安全保障措施，网络安全防护水平进一步提升。然而，层出不穷的网络安全问题仍然难以避免。基础网络设备、域名系统、工业互联网等我国基础网络和关键基础设施依然面临着较大的安全风险，网络安全事件多有发生。木马和僵尸网络、移动互联网恶意程序、拒绝服务攻击、安全漏洞、网页仿冒、网页篡改等网络安全事件表现出了新的特点：利用分布式拒绝服务攻击（以下简称"DDoS 攻击"）和网页篡改获得经济利益现象普遍；个人信息泄露引发的精准网络诈骗和勒索事件增多；智能终端的漏洞风险增大；移动互联网恶意程序的传播渠道转移到网盘或广告平台等网站。

13.2 我国互联网网络安全形势

13.2.1 网络基础设施

（1）基础通信网络安全防护水平进一步提升。2015 年，据工信部组织的网络安全防护工作抽查显示，各基础电信企业符合性测评平均得分均达到 90 分以上，风险评估检查发现的单个网络或系统的安全漏洞数量较 2014 年下降 20.5%。

（2）我国域名系统抗拒绝服务攻击（DDOS）能力显著提升。2015 年发生的多起针对重要域名系统的 DDoS 攻击均未对相关系统的域名解析服务造成严重影响，反映出我国重要域名系统普遍加强了安全防护措施，抗 DDoS 攻击能力显著提升。

（3）工业互联网面临的网络安全威胁加剧。近年来，国内外已发生多起针对工业控制系统的网络攻击，攻击手段也更加专业化、组织化和精确化。2015 年，国家信息安全漏洞共享平台（以下简称"CNVD"）共收录工控漏洞 125 个，发现多个国内外工控厂商的多款产品普遍存在缓冲区溢出、缺乏访问控制机制、弱口令、目录遍历等漏洞风险。

（4）针对我国重要信息系统的高强度有组织攻击威胁形势严峻。据监测，2015 年我国境内有近 5000 个 IP 地址感染了窃密木马，存在失泄密和运行安全风险。针对我国实施的 APT[1] 攻击事件也在不断曝光，例如，境外"海莲花"黑客组织攻击事件、APT-TOCS 攻击事件、Hacking Team 公司信息泄露事件等。

13.2.2　公共互联网网络安全环境

（1）境内木马和僵尸网络控制端数量再次下降。首次出现境外木马和僵尸网络控制端数量多于境内的现象。据抽样监测，2015 年共发现 10.5 万余个木马和僵尸网络控制端，控制了我国境内 1978 万余台主机。2015 年抽样监测发现境外 6.4 万余个木马和僵尸网络控制端，同比增长 51.8%，占全部控制端数量的 61.2%。

（2）个人信息泄露事件频发。2015 年我国发生多起危害严重的个人信息泄露事件。2015 年，CNCERT 抽样监测发现恶意程序转发的用户信息邮件数量超过 66 万封并及时有效处置。社会对此类事件的关注度不断提升。

（3）移动互联网恶意程序数量大幅增长。2015 年，CNCERT 通过自主捕获和厂商交换获得移动互联网恶意程序数量近 148 万个，较 2014 年增长 55.3%。

（4）主流移动应用商店安全状况明显好转。大量移动恶意程序的传播渠道转移到网盘或广告平台等网站。但是应用软件供应链安全问题凸显。2015 年先后曝出多起应用软件开发工具被植入恶意代码，导致使用这些工具开发的应用软件出现安全问题的事件。

（5）DDoS 攻击安全威胁严重。近年来，DDoS 攻击的方式和手段不断发生变化。自 2014 年起，利用互联网传输协议的缺陷发起的反射型 DDoS 攻击日趋频繁，增加了攻击防御和溯源的难度。

（6）网络安全高危漏洞频现，网络设备安全漏洞风险依然较大。2015 年，CNVD 共收录安全漏洞 8080 个，较 2014 年减少 11.8%。其中，高危漏洞收录数量高达 2909 个，较 2014 年增长 21.5%；可诱发零日攻击的漏洞 1207 个（即收录时厂商未提供补丁），占 14.9%。

（7）涉及重要行业和政府部门的高危漏洞事件持续增多。2015 年，CNCERT 通报了涉及政府机构和重要信息系统部门的事件型漏洞近 2.4 万起，约是 2014 年的 2.6 倍，继续保持快速增长态势。

（8）智能联网设备暴露出的安全漏洞问题严重。2015 年，CNVD 共收录了 739 个移动互联网设备或软件产品漏洞；通报了多款智能监控设备、路由器等存在被远程控制高危风险漏洞的安全事件。

（9）网页仿冒事件数量暴涨。CNCERT 监测数据显示，2015 年针对我国境内网站的仿

---

[1] APT（Advanced Persistent Threat，高级持续性威胁）：利用先进的攻击手段对特定目标进行长期持续性网络攻击的形式。

冒页面数量达 18 万余个，较 2014 年增长 85.7%。其中，针对金融支付的仿冒页面数量上升最快，较 2014 年增长 6.37 倍；针对娱乐节目中奖类的网页仿冒页面数量也较 2014 年增长 1 倍。

（10）网页篡改现象有所缓解。植入暗链[1]是网页篡改的主要攻击方式。CNCERT 监测发现，2015 年我国境内近 2.5 万个网站被篡改，其中被篡改政府网站有 898 个，较 2014 年减少 49.1%。

（11）网络安全合作加强。2015 年，我国网络安全领域的国内外合作均进一步加强。在国内，电信和互联网行业积极发挥行业自律作用，共同应对网络安全威胁；在国际合作方面，协作处置的跨境网络安全事件数量显著增加。

13.3　计算机恶意程序传播和活动情况

13.3.1　木马和僵尸网络监测情况

2015 年 CNCERT 抽样监测结果显示，在利用木马或僵尸程序控制服务器对主机进行控制的事件中，控制服务器 IP 地址总数为 105056 个，较 2014 年上升 0.8%，受控主机 IP 地址总数为 28728402 个，较 2014 年大幅上升 105.3%。其中，境内木马或僵尸程序受控主机 IP 地址数量为 19781858 个，较 2014 年上升 78.4%，境内控制服务器 IP 地址数量为 40782 个，较 2014 年下降 34.1%。连续 3 年我国境内木马或僵尸程序控制服务器数量出现下降，体现了近两年我国木马和僵尸网络专项治理行动和日常处置工作的持续效果。

1. 木马或僵尸程序控制服务器分析

2015 年，境内木马或僵尸程序控制服务器 IP 地址数量为 40782 个，较 2014 年大幅下降 34.1%；境外木马或僵尸程序控制服务器 IP 地址数量为 64274 个，较 2014 年有所增长，增幅为 51.8%，如图 13.1 所示。

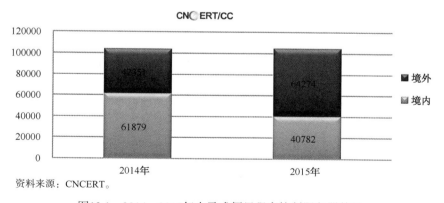

资料来源：CNCERT。

图13.1　2014—2015年木马或僵尸程序控制服务器数量

---

[1] 暗链就是页面上看不见网站链接，主要指向博彩、私服等非法网站链接。

2015 年，在发现的因感染木马或僵尸程序而形成的僵尸网络中，控制规模在 100～1000 的占 70.6%以上。控制规模在 1000～5000、5000～20000、2 万～5 万、5 万～10 万、10 万以上的主机 IP 地址的僵尸网络数量与 2014 年相比分别增加 530 个、160 个、112 个、20 个、19 个，分布情况如图 13.2 所示。

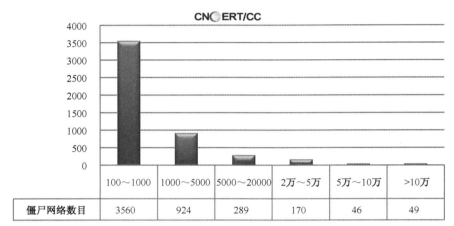

	100～1000	1000～5000	5000～20000	2万～5万	5万～10万	>10万
僵尸网络数目	3560	924	289	170	46	49

资料来源：CNCERT。

图13.2　2015年僵尸网络规模分布

2015 年木马或僵尸程序控制服务器 IP 地址数量统计全年呈波动态势，其月度统计如图 13.3 所示。

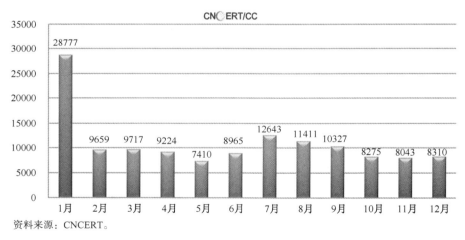

资料来源：CNCERT。

图13.3　2015年木马或僵尸程序控制服务器IP地址数量月度统计

2. 木马或僵尸程序受控主机分析

2015 年，境内共有 19781858 个 IP 地址的主机被植入木马或僵尸程序，境外共有 8946544 个 IP 地址的主机被植入木马或僵尸程序，数量较 2014 年均有所增加，增幅分别达到了 78.4% 和 208.1%，如图 13.4 所示。

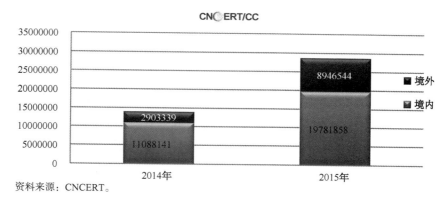

资料来源：CNCERT。

图13.4　2015年和2014年木马或僵尸程序受控主机数量对比

2015 年，CNCERT 持续加大木马和僵尸网络的治理力度，木马或僵尸程序受控主机 IP 地址数量全年总体呈现下降态势。2015 年木马或僵尸程序受控主机 IP 地址数量的月度统计如图 13.5 所示。

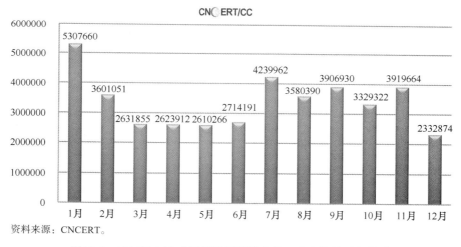

资料来源：CNCERT。

图13.5　2015年木马或僵尸程序受控主机IP地址数量月度统计

13.3.2　"飞客"蠕虫监测情况

据 CNCERT 监测，2015 年，感染"飞客"蠕虫的主机 IP 地址数量排名前 3 的国家或地区分别是中国大陆（12.4%）、印度（7.1%）和巴西（7%），具体分布情况如图 13.6 所示。图 13.7 所示为 2015 年境内主机 IP 地址感染"飞客"蠕虫的数量月度统计，月均数量近 48 万个，总体上稳步下降，较 2014 年下降了 53.4%，但 2015 年 9 月起"飞客"蠕虫在境内又呈现活跃态势。

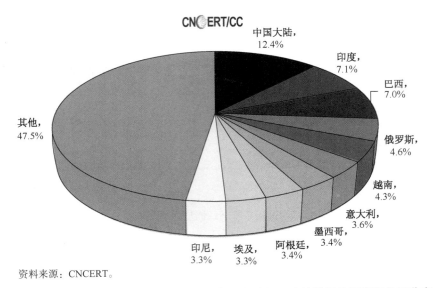

资料来源：CNCERT。

图13.6　2015年全球互联网感染"飞客"蠕虫的主机IP地址数量按国家和地区分布

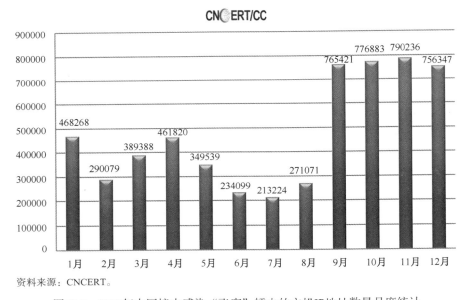

资料来源：CNCERT。

图13.7　2015年中国境内感染"飞客"蠕虫的主机IP地址数量月度统计

13.3.3　恶意程序传播活动监测

2015 年 1～4 月恶意程序传播活动频次相对较低，5～7 月恶意程序传播活动频次进入全年最低谷，8 月的恶意程序传播事件数量较前 7 个月出现暴增，8～10 月恶意程序传播事件数量出现持续增长，始终保持在高水平，11～12 月的恶意程序传播事件数量较 10 月有所下降但仍然维持在较高水平。频繁的恶意程序传播活动使用户上网面临的感染恶意程序的风险加大，除需进一步加大对恶意程序传播源的清理工作外，还应提高广大用户的安全意识。

2015 年，CNCERT 共监测到 5524 个放马站点（去重后），图 13.8 所示为中国大陆地区放马站点数量月度统计情况，可以看到，放马站点数量在 2015 年呈现波动趋势，1 月达到峰值，12 月为全年最低值。

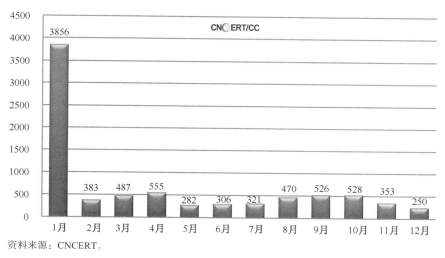

资料来源：CNCERT。

图13.8　2015年放马站点数量月度统计

图 13.9 所示为 CNCERT 监测发现的 2015 年中国大陆地区放马站点按域名分布情况。其中，排名前 3 位的是.com 域名（55.9%）、.cn 域名（25.2%）和.net 域名（11.8%）。

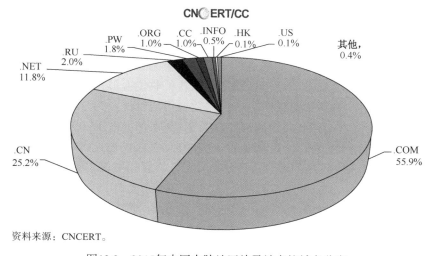

资料来源：CNCERT。

图13.9　2015年中国大陆地区放马站点按域名分布

CNCERT 监测发现，2015 年恶意程序传播主要使用 5505 端口和 80 端口，其中以 5505 端口最多。CNCERT 全年监测发现，恶意程序传播大量使用域名 down01.kuaibo8.com:5505 来承载多种恶意程序，该域名上承载的恶意程序主要为 Trojan/Win32.Reconyc 家族与 Trojan/Win32.StartPage 家族，传播与感染数量非常大。放马站点使用的端口分布统计如图 13.10 所示。

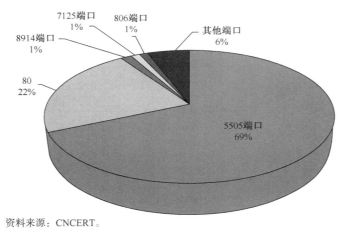

资料来源：CNCERT。

图13.10   放马站点使用的端口分布统计

13.4   移动互联网安全监测情况

13.4.1   移动互联网恶意程序监测情况

移动互联网恶意程序是指在用户不知情或未授权的情况下，在移动终端系统中安装、运行以达到不正当目的，或具有违反国家相关法律法规行为的可执行文件、程序模块或程序片段。移动互联网恶意程序一般存在以下一种或多种恶意行为，包括恶意扣费、信息窃取、远程控制、恶意传播、资费消耗、系统破坏、诱骗欺诈和流氓行为。2015 年，CNCERT/CC 捕获及通过厂商交换获得的移动互联网恶意程序样本数量为 1477450 个。

2015 年，CNCERT/CC 捕获和通过厂商交换获得的移动互联网恶意程序按行为属性统计如图 13.11 所示。其中，恶意扣费类的恶意程序数量仍居首位，为 348859 个，占 23.61%，流氓行为类 328092 个（占 22.21%）、远程控制类 222941 个（占 15.09%）分列第二、三位。2015 年，CNCERT/CC 组织通信行业开展了 12 次移动互联网恶意程序专项治理行动，着重针对影响范围大、安全风险较高的恶意程序进行治理，恶意扣费类恶意程序的治理效果显著，样本数量减少近 20 万个，其比例由 2014 年的 54.98%下降至 2015 年的 23.61%。

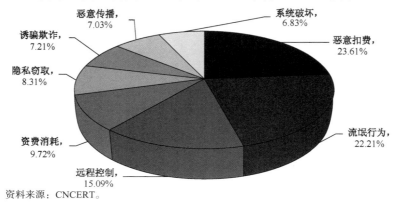

资料来源：CNCERT。

图13.11   2015年移动互联网恶意程序数量按行为属性统计

按操作系统分布统计，2015 年 CNCERT/CC 捕获和通过厂商交换获得的移动互联网恶意程序主要针对 Android 平台，共有 1472381 个，占 99.6%以上，位居第一（见图 13.12）。暨 2014 年出现的苹果 iOS 平台"Wirelurker"等恶意程序后，2015 年出现了更大规模感染的 iOS 恶意程序"XcodeGhost"，标志着 iOS 平台恶意程序的制作和传播链条更加成熟。

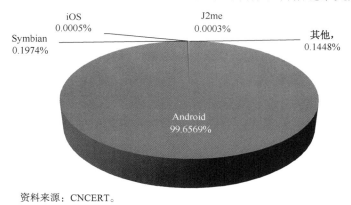

资料来源：CNCERT。

图13.12 2015年移动互联网恶意程序数量按操作系统分布

如图 13.13 所示，按危害等级统计，2015 年高危移动互联网恶意程序的分布情况略有提升，中危移动互联网恶意程序所占比例下降 7%，低危移动互联网恶意程序所占比例增加 7%。

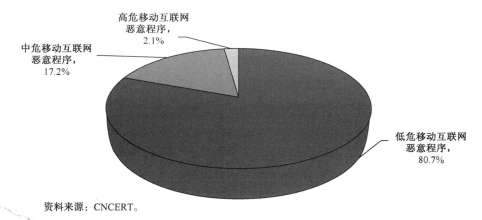

资料来源：CNCERT。

图13.13 2015年移动互联网恶意程序数量按危害等级统计

13.4.2 移动互联网恶意程序传播活动监测

随着政府部门对应用商店的监督管理愈加完善，通过正规应用商店传播移动恶意程序的难度不断增加，传播移动恶意程序的阵地已经转向网盘、广告平台等目前审核措施还不完善的 APP 传播渠道。移动互联网恶意程序传播事件的月度统计结果显示 2015 年 1～6 月移动恶意程序传播活动呈逐月下降趋势，7 月后传播事件数量总体呈上升趋势（见图 13.14）。

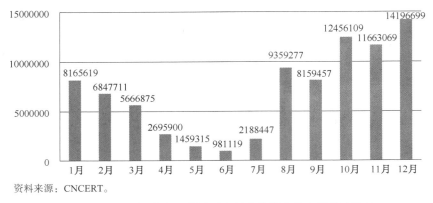

资料来源：CNCERT。

图13.14　2015年移动互联网恶意程序传播事件次数月度统计

移动互联网恶意程序传播所使用的域名和 IP 地址数量的月度统计显示，1～6 月传播恶意程序的域名和 IP 数量呈逐渐减少趋势，7～12 月传播恶意程序的域名和 IP 数量呈逐渐增加（见图 13.15）。

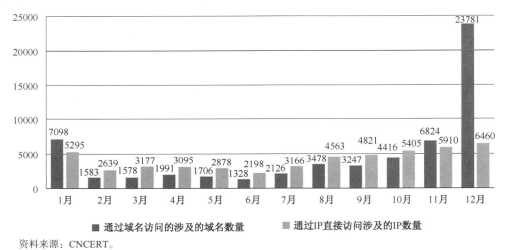

资料来源：CNCERT。

图13.15　2015年移动互联网恶意程序传播源域名和IP地址数量月度统计

13.5　网站安全监测情况

13.5.1　网页篡改情况

按照攻击手段，网页篡改可以分成显式篡改和隐式篡改两种。通过显式网页篡改，黑客可炫耀自己的技术技巧，或达到声明自己主张的目的；隐式篡改一般是在被攻击网站的网页中植入被链接到色情、诈骗等非法信息的暗链中，以助黑客谋取非法经济利益。黑客为了篡改网页，一般需提前知晓网站的漏洞，提前在网页中植入后门，并最终获取网站的控制权。

1. 我国境内网站被篡改总体情况

2015 年，我国境内被篡改的网站数量为 24550 个，较 2014 年的 36969 个下降 33.6%。我国境内被篡改网站的月度统计情况如图 13.16 所示。

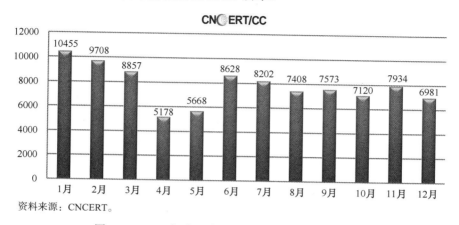

资料来源：CNCERT。

图13.16　2015年我国境内被篡改网站数量月度统计

从篡改攻击的手段来看，我国被篡改的网站中以植入暗链方式被攻击的超过 85%。从域名类型来看，2015 年我国境内被篡改的网站中，代表商业机构的网站（.COM）最多，占 72.3%，其次是网络组织类（.NET）网站和政府类（.GOV）网站，分别占 6.6%和 3.7%，非营利组织类（.ORG）网站占 2.0%（见图 13.17）。对比 2014 年，我国政府类网站被篡改情况有小幅度下降，从 2014 年的 4.8%，下降至 2015 年的 3.7%。

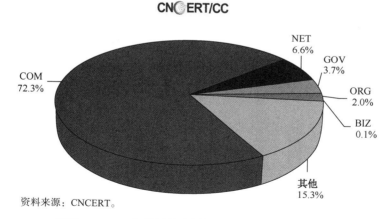

资料来源：CNCERT。

图13.17　2015年我国境内被篡改网站按域名类型分布

2. 我国境内政府网站被篡改情况

我国被篡改政府网站数量下降，受到植入黑链攻击威胁大。2015 年，我国境内政府网站被篡改数量为 898 个，较 2014 年的 1763 个减少 49.1%。2015 年年我国境内被篡改的政府网站数量和其占被篡改网站总数比例按月度统计如图 13.18 所示，可以看到，在下半年政府网站篡改数量及占被篡改网站总数比例呈现下降态势。

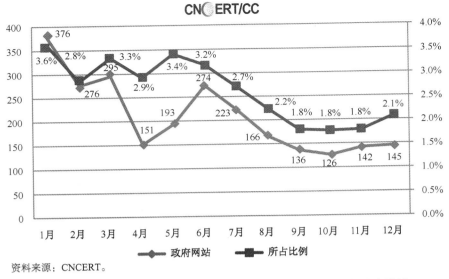

资料来源：CNCERT。

图13.18　2015年我国境内被篡改的政府网站数量和所占比例月度统计

13.5.2　网站后门情况

2015 年 CNCERT 共监测到境内 75028 个网站被植入后门，其中政府网站有 3514 个。我国境内被植入后门网站月度统计情况如图 13.19 所示。

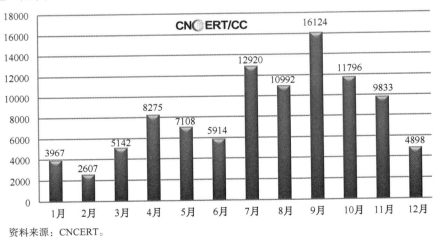

资料来源：CNCERT。

图13.19　2015年我国境内被植入后门网站数量月度统计

从域名类型来看，2015 年我国境内被植入后门的网站中，代表商业机构的网站（.com）最多，占 57.2%，其次是网络组织类（.net）和政府类（.gov）网站，分别占 5.4% 和 4.7%。2015 年我国境内被植入后门的网站数量按域名类型分布如图 13.20 所示。

向我国境内网站实施植入后门攻击的 IP 地址中，有 31348 个位于境外，主要位于美国（13.9%）、中国香港（6.5%）和韩国（6.0%）等国家和地区，如图 13.21 所示。

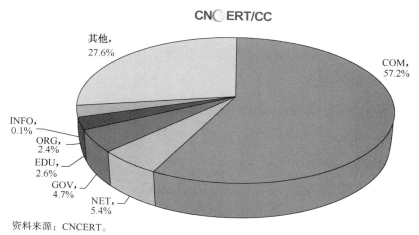

资料来源：CNCERT。

图13.20　2015年境内被植入后门网站域名分类统计

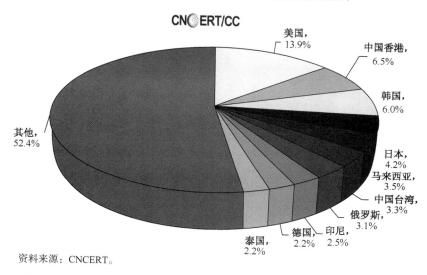

资料来源：CNCERT。

图13.21　2015年向我国境内网站植入后门的境外IP地址按国家和地区分布

其中，位于美国的 4361 个 IP 地址共向我国境内 11245 个网站植入了后门程序，侵入网站数量居首位，其次是位于中国香港和位于菲律宾的 IP 地址，分别向我国境内 10100 个和 5566 个网站植入了后门程序，如图 13.22 所示。

13.5.3　网页仿冒情况

网页仿冒俗称网络钓鱼（Phishing），是社会工程学欺骗原理与网络技术相结合的典型应用。2015 年，CNCERT 共抽样监测到仿冒我国境内网站的钓鱼页面 184574 个，涉及境内外 20488 个 IP 地址，平均每个 IP 地址承载 9 个钓鱼页面。在这 20488 个 IP 地址中，有 83.2% 位于境外，其中中国香港（27.1%）、美国（9.4%）和韩国（2.2%）居前 3 位，分别承载了 60317 个、18186 个和 16031 个针对我国境内网站的钓鱼页面。仿冒我国境内网站的 IP 地址分布情况如图 13.23 和图 13.24 所示。

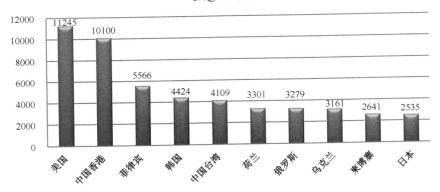

资料来源：CNCERT。

图13.22　2015年境外通过植入后门控制我国境内网站数量TOP10

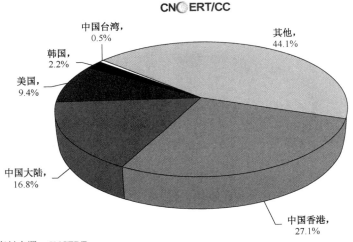

资料来源：CNCERT。

图13.23　2015年仿冒我国境内网站的IP地址按国家和地区分布

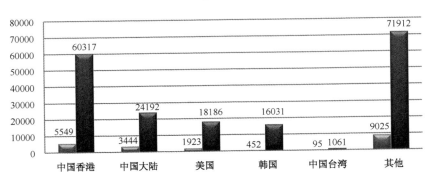

资料来源：CNCERT。

图13.24　2015年仿冒我国境内网站的IP地址及其承载的仿冒页面数量按国家或地区分布TOP5

从钓鱼站点使用域名的顶级域分布来看，以.COM 最多，占 67.4%，其次是.CC 和.PW，分别占 12.3%和 5.5%。2015 年 CNCERT 抽样监测发现的钓鱼站点所用域名按顶级域分布如图 13.25 所示。

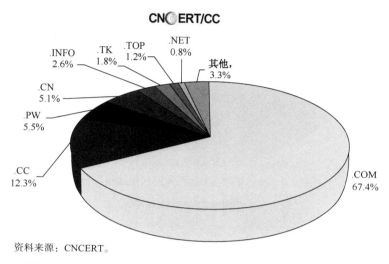

资料来源：CNCERT。

图13.25　2015年抽样监测发现的钓鱼站点所用域名按顶级域分布

13.6　信息安全漏洞公告与处置

CNCERT 高度重视对安全威胁信息的预警通报工作。由于大部分严重的网络安全威胁都是由信息系统所存在的安全漏洞诱发的，所以及时发现和处理漏洞是安全防范工作的重中之重。

13.6.1　CNVD 漏洞收录情况

国家信息安全漏洞共享平台（CNVD）自成立以来共收录通用软硬件漏洞 9.7 万个（含补录漏洞），并接收各方报告的涉及具体行业具体单位信息系统的漏洞风险信息接近 7 万条。其中，2015 年新增通用软硬件漏洞 8080 个，包括高危漏洞 2909 个（占 36.0%）、中危漏洞 4553 个（占 56.4%）、低危漏洞 618 个（占 7.6%）。各级别比例分布与月度数量统计如图 13.26 和图 13.27 所示。在所收录的上述漏洞中，可用于实施远程网络攻击的漏洞有 7185 个，可用于实施本地攻击的漏洞有 895 个。

2015 年，CNVD 共收集、整理了 2909 个高危漏洞，涵盖 Adobe、Microsoft、Apple、Google、Cisco、IBM、Mozilla、Oracle、WordPress、HP 等厂商的产品（见图 13.28）。

根据影响对象的类型，漏洞可分为：操作系统漏洞、应用程序漏洞、Web 应用漏洞、数据库漏洞、网络设备漏洞（如路由器、交换机等）和安全产品漏洞（如防火墙、入侵检测系统等）。在 CNVD 2015 年度收集整理的漏洞信息中，操作系统漏洞占 6.8%，应用程序漏洞占 62.0%，Web 应用漏洞占 14.4%，数据库漏洞 2.3%，网络设备漏洞占 12.5%，安全产品漏洞占 2.1%（见图 13.29）。

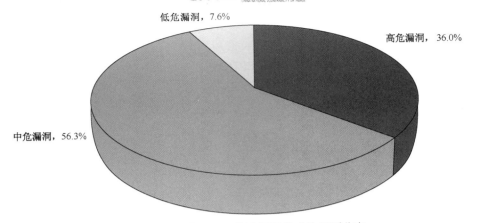

图13.26 2015年CNVD收录漏洞按威胁级别分布

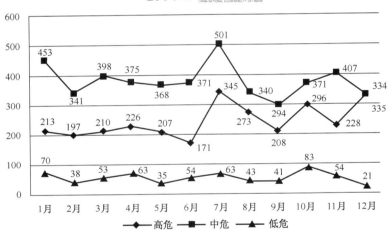

图13.27 2015年CNVD收录漏洞数量月度统计

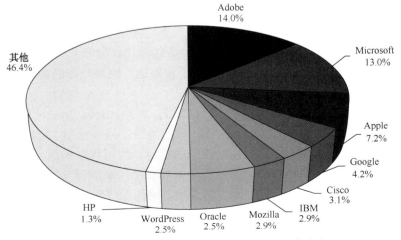

图13.28 2015年CNVD收录高危漏洞按厂商分布

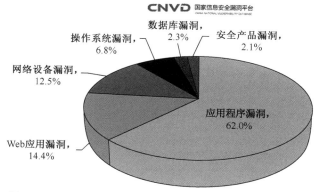

图13.29　2015年CNVD收录漏洞按影响对象类型分类统计

漏洞中较危险的是零日漏洞,一旦针对这些漏洞的攻击代码在补丁发布之前被公开或被不法分子知晓,就可能被利用来发动大规模网络攻击。2015 年 CNVD 共收录了 1207 个零日漏洞,主要涉及服务器系统、操作系统、数据库系统以及应用软件等。

13.6.2　CNVD 行业漏洞库收录情况

CNVD 对现有漏洞进行了进一步的深化建设,建立起基于重点行业的子漏洞库,目前涉及的行业包含电信、移动互联网、工业控制系统和电子政务。面向重点行业客户包括政府部门、基础电信运营商、工控行业客户等,提供量身定制的漏洞信息发布服务,从而提高重点行业客户的安全事件预警、响应和处理能力。

CNVD 行业漏洞通过资产和关键字进行匹配。2015 年行业漏洞库资产总数为:电信行业 1513 类,移动互联网 135 类,工控系统 178 类,电子政务 165 类。CNVD 行业库关联热词总数为:电信 84 个,移动互联网 42 个,工控系统 59 个,电子政务 13 个。

CNVD 目前共收录电信行业漏洞 4938 个,移动互联网行业漏洞 3719 个,工控行业漏洞 1223 个,电子政务漏洞 1273 个。近 3 年各行业漏洞统计数如图 13.30 所示。

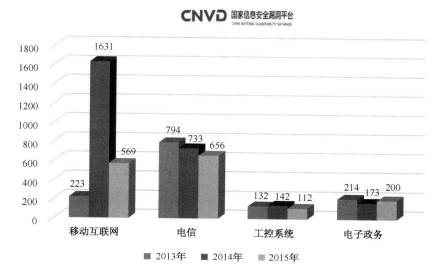

图13.30　2013—2015年CNVD收录行业漏洞对比

13.6.3 漏洞报送和通报处置情况

2015 年，国内安全研究者漏洞报告持续活跃，CNVD 依托自有报告渠道以及与乌云、补天、漏洞盒子等民间漏洞报告平台的协作渠道，接收和处置涉及党政机关和重要行业单位的漏洞风险事件。表 13.1 所示为 CNVD 通过各渠道接收到的民间平台或研究者漏洞报告数量统计。

表 13.1　2015 年 CNVD 接收民间平台或研究者漏洞报告数量统计

接收渠道	报告数量（条）
补天平台	26558
乌云平台	14486
CNVD 网站	1557
漏洞盒子	1344

2015 年，CNVD 共处置涉及我国政府部门以及银行、证券、保险、交通、能源等重要信息系统部门以及电信、传媒、公共卫生、教育等相关行业漏洞风险事件共计 23520 起，按月度统计情况如图 13.31 所示。

图13.31　2015年CNVD处置漏洞风险事件数量月度统计

13.7　安全组织发展情况

13.7.1　网络安全信息通报成员发展情况

2015 年，CNCERT/CC 作为通信行业网络安全信息通报中心，积极贯彻落实工业和信息化部颁布的《互联网网络安全信息通报实施办法》，协调和组织各地通信管理局、中国互联网协会、基础电信企业、域名注册管理和服务机构、非经营性互联单位、增值电信业务经营企业以及安全企业开展通信行业网络安全信息通报工作。CNCERT/CC 及各分中心积极拓展信息通报工作成员单位，并努力规范各通报成员单位报送的数据。截至 2015 年 12 月，全国共有 768 家信息通报工作成员单位（2014 年是 586 家），形成了较稳定的信息通报工作体系。与 2014 年相比，新拓展安全企业、增值电信企业、域名注册服务机构共 182 家单位成为信息通报工作成员单位。自 2011 年 1 月起，CNCERT/CC 建设并启用了网络安全协作平台，试行开展电子化信息报送工作。2012 年，CNCERT/CC 进一步规范信息报送流程，加强管理，保证信息报送工作效率。2014 年，CNCERT/CC 建设了网络安全协作平台二期，为通报成员单位报送信息提供更大便利。2015 年，CNCERT/CC 网络安全协作平台二期全面投入使用，进一步促进了电信和互联网行业内的信息共享。

13.7.2　CNVD 成员发展情况

CNVD 是由 CNCERT/CC 联合国内重要信息系统单位、基础电信企业、网络安全厂商、软件厂商和互联网企业建立的安全漏洞信息共享知识库，旨在团结行业和社会的力量，共同开展漏洞信息的收集、汇总、整理和发布工作，建立漏洞统一收集验证、预警发布和应急处置体系，切实提升我国在安全漏洞方面的整体研究水平和及时预防能力，有效应对信息安全漏洞带来的网络信息安全威胁。

2015 年，CNVD 新增信息安全漏洞 8080 个，其中高危漏洞 2909 个，漏洞收录总数和高危漏洞收录数量在国内漏洞库组织中位居前列。全年发布周报 50 期、月报 12 期，进行 5828 余次漏洞分析和验证工作。2015 年，CNVD 继续加强与国内外软硬件厂商、安全厂商以及民间漏洞研究者的合作，积极开展漏洞的收录、分析验证和处置工作。截至 2015 年年底，CNVD 网站共发展 2100 余个白帽子注册用户以及 170 个行业单位用户，全年协调处置 23000 余起涉及国务院部委、地方省市级部门、证券、金融、民航、保险、税务、电力等重要信息系统以及基础电信企业的漏洞事件，有力地支撑了国家网络信息安全监管工作。依托 CNCERT/CC 国家中心和分中心的处置渠道，有效降低了上述单位信息系统被黑客攻击的风险。此外，CNVD 官方微博账号发布 100 余条重要漏洞预警信息，并对一些重大漏洞事件做出积极回应。

13.7.3　ANVA 成员发展情况

2009 年 7 月，中国互联网协会网络与信息安全工作委员会发起成立了中国反网络病毒联盟（ANVA），由 CNCERT/CC 负责具体运营管理。联盟旨在广泛联合基础电信企业、互联网内容和服务提供商、网络安全企业等行业机构，积极动员社会力量，通过行业自律机制共同开展互联网网络病毒信息收集、样本分析、技术交流、防范治理、宣传教育等工作，以净化公共互联网网络环境，提升互联网网络安全水平。

2015 年 5 月，在 CNCERT 主办的"2015 中国计算机网络安全大会"上，ANVA 组织召开了"反网络病毒最佳实践"英文国际技术沙龙，邀请了来自澳大利亚 CERT、罗马尼亚 CERT、斯里兰卡 CERT、柬埔寨 CERT、APNIC、TEAM CYMRU、微软等国家级 CERT、国际网络安全组织及企业的技术专家，以及来自东软、腾讯、安天等国内网络安全企业的技术专家共同分享在反网络病毒方面的工作成果。沙龙上国内外专家进行了充分的技术交流，取得了良好的效果。

2015 年，ANVA 持续开展黑信息共享和白名单检测认证等工作。在黑名单信息共享方面，2015 年，ANVA 对外发布发布移动恶意程序黑名单 2.9 万条，移动恶意程序传播源黑名单 1790 条，恶意地址黑名单 12 万条。在发布"黑名单"的同时，ANVA 积极推动移动应用程序"白名单"认证工作。"白名单"认证工作启动于 2013 年，旨在积极倡导 ANVA 联盟成员建立移动互联网的健康生态，对移动互联网生态环境中 APP 开发者、应用商店和安全软件这三个关键环节进行约束，实现 APP 开发者提交安全可靠"白应用"、应用商店传播"白应用"、终端安全软件维护"白应用"的良性循环。2015 年中国移动、炫彩互动网络科技有限公司、广州酷狗计算机科技有限公司 3 家移动互联网企业的 4 款数字证书和 4 款 APP 通过了白名单认证，成为 2015 年度首批"移动互联网应用自律白名单"成员，其中包括"中国移动 MM"、"中国电信爱游戏"、"酷狗音乐"等应用程序。

为建设安全的移动互联网生态环境，营造安全的移动 APP 下载环境，遏制手机病毒的传播蔓延趋势，引导网民下载使用可信的 APP，保障网民的手机安全，减少感染手机病毒的风险，在中国互联网协会网络与信息安全工作委员会的指导下，在中国互联网协会移动互联网工作委员会的支持下，ANVA 组织国内主流应用商店开展了"3·15 白名单专项工作"，推出"3·15 白名单 APP 专题"，为网民铺设可信移动 APP 下载入口。在"3·15 白名单专项工作"期间，网民可通过小米手机、华为手机、OPPO 手机、一加手机、HTC 手机、朵唯手机、酷派手机等手机自带的应用商店客户端进入"3·15 白名单 APP 专题"页面，也可通过中国移动 MM、小米应用商店、木蚂蚁、优亿市场、华为应用市场、OPPO 软件商店、PP 助手、应用汇、91 助手、安卓市场、百度手机助手、360 手机助手、中国电信天翼空间、腾讯应用宝等 14 家国内知名应用商店 Web 网站和 Android 手机客户端进入"3·15 白名单 APP 专题"页面，下载并使用"白名单 APP"。此外，360 手机卫士、瑞星手机安全软件、安全管家、趋势科技移动安全防护、网秦安全等手机安全软件客户端也会帮助网民对"白名单 APP"进行标识，并引导网民更多地使用"白名单 APP"。

在联盟成员发展方面，2015 年 ANVA 积极吸纳中国信息通信研究院、深圳宇龙通信公司、珠海魅族科技有限公司、微软中国等网络安全领域企业与机构加入联盟，总计新增 4 家企业，截至 2015 年 12 月，ANVA 联盟成员单位数量已达 44 家。

（国家计算机网络应急技术处理协调中心　严寒冰、丁　丽、李　佳、纪玉春、
狄少嘉、徐　原、何世平、温森浩、赵　慧、李志辉、姚　力、张　洪、
朱芸茜、郭　晶、朱　天、高　胜、胡　俊、王小群、张　腾、吕利锋、
何能强、李　挺、陈　阳、李世淙、王适文、刘　婧、饶　毓、肖崇蕙、
贾子骁、张　帅、吕志泉、韩志辉、马莉雅）

第14章 2015年中国互联网治理状况

14.1 概述

2015年是中国互联网发展史上具有里程碑意义的一年。党的十八届五中全会正式将"网络强国"战略写进《中共中央关于制定国民经济和社会发展第十三个五年规划的建议》，正式吹响了"十三五"期间建设网络强国战略的号角。《建议》指出，实施网络强国战略，实施"互联网+"行动计划，发展分享经济，实施国家大数据战略。在这一年里，互联网加速向经济社会各领域深度融合，推动网络经济发展，促进产业共同繁荣，并阔步迈向新的历史阶段。

中国在积极参与全球网络空间体制建设的同时，也频频在相关场合阐释中国互联网治理的立场和主张。在第二届世界互联网大会上，国家主席习近平作提出推进全球互联网治理体系变革的"四项原则"和共同构建网络空间命运共同体的"五点主张"，倡导和平安全开放合作的网络空间，主张各国制定符合自身国情的网络公共政策，重视发挥互联网对经济建设的推动作用，实施"互联网+"政策，鼓励更多产业利用互联网实现更好发展；国际社会要本着相互尊重和相互信任的原则，通过积极有效的国际合作，共同构建和平、安全、开放、合作的网络空间，建立多边、民主、透明的国际互联网治理体系。

14.2 互联网治理政策

一年来，一方面，我国互联网的法律体系建设不断推进，个人、企业网络行为的法律边界更加清晰，覆盖领域也愈加宽泛，涵盖互联网金融、网络安全、电子商务、网络版权等多个方面，网络空间的治理"有法可依"。另一方面，国家互联网信息办公室出台《互联网新闻信息服务单位约谈工作规定》等一系列规范性文件，开展探索柔性治理方式，把强势单一的行政手段拓展为一个相互交融的平台，有利于激发公众作为治理伙伴与治理对象的主动性与创造性。

14.2.1 协同构建互联网治理的法律体系

2015年，互联网治理领域颁布的法律主要包括：2015年4月24日，全国人大常委会颁布《中华人民共和国电子签名法（2015 年修正）》，对提供电子认证服务的服务商加强了规范。2015 年 7 月 1 日，第十二届全国人民代表大会常务委员会第十五次会议通过《国家安全法》，提出要提升网络与信息安全保护能力，加强网络和信息技术的创新研究和开发应用，实现网络和信息核心技术、关键基础设施和重要领域信息系统及数据的安全可控。此外，该法首次以法律形式提出了"维护国家网络空间主权"。2015 年 9 月 1 日，新修订的《广告法》开始施行，首次将互联网广告纳入规范，对广告主、广告发布者和广告经营者的权利义务关系进行了重新梳理定位。2015 年 11 月 1 日，《刑法修正案（九）》正式实施。法律规定，编造虚假灾情、警情等，在网络或其他媒体上传播，或明知虚假信息，故意在信息网络或其他媒体上传播，严重扰乱社会秩序的，处 3 年以下有期徒刑、拘役或者管制；造成严重后果的，处 3 年以上 7 年以下有期徒刑。

2015 年，互联网治理领域出台的司法解释有：2015 年 8 月 6 日，最高人民法院发布了《最高人民法院关于审理民间借贷案件适用法律若干问题的规定》，对以下方面进行了规定，包括民间借贷的界定、民间借贷案件的受理与管辖、民间借贷案件涉及民事案件和刑事案件交叉的规定、互联网借贷平台的责任、虚假民事诉讼的处理等。

2015 年，政府部门颁布互联网的行政法规有：2015 年 5 月 7 日，国务院印发《关于大力发展电子商务加快培育经济新动力的意见》，部署进一步促进电子商务创新发展，提出了七个方面的政策措施：一是营造宽松发展环境，降低准入门槛，合理降税减负，加大金融服务支持，维护公平竞争；二是促进就业创业，鼓励电子商务领域就业创业，加强人才培养培训，保障从业人员劳动权益；三是推动转型升级，创新服务民生方式，推动传统商贸流通企业发展电子商务，积极发展农村电子商务，创新工业生产组织方式，推广金融服务新工具，规范网络化金融服务新产品；四是完善物流基础设施，支持物流配送终端及智慧物流平台建设，规范物流配送车辆管理，合理布局物流仓储设施；五是提升对外开放水平，加强电子商务国际合作，提升跨境电子商务通关效率，推动电子商务走出去；六是构筑安全保障防线，保障电子商务网络安全，确保电子商务交易安全，预防和打击电子商务领域违法犯罪；七是健全支撑体系，健全法规标准体系，加强信用体系建设，强化科技与教育支撑，协调推动区域电子商务发展。

2015 年 5 月 20 日，国务院办公厅印发《关于加快高速宽带网络建设推进网络提速降费的指导意见》，提出了加快高速宽带网络建设推进网络提速降费的目标和举措，要求通过竞争促进宽带服务质量的提升和资费水平的进一步下降，依托宽带网络基础设施深入推进实施"信息惠民"工程。该意见的出台对于加快基础设施建设，大幅提高网络速率，有效降低网络资费，持续提升服务水平具有重大指导意义。

2015 年 7 月 4 日，国务院印发《关于积极推进"互联网+"行动的指导意见》，这是推动互联网由消费领域向生产领域拓展、加速提升产业融合发展、推动产业变革转型的重要举措，具体分为 11 个方面的行动：一是"互联网+"创业创新，要充分发挥互联网的创新驱动作用，推动各类要素资源聚集、开放和共享，大力发展众创空间、开放式创新等；二是"互联网+"协同制造，推动互联网与制造业融合，提升制造业数字化、网络化、智能化水平，加强产业链协作，发展基于互联网的协同制造新模式，并在重点领域推进智能制造、大规模个性化定制、网络化协同制造和服务型制造；三是"互联网+"现代农业，利用互联网提升农业生产、经营、管理和服务水平，培育一批网络化、智能化、精细化的现代"种养加"生态农业新模式；四是"互联网+"智慧能源，通过互联网促进能源系统扁平化，推进能源生产与消费模式革命，提高能源利用效率，推动节能减排；五是"互联网+"普惠金融，促进互联网金融健康发展，全面提升互联网金融服务能力和普惠水平，鼓励互联网与银行、证券、保险、基金的融合创新；六是"互联网+"益民服务，大力发展以互联网为载体、线上线下互动的新兴消费，加快发展基于互联网的医疗、健康、养老、教育、旅游、社会保障等新兴服务；七是"互联网+"高效物流，加快建设跨行业、跨区域的物流信息服务平台，鼓励大数据、云计算在物流领域的应用，建设智能仓储体系，优化物流运作流程；八是"互联网+"电子商务，巩固和增强我国电子商务发展领先优势，大力发展农村电商、行业电商和跨境电商；九是"互联网+"便捷交通，加快互联网与交通运输领域的深度融合，推进基于互联网平台的便捷化交通运输服务发展；十是"互联网+"绿色生态，推动互联网与生态文明建设深度融合，完善污染物监测及信息发布系统，形成覆盖主要生态要素的资源环境承载能力动态监测网络，实现生态环境数据互联互通和开放共享；十一是"互联网+"人工智能，依托互联网平台提供人工智能公共创新服务，加快人工智能核心技术突破，促进人工智能在智能家居、智能终端、智能汽车、机器人等领域的推广应用。

2015 年 9 月 5 日，为全面推进我国大数据发展和应用，加快建设数据强国，国务院印发了《关于促进大数据发展行动纲要的通知》，里面提出主要任务是要加快政府数据开放共享，推动资源整合，提升治理能力；推动产业创新发展，培育新兴业态，助力经济转型；强化安全保障，提高管理水平，促进健康发展。

2015 年 11 月 7 日，国务院办公厅印发了《关于加强互联网领域侵权假冒行为治理的意见》，要求坚持依法监管、技术支撑、统筹协作、区域联动、社会共治的基本原则，充分发挥打击侵权假冒工作统筹协调机制作用，提出了突出监管重点、落实企业责任、加强执法协作和是健全长效机制四个方面的举措。

2015 年 11 月 9 日，国务院办公厅印发了《关于促进农村电子商务加快发展的指导意见》，明确了推动农村电子商务发展的重点任务：一是培育农村电子商务市场主体，鼓励电商、物流、商贸、金融、供销、邮政、快递等各类社会资源加强合作；二是扩大电子商务在农业农村的应用，在农业生产、加工、流通等环节，加强互联网技术应用和推广；三是改善农村电子商务发展环境，加强农村流通基础设施建设，加强政策扶持和人才培养，营造良好市场环境。

2015 年 11 月 26 日，国务院发布《地图管理条例》，规定了互联网地图服务市场准入、数据安全管理、用户信息保护、违法信息监管及核查备案等制度，要求互联网地图服务单位收集、使用用户信息须经用户同意，发现传输的地图信息含有不得表示内容的，立即停止传输，向有关部门报告。

14.2.2　及时发布互联网行业管理的部门规章

2015 年 2 月 4 日，国家互联网信息办公室发布《互联网用户账号名称管理规定》，就账号名称、头像和简介等内容以及互联网企业、用户的服务和使用行为进行规范，其范围包括博客、微博客、即时通信工具、论坛、贴吧、跟帖评论等互联网信息服务中注册使用的所有

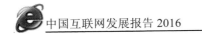

账号。

2015年2月5日，公安部会同国家互联网信息办公室等多个部门，制定出台《互联网危险物品信息发布管理规定》，进一步加强对互联网危险物品信息的管理，规范危险物品从业单位信息发布行为，依法查处、打击涉及危险物品违法犯罪活动。

2015年4月28日，国家互联网信息办公室发布《互联网新闻信息服务单位约谈工作规定》，明确规定约谈的行政主体、行政相对人、实施条件、方式、程序等内容，从发现违法违规行为到谈话示警，再到责令整改，以及后续罚款、吊销许可证等惩罚措施，制定一套合规合法且实际操作性极强的工作流程。约谈对象包括：通过网站、客户端、博客、微博客、即时通信工具等各种形式提供互联网新闻信息服务的单位。2015年年底，全国网信系统全年依法约谈违法违规网站820余家1000余次，依法打消违法违规网站许可或存案、依法封锁严重违法违规网站4977家，依法封锁有关网站违法违规账号226万多个。

2015年5月15日，商务部发布《"互联网+流通"行动计划》，明确农村电商、线上线下融合以及跨境电商等方面创新流通方式，解决电商"最后一公里"和"最后一百米"问题。

2015年7月18日，中国人民银行等十部门发布《关于促进互联网金融健康发展的指导意见》，明确互联网金融定义以及业态，积极鼓励互联网金融平台、产品和服务创新，划分互联网金融监管职责。意见中认可了互联网支付、网络借贷、股权众筹融资、互联网基金销售、互联网保险、互联网信托和互联网消费金融等互联网金融主要业态。

2015年9月2日，国家工商行政管理总局发布《网络商品和服务集中促销活动管理暂行规定》，明确促销组织者和经营者各自应承担的责任。其中，作为集中促销组织者的第三方交易平台应当记录、保存促销活动期间在其平台上发布的商品和服务信息内容及发布时间，要求交易平台对网络商户的促销活动进行检查监控，发现商户有违法违规行为时，可以停止对其提供服务。

2015年9月18日，国家旅游局发布《关于实施"旅游+互联网"行动计划的通知》，要求重点推进旅游区域互联网基础设施建设、推动旅游相关信息互动终端建设、推动旅游物联网设施建设、支持在线旅游创业创新、大力发展在线旅游新业态、推动"旅游+互联网"投融资创新、开展智慧旅游景区建设、推动智慧旅游乡村建设、完善智慧旅游公共服务体系、创新旅游网络营销模式。

2015年10月14日，国家版权局印发《关于规范网盘服务版权秩序的通知》，要求为用户提供网络信息存储空间服务的网盘服务商应当遵守著作权法律法规，合法使用、传播作品，履行著作权保护义务；网盘服务商应当建立必要管理机制，运用有效技术措施，主动屏蔽、移除侵权作品，防止用户违法上传、存储并分享他人作品；网盘服务商应当在其网盘首页显著位置提示用户遵守著作权法，尊重著作权人合法权益，不违法上传、存储并分享他人作品。

2015年10月23日，文化部发布《关于进一步加强和改进网络音乐内容管理工作的通知》，要求网络音乐经营单位要按照"谁经营，谁负责"的原则，坚持社会效益和经济效益相统一、社会效益优先，切实履行内容审核主体责任；要建立网络音乐自审工作流程和责任制度，并严格按照文化行政部门统一制定的内容审核标准和规范，对拟提供的网络音乐产品进行内容审核，审核通过后方可上线经营；自审制度和产品自审信息要向省级以上文化行政部门备案。

2015 年 11 月 6 日，为加强事前规范指导，强化事中事后监管，构建线上线下一体化的网络市场监管工作格局，国家工商行政管理总局发布《关于加强网络市场监管的意见》，提出十条工作意见，包括：加强网络市场监管规范化建设、强化技术手段与监管业务的融合、充分发挥信用激励约束机制的作用、加强监管统筹和推动一体化监管、严厉打击销售侵权假冒伪劣商品违法行为、加强网络经营主体规范管理、积极推进 12315 体系建设、规范各类涉网经营行为、加强网络市场新业态研究，以及强化基层基础建设，提高网络市场监管能力和水平。

2015 年 11 月 12 日，国家工商行政管理总局发布《关于加强和规范网络交易商品质量抽查检验的意见》，要求工商行政管理部门加强网络商品质量监管，针对消费者投诉、有关组织反映和行政执法中发现质量问题集中的商品，要组织开展网络商品抽检，制定抽检工作计划并确定抽检实施方案。对经网络商品抽检并依法认定为不合格商品的，应当责令被抽样的网络商品经营者立即停止销售，要依法查处网络商品经营者的违法行为，要将行政处罚结果记入企业信用档案。

2015 年 12 月 28 日，中国人民银行发布《非银行支付机构网络支付业务管理办法》，确立坚持支付账户实名制、平衡支付业务安全与效率、保护消费者权益和推动支付创新的监管思路，明确要求清晰界定支付机构定位、坚持支付账户实名制、兼顾支付安全与效率、突出对个人消费者合法权益保护的举措。

14.2.3　积极指引互联网行业发展方向

2015 年 4 月 29 日，国家禁毒办牵头会同中央宣传部等 9 部门制定出台《关于加强互联网禁毒工作的意见》，要求各地区、各部门统筹网上网下两个战场，坚决切断涉毒有害信息网上传播渠道，规范互联网管理秩序，保障人民群众根本利益。

2015 年 6 月 19 日，工业和信息化部发布《关于放开在线数据处理与交易处理业务（经营类电子商务）外资股比限制的通告》，决定在中国（上海）自由贸易试验区开展试点的基础上，在全国范围内放开在线数据处理与交易处理业务（经营类电子商务）的外资股比限制，外资持股比例可至 100%。

2015 年 9 月 1 日，为贯彻落实《国务院关于大力发展电子商务加快培育经济新动力的意见》精神，进一步推动农村电子商务发展，商务部等 19 部门联合印发《关于加快发展农村电子商务的意见》，针对目前农村电子商务发展中存在的问题，从培育多元化电子商务市场主体、加强农村电商基础设施建设、营造农村电子商务发展环境等方面提出了 10 项举措：①支持电商、物流、商贸、金融等各类资本发展农村电子商务；②积极培育农村电子商务服务企业；③鼓励农民依托电子商务进行创业；④加强农村宽带、公路等基础设施建设；⑤提高农村物流配送能力；⑥搭建多层次发展平台；⑦加大金融支持力度；⑧加强农村电商人才的培养；⑨规范农村电子商务市场秩序；⑩开展示范宣传和推广。

2015 年 9 月 7 日，为深入实施创新驱动发展战略和国家知识产权战略，切实保护好创新创业者的合法权益，国家知识产权局等 5 部门联合印发《关于进一步加强知识产权运用和保护助力创新创业的意见》，提出要拓宽知识产权价值实现渠道，支持互联网知识产权金融发展，鼓励金融机构为创新创业者提供知识产权资产证券化、专利保险等新型金融产品和服务；要完善知识产权运营服务体系，充分运用社区网络、大数据、云计算，加快推进全国知识产权运营公共服务平台建设，构建新型开放创新创业平台，促进更多创业者加入和集聚；要健全电子商务领域专利执法维权机制，完善行政调解等非诉讼纠纷解决途径，建立互联网电子商务知识产权信用体系。

2015 年 11 月 25 日，工业和信息化部关于印发贯彻落实《国务院关于积极推进"互联网+"行动的指导意见》行动计划（2015—2018 年）的通知，提出开展七大行动：两化融合管理体系和标准建设推广行动、智能制造培育推广行动、新型生产模式培育行动、系统解决方案能力提升行动、小微企业创业创新培育行动、网络基础设施升级行动，以及信息技术产业支撑能力提升行动。

14.3　互联网行业治理

一年来，中国政府积极开展行业治理，网信、工信、公安等多部门密切协作，依法封锁违法违规网站，严厉查处淫秽、欺诈等有害信息，网络空间得到进一步净化。互联网企业和行业协会根据行业发展热点有针对性地开展行业自律，成为行业治理手段的有益补充，为促进行业健康发展发挥了积极作用。

14.3.1　积极制定互联网治理的多项举措

2015 年 1 月 21 日，国家互联网信息办公室等四部门联合启动针对"网络敲诈和有偿删帖"的专项整治行动，分为内、外两个层面同时推进。一是重点针对新闻网站、商业网站、非法网站、社交网络账号及网络公关公司开展，为期半年；二是专门针对各级网信部门和网信队伍开展，为期 3 个月。截至 2015 年年底，专项整治共关闭违法违规网站近 300 家，关闭违法违规社交网络账号超 115 万个，清理删除相关违法和不良信息 900 余万条。

2015 年 2 月 12 日，国家互联网信息办公室联合有关部门在全国范围内启动开展"婚恋网站严重违规失信"专项整治工作，清理、查处、关闭一批违法违规和严重失信的婚恋网站，遏止婚恋网站违规失信乱象。专项整治工作成效显著，全国各地共有 295 家婚恋网站签订诚信建设承诺书和责任状，承诺将坚持诚信经营，加强对网民合法权益的保护。

2015 年 3 月，全国"扫黄打非"办公室部署开展"净网 2015"专项行动，深化打击网上淫秽色情信息。一年来，网信、工信、公安等部门共处置网络淫秽色情信息 1000 余万条，收缴淫秽色情出版物 50 多万件，查处淫秽色情出版物案件 1821 起。

2015 年 4 月 3 日，财政部等八部门联合发布公告规范利用互联网销售彩票行为，包括制止擅自利用互联网销售彩票的行为、严厉查处非法彩票、要求利用互联网销售彩票业务必须依法合规等。

2015 年 5 月 20 日，国家互联网信息办公室在全国范围内开展"护苗 2015•网上行动"。行动分为三个阶段：第一阶段从 5 月 20 至 24 日，主要内容是动员举报，舆论预热；第二阶段从 5 月 25 至 31 日，主要内容是开展"护苗 2015•网上行动"集中治理工作；第三阶段从 6 月 1 日至 7 日，举办第二届网络安全周活动，以青少年网络安全教育为主要内容。

2015 年 6 月 1 日，国家工商行政管理总局发布《关于开展 2015 红盾网剑专项行动的通知》，决定于 2015 年 7 月至 11 月开展"2015 红盾网剑专项行动"，旨在保持打击网络销售侵权假冒伪劣商品等违法行为的高压态势，扎实推进网络市场秩序不断好转，营造良好的网络市场环境，更好地维护消费者、经营者合法权益。

2015 年 6 月 8 日，文化部首次公布网络动漫产品"黑名单"，此前下发了第 23 批违法违规互联网文化活动查处名单，随后相关文化市场综合执法机构依法给予 29 家网络动漫经营单位行政处罚，关停 8 家违法动漫网站。

2015 年 6 月 30 日，国家互联网信息办公室发布《关于进一步加强对网上未成年人犯罪和欺凌事件报道管理的通知》，旨在加强对网上涉及未成年人犯罪和欺凌事件报道的管理，保护未成年人身心健康和合法权益。

2015 年 7 月 8 日，国家版权局发布《关于责令网络音乐服务商停止未经授权传播音乐作品的通知》，责令各网络音乐服务商停止未经授权传播音乐作品，并于 2015 年 7 月 31 日前将未经授权传播的音乐作品全部下线。

2015 年 8 月 10 日下午，文化部召开公布网络音乐产品"黑名单"新闻通气会，公布一批网络音乐产品黑名单，要求互联网文化单位集中下架 120 首内容违规的网络音乐产品，拒不下架的互联网文化单位，将依法从严查处。

2015 年 11 月 9 日，银监会、工业和信息化部等多部门联合发布投资风险预警提示，警惕以"金融互助"为名，承诺高额收益，引诱公众投入资金的行为。

14.3.2　大力推动互联网行业自律工作

2015 年 2 月 13 日，中国互联网协会互联网彩票工作组发布《互联网彩票服务行业自律公约》，对互联网彩票服务行业从业者的行为进行了规范，促进网络信息、技术的合理利用，进一步完善行业自律和监督机制。

2015 年 3 月，中国互联网协会启动开展 2015 年度互联网企业信用等级评价工作，共有 48 家互联网企业获评为 A 级以上信用等级。通过信用等级评价规范化运作，不仅加强行业自律，还有助于提高诚信企业在政府、市场与社会中的接受度和知名度。

2015 年 4 月，中国 APP 移动应用正版联盟联合首批百家单位发布《抵制侵权盗版，护航互联网+》版权自律公约，倡议提供移动应用渠道和内容分发服务的三大基础运营商、应用商店、新型网络服务平台和 APP，坚持先取得授权再使用的原则，不以任何方式上载、发布、使用、下载、传播未经著作权人授权的软件应用和作品。

2015 年 4 月 24 日，宁波市 25 家互联金融平台共同签署《宁波市互联网金融行业自律公约》，要求各互联网金融企业自觉自律，自觉维护平台透明，发布的项目、资金用途、借款人信息等公开透明，不隐瞒不欺骗，保证专款专用，不挪用资金等。

2015 年 6 月 19 日，中国互联网协会网络与信息安全工作委员会组织乌云、补天、漏洞盒子等民间漏洞平台、基础电信企业、软硬件厂商、网络安全企业等 32 家单位签署《中国互联网协会漏洞信息披露和处置自律公约》。在我国，首次以行业自律的方式规范漏洞信息的接收、处置和发布工作。

2015 年 10 月 26 日，为推动长三角互联网金融业健康有序发展，共同防范风险，铸就诚信、互助、共赢的市场格局，上海炳恒财富投资管理（集团）有限公司等多家企业集体在上海签署了《长三角互联网金融企业自律倡议书》，要求加强企业自律监督；营造良性竞争环境，坚持公开公平原则，抵制恶性竞争；在自觉维护金融稳定的基础上，互联网金融企业要积极配合政府监管、社会监督等。

2015年11月24日，中国互联网协会组织新华网、阿里巴巴、腾讯、百度、京东、奇虎360、新浪网等众多互联网企业共同签署《互联网企业社会责任宣言》，向社会做出郑重承诺，切实推动互联网企业社会责任建设，营造良好的互联网产业环境。

2015年12月19日，利巢财富、长投在线、融众财富、玖玖金融等十余家湖北互联网金融平台携手共同签订《湖北互联网金融自律公约》，共同承诺严守政策法规，共筑安全防线，诚实守信规范自律，共同促进湖北互联网金融行业健康可持续发展。

14.3.3 互联网治理手段建设

网站备案、域名管理及网络不良与垃圾信息举报受理等工作有力支撑了国内互联网治理，为有效打击网上非法活动、遏制网上不良信息传播奠定了基础。

中国互联网协会自2001年起就开始关注、研究垃圾邮件治理问题，围绕推动立法、支撑行政监管、开展行业自律、提供技术保障、开展普教宣传、促进国际协作等方面建立垃圾邮件综合治理体系，并取得显著成效。我国源发垃圾邮件全球排名大幅下降，在国际互联网行业树立积极形象。

此后，在反垃圾邮件成功经验基础上，支持行业主管部门逐步拓展承担更多网不良与垃圾信息治理工作。2008年4月，中国互联网协会"12321网络不良与垃圾信息举报受理中心"正式成立，除了垃圾邮件外，还承担了不良APP、骚扰电话、垃圾短信、钓鱼网站等网络不良信息的举报受理、调查分析以及查处工作，至今累计受理各类网络不良与垃圾信息的举报已超过1700万件次。

截至2015年11月底，12321举报中心共接收用户举报不良与垃圾信息171万件次，经过整理、核查后将51.6万件次移交给CNNIC、基础运营企业、手机应用商店等相关部门处理，为政府部门开展"扫黄打非·净网2015"等专项行动提供了重要支撑；持续开展"安全百店"行动，组织多家手机应用商店自查自纠，已有107家手机应用商店积极响应，涵盖了国内90%左右的手机软件下载市场；配合开展国家网络安全宣传周活动，编写《2015移动互联网安全知识手册》，累计发布1.3万册；成立"12321净化网络环境志愿者"组织，借助广大网民的力量来遏制不良APP的传播，现已招募到满足相关条件的志愿者2000多名。

（中国互联网协会　钟　睿）

第三篇

应用与服务篇

第15章　2015年中国移动互联网应用服务概述

15.1　发展概况

2015年，中国移动互联网的用户、终端、网络基础设施规模持续稳定增长，移动应用产业生态日趋完善，信息获取、交流沟通、网络娱乐、商务交易、网络金融等各细分市场都获得了稳步发展。从用户规模来看，2015年我国手机网民规模约达6.2亿，较2014年年底增加了6303万，移动互联网使用率由2014年年底的85.8%提升至90.1%（见图15.1）。从移动网络基础设施来看，2015年2月，中国电信与中国联通的4G运营牌照发放，再次推动了国内4G网络的普及。根据三大运营商公布的财报，移动、电信和联通的4G用户户数分别达到3.12亿、0.91亿和0.49亿，中国已经拥有世界最大的4G网络用户群体。移动网络应用创新活力迸发释放，由消费到生产、由边缘到核心向各个领域快速渗透，与经济社会深度融合；同时，移动互联网对经济社会发展的支撑与引领作用开始不断凸显，由工具开始转向国家关键基础设施，成为驱动经济发展的关键要素，壮大新经济、增强新动能、开辟新空间的关键载体。

图15.1　中国手机网民规模及其占网民比例

15.2 网络环境

1. 手机网民网络接入方式

移动宽带（3G/4G）用户规模在 2015 年增长迅速。根据工信部的数据，2015 年 1～12 月国内移动宽带（3G/4G）用户累计净增 2.03 亿户，总数达 7.85 亿户，对移动电话用户的渗透率达 60.1%，较 2014 年年底提高 14.8 个百分点；2G 移动电话用户减少 1.83 亿户，是上年净减数的 1.5 倍，占移动电话用户的比重由上年的 54.7%下降至 39.9%。3G 用户加速向 4G 用户转化，4G 移动电话用户新增 28894.1 万户，总数达 38622.5 万户，在移动电话用户中的渗透率达到 29.6%。3G 移动电话用户减少 8615.4 万户，总数为 39910.1 万户。

网络环境的改善是手机应用服务能力提升的基础条件。2015 年 4 月，李克强总理对于"网费贵、网速慢"的现状提出意见，要求"加大信息基础设施建设、提高网络带宽"，从政策上推动了手机宽带用户规模的增长，并在降低网民上网成本的同时进一步提升了上网体验。从手机网民使用的网络上看，3G/4G 网络和 Wi-Fi 已经成为手机网民上网的主要环境，83.2%的网民在最近半年内曾通过 Wi-Fi 接入过互联网，通过 3G/4G 上网的比例为 85.7%（见图 15.2）。

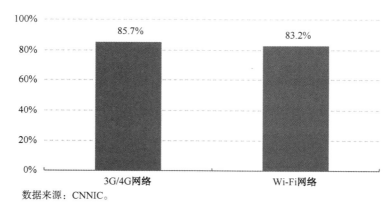

数据来源：CNNIC。

图15.2 手机网民网络接入方式

2. 手机网民公共 Wi-Fi 接受程度

公共场所的免费 Wi-Fi 在网民的日常生活中使用日益频繁，绝大多数网民对这一服务表示接受。根据调查，愿意使用公共场所的免费 Wi-Fi 的用户比例高达 65.2%，而对此服务由于安全风险有所担心甚至拒绝使用的用户占比为 25.3%（见图 15.3）。值得注意的是，在所有手机网民中仅有 54.8%的用户会对公共 Wi-Fi 进行有意识的鉴别，可见目前对于公共 Wi-Fi 使用安全的宣传普及十分必要。

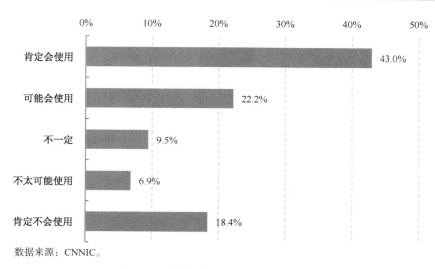

数据来源：CNNIC。

图15.3　手机网民公共Wi-Fi接受程度

15.3　设备特点

1. 手机网民终端设备个数

手机是目前网民使用率最高的上网终端，且随着硬件水平的提高与网络环境的改善，在人们的日常生活中扮演着越来越重要的角色。但由于之前两年国内智能手机的快速普及，未来手机出货量将很难继续维持之前的增长速度。根据工信部的数据，2015 年我国手机共生产 18.1 亿部，较 2014 年增长 7.8%。

数据显示，2015 年网民使用的手机个数较 2014 年有明显下降。目前 71.9%的手机网民依然只使用一部手机，2014 年这一数字仅为 45.9%，而网民持有两部或两部以上手机的占比均较 2014 年出现了明显下降（见图 15.4）。究其原因在于很多智能手机都具备双卡双待功能，从客观上降低了一名网民持有多部手机的必要性。

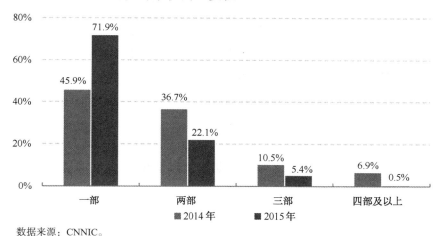

数据来源：CNNIC。

图15.4　网民拥有手机个数

2．手机网民操作系统占比

从手机操作系统上看，2015 年使用安卓或基于安卓开发的定制系统的用户仍为主流，达到 69.1%。使用 iOS 手机系统的用户占比为 29%，使用 Windows 手机系统或其他系统的用户占比为 1.9%（见图 15.5）。

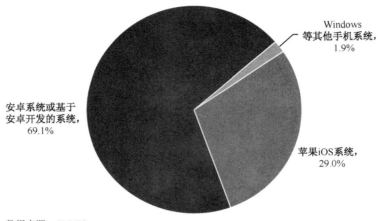

数据来源：CNNIC。

图15.5　网民手机操作系统占比

3．网民手机使用年限占比

从网民 2015 年使用手机的购买时间上看，仍有超过一半的网民在过去一年中更换了手机，而购买手机时间在 1～3 年的用户占比为 39.8%（见图 15.6）。

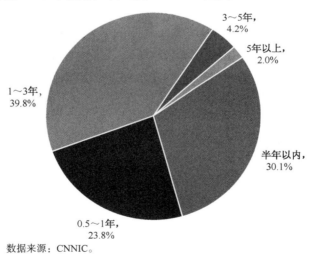

数据来源：CNNIC。

图15.6　网民手机使用年限占比

4．网民手机价格占比

网民手机价格的分布相对均匀。根据调查，网民使用手机价格在 2000～3000 元之间的占比最高，但也只有 19.6%，其次为价格在 1000～1500 元和 1000 元以下的手机，占比分别为 18.8%和 18%（见图 15.7）。

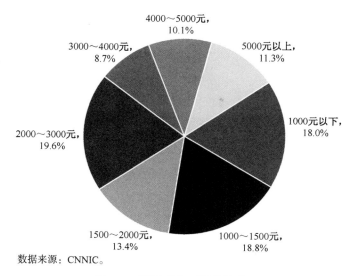

数据来源：CNNIC。

图15.7　网民手机不同价格占比

5. 网民更新手机考虑因素

根据调查，网民在未来更换手机时，对于手机的配置、可操作性和功能较为重视，超过四成的手机网民在未来购买手机时会考虑到这三项因素。另外值得注意的是，由于 4G 网络在使用手机上网时的良好用户体验，使得手机不支持 4G 网络成为用户淘汰手机的一大因素。37%的网民由于这一问题正在考虑更换手机（见图 15.8）。

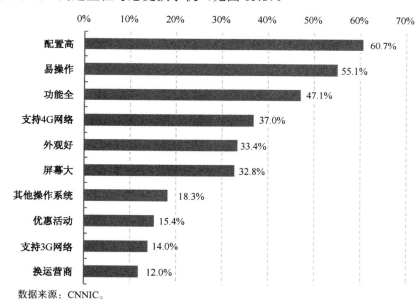

数据来源：CNNIC。

图15.8　网民更新手机的考虑因素

15.4 用户属性

1. 手机网龄

数据显示，目前使用手机上网时间在 5 年以上的用户是我国手机网民的主要群体，达到整体用户的 34.1%，而使用手机上网时间在 1 年以内的用户只占整体的 12.3%（见图 15.9）。值得注意的是，由于近年来手机网民的规模已经相当庞大，易转化人群中手机网民的渗透率已经很高，因此近 3 年以来新用户占比逐年降低。

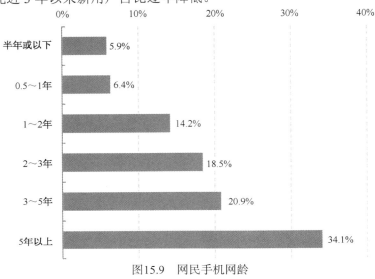

图15.9　网民手机网龄

2. 性别结构

从手机网民的性别结构上看，目前我国手机网民依然以男性为主导，但男女性别比例的差距正在逐渐减小。根据调查，当前我国手机网民男女比例为 55.2∶44.8，2014 年这一数字为 55.9∶44.1。通过将手机网民的网龄与性别比例交叉可以发现，较早使用手机上网的网民以男性为主，而随着时间的推移，新增网民中女性用户的占比越来越高，尤其从最近一年的新增用户来看，新增女性用户的占比已经超过男性用户（见图 15.10）。

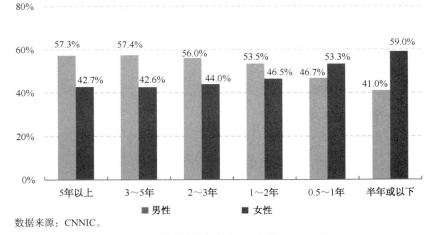

数据来源：CNNIC。

图15.10　按手机网龄区分的网民性别结构

3．年龄结构

从手机网民的年龄上看，中青年网民依然是目前手机网民的主要组成部分。和 2014 年相比，19 岁及以下网民的占比有所下降，而 20 岁以上各年龄段的网民占比均略有提升（见图 15.11）。

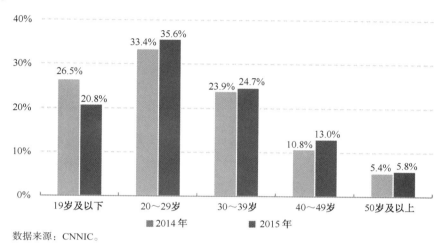

数据来源：CNNIC。

图15.11　手机网民年龄结构

将手机网民的年龄结构与其网龄交叉可以发现，使用手机上网 3 年以上的用户多为目前 20～29 岁的青年用户，而最近一年的新增网民中这一年龄段的用户占比则较低。目前新增网民以 19 岁及以下的年轻用户和 30～50 岁的中年用户为主，50 岁及以上的用户的占比也有明显提升（见图 15.12）。

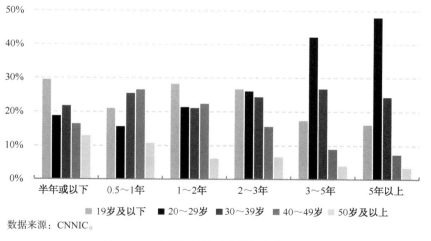

数据来源：CNNIC。

图15.12　按手机网龄区分的用户年龄结构

4．学历结构

从网民的学历结构上看，目前低学历用户依然是手机网民的主要组成部分，但这一情况正在得到改善。比较显著的变化是，初中及以下学历的用户占比由 2014 年的 46.8%降低至 39%，而大学及以上学历的用户从 2014 年的 11.4%提升至 18.5%，高学历用户占比明显升高

（见图 15.13）。我国目前人口的平均受教育水平低是低学历网民占比居高不下的根本原因，但随着经济的发展与教育水平的不断提高，这一现象将有所改观。

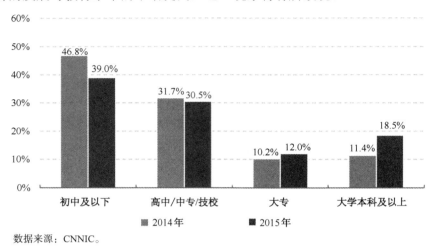

数据来源：CNNIC。

图15.13　手机网民学历结构

5. 收入结构

相比 2014 年，随着经济的增长，我国手机网民的收入水平有了明显提升。月均收入在 2000 元以上的用户占比较 2014 年均有不同幅度的增长，其中以收入在 3001～5000 元的网民占比提升最高，由 2014 年的 19.9%提升至 23.8%，而月均收入不足 1000 元的低收入群体由 2014 年的 31%下降至 24.3%（见图 15.14）。

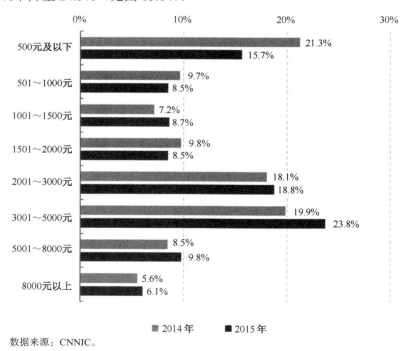

数据来源：CNNIC。

图15.14　手机网民收入结构

6.　城乡结构

城镇用户一直是我国手机网民的主体部分。虽然近年来农村移动互联网基础设施正在逐步完善，但农村手机网民占比较 2014 年变化并不明显。相比 2014 年，2015 年我国农村手机网民占比由 27.6%下降至 27.1%，降低了 0.5 个百分点（见图 15.15）。

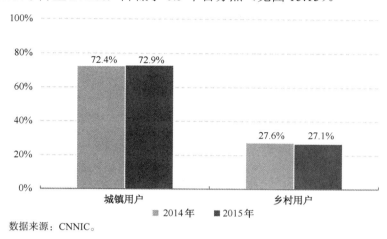

数据来源：CNNIC。

图15.15　手机网民城乡结构

15.5　用户行为

1.　上网频率

从网民的手机上网频率来看，我国网民的手机网络使用黏性仍在进一步增强。数据显示，69.9%的用户会每天使用手机上网多次，这一数字较 2014 年增加了 3.8 个百分点，而其他各使用频率的网民占比较 2014 年变化不大（见图 15.16）。

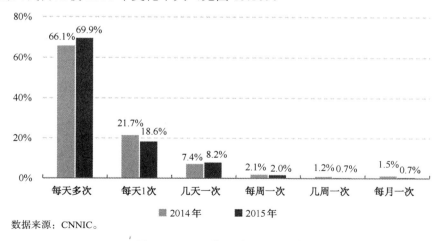

数据来源：CNNIC。

图15.16　网民使用手机上网频率

2.　上网时长

通过和 2014 年的数据比较可以发现，用户使用手机上网时长并未发生明显变化。根据调查，目前我国手机网民日均上网时长在 1 小时以内的用户占比仅为 26.8%，而日均使用手机上网时长在 4 小时以上的用户占比达到 34.5%（见图 15.17）。

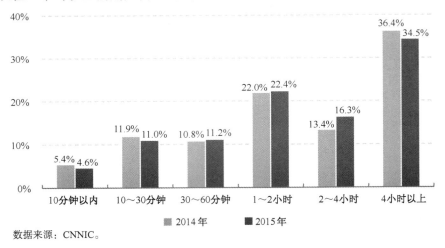

数据来源：CNNIC。

图15.17　网民使用手机上网时长

3. 下载行为

作为网民下载手机应用的主要渠道，手机应用商店对于整个手机互联网产业的发展有着极其重要的意义。根据调查，55.6%的手机网民曾主动下载并安装过其他手机应用，这部分用户也因此成为手机互联网企业所服务的主要群体。从这些用户的应用下载方式来看，由于 Wi-Fi 与 3G/4G 网络的普及，直接通过手机应用商店下载应用的网民已经成为主流，占比达到 83.6%，其次为使用浏览器中的推荐应用中心和使用搜索引擎查找应用后进行下载。使用其他应用下载方式的网民占比均未超过 20%（见图 15.18）。

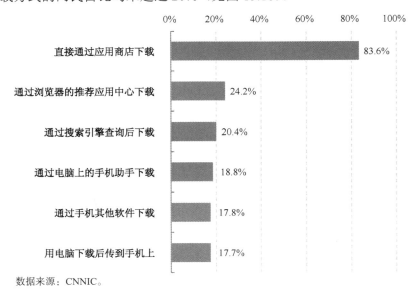

数据来源：CNNIC。

图15.18　手机应用下载方式

4. 付费行为

数据显示，目前我国网民为各种手机应用付费的比例仅为 16.9%，造成这种情况的主要原因是我国手机应用一直以免费为主，用户普遍对于付费下载应用或为应用内的增值服务付费存在一定的抵触心理，但这一现状会随着用户付费意识的增强得到改善。

从付费能力上看，目前网民为手机应用或其增值服务付费的能力并不高，月均手机应用付费不足 10 元的用户占比最高，为 33.8%，月均付费在 100 元以上的用户只占付费用户的 21.1%（见图 15.19）。

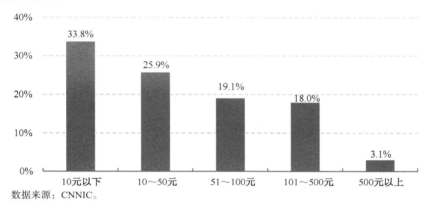

数据来源：CNNIC。

图15.19　网民手机应用月均付费能力

从手机网民付费的应用类型来看，在所有曾为手机应用付费的用户中，为游戏类应用付费的网民比例最高，达到 73.5%，其次为生活服务类应用，用户付费比例为 24.6%，其他应用类型的用户付费比例均未超过 20%（见图 15.20）。

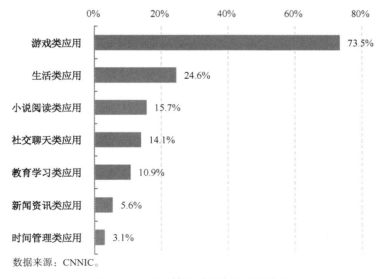

数据来源：CNNIC。

图15.20　网民付费手机应用类型占比

5. 广告关注程度

由于国内手机应用大多免费，因此在应用中植入广告就成了很多手机应用的主要盈利模式。根据调查，64.8%的手机网民曾注意到自己的手机应用中出现了广告，但主动点击广告的用户仅占其中的 7.4%（见图 15.21）。

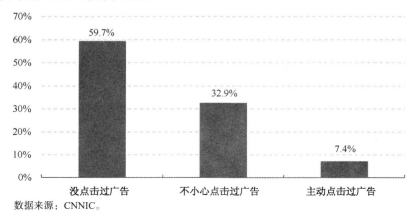

数据来源：CNNIC。

图15.21　网民对手机应用广告的点击行为

在意识到自己手机应用中出现过广告的用户中，49.1%的用户认为只要不影响正常使用有没有广告无所谓，34.7%的用户认为广告很反感，并且可能降低使用该应用的次数。值得注意的是，16.2%的用户会因为过多的广告而选择卸载该应用（见图 15.22）。

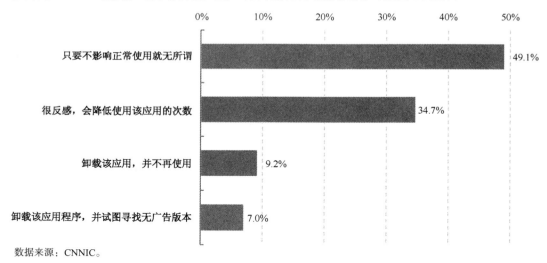

数据来源：CNNIC。

图15.22　网民对手机应用内广告的态度

15.6　APP 应用

15.6.1　手机网民各类应用总体概况

从手机网民各类应用的使用状况上看，过去一年中除手机微博用户规模有所降低以外，其他各类手机应用的用户规模保持稳定增长，尤其在手机地图、支付、交通等线上线下服务结合更加紧密的应用领域。与此同时，由于我国互联网用户的巨大规模优势与应用潜力，基于移动互联网领域的创业创新成为国家推动经济发展的下一步重点，陆续出台的各类创业创新扶植政策与国家级众创空间的发展将为移动互联网初创企业带来更好的发展环境与更多的发展机遇，"创新"与"线上线下相结合的多元化服务"将成为未来我国手机应用的主要发展方向。

15.6.2   手机网民各类基础应用使用状况

总体来说，虽然如即时通信、游戏等基础应用最早发源于 PC 终端，但由于移动互联网具有随身性与碎片化使用时间等特点，使得这些应用的用户规模在手机端持续增长。2014—2015 年，除微博以外的手机网民各类基础应用的用户规模保持了稳定增长。其中，手机网上炒股类应用伴随 2015 年上半年的牛市增速最快，用户规模年增长率达到 120.5%，手机旅行预订类应用的年用户规模增长率也达到 56.4%（见表 15.1）。

表 15.1   2014—2015 年中国手机网民各类基础应用使用率

应用	2015 年		2014 年	
	用户规模（万）	网民使用率	用户规模（万）	网民使用率
手机即时通信	55719	89.9%	50762	91.2%
手机搜索	47784	77.1%	42914	77.1%
手机网络音乐	41640	67.2%	36642	65.8%
手机网络视频	40508	65.4%	31280	56.2%
手机网络游戏	27928	45.1%	24823	44.6%
手机网络购物	33967	54.8%	23609	42.4%
手机网络文学	25908	41.8%	22626	40.6%
手机网上银行	27675	44.6%	19813	35.6%
手机邮件	16671	26.9%	14040	25.2%
手机旅行预订	20990	33.9%	13422	24.1%
手机团购	15802	25.5%	11872	21.3%
手机论坛/BBS	8604	13.9%	7571	13.6%
手机炒股或炒基金	4293	6.9%	1947	3.5%

1. 信息获取类应用

作为互联网最为基础的应用类型之一，以手机搜索为代表的信息获取类应用在 2015 年发展基本保持稳定。数据显示，手机搜索用户规模由 2014 年的 4.29 亿增至 4.78 亿，增长率达到 11.2%，使用率保持不变（见图 15.23）。从用户规模和使用率上看，虽然手机搜索是继手机即时通信和手机网络新闻之后排名第三的手机应用类型，但由于各种 APP 可以直接为用户提供信息获取服务，这在一定程度上弱化了手机搜索引擎的网络入口地位。

图15.23 手机搜索用户规模及使用率

2. 娱乐类应用

娱乐类手机应用是移动互联网碎片化使用特点的最大受益者,包括网络文学、网络游戏、网络音乐、网络视频在内的四类手机应用 2015 年用户增长率均超过 10%,其中增幅最大的手机网络视频和手机网络文学用户规模分别增长了 29.5%和 14.5%(见图 15.24)。从商业模式上说,手机平台上的娱乐类应用最近一年来一直致力于尝试探索新的商业模式,如流媒体音乐厂商与运营商合作产生的专用流量包业务;手机游戏中用于引导玩家成为付费用户的"首充礼包"模式;视频厂商通过独家内容吸引用户成为付费会员不受限制观看视频的模式等。新商业模式的出现不仅对厂商增加营收具有重要意义,对于用户而言,日趋多样化的服务也可以满足不同用户的差异化需求,从而提高用户黏性。

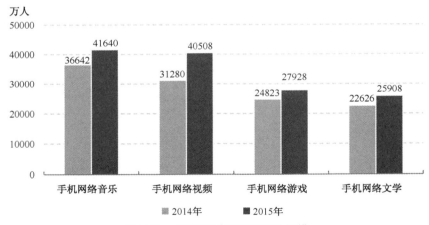

图15.24 娱乐类手机应用用户规模

从市场格局来看,目前各大厂商以 IP(知识产权)核心对手机娱乐类应用中各细分领域进行的布局已经基本完成,优质 IP 与用户分发能力将成为决定未来手机娱乐类应用市场格局的关键因素。

3. 交流沟通类应用

即时通信作为最典型的交流沟通类应用,用户规模和使用率在各类应用中排名依然保持第一。由于网民使用率已经高达 89.9%,很难再有显著增长,因此手机即时通信工具开始尝试以连接用户线上需求和线下服务为新的发展方向,出行、购物、理财等功能纷纷接入其中。

微博方面，由于最近两年搜狐、网易、腾讯等公司均逐渐退出了该业务，形成了新浪微博一家独大的局面，整体用户规模有所降低（见图 15.25）。

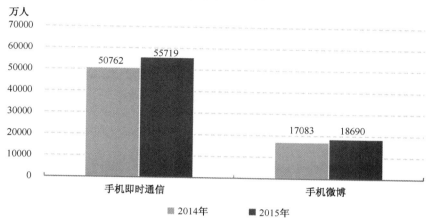

图15.25　交流沟通类手机应用用户规模

4. 商务交易类应用

2015 年手机商务交易类应用获得了迅猛发展，各类应用的用户规模均保持了显著增长，所有应用的用户规模年增占率都超过 30%。其中手机网上炒股的用户规模增幅最高，增长了120.5%，这在一定程度上受到了 2015 年国内股市较为火热的影响。另外，手机网上购物和手机旅行预订的用户规模也分别增长了 43.9%和 56.4%（见图 15.26）。

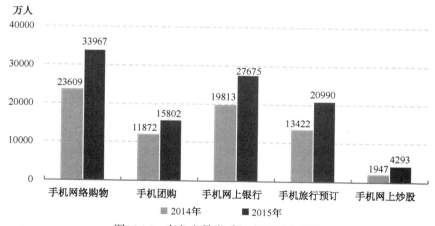

图15.26　商务交易类手机应用用户规模

值得注意的是，来自手机端网购用户的规模目前已经达到 3.4 亿，年增长率达到 43.9%，增速远超 PC 端。从各大电商平台的财报数据来看，来自手机端的收入占比也在逐年提高。

15.6.3　其他典型应用使用情况

1. 地图导航

根据调查，目前我国手机地图用户规模突破 3 亿，使用率达到 51%。随着移动互联网与用户出行需求的不断结合，手机地图类应用以其方便、实时且更新速度快的特性迅速成为很多网民手机中必不可少的工具软件。在用户规模不断扩大的同时，地图软件在过去的一年中开始考虑如何变现的问题。目前，出行路线导航和地点查找是用户手机地图最常用的功能，而根据用户位置打通周边餐饮、服务的搜索业务是其主要商业模式（见图 15.27）。

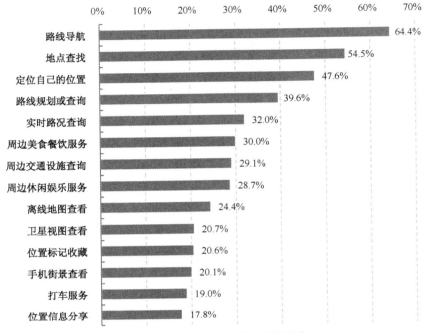

图15.27　手机地图各种功能使用率

虽然路线导航是手机地图用户最常用的功能，但这一功能的使用主要针对非自驾用户，对于有汽车的自驾用户来说，手机导航并未对使用车载导航的用户产生明显的替代作用。根据调查，在拥有汽车且使用车载导航的手机地图用户中，仅有 18.7%的用户因为手机地图提供的导航功能减少了对车载导航的使用（见图 15.28）。

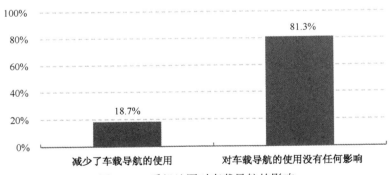

图15.28　手机地图对车载导航的影响

2. 手机新闻

截至 2015 年年底，国内使用手机网络新闻的用户规模达到 4.82 亿，较 2014 年增加 6626 万，使用率为 77.7%，用户规模和使用率排名均在各类手机应用中排名第二。造成持续增长的主因在于智能手机上获取新闻的操作非常简单，极大地降低了中老年网民的使用门槛。同时，新闻是网民获取信息的基本需求，使得几乎所有网民都可以成为手机新闻的潜在受众，因此该类应用在使用率已经较高的情况下仍能保持快速增长。

通过对最近一年新手机网民中使用手机收看新闻的用户年龄进行分析发现，新手机网民中使用手机收看新闻占比最高的用户年龄段为 30～39 岁。这部分用户对新闻的需求最强烈，因此成为手机新闻用户增长的主要群体（见图 15.29）。

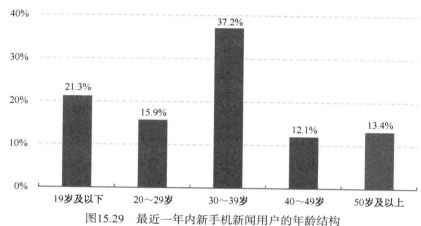

图15.29　最近一年内新手机新闻用户的年龄结构

手机新闻因其随时随地可以使用的特点，大幅提升了用户碎片时间对各类新闻的关注意愿。根据调查，45.3%的用户因手机新闻的使用提升了对各类新闻的关注度，16.8%的用户以前并不关注新闻，但由于手机新闻的出现而开始关注新闻了（见图 15.30）。

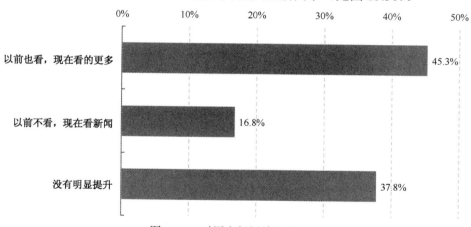

图15.30　对用户新闻关注度影响

从手机新闻用户的收看方式来说，根据调查，目前手机新闻用户使用手机浏览器收看新闻的占比为 57.1%，比使用新闻客户端（42.9%）的占比略高（见图 15.31）。

3．出行工具

移动互联网与交通出行的结合在过去的一年中受到来自社会各界的广泛关注。2015 年，"互联网+便捷交通"被列为"互联网+"行动计划的重点行动之一，希望通过互联网与运营车辆实时信息的结合显著提高交通运输资源的利用效率和提升行业精细化管理的水平，但围绕该业务的相关管理办法目前尚需要不断完善。

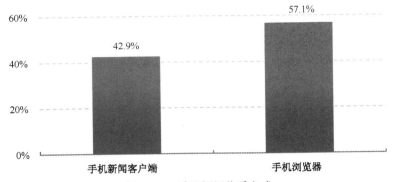

图15.31　手机新闻收看方式

　　根据调查，打车业务是用户使用手机出行软件的最常用功能，82%的出行软件用户在过去半年使用过该服务，而拼车、专车、租车等服务还处于发展起步阶段。

　　从手机出行软件使用频率来看，目前绝大多数用户仍处于低频使用阶段，出行软件并未成为大多数用户的主要出行工具，根据调查83%的用户平均每周使用出行软件在5次以下（见图15.32）。

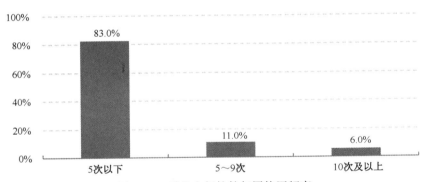

图15.32　手机出行软件每周使用频率

　　从用户使用出行软件的原因来看，节省打车时间是手机网民使用出行软件打车的主要原因。有打车代金券从而使用手机出行软件的用户比例最低，仅有28.6%的用户属于此类（见图15.33）。

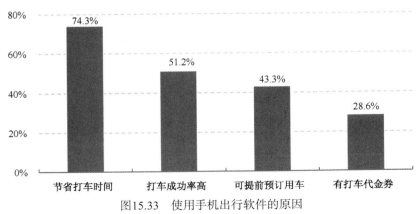

图15.33　使用手机出行软件的原因

4. 支付工具

手机支付工具在过去一年的发展十分迅速，线下支付场景不断增多使得越来越多的用户在线下购物时也愿意使用这种新兴的支付方式。数据显示，截至 2015 年年底，我国使用手机网上支付的用户规模达到 3.58 亿，较 2014 年年底增长了 1.4 亿，使用率达到 57.7%，较 2014 年年底增长了 18.7%。

手机支付场景的不断增多是手机支付软件快速普及的主要原因。根据调查，在手机支付软件用户中，使用手机在网上进行购物并直接使用手机支付的用户比例达到 87.2%，使用手机支付工具缴纳水费、电话费等日常费用的用户比例达到 52.9%，在其他诸如超市、餐饮、出行等场景的用户使用率均超过 20%，可见移动支付已经融入网民日常生活的方方面面（见图 15.34）。

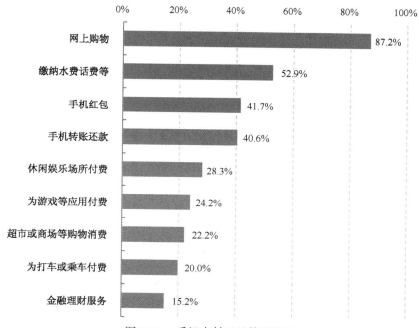

图15.34　手机支付工具使用场景

虽然使用场景不断丰富，但手机支付工具的安全性与易操作性一直是用户关注的重点。根据调查，在未使用手机支付工具的用户中，32.1%的网民因为担心安全问题而没有使用手机支付工具；33.3%的用户认为自己很难学会使用手机支付软件而没有成为其用户；仅有 6.9%的手机网民认为目前手机支付工具可以使用的支付场景过少而没有使用这类软件（见图 15.35）。

5. 安全软件

移动互联网的快速发展在推动互联网行业整体发展的同时，其安全问题也日益得到全社会的重视，用户隐私数据泄露与恶意软件侵害成为目前手机网络安全所面临的最主要问题。根据调查，国内手机网民对于目前的网络安全状况相对认可，认为比较安全或非常安全的网民占比达到 63.7%（见图 15.36）。

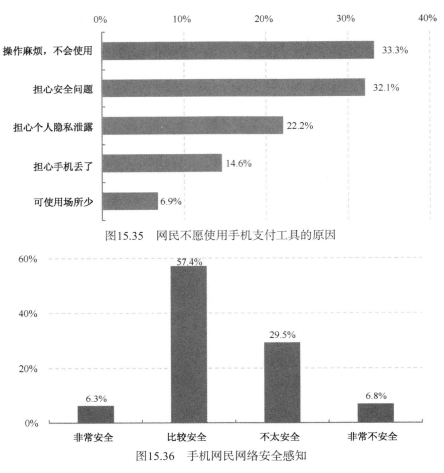

图15.35　网民不愿使用手机支付工具的原因

图15.36　手机网民网络安全感知

　　超过半数的手机网民认为自己在过去半年中并未遇到手机安全问题，而认为自己因手机安全问题遭受损失的用户比例为43%。在遇到过安全问题的手机网民中，因安装恶意手机软件造成话费或流量损失的用户占比最高，比例分别达到53.8%和53.4%（见图15.37）。

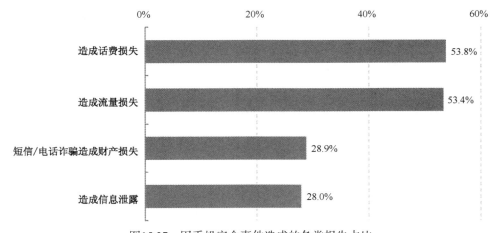

图15.37　因手机安全事件造成的各类损失占比

在发生了手机安全事件后，56.1%的用户会选择直接卸载可能有风险的手机应用，而在发生安全事件后才意识到需要安装手机安全软件消除风险的用户比例仅为 29.6%（见图15.38）。

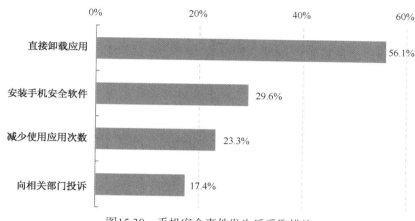

图15.38　手机安全事件发生后采取措施

15.7　趋势总结

1. 手机网民规模稳定提升，但新网民所占比例逐渐降低

数据显示，2015 年我国手机网民规模和手机互联网使用率均保持了稳定提升。截至 2015 年 12 月，我国手机网民规模达 6.2 亿，较 2014 年年底增加了 6303 万，使用率由 2014 年的 85.8%提升至 90.1%。调查发现，目前使用手机上网时间在 5 年以上的用户是我国手机网民的主要群体，达到整体用户的 34.1%,而使用手机上网时间在 1 年以内的用户只占整体的 12.3%。值得注意的是，由于近年来手机网民的规模已经相当庞大，易转化人群中手机网民的渗透率已经很高，因此最近 3 年以来的新用户占比逐年降低。

通过对最近一年成为手机新网民的用户性别、年龄、城乡结构等基本属性进行分析可以发现，女性用户与中老年用户的占比有了明显提升，预计未来这两类人群的转化仍将成为国内手机网民增长的核心动力。

2. 网民手机网络使用黏性增强，但付费能力有待提高

从网民使用手机上网的频率和时长上看，我国网民的手机网络使用黏性正在进一步增强。数据显示，69.9%的用户会每天使用手机上网多次，且日均使用手机上网在 4 小时以上的用户占比最高，达到 34.5%。但越来越高的用户黏性并未给手机应用带来更多付费用户，目前我国网民为各种手机应用付费的比例仅为 16.9%，且月均付费在 100 元以上的用户只占付费用户的 21.1%。造成这种情况的主要原因是由于我国手机应用一直以免费为主，用户普遍对于付费下载应用或为应用内的增值服务付费存在一定的抵触心理，但这一现状随着用户付费意识的增强将有望得到改善。

3. 半数用户认为广告影响了手机应用的正常使用

虽然应用内的广告是很多手机应用的主要盈利模式，但调查发现用户对于手机应用中出现的广告关注率较低，甚至认为过多的广告对手机应用的正常使用造成了影响。根据调查，

64.8%的手机网民曾注意到自己的手机应用中出现了广告，但主动点击广告的用户仅占其中的 7.4%。在意识到自己手机应用中出现过广告的用户中，49.1%的用户认为只要不影响正常使用有没有广告无所谓，34.7%的用户认为广告很反感，并且可能降低使用该应用的次数。另外值得注意的是，16.2%的用户会因为过多的广告而选择卸载该应用。

4. 地图和支付工具作为典型手机应用的代表增长十分显著

作为手机互联网典型应用的地图、新闻、出行、支付和安全五类手机应用，在过去一年中伴随手机网民规模的增长快速发展，并得到了政府与资本方的大力支持。通过与更多线下服务相结合，新的商业模式不断涌现，而多元化的商业模式将为行业的稳定发展提供保证。

从用户规模上看，手机地图和手机支付这两类典型手机应用的用户规模增长最大。随着移动互联网与用户出行需求的不断结合，手机地图类应用以其方便、实时且更新速度快的特性迅速成为很多网民手机中必不可少的工具软件。手机支付工具由于阿里、腾讯等厂商的大力推动，线下支付场景不断拓展，用户规模较 2014 年年底增加了 1.4 亿，使用率上升了 18.7 个百分点，与手机地图类应用一起成为过去半年用户规模增长排名前二的手机应用类型。未来以手机地图和手机支付为代表的手机应用将通过连通更多线上线下服务，促使移动互联网与网民的日常生活加深融合。

5. 用户设备与网络环境呈多元化发展，分布更加均衡

国产智能手机硬件性价比的提升拉动了网民手机终端快速更新，目前网民所使用的手机为一年内购买的比例高达 53.9%。由于各品牌的手机在核心功能上并无较大差异，因此对用户来说，价格成为区分不同手机的核心指标。从用户使用的手机价格上看，网民手机价格的分布相当均匀，各价位的手机占比均未超过 20%。

在用户手机网络方面，国内通信基础设施的建设和升级、运营商的积极推动，以及网民对移动端高流量应用的使用需求，共同推动了 2G 用户向 3G/4G 用户的迁移，尤其 4G 用户的增长速度非常迅猛。根据工信部数据，截至 2015 年年底，国内 4G 用户总数达到 3.86 亿户，占移动电话用户的 29.6%。除了 3G/4G 外，Wi-Fi 也成为手机网民的主要上网方式。值得注意的是，随着公共 Wi-Fi 的日益增多，其安全性开始引起全社会的关注。但目前所有手机网民中仅有 54.8%的用户会对公共 Wi-Fi 进行有意识的鉴别，需要通过多渠道进一步加强民众对于使用公共 Wi-Fi 的安全意识。

（中国互联网络信息中心　郭　悦）

第16章 2015年中国工业互联网发展状况

16.1 发展概况

过去，互联网的应用领域主要集中在新闻、游戏、媒体、社交等个人消费方面，使人们的生活体验在阅读、出行、娱乐、购物等诸多方面得到了有效改善，门户网站、电子商务、社交网络等业态和模式进而衍生，企业主要在信息提供、流量变现、营销方面获取盈利。这就是消费互联网。

与消费互联网不同，产业互联网向生产和服务领域扩展，通过互联网与传统产业的全面融合和深度应用，消除各环节的信息不对称，在研发、生产、交易、流通、融资等各个环节进行网络渗透，有利于提升生产效率，节约能源，降低生产成本，扩大市场份额，打通融资渠道。产业互联网强调以企业为中心，寻求新的管理与服务模式，为消费者提供更好的服务体验，创造出更高价值的产业形态。产业互联网，同时意味着产品的整个生命周期互联网化。

如果说消费互联网的一个重要特征是"眼球经济"，其吸引了消费者的眼球，改变了消费者的消费和生活方式；那么产业互联网是"价值经济"，即通过传统产业与互联网的融合，寻求新的商业模式，创造出更高价值的产业形态。互联网从"消费型互联网"向"消费/生产型互联网融合并举"转变，产业互联网正在兴起。

16.1.1 我国制造业面临的国际国内形势

作为中国经济增长的支柱型产业，制造业是综合国力的重要体现国际上，发达国家纷纷推出"再工业化"战略，采取了一系列重振制造业的举措。德国在 2010 年 7 月制定了《高技术战略 2020》，将工业 4.0 上升为国家战略，通过生产设备联网、灵活配置生产要素、促进工厂与工厂之间横向的集成以及材料到用户端到端的集成，建设信息物理系统网络，研究智能工厂和智能生产，实现个性化定制。美国在 2011 年 6 月发布了《先进制造伙伴计划》，加快智能制造的技术创新，并提出了工业互联网革命。此外，日本提出机器人新战略，法国提出新工业法国，英国政府启动对未来制造业进行预测的战略研究项目，力图在知识技术密集的高端制造业重树竞争优势。同时，与越南、印度、马来西亚、印度尼西亚等新兴发展中国家相比，我国在中低端制造领域的优势正逐渐减弱，人力成本上升，市场份额下降。

中国面临着发达国家先进技术和发展中国家低成本竞争的双重挤压。我国已成为世界第一制造大国，但距离制造强国仍有差距。从技术发展的角度看，我国制造业的科技创新能力不强，中低端产品多，缺少自有知识产权的支撑；从产业发展的角度看，我国工业化与信息化融合仍需提高，制造业产能过剩严重，产业结构合理性不强；从市场环境的角度看，我国制造业仍以单一品种、大批量生产的模式为主，很难满足用户的个性化定制需求；从资源环境的角度看，我国制造业资源能源利用效率低，环境污染问题较为突出。

要顶住经济下行压力实现稳增长，也必须在着力扩大需求的同时，通过优化产业结构有效改善供给，释放新的发展动能。制造业作为国民经济的重要支柱产业，必须走在发展升级前列。以移动互联网、云计算、大数据、物联网为代表的新一代信息通信技术与制造业融合发展，对制造业生产方式、发展模式和产业生态等方面都带来了革命性影响，制造业重新成为全球经济竞争制高点。2015 年 5 月 19 日，国务院正式印发了《中国制造2025》，明确提出要以加快新一代信息技术与制造业深度融合为主线，以推进智能制造为主攻方向。

基于 CPS 的智能装备、智能工厂等正在引领制造方式变革。CPS 通过集成计算、通信与控制于一体，实现大型物理系统与信息交互系统的实时感知和动态控制，使得人、机、物真正融合在一起。在此基础上，智能制造的内涵如图 16.1 所示，智能制造正在成为产业转型升级的新动能，并展现了发展潜力。智能制造包括智能化的产品、装备、生产、管理和服务，主要载体是智能工厂和智能车间。网络众包、协同设计、大规模个性化定制、精准供应链管理、全生命周期管理、电子商务等正重塑产业价值链体系。可穿戴智能产品、智能家电、智能汽车等智能终端产品不断拓展制造业新领域。

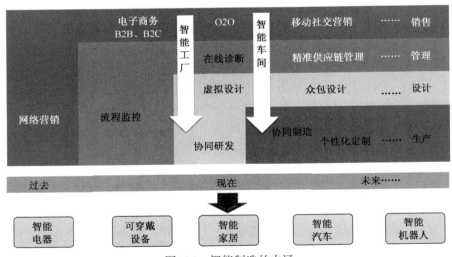

图16.1　智能制造的内涵

16.1.2　工业互联网是发展智能制造的核心

党中央、国务院高度重视深化工业与互联网融合发展，2015 年，"中国制造 2025"和"互联网+"行动都将布局工业互联网作为一项重要任务，加强网络基础设施建设，云计算和大数据发展的重大政策措施陆续出台，制造强国和网络强国战略相互促进、加快实施。可以说，建设好工业互联网既是发展必需，也具备了推进的条件。

工业和信息化部副部长陈肇雄强调：工业互联网是实现智能制造的核心，是支撑智能制造的关键综合信息基础设施，是信息通信技术创新成果的集中体现。工业互联网推动工业智能化发展，开辟了信息通信发展新空间。

工业互联网通过传感器实现机器间的连接并最终将人机连接，结合软件和大数据分析，提高生产效率、节约成本。主要表现为：①机器、设备、控制系统和网络系统、人之间的广泛联结网络；②结合云计算、大数据、物联网技术的海量工业数据集成、处理、分析平台；③实现智能化生产、个性化定制、网络化协同和服务化制造的新模式。工业互联网是新一代信息技术与工业系统全方位深度融合的产业和应用生态，实施智能制造离不开工业互联网这一关键基础设施的支撑。"中国制造 2025"提出，"加强工业互联网基础设施建设规划与布局，建设低延时、高可靠、广覆盖的工业互联网。"

目前，工业互联网正在引领新一轮技术革命和产业变革，我国工业互联网在各行业纷纷得以应用，显现出方兴未艾的蓬勃之势。从具体的情况来看，互联网已经融入了机械、电气、汽车、纺织、冶金、制药等工业制造领域，在工业流程监控、产品质量跟踪、检验检测、设备维修、安全生产、物资供应链管理等环节实现了应用示范，提高了工业生产效率和产品质量，促进了节能降耗，强化了企业的智能化管理。尤为可喜的是，一些工业企业主动实践基于工业互联网的新型生产方式，一些互联网企业加快向制造业设计、服务等领域拓展，部分基础电信企业、软件服务企业则加大了为工业企业提供综合解决方案的力度。这些都将有力地促进制造业供给侧结构性改革，提升工业发生的质量和效益，也为各类企业的创新发展、转型发展创造出无限的商机、开辟新的蓝海。

16.2　行业应用

16.2.1　应用模式

工业互联网集成了云计算、大数据、物联网、移动互联网等新一代信息技术，并与先进制造技术相结合，将信息连接对象由人扩大到有自我感知和执行能力的智能物体，支持工业全流程智能化，将带来 4 个方面的变革。

（1）数字化生产。利用工业互联网对设备数据、监测管理数据、环境感知数据等海量数据进行收集、存储、建模分析和处理，形成智能决策和动态优化，显著提升生产效率，降低生产成本。基于 CPS 的工业互联网实现了大型物理系统与信息交互系统的实时感知和动态控制，使得人、机、物真正融合在一起。利用这一系统可以实现传统制造业无法实现的目标，最典型的就是数字化生产，在每一个制造环节嵌入多个生产模块，从产品下单开始，每一道工序都通过数字化管理和生产模块的无缝切换，同每一件产品的生产要求进行匹配。

（2）个性化定制。个性化定制从产品下单开始，每一道工序都通过原料数据、流程数据和生产模块的无缝切换，同每一件产品的生产要求进行匹配，通过灵活组织设计，制造资源和生产流程，实现低成本、大规模定制。同时，个性化定制能够改善供需关系，虽然使每种产品的产量降低，却满足了用户的各类需求，整个市场更有活力，竞争更加激烈。

（3）网络化协同。利用工业互联网将产业链上下游企业的运营、管理信息流，以及企业内各个部门与工厂之间的生产、加工信息流有机结合起来，有效地在不同企业、企业内不同工厂之间灵活调配原料、生产及人员等，缩短生产周期，优化生产流程，使整个生产系统协同优化、动态灵活。

（4）服务化制造。企业为获取竞争优势，价值链由以制造为中心向以服务为中心转变。一是投入服务化，即服务要素在制造业的全部投入中占据着越来越重要的地位；二是业务服务化，也可称为产出服务化，即服务产品在制造业的全部产出中占据越来越重要的地位。

16.2.2　应用案例

1. 数字化生产

西门子（Siemens AG）是欧洲最大的工业集团之一，总部设在德国柏林和慕尼黑，目前是德国工业自动化的排头兵、"工业4.0"的重要参与者和推手。西门子认为连接了软件和数据的数字工厂（digital factory），是未来互联网与传统制造业结合的落地场景，能够实现产品全价值链中端到端的数字整合，即从产品设计这一"端"到产品出厂的这一"端"，可以事先在数字模拟平台上完成详尽的规划。与现实中在工厂走流程的产品相对应的，是数字模拟平台在云中分享的一个一模一样的虚拟产品。工厂内的具体执行系统，可以根据数字模拟平台的要求进行一定程度的重构。数字工厂是西门子对于未来的制造业发展出的一套自己的蓝图、实现路径设想和方法论。

具体地，通过CPS将物理设备（各类传感器）连接到互联网上，让物理设备具备计算、通信、精确控制、远程协调、自治、数据采集等功能，将生产工厂转变为一个智能制造平台。在该方案中，智能工厂中生产的每一件新品，都拥有自己的数据信息，数据在研发、生产、物流的各环节不断丰富，实时保存在一个数据平台中。基于数据基础，工厂采用全生命周期管理软件（PLM），通过虚拟化产品规划和设计，实现信息无缝互联。利用生产执行系统（MES）和全集成自动化解决方案（TIA），将产品和生产生命周期进行集成，缩短产品上市时间。

得益于研发、制造、服务的三大核心竞争力打造，三一重工近年来在智能制造与服务领域成果丰硕，树立起智能制造以及应用物联网实施智能服务企业的典型形象。三一重工用数据驱动的智能制造，构建智能化设备、工业通信、应用平台和生产监控指挥中心移动化相融合的智能制造平台，促进设备层、控制传输层、执行层、云层的纵向贯通，强调用信息技术对制造业进行升级，建立先进的制造和管理系统，进而建立数字化生产车间。

车间包括智能化生产控制中心、智能加工中心与生产线（如智能化加工设备、智能化机械手等）、智能仓储运输与物流（如自动化立体仓库、公共资源定位系统等）和智能化生产执行过程管控（如高级计划排程、执行过程调度等）。对工程机械进行智能化识别、定位、跟踪监控，厂家、代理商、客户、操作手、服务人员可对设备进行全天候的远程、动态管理。在生产车间导入自动化制造模式，提升设备生产制造能力，很好地应对了工程机械企业多品种、高效率、高质量、低成本方面的压力与挑战。

2. 个性化定制

以众包设计为例，互联网为企业与用户间架起桥梁，消费者将是整个生产活动的主导者，消费者将需求传达给制造者，参与到设计的整个环节。通过实现研发的"众包式"变革，使企业对市场需求的把握更加准确，能够实现快速响应。宝马汽车在德国通过开设客户创新实验室，为用户提供在线的工具帮助他们参与宝马汽车的设计；搜狗输入法如果不是采用众包模式，任何一家公司也无法设计出如此多的输入法皮肤和词库。

"尚品宅配"是引入数码生产技术和互联网商务模式的家居定制企业，商业模式具备"个性化定制、数码云设计、大规模生产和电网一体化"特点。综合统计分析，房子大约有 100 种卧室和 70 种客厅。一位顾客只要告知所在城市、楼盘、房价、收入、年龄等信息，设计师就可以在系统中找到过去三个月、半年、一年内类似顾客中受欢迎的几十、上百套方案作为参考。如果顾客在价格、样式、颜色、布局等细节上有任何的要求，只需要在现有方案上进行微调。而每个新方案，又会上传至数据库中，作为后来者的参考。以"大数据+云端"为技术支撑的"云设计库"，在短短的五六年时间，已经为全国近 3 万个楼盘、40 多万户家庭提供了近 30 万种个性化方案。

企业可通过互联网新技术和新模式，对生产要素与生产流程进行动态配置管理，实现批量化定制生产。以青岛红领服装公司为例，采用 C2M（Customer to Manufacturer）模式，通过积累超过 200 万名顾客个性化定制的版型数据，包括款式（领形、袖形、扣形、口袋、衣片组合等）和工艺数据，建立个性化量身定制服装数据系统。顾客按红领量体法采集身体多个部位的有关数据，输入该系统自动建模，形成专属于该顾客的板型，并将成衣数据分解到各工序，跟随电子标签流转到车间每个工位。借助互联网搭建起消费者与制造商的直接交互平台，去除了商场、渠道等中间环节，从产品定制、设计生产到物流售后，全过程依托数据驱动和网络运作，服装个性化定制需求与规模化制造之间的矛盾不断调和。据了解，红领集团用工业化的流程生产个性化产品，成本只比批量制造高 10%，但回报至少是两倍以上。

3. 网络化协同

绿色发展是中国制造业由大变强的着力点，成为制造业转型发展的新趋势。有限的资源已难以支撑中国传统工业粗放型的增长方式，必须改变经济增长方式和发展模式，体现循环经济可持续发展的理念，走一条科技含量高、经济效益好、资源消耗低、环境污染少的新型工业化道路。以 3D 打印技术为代表的增材制造丰富了绿色发展内涵，有利于形成高效、节能、环保和可循环的新型制造工艺，使我国制造业资源节约、环境负荷水平进入国际先进行列。

3D 打印技术通过在计算机上设计 CAD 三维模型，然后借助 3D 打印机将原料逐层叠加，最终完成产品，大数据分析是核心环节。过程中，轮圈的加工按照计算机程序一层一层做上去（类似于做蛋糕），通过工业数据分析来掌握材料的特性，控制加工的速度、温度、时长，实现了制造方式从等材、减材到增材的重大转变，大幅缩减了产品开发周期与成本，适合个性化定制生产，具有按需制造、减少浪费、精确复制、便携制造等多种优势。

三迪时空网络科技公司正在以工业大数据为平台，在垂直行业领域构建 3D 打印定制鞋模式。具体地，对人的足部特征进行扫描、采样，形成三维数据。通过工业大数据平台，将虚拟的三维数据转化为实体产品。用户通过检索查询，找到适合自己的款式，生产线通过 3D 打印实现定制化生产满足需求；供应商对用户信息进行数据分析，进一步了解不同消费群体的需求以及特殊人群的足部数据，实现批量化的定制生产；通过跟踪人的足部生长阶段动态调整定制化数据，供用户做款式和品牌选择。

4. 服务化制造

企业正在从以产品制造为核心向提供具有丰富内涵的产品和服务转变。如表 16.1 所示，传统制造企业业务流程较为封闭，追求自上而下的生产运作流程，以产品为中心并通过一次性交易来盈利；服务型制造企业业务流程更加开放，通过众包设计的方式追求自下而上的协同制造，面向客户推出良好的产品和服务。

表 16.1 传统制造企业和服务型制造企业的对比

比较项	制造企业类别	
	传统制造企业	服务型制造企业
业务流程	封闭型	开放型
运作方式	追求自上而下的控制方式	追求自下而上的协同制造
服务创新	以产品为中心	以客户为中心
交易方式	一次性交易	长期服务
价值再造	产品	产品+服务

IBM：近年收购云计算与管理软件公司，推出大数据分析平台，现在生产性服务业收入已占 70%，成功转型为全球最大的硬件、网络和软件服务整体解决方案供应商。**爱立信**：在放弃终端的同时，转型为全球第五大软件公司。2013 年软件与服务的营收比重已分别超出了 50% 和 38%。**GE**：在出厂的飞机引擎上装 20 个传感器，精确检测飞机运行状况。目前 GE 的物理产品的销售仅占收入的 30%，而保养服务占总收入的 70%，主要利润在服务，GE（通用电气）的"技术+管理+服务"所创造的产值已经占到公司总产值的 2/3 以上。

2015 年 8 月，GE 公司宣布了通过 Predix 云进入市场的计划，这是全球第一个专为收集和分析工业大数据的平台。在技术上，GE 和英特尔、思科开展合作，加强操作系统、机器、工业设备之间的互联互通，设备之间能够进行安全、可靠的通信，并实现对庞大工业数据的管理与服务。具体地，GE 开放 Predix 软件平台，将不同设备制造商的产品和供应商的数据信息上传至云端，帮助企业围绕自身特点开发工业互联网应用。如图 16.2 所示，Predix 软件平台主要具备 4 个方面的特点：一是以机器为中心，通过连接来优化机器，实现机器智能化；二是聚焦工业大数据，每天对来自 5 万多台设备上的 5TB 数据进行监控，并进行大数据分析和可视化处理；三是打造现代架构，提供丰富的工业互联网 APP 和云诊断平台；四是保护工业数据，加强对设备、系统和网络的访问控制。

图16.2　Predix软件平台的主要特点

在应用方面，Predix 云帮助运营商更有效率地利用工业大数据，比如根据工作环境、温度等因素加强对数据的理解并产生预测，帮助企业和开发人员设计不用的应用，每年将节约数十亿美元。GE 本身也在逐渐将各业务部门的软件和数据移到云端，并向工业企业及客户开放，更好地管理数据和开发应用。GE 首席执行官杰夫·伊梅尔特（Jeffrey Immelt）表示，通过 Predix 云，GE 公司将通过工业大数据为工业领域提供更高水平的服务，数字化程度越高的制造企业意味着更快速地生产更多的产品；数字化程度越高的石油公司意味着每个油井的资产管理更高效，生产力也更高。工业大数据帮助亚洲航空优化了交通流量管理和飞行序列管理，更好地规划飞行路径，节省了燃油开支。作为 GE 工业互联网的战略伙伴，思科正在推动 Predix 平台软件在自身网络产品上运行；英特尔将自身处理器同 Predix 云平台集成。这些连接会催生更多的数据和数据服务，应用在预测性维护、资产分析和数据管理等诸多领域，从而提高生产效率并降低运营成本。

16.3　发展工业互联网的思考和建议

1.　加强基础设施建设

工业互联网是新一代信息技术与工业系统的全方位深度融合，要求系统内各环节和模块实现泛在连接和数据联通，实现智能化、网络化、个性化和服务化的发展。一是以高速宽带网络建设为抓手，推动 4G 网络的应用和 5G 的研发力度；二是围绕工业互联网搭建试验论证平台，进一步研究网络架构体系、基础设施建设规划；三是引入无线网、以太网等与工业相结合，推动新技术的应用发展，改造升级内外部网络，为工业互联网提供高速率、低时延、可靠、灵活的互联网络体系。

2.　大力发展云制造

云制造是云计算在工业领域的落地与延伸，核心是将云计算与工业融合，实现制造资源和制造能力服务化。李伯虎院士等人于 2010 年提出了云制造的概念，它是一种基于网络的、面向服务的、高效低耗的、智慧化的制造新模式，旨在通过对制造资源的智能化管理和经营，为制造全生命周期过程提供可随时获取的、按需使用的、安全可靠的、优质廉价的各类制造活动服务。发展云制造，能够促进计算能力、信息资源和制造资源的共享、灵活配置和有效使用，提升工业互联网整体运行效率。

云制造理念自提出以来，得到了我国政、产、学、研各界的广泛关注，我国 863 计划在"十二五"先进制造技术领域设立了重大主题项目支持云制造的研究，目前全国约有 50 家单位在该项目支持下开展云制造相关的研究与实践工作。已有的研究集中在顶层架构、比较与现有制造模式的区别、模式、主要技术等宏观的角度，但是缺少可实际操作的工程应用方面的研究，对于处于起步阶段的云制造产业仍然存在诸多实施和应用上的问题。

未来，建议围绕云制造平台如何"落地"，从资源提供端、平台运营端和服务接入端等方面继续剖析其体系架构，并结合典型应用案例对平台端资源和服务如何提供、如何运营，以及在设计、采购、生产、营销、分析服务等环节的应用进行探讨。

3.　充分利用工业大数据的价值

工业大数据是未来工业在全球市场竞争中的关键领域，是工业互联网创新的新模式，是新兴信息技术与先进制造技术交叉融合的新业态。如图 16.3 所示，大数据在制造业中的应用场景十分广泛。随着越来越多的数据可以被收集、分析并用于决策，如何将工业大数据深入应用在工业互联网体系架构中，值得思考和研究。

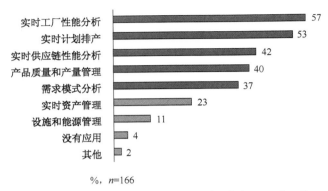

%，*n*=166

资料来源：SCM 和 MESA：影响制造业的革命性技术，2015 年 2 月。

图16.3　大数据在制造业中的应用场景

工业大数据的兴起主要源自以下几个方面：①随着传感器技术的发展，半结构化、非结构化数据呈爆发式增长，获取实时数据变得更加容易；②制造过程本身会产生包括原料数据、设备数据、环境数据、服务数据等不同类型的数据，这些数据对于分析制造过程、优化生产服务、提高工作效率以及提升产品质量具有积极影响；③在万物互联的场景下，互联网将渗透到各个领域，每个人、每个设备、每项服务都可以成为一个终端，使整个制造生命周期的各项数据都可以在同一个环境通信，生产过程变得更加透明；④云计算技术的发展、计算机和网络基础设施性能的提升，为工业大数据的实时处理和分析提供了高质量的数据处理平台，依托云存储、分布式计算和虚拟技术满足复杂的处理需求；⑤价值链由以制造为中心向以服务为中心转变，仅靠人的经验无法满足复杂的管理、精准的市场营销和协同优化的需求。

未来，在工业互联网的应用端，需要进一步挖掘工业大数据带来的价值。一是推动制造过程的透明化：工业大数据有利于全产业链的信息整合，实现生产系统的协同；二是提高生产效率：对工业数据的分析使供应链得到优化、生产流程更加动态灵活，工人的工作也更加简单，在提高生产效率的同时降低工作量；三是产品质量的提升：将工业数据、产线数据与先进的分析工具相结合，对产品进行智能化升级，利用数据挖掘产生的信息为客户提供全产品生命周期的增值服务；四是减少资源消耗：通过分析用户对于相关产品的市场需求，提升营销的针对性，减少生产资源投入的风险，避免产能过剩；五是拓展商业模式：利用销售数据、供应商数据寻找用户价值的缺口，开拓新的商业模式。

4. 工业互联网安全

加强保障措施，维护工业互联网平台安全。维护系统和平台安全，从工业互联网和云平台结合的实际出发，注重在网络信息安全、企业协同安全、可信制造等方面采取防护措施，防止第三方对生产制造流程、加工工艺等的破坏和恶意攻击。围绕工业互联网出台相应的安全架构体系、策略和标准，提升生产系统和流程的安全性，加强区块链等新技术的研究和应用。

保护工业大数据的安全和隐私，加强对设备、系统和网络的访问控制。目前，工业大数据在采集、存储和应用过程中存在很多安全风险，大数据隐私的泄露会为企业和用户带来严重的影响，数据的丢失、遗漏和篡改将导致生产制造过程发生混乱。在鼓励建立交易和共享数据的市场机制的同时，加强对工业大数据涉及的商业秘密和专利技术的保护，维护工业大数据安全。

（中国互联网协会　苗　权）

第17章　2015年中国农业互联网发展状况

17.1　农业互联网发展概况

随着智能手机和宽带网络的普及应用，互联网已经进入农民的日常生活的各个领域，如娱乐、学习、社交、日常消费、农资购买、农产品销售等方面。据统计。截至2015年12月，我国网民中农村网民占比28.4%，规模达1.95亿，较2014年年底增加1694万人，增幅为9.5%；城镇网民占比71.6%，规模为4.93亿，较2014年年底增加2257万人，增幅为4.8%。农村网民在整体网民中的占比增加，规模增长速度是城镇的2倍，反映出2015年农村互联网普及工作的成效（见图17.1）。

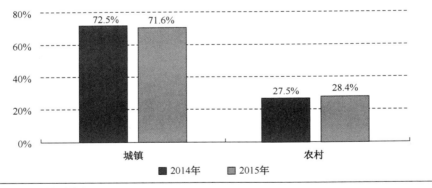

资料来源：CNNIC 中国互联网络发展状况统计调查。

图17.1　中国网民城乡结构

2015年农业互联网有以下三个特点。

1. 各路资本争相进入农业互联网领域

目前，传统农业企业家努力推动大数据、物联网等新技术的农业应用，面对农业生产效率低下、交易链条长、融资困难等问题，开展农业产业互联网。例如，农信互联推出的猪联网，通过猪管理帮助农户养好猪，通过猪交易帮助农户买好料和好卖猪，通过猪金融提供资信证明和帮助农户降低融资成本，从而从根本上提升农户的综合盈利水平和行业效率（见图17.2）。

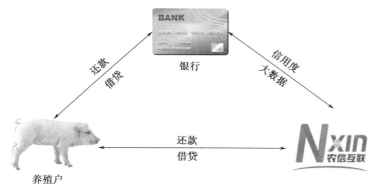

图17.2　农信互联"猪联网"

同时，互联网公司凭借对互联网的深刻理解，积极推进农业领域的业务或开展农业领域的创业，主要集中在电子商务和互联网金融领域。例如，阿里巴巴和京东商城通过电子商务平台，实现工业品下乡和农产品上行，同时基于交易场景提供相应的金融服务，在满足农村生产和生活需要的同时，撬动农村的商业、服务等方面的创新发展。

另外，资本市场也相当看好农业互联网市场，近几年进行了大量的投资，如土流网最近获得 1.5 亿元的 B 轮融资，宋小菜累计获得 1.34 亿元的融资等，雷军认为中国 10 年内会产生百亿美元市值的农业互联网公司，因此顺为资本近两年投资了美菜、什马金融、农分期等农业互联网项目。

2. 农业互联网热潮下更加注重线下网点资源

无论传统农业的企业进行互联网转型的升级改造，还是 BAT 类互联网公司大举进军农业互联网领域、互联网创业新秀在农业领域的探索，都非常重视线下资源的布局，通过自建或合作加盟的形式建立县域和村级的线下网点。例如，诺普信田田圈的线下区域运营中心、镇级体验中心、村级单位为农户提供代购、配送、农技、农事等服务；京东商城的县域服务中心和京东帮服务店及数量庞大的乡村推广员为农民提供代购和配送等服务，同时京东农资与当地农业服务商合作为农户提供农技和农事服务。特别是随着互联网农技服务的兴起，发展和笼络村镇级的农技推广人员、农技师、农艺师、兽医等成为各大平台最重要的战略之一。传统农业深耕农业领域多年，具有分布广泛的线下服务网点和强大的线下推广团队，具有进行农业互联网的天然优势（见图 17.3）。

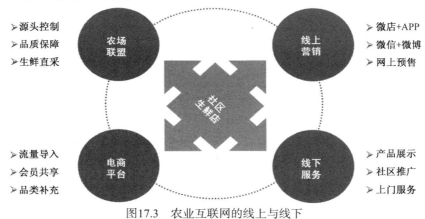

图17.3　农业互联网的线上与线下

3. 农业互联网将催生完善的农业农村大数据

目前，农业互联网已经深入农业生产和生活的各个方面，积累和产生大量的农业农村大数据。农业电子商务将采集生产投入品的厂家、经销商、农户等的生产、需求、仓储、加工、交易和流通数据；生产管理云服务采集投入品的生产、农产品的生产及加工各个流程的数据；农村电商采集农户生活需求和消费数据等，结合生活服务类、政务服务类、气象服务类等平台将收获更多的数据，因此将形成全方位的农业农村大数据。随着这些数据的逐步完善，将会重构农村的生产和生活生态体系。农业大数据平台如图17.4 所示。

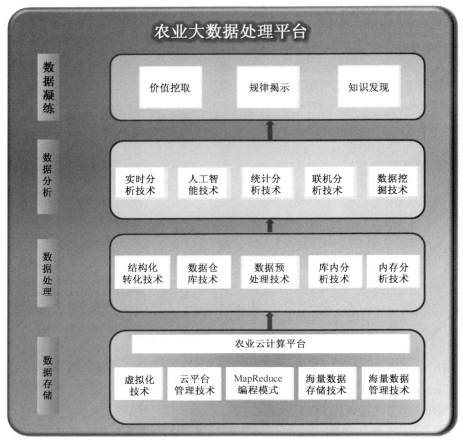

资料来源：赵璞《浅谈农业大数据》。

图17.4　农业大数据平台

17.2　农业信息服务发展情况

2015 年发布的"互联网+"行动计划中，"互联网+"现代农业、"互联网+"电子商务、"互联网+"普惠金融等意见都为农业信息服务的发展做出了战略指导，推进我国农业信息服务的持续发展。2015 年，我国农业信息服务产业发展进入了一个新的阶段，表现出信息服务体系基本完善与信息内容极大丰富两大特征。农业信息服务体系的完善表现为围绕着农业产业链从产前、产中、产后都出现了大量的信息服务企业，提供了土地、农资、农技、农机、销售、物流等各方面的信息服务；信息内容极大丰富表现为信息数量爆发式的增长以及信息发布渠道的丰富，特别是移动互联网的发展让农业信息服务随手可得。

2015 年，农业信息服务具有如下特点。

1. 信息进村入户让农业信息服务触手可及

信息进村入户工程深入开展，效果显著。截至 2015 年年底，已建成运营近 4000 个益农信息社，覆盖 22 个试点县行政村的 60% 以上，公益服务、便民服务、电子商务和培训体验服务已进到村、落到户，探索出了一些较为成功的市场化商业运行模式。其落地的主体是"村级信息服务站"，一般选址村综合服务中心、大农资超市、村科技服务站，提供公益服务、便民生活服务、电子商务服务和培训体验服务；有些专业型的服务站则依托新型农业经营主体，由农业带头人围绕生产经营活动为成员提供专业服务。村级信息服务站在全国统一使用"益农信息社"品牌，按照有场所、有人员、有设备、有宽带、有网页、有持续运营能力的"六有"标准建设，使丰富多彩的农业生产信息、农产品交易信息、农村金融信息、农村政务信息、农村生活服务信息等让农民触手可及。江苏省已全面完成 3 个试点县益农信息社建设任务，并安排省级试点县 12 个，目前全省共建成 1026 个益农信息社。河南省鹤壁市浚县已全面完成建设任务，并辐射到淇县、淇滨区粮食高产创建示范区的行政村，共建成运行 460 个益农信息社。北京市在农民合作社等新型农业经营主体建设专业型益农信息社，开发"云农场"生产管理系统，已建成智慧农场 230 家，生产的蔬菜等农产品直配 30 家单位和 30 个城市社区，实现了生产与消费的直接对接。

2. 农业生产信息服务持续助农提高生产效率

全国服务于农业生产的信息服务公司大量涌现，按照信息来源划分，可分为线上信息服务和线下信息服务。线上信息包括土地流转、农业科技、疫情和病虫害诊断与预警提示、市场行情预测、农资科学使用等各类平台提供的农业生产信息。线下信息服务主要包括有各大农业互联网公司的县域及村镇级线下服务中心提供农技和培训服务、农业物联网监测提供的生产管理信息以及信息进村入户（益农信息社等）提供的信息咨询服务等。生产信息服务获取的便捷让农民足不出村甚至足不出户就能得到所需的信息，大大提高了农业生产的效率，使科学种田、高效种田一步步变为现实。

3. 农产品交易信息服务不断助农增收致富

一直以来我国农业都存在小生产与大市场之间矛盾的困扰，单个农户由于生产规模较小而没有市场影响力，且由于处于弱势地位而无法及时获取市场信息。如今随着农产品交易信息的丰富以及信息获取的便捷化，包括国家生猪市场、中国绿谷网、中国芦笋交易网、棉庄网等在内的农产品电子商务信息平台大量涌现，农产品供求信息、价格信息随手可得，农民不再因信息不对称而处于市场弱势地位，农产品交易信息的丰富让农户可以扩大销售区域，自主选择交易对象销售农产品，从而掌握在市场上的主动权，不断增收致富。

4. 农产品产销信息全程可追溯，助力食品安全的解决

食品安全问题的解决需要多管齐下，其中农产品（食品）产销信息的全程可追溯是一个重要途径，当前在国家的重视下，包括农业企业、电子商务企业、互联网企业、IT 企业都投入农产品（食品）追溯体系的建设，目前已基本实现手机扫码就可看到农产品从一粒种子到

上市销售过程中的每一个环节，施用的每一样投入品，实现食品的全程可追溯。有代表性的案例如农信互联公司的猪联网系统，可以查询到每头生猪从出生到屠宰场的采购、喂养、转舍、免疫、疫病、销售、交易、流通等全部信息，甚至包含生猪父母代的信息都有据可查，为消费者的餐桌安全保驾护航。

5. 农村互联网金融信息服务有助于解决农村融资难问题

农村金融是传统银行难以覆盖的市场，对农村、农业、农民具有重要意义。首先，在土地所有权、承包权和经营权"三权分置"的基础上开展的土地流转，使农户可以用经营权作为抵押物进行贷款，解决了长期以来农户贷款缺少抵押物的困境。其次，较为普遍的"公司+农户"的信息化生产模式，电商企业和大型农业企业获得大量农村用户和数据，很多企业在此基础上开展了农业互联网供应链金融服务，如农信互联的农信金融、新希望的希望金融、诺普信的农金圈等。再次，由于智能手机在农村的普及和日渐形成的网络购物习惯，从而根据不同的消费场景产生可丰富的金融产品，如以蚂蚁金服的蚂蚁小贷和支付宝县、京东金融的京农贷和京东白条、宜信的宜农贷和农商贷、微众银行的微粒贷。农村互联网金融企业的大量涌现，也激发了传统银行业的不断转型，更加重视农村市场互联网金融信息服务的提供，从而大大促进了农村市场金融市场的繁荣。

17.3 涉农电商发展

17.3.1 电子商务交易成为农产品销售的重要渠道

2015 年农产品电商呈现出爆发性增长的态势，各种销售模式百花齐放，呈现出开放、多样、创新的特征。目前农产品电商领域主要出现了三种销售模式：一是平台模式，既包括各类农业企业在大型电子商务平台如淘宝、天猫、京东、苏宁易购之上开设店铺直接面向消费者的 B2C 模式，又包括农户、合作社等在中国惠农网、国家生猪市场、农迈天下、中国绿谷网、斗南花卉电子交易中心等电子商务平台之上面向城市经销商销售农产品的 B2B 模式；二是移动电商模式，主要包括最新涌现出的利用移动 APP 和微信公众号销售生鲜农产品的一种模式，团购、以需定采、线上购买线下自提成为标配；三是微商模式，即利用微博、微信朋友圈、微店、QQ 空间等渠道销售农产品，以自己的朋友为销售对象，以自身信誉为担保的一种模式。如今，各种各样的创业者仍在不断涌入农产品电商市场，创造出各种各样的新型营销模式，且随着广大农户对互联网应用能力的提高，电子商务作为农产品销售渠道的重要性还将进一步提高。

17.3.2 农资电商呈现蓬勃发展的趋势

2015 年可称为是我国农资电商的元年，这一年各路资本纷纷涌入，农资电商步入了发展的快车道。当前国内农资市场容量超过了 2 万亿元，其中种子、化肥、农药、农机四类农资产品的市场空间分别约为 3500 亿元、7500 亿元、3800 亿元和 6000 亿元，市场空间巨大但电商化率很低，农资成为一片全新的电商蓝海。当前瞄准这一市场的既有综合型电商平台如阿里巴巴和京东等，又有老牌农资企业打造的农资电商平台如农信商城、爱种网、农商一号、中国购肥网、农一网、买肥网等，还有新兴的专注于农村市场创业的电商平台如云农场、点豆网、农资哈哈送等。当前农资电商大多还处于平台投入与市场布局的阶段中，未来随着市场布局的逐步完成、农资供应链的逐步完善、物流问题的逐步解决，农资电商将会创造更大的市场空间，成为一股不可忽视的农村市场浪潮。

17.3.3　生鲜电商发展推动冷链物流与农产品标准化、品牌化发展

生鲜电商是用电子商务的手段在互联网直接销售新鲜果蔬、生鲜肉类等生鲜农产品，生鲜产品具有用户黏性和重复购买率高等特点，尤其具有吸引力的是生鲜电商具有较高的毛利。据中国电子商务研究中心监测数据显示，生鲜电商平均毛利水平在 40% 左右，其中海鲜毛利 50% 以上，普通水果约 20%，冻肉 20%～30%。从 2005 年生鲜电商开始出现，到 2013 年生鲜电商进入爆发式增长阶段，其被称为电商领域的"最后一块蛋糕"。

然而生鲜电商的发展亦不是轻而易举，面临着冷链物流配送能力弱、农产品标准不统一、品牌弱产品溢价低等问题。生鲜产品不同于工业产品，其对配送时效性要求高，一般是当天送到或第二天送到，且要保障产品的新鲜，冷链物流必不可少，如今生鲜电商的快速发展对冷链物流产生了极大的需求，带动冷链物流供给能力迅速提高。而冷链物流作为一种成本很高的配送方式，给生鲜电商企业运营成本带来了很大的压力，为了减少消费者退换货率和提高产品毛利率，农产品的标准化及品牌化就成为生鲜电商企业的必备选项，像"褚橙、潘苹果、柳桃"就是生鲜电商里的知名品牌，为全行业的产业升级起到了很好的示范作用。

17.3.4　以销定产等涉农电商创新模式不断涌现

随着移动互联网的快速发展，基于微信平台和手机 APP 的涉农电商不断出现，轻量化、微创新正引发一场新的潮流，其中以销定产的 C2B 模式作为一种更科学、更高效的农产品销售方式正不断改造整个的农业产业。以销定产是指由消费者发起需求，引导农产品电商平台反向采购或生产基地定制化生产的交易模式，如生鲜电商平台许鲜，其采取当天收集消费者订单，第二天凌晨去批发市场或产地进行采购，并于预订时间将产品送到消费者指定的线下门店，之后消费者就可在合适的时间内自行取货，这种模式对企业的供应链管理产生了更高的要求。另一种如美菜、链农、小农女，他们一方面汇聚城市里中小餐厅分散的采购需求，另一方面再回到上游寻找合适的农产品基地进行批量采购，或引导基地进行生产，再采取分级、多次的配送方式将农产品配送到各个餐厅，从而改善整个农业产业供应链的管理方式。

17.3.5　其他涉农电子商务形态逐渐兴起

当前除了农产品电商与农资电商这两大农业电商门类之外，其他涉农电商包括土地流转电商、物流服务电商、生产服务电商等新的电子商务形态也不断出现，呈现出百家争鸣的蓬勃发展态势。土地流转电商在农村土地确权颁证之后出现了爆发式的增长，土流网、神州数码、土地资源网（地合网）、聚土网、51 找地、搜土地、来买地等公司纷纷进入这一市场，为农民提供土地流转服务。物流服务电商是新出现的一种农村物流形态，类似市民常用的滴滴打车、Uber 等叫车服务形式，农村市场也出现了在线叫车拉货的物流服务电商，如云农场

的乡间货的服务，集移动互联网叫车与手机支付于一体，为农村农产品运输提供了极大的方便。生产服务电商也是新出现的一种电商形式，农民通过电商平台可以预定测土配肥、农业专家到田诊断等生产性服务。各类涉农电商服务形态的出现大大便捷了农民的生产生活，未来随着农村互联网的更加普及，农村市场必将涌现出更多充满创新的电商服务形态。

17.4　物联技术与农业生产融合发展

近年来，随着通信技术的发展，互联网、物联网等技术逐渐成为一种工具，被广泛跨界使用，农业作为中国较落后的产业，一方面基础设施薄弱，另一方面互联网、物联网技术使用率低、使用范围狭窄。随着我国经济改革进入深水区，农业作为重点改革产业，与互联网、物联网的融合发展是必然的趋势。

17.4.1　物联网技术在农业领域的应用受到重视

早在 2011 年，农业部结合国家物联网示范工程，在北京、黑龙江、江苏开展了农业物联网智能农业项目应用示范，随着"互联网+"战略的提出，物联网技术也在农业生产领域也越来越受重视。目前有一些科研团队和公司对物联网技术在农业行业中的应用做出了比较深入的探索。科研团队如中国农业大学李道亮教授课题组将物联网技术应用于水产养殖、中国农业科学院农业环境与可持续发展研究所研发的"植物工厂智能控制系统"，同时公司方面如托普云农、朗坤物联、华科智农等都在农业物联网技术应用方面取得了很好的成绩。

17.4.2　物联网技术在农业生产中大有可为

物联网技术在农业生产中具有广泛的功用，大致上可以分为四个方面。一是在农业资源利用方面的应用，随着可持续的观念在我国农业发展中的地位日益凸显，如何利用有限的资源生产更多的农产品成为我国农业发展必须面对的问题，物联网技术的应用能够在农业生产行为中将资源利用最大化；二是在农业生态环境监控中应用，环境恶化对于农业生产具有灾难性的伤害，通过物联网技术对环境进行监测管理，及时矫正环境的不利变化，对农业生产及时止损带来了便利；三是在农业生产精细管理中的应用，精细化的管理是对农业生产效率质的提升；四是在农产品溯源中应用，农产品安全一直是消费者最关注的问题，通过物联网技术的应用，记录农业生产中的溯源信息，保证食品安全。

17.4.3　物联网技术在中国农业的应用时机日趋成熟

随着中央连续 14 年发布以农业、农村和农民为主题的中央一号文件，我国农业的改革、转型升级取得了一定的成绩。从农村发展角度来看：第一，农业的规模化、产业化的程度有一定的提升，通过成立合作社、"公司+农户"等方式将土地等关键生产资料集中形成规模，逐渐形成规模效应；第二，农村地区通信基础设施快速增加，农村人口互联网普及率显著提高；第三，农村地区人口综合素质提升迅速，新农人数量快速增加。从外部环境来看：第一，近年来农业相关的政府、投资机构资本投入明显增加；第二，物联网技术日趋成熟，性价比逐步提升；第三，产学研结合更加密切，科技成果转化率提升。以上内部和外部条件的变化，都为物联网技术在我国农业的应用提供了合适的土壤。

17.4.4　物联网技术在农业领域应用成果卓著

2011—2013 年农业部先后在 15 个省直辖市地区开展物联网应用示范试点项目工作，先后就大田种植、设施农业、养殖业等方面开展重大技术专项、技术、标准、政策体系和公共服务平台建设，逐渐将物联网技术在农业方面的应用从概念走向了落地，涌现出了一批比较成熟的软硬件产品和应用模式，成果卓著。例如，天津市生宝谷物种植农民专业合作社园区在应用了物联技术后实现生产管理过程信息采集、监控、自动化控制等流程，估计每年因物联网技术节水、节药以及节省人力、提升产量和质量等综合收益 112.8 万元；上海奉贤区水产养殖专业合作社通过物联网技术的应用实现对水产养殖环节的关键指标的实时监控，每亩成虾平均死亡率下降 2.15%，企业年均节本增效 2.35 万元。

17.5　农村互联网发展概况

17.5.1　农村互联网改变了农村的生活方式

近几年，随着农村通信设施的不断完善，农村信息化快速发展，互联网带来了农村生活方式和文化的改变。现代的思想观念通过互联网传入农村社会，开拓了农民的视野和思维，使农民的观念意识可以紧跟时代步伐、与时俱进。在休闲娱乐方面，上网浏览新闻、玩网络游戏、看电影、听音乐等逐渐成为一种文明和时尚；在社交上，微信、QQ、交友网站等，为农村居民社会交往提供了更多的机会；上京东、苏宁、淘宝等电子商务平台购物，使用支付宝、微信支付等工具进行买卖物品，已成为不少农村流行的消费方式。

17.5.2　农村互联网改变了农村的生产经营方式

如今，互联网与农业生产各个环节紧密融合，传统的农业生产经营方式发生了根本改变。农民可以通过互联网获得丰富的工具和服务，例如，在线生产管理工具、在线问诊平台、市场行情信息，使种养殖方式变得更加精准、科学，提升了生产管理的效率和水平。随着互联网技术在农业生产各环节的渗透，倒逼农业经营者发展精细农业，促使农业生产方式的转型升级。

同时，互联网正逐步打破市场信息不对称的局面。农民获取信息的传统渠道匮乏，销售成本高，品牌知名度也受到一定局限，面对大市场时农民容易走进"滞销、卖难、买贵"的困境。随着农村电子商务的兴起，农村的农产品销售模式也在改变，如农信互联旗的农信商城和国家生猪市场，链接养殖户、投入品生产商、经销商、大型贸易商及屠宰场，进行生猪以及饲料、动保、疫苗等生产资料的交易。由此可见，互联网正在消除现实城乡之间由于交通、区位等因素造成的信息不对称，使农村丰富的产品和资源走向市场。

17.5.3　农村互联网丰富了农村的生态

长期以来，农村的科教文卫资源匮乏，人们很难享受到平等的公共资源与服务。随着互联网与医疗、科技、文化、教育、金融等行业的结合越来越密切，以及网络在农村的不断普及，农村的大环境发生了深刻变化，农村的文化生活、知识水平、经济发展在不断缩小与城市的差距。通过互联网，农民可以和城市居民同时观看网络新闻、在线电影；在线课堂、在线教育为农村居民带来了与城市居民同样的教育机会；各类书籍、文化用品可通过网上商城在短时间内配送到农民手中；在医疗方面，基于互联网的远程诊断、远程治疗、在线体检、在线预约挂号等现代医疗方式，为病患就医提供了各种便利和服务，深刻改变了农村的医疗环境；在金融方面，基于互联网金融的征信、贷款、支付、理财、保险等金融产品已经贯穿农村的生产、生活各个环节，极大地保证了农村生产生活的顺利进行，促进了农村经济的发展。

随着"互联网+"农村的稳步推进，互联网不断向农村注入新的力量，农村将由封闭变成更为广阔的开放型社会，农村经济发展、生活状态将发生深刻变革。未来很美好，"互联网+"农村将会成为中国社会发展的重要推动力。

（北京农信互联科技有限公司　农信研究院　于　莹、乐　冬、杨海便、
柏丹霞、易晓峰）

第18章 2015 年中国电子商务发展状况

18.1 电子商务发展概况

2015 年中国电子商务市场依然保持稳健增长，并且与其他行业逐渐融合创新，构建电子商务模式下的大消费格局。

18.1.1 发展环境

1. 多政策出台确立电商发展方向、推动模式、拓展领域

2015 年 3 月政府工作报告提出"互联网+"行动计划，7 月国务院发布了《关于积极推进"互联网+"行动的指导意见》，随后出台了《"互联网+流通"行动计划》，9 月国务院办公厅印发《关于推进线上线下互动加快商贸流通创新发展转型升级的意见》。这些政策的提出对于巩固和增强我国电子商务发展的领先优势，大力发展农村电商、行业电商和跨境电商，进一步扩大电子商务发展空间；深化电子商务与其他产业的融合；深化普及网络化生产、流通和消费；大力发展线上线下互动；同时完善标准规范、公共服务等支撑环境，具有重要意义。

跨境电商方面，国务院出台《关于大力发展电子商务加快培育经济新动力的意见》，在通关效率、风险监控方面提出指导意见；《关于加快培育外贸竞争新优势的若干意见》鼓励电子商务企业建立规范化"海外仓"模式融入境外零售体系。

农村电子商务方面，中央 1 号文件《关于加大改革创新力度加快农业现代化建设的若干意见》明确提出"支持电商、物流、商贸、金融等企业参与涉农电商平台建设，开展电商进农村综合示范点"；5 月、11 月国务院发布《国务院关于大力发展电子商务加快培育经济新动力的意见》、《关于促进农村电子商务加快发展的指导意见》，明确提出三大任务和七方面政策措施，从政策扶持、基础设施建设、人才培养、金融支持、规范市场等多方面提出促进农村电子商务发展的指导思路。

2. 城乡居民可支配收入稳定增长，消费成为拉动经济增长第一动力

2015 年社会消费品零售总额 30.1 万亿元，比上年增长 10.7%。国家统计局数据显示，最终消费对 GDP 的贡献率已经由 2011 年的 51.6%升至 2015 年的 66.4%，消费已经超过投资成为中国经济的"顶梁柱"。与此同时，线下零售迎来比以往更大的挑战。数据显示：全国百

家重点大型零售企业零售额同比下降 0.1%，增速比上年回落 0.5 个百分点，也是自 2012 年以来增速连续第四年下降。此外，在经济新常态下，国内产业结构从制造业向服务业转变、第三产业（服务业）比重将继续提升，同时在拉动经济增长方面将成为新引擎。

2015 年全国居民人均可支配收入 21966 元，比上年名义增长 8.9%，扣除价格因素实际增长 7.4%。其中，农村居民人均可支配收入 11422 元，比上年增长 8.9%，扣除价格因素实际增长 7.5%，高于城镇居民 0.9 个百分点。城乡居民人均收入倍差 2.73，比上年缩小 0.02。随着农村网民规模增长、网络基础环境不断改善、农村网民消费意识逐渐转变，2015 年农村网络零售市场亟待释放。

3. 互联网普及率提高，网络提速降费夯实网购环境

据 CNNIC《第 37 次中国互联网络发展状况统计报告》，截至 2015 年 12 月，我国网民规模达 6.88 亿，新网民的不断增长，尤其是手机网民的快速提升，让网络零售的发展基础更加坚实。此外，2015 年三大基础电信运营商先后公布降费措施，工信部数据显示，截至 2015 年 11 月，固定宽带和移动流量平均资费水平下降幅度已分别超过 50%、39%。网络提速以及上网资费下降更加夯实了网络购物环境。

18.1.2 产业规模

商务部数据显示，2015 年，我国电子商务市场交易总额约为 20.8 万亿元，同比增长 26.9%，增速约为同期国内生产总值增长率（6.9%）的 3 倍多（见图 18.1）。其中，网络零售交易额为 3.88 万亿元，同比增长 33.3%，相当于同期社会消费品零售总额（30.09 万亿元）的 13.0%。

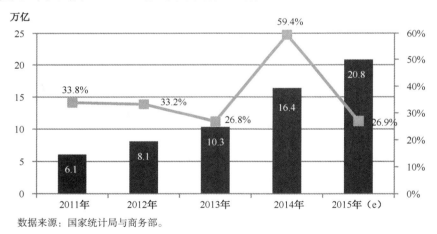

数据来源：国家统计局与商务部。

图18.1 2011—2015年中国电子商务市场交易规模

按交易模式划分，2015 年度 B2B 交易额为 16.9 万亿元，B2C 交易额为 2.02 万亿元，C2C 交易额为 1.86 万亿元。

在网络零售（B2C 和 C2C）交易额中，实物商品网上零售额为 32424 亿元，同比增长 31.6%，高于同期社会消费品零售总额增速 20.9 个百分点，占社会消费品零售总额（300931 亿元）的比重为 10.8%；非实物商品网上零售额为 6349 亿元，同比增长 42.4%。消费者使用移动设备实现的交易额达 2.12 万亿元，占比超过 PC 端，达到 54.6%。

18.2　细分市场情况

根据艾瑞咨询数据，2015 年电子商务市场细分行业结构中，中小企业 B2B 电子商务占比达到 43.9%，规模以上企业 B2B 电子商务占比为 27.8%，企业间电子商务占比有所下降，整体减少至 71.7%（见图 18.2）。

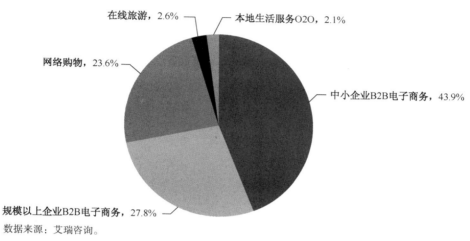

数据来源：艾瑞咨询。

图18.2　2015年中国电子商务市场细分行业构成

2015 年中国中小企业 B2B 运营商平台营收规模影响因素主要为：中国经济下行压力大影响行业发展；中国进出口交易总额有所下降；中国中小企业 B2B 的广告服务、信息服务、交易服务及其他金融服务等平台增值服务发展稳步向前；"互联网+"等政策出台为市场发展提供良好外部环境。

18.2.1　B2B 市场

2015 年全年，B2B 电子商务市场交易额达到 16.92 万亿元。其中，第一季度至第四季的 B2B 电子商务交易额同比增长均保持在 20%左右。

从季度增长来看，2015 年第一季度 B2B 电子商务市场发展较为平稳。在中国，越来越多的企业入驻 B2B 大型电商平台，或者搭建 B2B 电子商务网站。特别是钢铁行业，包括钢铁生产企业、物流公司、贸易商等在内的诸多企业都已进行电子商务布局，互联网或将重构钢铁的流通渠道。与此同时，B2B 电子商务平台积极谋求服务升级转型，通过免收交易佣金、提供多种在线支付方式、赠送推广资源等举措促进在线交易发展。

2015 年第二季度，B2B 市场增长的主要原因在于：①B2B 平台服务升级，搭建信用保障体系。②B2B 拓展营销渠道，向移动互联网媒体寻求流量。③B2C 电商拓展服务链，涉足 B2B 业务。④农产品大宗交易平台兴起，带动农村电商发展。⑤"互联网+"政策推动，中小企业拥抱互联网转型升级。

2015 年第三季度，中国电子商务 B2B 市场保持了持续稳步增长，在"互联网+"国策驱动下，B2B 项目备受投资者青睐。"互联网+电子商务"B2B 领域的创业机会包括：①提供一站式的交易、金融、物流、仓储、加工、咨询等综合服务。②围绕购买者提供各种增值服务，在服务提供者之间产生信息流、物流和价值流。③深化和完善 B2B 行业供应链金融服务。

2015 年第四季度，虽然国际 B2B 电子商务市场需求仍然不振，中国 B2B 电子商务市场在投融资和内需力拉动下稳健增长。表现为：综合服务平台打造多元化经营业态，专业服务平台向纵深化发展延伸，中小企业在"互联网+"国策驱动下积极与电子商务融合，各平台、企业发挥线上线下联动优势在第四季度冲顶业绩。

18.2.2　网络零售市场

2015 年全国网络零售交易额为 3.88 万亿元，同比增长 33.3%，其中 B2C 交易额为 2.02 万亿元，C2C 交易额为 1.86 万亿元。

2015 年，中国网络零售月度交易额在 11 月达到顶点，单月交易额突破 5000 亿元，达到了 5042 亿元，同比增幅高达 54.7%。此外，10 月和 12 月的单月交易额也超过了 2014 年单月最高交易额。

月度网络零售渗透率（实物商品网络零售交易额占社会消费品零售总额比重）也进一步提高，全年除 1 月、2 月、7 月三个月外，其他月份的网络零售渗透率均超过 10%，其中 11 月达到顶峰，为 15.8%。

1. 市场分析

2015 年第一季度，中国的网络零售在快速增长的过程中继续由增量增长向提质增长转变。表现为：天猫提升供销平台标准，禁发非约定商品；网购七天无理由退货细节进一步明确，对于已拆封商品拒绝退货的工商部门可进行处罚；阿里的"满天星"计划在行业内鼓励生产企业在产品上标记"二维码"，以实现全流程商品信息追踪溯源、打击假货；淘宝和微店都加大力度打击刷单等虚假交易行为。与此同时，移动端网络零售发展势头迅猛，手机购物重塑线下商业形态，促进交易产生增量消费。

2015 年第二季度，网络零售的增长的原因主要在于：①网络零售企业频繁的"造节"促销活动，带动销售业绩增长。②互联网巨头在网络零售平台开店，平台入口效应凸显。③移动业务增势迅猛，移动购物拓展时空、地域、人群，激发更多增量消费。

2015 年第三季度，随着"互联网+"战略的实施，网络零售成为"互联网+"的切入口。网络零售行业在由增量增长向提质增长转变的过程中，倒逼物流、支付、生产制造等流通产业变革创新，以满足用户日益增长的多样化、个性化、品质化，甚至定制化需求，在加快互联网与流通产业深度融合、推动流通产业转型升级，提高流通效率等方面发挥的作用将更加突出。

2015 年第四季度，中国的网络零售市场在"双 11"、"双 12"以及电商的常态化促销的带动下强劲增长。其中，"双 11"促销呈现以下特点：全球买、全球卖规模继续扩大，促销影响力直达全球；推进农村电商深挖农村市场消费潜力；促销晚会开启"消费+娱乐"模式；物流快递服务能力持续提升；技术、消费保障体系进一步完善，推出正品保证险、品质保证险等。

2．用户规模

根据 CNNIC 数据，截至 2015 年 12 月，我国网络购物用户规模达到 4.13 亿，较 2014 年年底增加 5183 万，增长率为 14.3%，我国网络购物市场依然保持着稳健的增长速度。与此同时，我国手机网络购物用户规模增长迅速，达到 3.40 亿，增长率为 43.9%，手机购物市场用户规模增速是整体网络购物市场的 3.1 倍，手机网络购物的使用比例由 42.4% 提升至 54.8%（见图 18.3）。

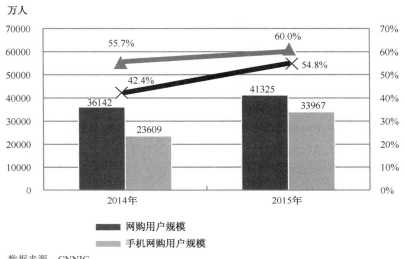

数据来源：CNNIC。

图18.3　2014—2015年网络购物/手机网络购物用户规模及使用率

2015 年，政府部门出台多项政策促进网络零售市场快速发展，如《"互联网+流通"行动计划》和《关于积极推进"互联网+"行动的指导意见》。"十三五"规划建议中提出将"共享"作为发展理念之一，网络零售的"平台型经济"顺应了这一发展理念，使广大商家和消费者在平台共建共享中获益。

在政策的支持下，跨境电商成为网络零售市场新的增长点。商务部数据显示，中国主要跨境电商交易额平均增长率在 40% 左右，其中进口网络零售增长率在 60% 左右，出口网络零售增长率在 40% 左右。网络零售平台引入美国、欧洲、日本、韩国等 25 个以上国家和地区的 5000 多个海外知名品牌的全进口品类，国内超过 5000 个商家的 5000 万种折扣商品售卖到包括"一带一路"沿线的 64 个国家和地区。与此同时，网络零售企业深挖农村市场消费潜力，农村地区网购用户占比达到 22.4%，阿里巴巴、京东、苏宁等电商平台在农村建立电商服务站，招募农村推广员服务于广大农村消费者。

3．发展趋势

1）网络零售将带动流通行业转型升级

网络购物市场的繁荣带动物流、支付、生产等流通领域的发展。网络零售作为产业链的下游，带动了诸多传统行业转变生产方式。比较典型的有传统零售业、物流快递业、交通行业、生产制造业、数据托管行业、园区地产业等。

2）个人信用评价体系将推动全社会信用消费的发展

国家放开企业构建征信业务的权限，央行正式批准芝麻信用、腾讯征信等 8 家机构开展个人征信工作。将以企业为主体、多方共同形成广泛、全面、完善的个人信用评价体系，推动全社会信用消费的发展，促进消费型经济的持续繁荣。

3）社群经济将成为网络消费新的驱动力量

社群是互联网时代主流的人文特征，随着移动互联网经济的崛起，智能手机和 APP 应用降低了人与人之间的沟通连接成本，使社群经济+电子商务创造了更多商业效益。

4）消费者权益保障体系进一步完善

企业在改善用户维权体验，如消费者可通过在线页面提交维权申请、办理在线产品送检服务。与此同时，企业与消费者组织联合搭建投诉对接平台，提高地方消费者组织维权响应效率。此外，企业间联合达成共同打击假货的合作，利用大数据实施精细化管控。

5）线上线下呈现进一步融合态势

传统零售与网络零售企业的合作进一步深化，加速线上线下融合态势。商家之间通过全渠道打通、用户管理、商品管理和服务、物流等方式共同参与重要的购物季活动，线上线下融合的营销模式将进一步延续。

18.3 网上支付发展情况

18.3.1 网上支付市场

2014.12—2015.6 网络支付/手机网络支付用户规模及使用率如图 18.4 所示。

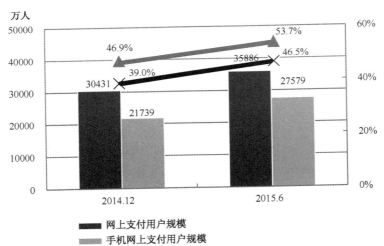

数据来源：CNNIC。

图18.4 2014.12—2015.6网络支付/手机网络支付用户规模及使用率

截至 2015 年年底，我国网上支付用户达 4.16 亿，同比增加 1.12 亿，增长率为 36.8%。我国网民使用网上支付的比例从 2014 年的 46.9%提至 60.5%。2015 年手机支付增长迅速，用户规模达 3.58 亿，增长率为 64.5%，网民手机支付的使用比例由 39.0%提升至 57.7%（见

图 18.5）。

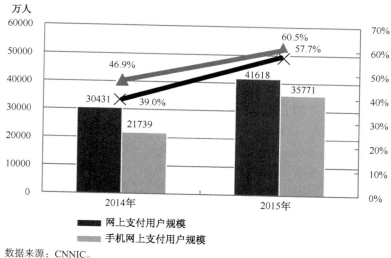

数据来源：CNNIC。

图18.5　2014—2015年网络支付/手机网络支付用户规模及使用率

2015 年，网上支付发展迅速，普及化进程加速。其一，网络支付企业大力拓展线上线下渠道，丰富支付场景，发挥网上支付"电子钱包"功能。一方面，网上支付企业运用对商户和消费者双向补贴的营销策略推动线下商户开通移动支付服务。另一方面，网上支付企业开通外币支付业务，拓展海外消费支付市场。其二，网络支付与个人征信联动构建信用消费体系。2015 年年初，芝麻信用、腾讯征信、拉卡拉信用等在内的 8 家机构获得央行的个人征信业务牌照，网上信用消费的支付环境逐步规范完善。

与此同时，网上支付风险依然存在，第三方支付极易成为套现工具。电子商务支付体系下，消费者或者商家无须 POS 机，在网上可直接通过微信支付、支付宝、信用卡完成套现，操作方式更为简单和隐蔽。随着网络业态多样化发展，网上信用卡套现监管难度越来越大。

18.3.2　第三方移动支付市场

艾瑞咨询数据显示，2015 年中国第三方移动支付交易规模达到 101713.6 亿元，同比增长 69.7%。随着市场的充分竞争，包括财付通、百度钱包、拉卡拉等在内的多家支付公司在 2015 年快速崛起。财付通凭借红包、转账、手机充值等业务，交易额快速增长。而凭借明星效应以及外卖等场景扩大用户量，利用糯米转化用户，百度钱包迅速打开市场，进而提升交易量。

艾瑞咨询研究显示，2015 年移动支付市场增速 69.7%，与 2014 年近 400%的增速相比明显放缓（见图 18.6），这主要源于第三方移动互联网支付市场规模的基数在前两年扩大迅速。伴随着移动互联网发展应用的成熟和 PC 端支付习惯向移动端的迁移，2016 年，中国第三方移动互联网支付市场的交易规模将继续保持高速增长态势。移动互联网的快速发展，使得各支付公司积极布局移动端。其中，O2O 作为移动支付的一个重要切入口可以帮助用户培养起移动支付的习惯。而随着这种习惯的养成和固化，与此相关的手机充值、线下支付等日常消费支付或将呈现指数级增长的态势。

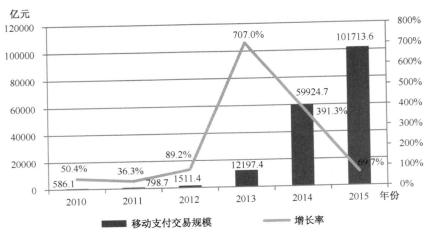

数据来源：艾瑞咨询。

图18.6 2010—2015年中国第三方移动支付市场交易规模

注：1. 统计企业类型中不含银行和中国银联，仅指第三方支付企业；2. 自 2014 年开始不再计入短信支付交易 UI 莫；3. 艾瑞根据最新掌握的市场情况，对历史数据进行修正。

18.4 传统企业电子商务转型情况

18.4.1 传统制造业

电子商务带动传统制造业智能化升级。电子商务的兴起，特别是网络零售的快速发展，极大地削弱了产销之间的信息不对称，也加速了生产端和需求端的连接程度。大数据技术帮助上游生产企业快速了解消费者需求变化，即时做出判断进行研发设计修改、物料采购、生产制造和物流配送。与以往传统通过规模化、标准化的生产方式相比，网络零售释放了个性化的消费，逼迫上游制造业逐步过渡到由需求拉动式的生产方式（C2B 模式）。通过云计算、物联网、智能工业机器人等技术，促进制造业的生产装备数字化、智能化升级，实现对供应链的柔性化管理。

例如，青岛红领集团用了十多年的时间，投入数亿元资金，以 3000 人工厂作为试验室，对传统制造业升级进行了艰苦的探索与实践，已形成完整的个性化产品大规模工业化定制模式，实现了大数据互联网思维下信息化与工业化的深度融合，行成了互联网工业的独特价值观，创造了互联网工业落地的方法论。在服装零售行业整体低增长的背景下，通过建立工厂信息化系统，实现 C2B 高端定制化生产，销售、利润指标实现了快速增长。

又如，娃哈哈集团利用"互联网+"思维进行工业 4.0 转型升级。娃哈哈的生产车间的大部分生产设备都应用了工业机器人，并且所有机器人都是自主研发的。工业机器人的大量应用，实现了互联网工厂定制生产模式。经销商下完订单后，可以随时跟踪订单的动向，而机器人在生产上的应用，让从营销到生产的过程更为便捷与流畅。娃哈哈集团通过互联网信息技术改造，将生产计划、物资供应、销售发货，包括对经销商、批发商的管理、设备远程监控、财务结算、车间管理、科研开发，全部嵌入信息化系统管理，极大地提高了工作效率。

18.4.2 传统零售业

电子商务带动传统零售企业转型。中华商业信息网数据显示，2015 年全国百家重点大型零售企业零售额同比下降 0.1%，增速比上年回落 0.5 个百分点，随着电商崛起传统零售业已经进入微利时代。连锁商超、传统百货等大型零售企业减少门店网点、中小零售企业"关闭退租"频频出现。但是传统零售业的衰落除了受互联网冲击影响，和自身早起盲目扩张、缺乏服务和管理意识、价格虚高也有密不可分的联系。对于传统零售企业而言，互联网时代带来的既是挑战也是机遇。线下永远是传统零售企业的核心阵地，因为实体商业除了销售商品，在服务体验、进行社交、传达某种生活方式方面仍能满足消费群体的刚性需求，具备网络零售不可比拟的优势。目前已经有很多传统零售企业开始全渠道转型布局，通过提升服务水平和差异化经营重新赢得消费者的回流。

例如，苏宁集团的 O2O 转型。苏宁整体转型策略：以互联网零售为主体，以 O2O 全渠道融合、开放平台为切入点。苏宁的 O2O 布局关注三个层面：①用户资源：苏宁通过线上、线下会员系统的对接，利用大数据对消费者进行全面分析、精准营销，提升用户价值。②平台基础：苏宁易购的迅速发展积累了电商平台的运营经验，同时苏宁在内部进行信息化能力改造，实现线上、线下精细化运营和管理。③资源能力：苏宁经过长期积累的零售品类供货网络以及对供应商的议价能力保证苏宁的品类优势；苏宁在一、二线城市形成渠道优势之后，向三线城市以及偏远地区渠道下沉，不断强化线下网络优势；苏宁通过支付牌照，构建整体 O2O 闭环模式。

18.5 团购发展情况

18.5.1 团购网站点评

2015 年团购行业进入稳健发展时期，团购网站"去团购化"转型谋求生存发展。2015 年第一季度，团购行业完成了新一轮的投资整合。糯米网已更名为"百度糯米"，与百度 LBS 事业部完成对接；满座网与苏宁联姻，整合苏宁云商本地生活事业部，更名为"苏宁满座"；拉手网与"三胞集团"联手；窝窝团启动赴美上市；美团网和大众点评分别启动新一轮融资计划。2015 年团购网站会继续向 O2O 深化转型，借助移动终端结合 LBS 拓展本地生活化服务市场。

2015 年第二季度，团购用户规模进入稳定增长阶段，其主要原因在于团购网站的"去团购化"更好地契合了用户的消费需求，移动端的便捷化操作大大提升了用户的消费体验，团购网站由价格驱动进入服务驱动发展的新阶段。

2015 年第三季度，美团、大众点评和百度糯米继续上演"后团购"时代的"去团购化转型"。美团布局多个业务面面出击，寻找新的盈利点；大众点评基于其信息服务业务带动线下构建 O2O 闭环；糯米通过"会员+"战略重构用户与商户关系。

2015 年第四季度，在移动互联网热潮的带动下，团购行业继续向本地生活 O2O 领域深度拓展，并从简单的传统行业进入复杂的传统行业。以团购为典型代表的 O2O 模式，从最初的餐饮行业、生活服务领域，再细化拓展到美容行业、健康行业。继电影票团购、酒店团购之后，旅游、婚纱摄影等将成为重要的细分竞争市场。

18.5.2 团购行业用户规模

根据 CNNIC 数据显示，截至 2015 年 12 月，我国团购用户规模达到 1.80 亿，较 2014年年底增加 755 万人，增长率为 4.4%，有 26.2%的网民使用了团购网站的服务。相比整体团购市场，手机团购继续保持快速增长，用户规模达到 1.58 亿，增长率为 33.1%，手机团购的网民使用比例由 21.3%提升至 25.5%（见图 18.7）。

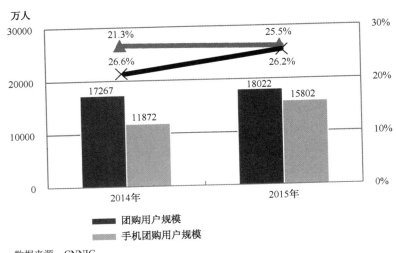

数据来源：CNNIC。

图18.7　2014.12—2015.12团购/手机团购用户规模及使用率

2015 年，团购行业继续"去团购化"，深入发展 O2O 模式。作为典型的 O2O 应用，团购网站在腾讯、百度等互联网企业战略投资的推动下深入布局 O2O 市场。继 2014 年战略入股大众点评后，2015 年腾讯又投资美团和大众点评合并后的新公司。百度 2014 年全资收购糯米网，2015 年承诺三年内投资百度糯米 200 亿元。在资本市场的支持下，一方面，大而全的团购平台向垂直领域"精耕细作"。例如，美团寻求业务突破，拓展 O2O 模式下较为成熟的单线业务：猫眼电影、美团外卖、美团酒店等，执行"T 型战略"。大众点评通过多年的点评数据吸引和维系高端用户，在 O2O 领域拓展方面以高频业务带动低频业务，率先开辟美容、婚庆、家装市场和到店支付业务。另一方面，团购网站通过会员战略提升用户体验，扭转用户黏性较低的局面。例如，百度糯米凭借百度的品牌、产品支持以及 O2O 战略注资专注于"会员+" O2O 生态布局，围绕储值卡、到店付、VIP 会员制开展产品端业务。目前 O2O 仍然处于长期补贴烧钱状态，未来的盈利前景尚不明朗。餐饮、电影、外卖等高频品类 O2O 模式相对成熟，而上门服务的家政、美容、美甲、美发等低频品类市场潜力被高估。

（中国互联网络信息中心　陈晶晶）

第19章　2015年中国互联网金融服务发展状况

19.1　发展概况

2015年国家政策密集出台，对互联网金融发展予以肯定，明确了互联网金融对于促进就业和"大众创业、万众创新"所发挥的积极作用，推动了我国互联网金融的深入发展。国务院联合相关部委发布多项政策，如《国务院关于进一步促进资本市场健康发展的若干意见》、《国务院办公厅关于多措并举着力缓解企业融资成本高问题的指导意见》、《关于促进互联网金融健康发展的指导意见》等，建立健全金融行业监管规则，支持各类金融机构与互联网企业展开合作，发挥互联网金融对于促进就业和"双创"所发挥的积极作用，创新优化我国互联网金融发展生态。

受政策激励和产业发展影响，2015年互联网金融发展的显著特点之一是互联网金融逐渐向生态化过渡，互联网支付、众筹股权、小贷金融等行业热点不断。与此同时，互联网金融与实体经济、实体金融之间的隔阂凸显，成为未来行业发展的重点和难点。为此，国家相关职能机构积极进行政策引导，在日益规范的制度框架内，发挥互联网金融对实体经济、创意产业的扶植作用；引导传统金融行业利用大数据、人工智能等新兴技术，改造传统金融业务流程，提高金融业服务效率、加强服务安全。同时，互联网金融业应加强行业自律与社会责任意识，抓住产业转型的有利契机，积极增强自身技术、服务、管理水平，促进中国金融市场整体的健康运转。

19.2　互联网支付创新与发展

互联网支付是电子支付的一种，是电子支付手段与互联网应用场景融合产生的新型支付方式。互联网支付受到应用场景、网络终端、用户覆盖、技术发展等多方面因素的影响，正在成为金融产业数字化、网络化发展的重要基础。当前，随着移动互联网的发展与互联网消费产业的崛起，移动支付成为互联网支付的热点和主要发展方向，其技术竞争日趋激烈、创新企业不断出现、产业生态逐步构建。互联网支付对我国金融产业发展有重要意义，一是提供了网络场景应用的变现手段，二是扩展了电子支付的数据资源，三是推动产业互联网化与实体经济发展。以下从技术基础、用户基础、市场概况、创新发展四个方面予以阐释。

19.2.1　技术基础

互联网支付都存在叠加的业务，这些场景都是电子支付领域的现有或潜在场景，电子支付在服务互联网应用领域时，横向扩展了电子支付本身的数据资源，完善了数据维度。相对应的互联网应用领域有了支付通道后，得到了将流量变现的手段，也更好地服务了自己的客户。电子支付与金融、地产、汽车等领域的合作也为其在互联网转型、营销、销售、服务等方面获得收益，如图 19.1 所示。

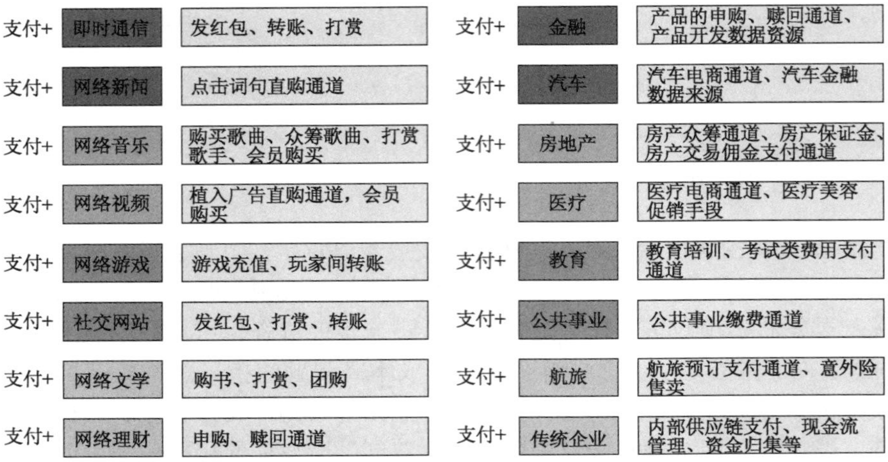

支付+	即时通信	发红包、转账、打赏		支付+	金融	产品的申购、赎回通道、产品开发数据资源
支付+	网络新闻	点击词句直购通道		支付+	汽车	汽车电商通道、汽车金融数据来源
支付+	网络音乐	购买歌曲、众筹歌曲、打赏歌手、会员购买		支付+	房地产	房产众筹通道、房产保证金、房产交易佣金支付通道
支付+	网络视频	植入广告直购通道，会员购买		支付+	医疗	医疗电商通道、医疗美容促销手段
支付+	网络游戏	游戏充值、玩家间转账		支付+	教育	教育培训、考试类费用支付通道
支付+	社交网站	发红包、打赏、转账		支付+	公共事业	公共事业缴费通道
支付+	网络文学	购书、打赏、团购		支付+	航旅	航旅预订支付通道、意外险售卖
支付+	网络理财	申购、赎回通道		支付+	传统企业	内部供应链支付、现金流管理、资金归集等

图19.1　行业应用场景与"支付+"

经过较长时间的发展，中国电子支付行业的支付路径涵盖了远程网络支付、二维码支付、手刷支付、声波支付、NFC 支付、地理围栏支付、条形码支付、光子支付等在内的多种支付路径，如图 19.2 所示。这些支付路径之间从适宜场景、使用条件、便捷性、安全风险等多个维度展开竞争。

	适宜场景	条件和便捷性	安全风险	推广难度
远程网络支付	线上	只需终端加网络，便捷	网络安全	★★
二维码支付	线上/线下	手机扫描二维码支付，便捷	恶意二维码	★★
手刷支付	线下	外接设备，便捷性差	盗刷风险、套现风险	★★★
声波支付	线下	设备之间的传递，应用场景较少，对外界环境有要求，便捷性一般	技术风险、设备遗失风险	★★★
NFC支付	线下	对手机和接收设备有要求，便捷性一般	盗刷风险、设备遗产风险	★★★★
地理围栏支付	线下	用户商户需提前注册，便捷	盗刷风险	★★★★
条形码支付	线下	商户扫枪满足要求，便捷	设备遗失风险	★★
光子支付	线下	商户设备满足条件，便捷	技术风险	★★★

图19.2　电子支付路径比较

　　NFC 近场支付技术是移动支付领域的重要技术之一。NFC 手机支付作为 NFC 近场支付模式应用，要有银行卡、NFC 智能终端、NFC 技术及受理终端搭配使用。目前，NFC 近场支付技术发展达到相对成熟的阶段，已经为美国的苹果公司、日本的 NTT DoCoMo 等公司所采用。NFC 技术不需要电源，通信距离短，只能点对点连接，这些特点决定了此项技术具有安全性强、支付方便、适用场景广泛等优势。目前，NFC 近场支付技术尚存在标准不统一、厂商激烈博弈、用户认知率低等问题，且受到扫码支付等其他支付方式的冲击。从长远看，未来移动支付将与场景紧密结合。

19.2.2　用户基础

　　2015 年中国互联网支付用户规模达到 5.1 亿人，同比增长 13.3%；移动支付渗透率从 2014 年的 60.7% 上升至 2015 年的 72.6%，中国互联网支付行业发展具备良好的用户基础，如图 19.3 所示。

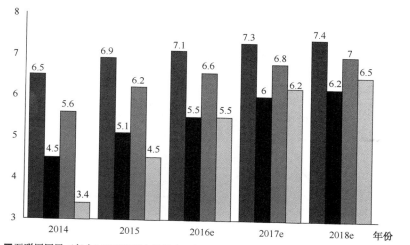

资料来源：CNNIC、艾瑞咨询。

© 2016.2 iResearch Inc.　　　　　　　　　　www.iresearch.com.cn

图19.3　2014—2018年中国互联网和移动支付用户规模

19.2.3　市场概况

1．交易规模

　　2015 年中国第三方互联网支付交易规模达到 118674.5 亿元，同比增长 46.9%，如图 19.4 所示。受到用户向移动端迁移、用户支付习惯逐渐培养的影响，2015 年互联网支付增速有所放缓。

　　2015 年中国第三方移动支付交易规模达到 101713.6 亿元，同比增长 69.7%，同比增速较 2014 年大幅下降，如图 19.5 所示。2015 年，受各类电商的推广促销活动影响，移动购物取得了较快的环比增长。随着用户习惯从 PC 端向移动端迁移与移动互联网的快速发展，移动购物、转账、信用卡还款等业务取得了较快增长。

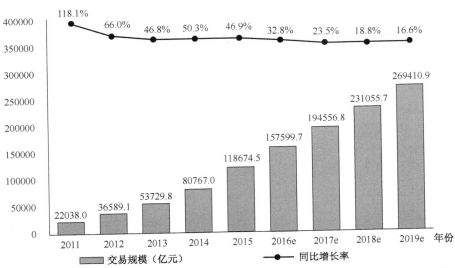

注释：1.互联网支付是指客户通过桌式电脑、便携式电脑等设备，依托互联网发起支付指令，实现货币资金转移的行为；2.统计企业中不含银行、银联，仅指规模以上非金融机构支付企业；3.艾瑞根据最新掌握的市场情况，对历史数据进行修正。
资料来源：综合企业及专家访谈，根据艾瑞统计模型核算。

© 2016.3 iResearch Inc.   www.iresearch.com.cn

图19.4　2011—2019年中国第三方互联网支付交易规模

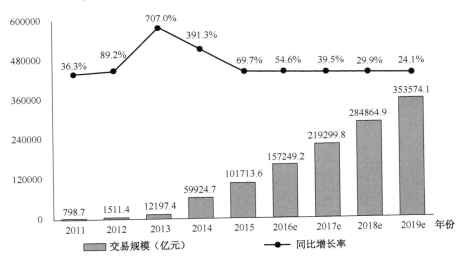

注释：1.统计企业类型中不含银行和中国银联，仅指第三方支付企业；2.自2014年第三季度开始不再计入短信支付交易规模，历史数据已做减处理；3.艾瑞根据最新掌握的市场情况，对历史数据进行修正。
资料来源：艾瑞综合企业及专业访谈，根据艾瑞统计模型核算及预估数据。

© 2016.3 iResearch Inc.   www.iresearch.com.cn

图19.5　2011—2019年中国第三方移动支付交易规模

2.　规模结构

如图 19.6、图 19.7 所示，从细分领域来看，2014 年第四季度—2015 年第四季度第三方互联网支付交易规模结构数据显示：受到移动端购物发展的影响，网络购物交易规模占比逐渐减少；受到用户互联网理财行为习惯养成的影响，基金占比波动中呈上升趋势。

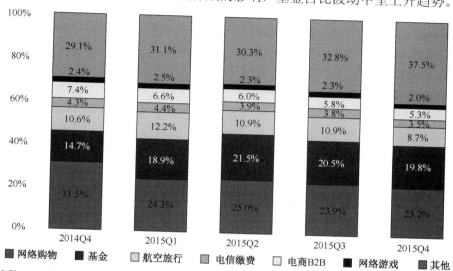

注释：1.互联网支付是指客户通过桌式电脑、便携式电脑等设备，依托互联网发起支付指令，实现货币资金转移的行为；2.统计企业中不含银行、银联，仅指规模以上非金融机构支付企业；3.2015Q4中国第三方互联网支付交易规模为35481.3亿元；4.艾瑞根据最新掌握的市场情况，对历史数据进行修正。
资料来源：综合企业及专家访谈，根据艾瑞统计模型核算。

© 2016.3 iResearch Inc.　　　　　　　　　　　　　　www.iresearch.com.cn

图19.6　2014Q4—2015Q4中国第三方互联网支付交易规模结构

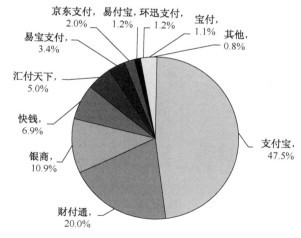

注释：1.互联网支付是指客户通过桌式电脑、便携式电脑等设备，依托互联网发起支付指令，实现货币资金转移的行为；2.统计企业中不含银行、银联，仅指规模以上非金融机构支付企业；3.2015Q4中国第三方互联网支付交易规模为35481.3亿元；4.艾瑞根据最新掌握的市场情况，对历史数据进行修正。
资料来源：综合企业及专家访谈，根据艾瑞统计模型核算。

© 2016.3 iResearch Inc.　　　　　　　　　　　　　　www.iresearch.com.cn

图19.7　2015年中国第三方互联网支付交易规模市场份额

从 2015 年移动支付交易结构（见图 19.8）可以看出，移动消费与个人应用整体呈上升态势，移动金融的占比受到了一定程度的压缩。这说明随着移动互联网和移动支付的发展，移动支付的消费与应用生态建设日益完善，用户通过移动支付手段完成日常消费与应用的习惯正在逐渐养成。

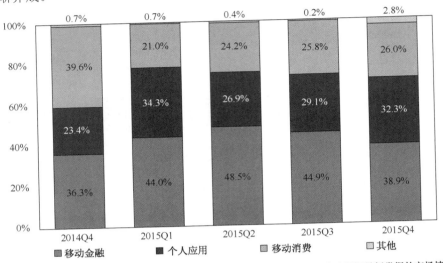

注释：1.统计企业类型中不含银行和中国银联，仅指第三方支付企业；2.艾瑞根据最新掌握的市场情况，对历史数据进行修正；3.个人应用包括转账、还款等场景，移动金融包含移动端货币基金申购及其他金融产品购买，移动消费包含移动电商、移动团购、移动商旅、移动彩票和移动游戏，其他包含公共缴费等场景。
资料来源：艾瑞综合企业及专业访谈，根据艾瑞统计模型核算及预估数据。
© 2016.3 iResearch Inc.   www.iresearch.com.cn

图19.8　2014Q4—2015Q4中国第三方移动支付交易规模结构

移动互联网的快速发展，使得各支付公司都积极布局移动端。2015 年支付宝用户移动端支付占比已超过半数，达到 68.4%的比例；2015 年财付通金融通过构建开放合作平台，依托微信和 QQ 社交工具，拓展支付场景获得较好市场份额；京东、苏宁结合自身业务特点、积极布局互联网金融，未来将更具发展潜力（见图 19.9）。

19.2.4　创新发展

1.　模式创新

各支付企业深耕于航旅、电商 B2B、供应链、互联网金融等领域，帮助企业提高支付效率，加强对资金的管理，扩大互联网支付的产业影响。借日常高频使用的微信支付和下半年开始发力的 QQ 钱包，财付通在有效吸引市场支付需求存量的同时也创造了大量新的支付需求；拉卡拉从日常支付的角度切入，推出拉卡拉手环等产品；凭借万达旗下的商业支付场景和基于万达优质金融资产推出的理财产品，快钱在 2015 年取得了不错的业绩；平安付旗下的壹钱包在用户体验等方面取得了明显提升，并在依托平安优质资产的背景下取得了移动支付交易额的快速增长；京东钱包应用京东集团推出了大量理财产品，在市场上崭露头角；翼支付推出的甜橙理财系列产品凭借较高的收益率吸引了用户资金，并取得了业绩的增长；凭借明星效应和场景应用，百度钱包迅速打开市场；易付宝凭借苏宁集团的电商平台资源切入市场，并推出配套金融服务，市场反响较好。

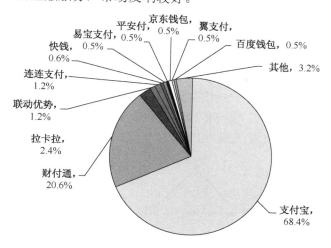

注释：1.统计企业类型中不含银行和中国银联，仅指第三方支付企业；2.艾瑞根据最新掌握的市场情况，对历史数据进行修正。3.2015年Q4中国第三方移动支付交易规模为31906.5亿元。
资料来源：艾瑞综合企业及专业访谈，根据艾瑞统计模型核算及预估数据。

© 2016.3 iResearch Inc. www.iresearch.com.cn

图19.9　2015年中国第三方移动支付交易规模市场份额

2. 安全保障

中国电子支付行业的技术标准不断完善，为促进电子支付行业的健康发展提供了技术支持和保障，如图 19.10 所示。首先，安全性上，通过数据加密技术、数据签名技术、安全应用协议及安全认证体系等基础安全技术，使得电子支付过程中的用户信息及交易信息得到保护，确保安全；其次，便捷性上，通过支付应用技术、网络技术、设备技术、认证技术等多种支付技术相结合，能够在确保支付交易安全进行的前提下，提高电子支付的便捷性，使得电子支付的效率大大提高。

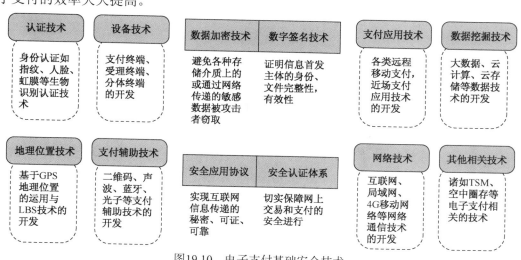

图19.10　电子支付基础安全技术

19.3 其他金融服务创新与发展

19.3.1 P2P 网贷

1. 用户情况

经过 10 年发展，中国 P2P 网贷的用户规模从 2010 年的 500 万人上升至 2015 年的 3970.1 万人，同期 P2P 活跃用户上升至 681.3 万人。相较于中国网民数量，P2P 用户规模还有很大发展潜力，预计到 2019 年，中国将有超过 1 亿人成为 P2P 用户，活跃用户超过 4000 万人（见图 19.11）。

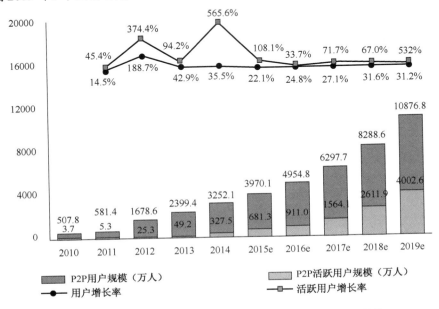

资料来源：综合企业财报、专家访谈以及行业公开数据，根据艾瑞咨询统计模型核算。

© 2015.12 iResearch Inc.　　　　　　　　　　　　　　www.iresearch.com.cn

图19.11　2010—2019年中国P2P用户及活跃用户规模

2. 交易规模

受个人投资理财需求及中小微企业融资渴求，自 2007 年以来，P2P 网贷交易规模连续 6 年保持 150%以上的增速（见图 19.12）。

受普通居民投资理财和融资贷款的消费习惯影响，个人 P2P 业务发展速度相对较慢。与此对照的是，小微企业的融资需求成为 P2P 网贷的新增长动力，在过去的 5 年中，企业 P2P 的增长速度显著高于个人 P2P（见图 19.13）。

受担保、小贷公司转型开展 P2P 业务及中国投资者的风险意识影响，中国 P2P 发展本土化的重要特点是担保及抵押的引入。截至 2019 年，中国纯信用 P2P 交易规模将接近 1.5 万亿元（见图 19.14）。

互联网纯线上模式具有业务流程简便、用户获取高效、公司品牌吸引力强的特点，具有较强的核心竞争力。预计 2016 年，中国纯线上 P2P 增速将超过复合模式，继续保持每年 90%以上的高速增长（见图 19.15）。

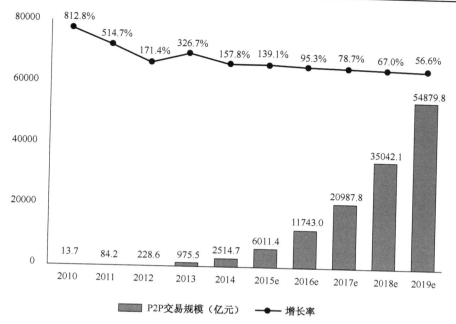

资料来源：综合企业财报、专家访谈以及行业公开数据，根据艾瑞咨询统计模型核算。

© 2015.12 iResearch Inc.

www.iresearch.com.cn

图19.12　2010—2019年中国P2P贷款交易规模

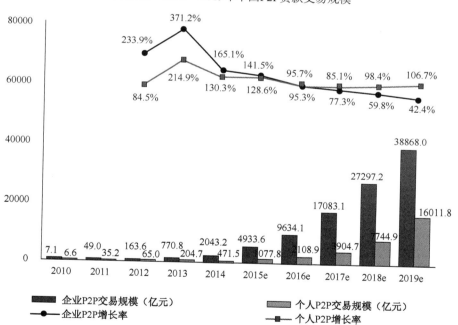

资料来源：综合企业财报、专家访谈以及行业公开数据，根据艾瑞咨询统计模型核算。

© 2015.12 iResearch Inc.

www.iresearch.com.cn

图19.13　2010—2019年中国企业及个人P2P交易规模

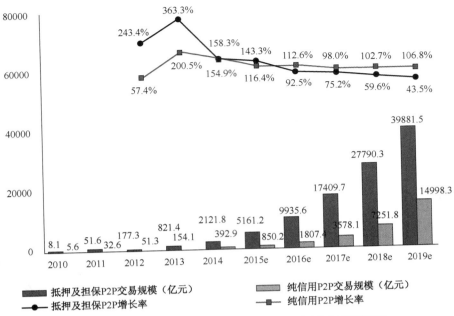

资料来源：综合企业财报、专家访谈以及行业公开数据，根据艾瑞咨询统计模型核算。

© 2015.12 iResearch Inc.   www.iresearch.com.cn

图19.14　2010—2019年中国抵押担保及纯信用P2P交易规模

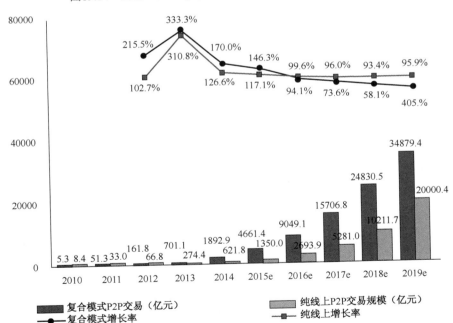

资料来源：综合企业财报、专家访谈以及行业公开数据，根据艾瑞咨询统计模型核算。

© 2015.12 iResearch Inc.   www.iresearch.com.cn

图19.15　2010—2019年中国复合模式及纯线上P2P交易规模

19.3.2 互联网消费金融

受电商企业市场营销活动影响，2015 年，中国互联网消费金融市场交易规模将达到 2356.4 亿元，同比增长 1186.2%（见图 19.16）。

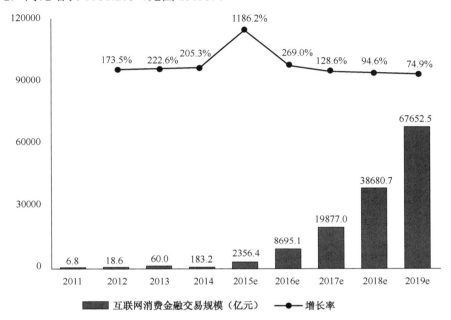

资料来源：艾瑞数据库，综合行业访谈及艾瑞统计预测模型测算。

© 2016.2 iResearch Inc.   www.iresearch.com.cn

图19.16 2011—2019年中国互联网消费金融交易规模及增速

自 2014 年始，电商生态的消费贷款在互联网整体消费贷款的比例开始迅速攀升，艾瑞咨询预计，在 2016 年该项业务占比将成为互联网消费贷款中最主要的商业模式（见图 19.17）。

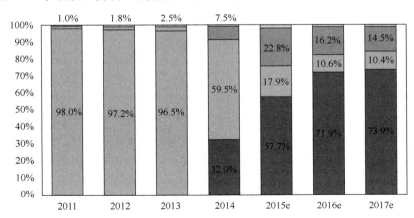

图19.17 2011—2017年中国互联网消费贷款规模及增长率

互联网消费金融产业发展趋势简析：

趋势一，消费金融产业主体将愈加多元化。以分期乐为代表的创业企业为消费金融带来了新的创新元素，以京东、蚂蚁为代表的电商系企业加入给市场带来了更有力的竞争对手，P2P、传统金融以及消费企业也正在快步进入市场。

趋势二，数据资产将成为重要的风险控制资产。基于数据而形成的大数据风险控制模式是核心的发展方向，而数据资产则成为在金融商业模式下可变现的重要资产，数据+模型将是互联网金融企业未来发展的核心工具。

趋势三，垂直化发展。结合中国的消费金融发展现状，垂直化包括两个维度的垂直化，即行业垂直化和用户层级垂直化。

趋势四，消费金融与支付业务相结合并向线下拓展。授信将以账户形式与支付账户捆绑，借助移动支付可有效拓展线下市场。

趋势五，消费信贷资产证券化。伴随着产业发展逐步壮大，企业自有资金将难以有效支撑大量用户需求，如何通过资产证券化以提高资金回流速度将是互联网消费信贷企业需要着重思考的问题。

19.3.3 众筹

在"大众创业、万众创新"的政策利好和经济发展的驱动下，2015 年众筹在我国取得了长足的发展，众筹平台在各地大量涌现，众筹模式和产品也创新不断。

据网贷之家发布的《2015 众筹行业年报》，2015 年我国众筹行业发展情况概况如下：

截至 2015 年年底，全国正常运营的众筹平台数量达 283 家。其中，股权类众筹平台新增 60 家，总数达 121 家。2015 年全年，全国众筹平台融资总额为 114.24 亿元，较 2014 年增长逾 4 倍，但是相比 494.92 亿元的行业预期融资额，完成率尚不足 1/4。

2015 年，有 32 家众筹平台停止运营，34 家众筹平台则进行了调整转型发展，主要原因有缺乏核心竞争优势、发展战略规划不明晰以及行业适应能力弱等。

2015 年，众筹行业共新增项目 49242 个，其中，奖励众筹贡献最多，33932 个项目占总数的 68.90%；公益众筹和互联网非公开股权融资项目数与公益众筹的项目数相近，分别占比约 15%。

2015 年，行业所有众筹项目中，互联网非公开股权融资项目的预期融资额最多，占总预期融资额的 54.79%；其次是奖励众筹项目，预期融资占比为 42.24%；公益众筹项目预期融资金额最少，占全国总预期的 2.97%。项目实际完成率上，公益类众筹项目平均完成率最高，达 42.95%；奖励类众筹项目平均完成率达 26.80%；非公开股权融资项目平均完成率仅为 19.14%——项目预期融资额与其实际完成率正好成负相关。

2015 年，全国众筹行业参与投资人次达 7231.49 万，其中，公益众筹项目参与的投资人次最多，占比超过 50%。

众筹行业的未来发展趋势主要有：股权众筹已经进入一个迅速发展的时期；奖励众筹将成为未来一种新的消费方式；公益众筹将改变如今的公益慈善格局；众筹平台则会向向垂直型、专业化方向发展；监管政策的完善落地则会促使众筹行业规范健康快速发展。

19.3.4 小额贷款

小额贷款公司从 2005 年先行先试以来，已经走过了 10 年历程，截至 2015 年年底，全国共有小额贷款公司 8910 家，贷款余额 9412 亿元，2015 年人民币贷款减少 20 亿元。

据融 360 的《2015 年小贷发展报告》显示，目前国内小贷行业呈现出贷款小微化程度不足、利率高利贷化、移动渠道化、审批率偏低四个特点。

在产品数量方面，小贷公司在整个金融行业的产品比重则呈快速增长趋势。据融 360 的数据，从 2012 年的 31%增长到 2015 年的 41%。与之对应的是，银行的产品占比呈下降趋势，从 2012 年的 52%降到了 2015 年的 21%。

在地区分布上，东部、西部地区小贷公司发展较快，中部地区发展相对缓慢。江苏省和辽宁省分别都超过 600 家。从各省贷款余额看，江苏、浙江、重庆位居前三名。

放款额度与用户需求背离。用户需求的小微化和小贷公司追求大额放贷之间存在比较明显的错位。贷款额度是影响金融机构管理费用的重要因素之一，对小贷公司也不例外。为了追求更高的收益并降低成本，小贷公司有提高贷款额度的冲动。据融 360 数据，从 2012 年到 2015 年，小贷公司每单贷款金额从 2 万元一路增长到 9 万元，平均放款额度处于快速上升态势。与此相对应，在贷款产品申请额度中，5 万元及以下占比较大，增速较快，从 2012 年的 16%增长到了 2015 年的 48%。而在 5 万元及以下额度区间中，1 万元及以下的额度占比较大，从 2012 年的 14%增长到了 2015 年的 26%，增速明显。可见，用户申请额度呈"微小化"趋势。

审批率持续走低抵押要求高。但同是作为提供小微金融服务的机构，小贷和 P2P 平台的审批率基本接近，都由 2013 年一度的 20%，持续下降到如今的 15%左右。这主要受制于国内宏观经济疲软，客户质量下降。抵押物贬值，贷款风险增大，从而收紧信贷。

小贷申请移动化趋势明显。随着智能手机的普及，通过移动互联网获取信息和进行各种操作成为新常态。据融 360 统计，小贷订单中的移动用户处于快速上升趋势，到 2015 年第三季度有八成的订单来自移动用户。

19.3.5　供应链金融

根据《2016 互联网+供应链金融研究报告》分析，相较于传统融资模式，供应链融资有交易封闭性、自偿性和资金流向明确性等特点；融资过程以核心企业为中心，对资金流、信息流、物流进行有效控制；将单个企业的不可控融资风险转变为供应链企业整体的可控风险。据网贷天眼监测数据，截至 2015 年 12 月 31 日，网贷行业涉足供应链金融业务的平台有 20 余家。

2015 年，供应链金融与 P2P 网贷融合发展，出现了五种模式：

（1）与核心企业合作，给核心企业的上下游企业做融资；

（2）大宗商品服务商自建 P2P 平台；

（3）核心企业出资设立 P2P 平台；

（4）机构发起成立；

（5）与保理、小贷公司合作等多种模式。

2015 年供应链金融具有如下特点：

（1）金融及互联网巨头纷纷布局供应链金融市场。

平安银行在上海发布了物联网金融。通过与物联网技术结合变革供应链金融模式，带来动产融资业务的智慧式新发展。五粮液、海尔、格力、TCL、美的、联想、众品、陕鼓、新希望六和等纷纷抢滩互联网供应链金融市场。

（2）电商借势"互联网+"成供应链金融新主角。

2015 年，依托政府的大力扶持，物流行业的供应链金融市场表现抢眼。阿里、京东、苏宁、百度、腾讯等互联网电商巨头们通过收购关联平台、申请牌照、拓展产业链等多种方式布局。

（3）创业平台专注垂直细分领域发展迅速。

2015 年，以筷来财、绿化贷、电网贷和小而美等为代表的创业企业，构建了依托于各自细分领域的供应链金融平台，通过应用供应链金融服务实体经济获得快速发展。此外，深圳供应链企业受邀向李克强总理献言建策，中国人民大学商学院宋华教授《供应链金融》专著面世同样是 2015 年度供应链金融领域的热点事件。

19.4　金融征信与风控

19.4.1　市场概况

2015 年，中国个人征信行业潜在市场规模为 1623.6 亿元，实际市场规模为 151.4 亿元。随着互联网金融的发展和消费金融概念的升温，未来中国个人征信行业的潜在市场规模将迎来爆发式增长。此外，随着个人征信牌照的落地和数据收集、运算、挖掘等基础层面软硬件能力的成熟，中国个人征信行业的市场渗透率也将显著提升（见图 19.18）。

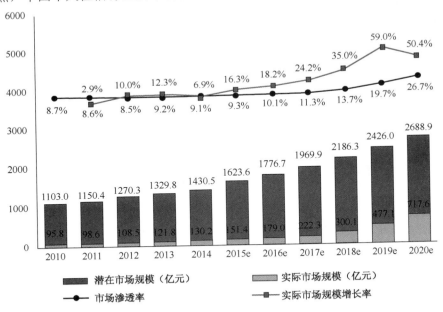

资料来源：综合企业财报及行业公开数据，根据艾瑞咨询统计模型核算。

图19.18　2010—2020年中国个人征信行业市场规模及增长率

19.4.2　现状分析

经过 20 余年的实践和发展，中国已经初步形成了一套政府主导的社会征信体系，有效地提高了金融系统的运行效率，并提高了信贷的质量，如图 19.19、图 19.20 所示。然而，随着互联网金融的兴起，各类垂直领域和细分行业开始出现定制化的征信需求，现有征信体系中数据源单一、共享程度低等缺点也开始暴露。随着监管层制度建设的推进和信用文化的形成，征信将作为一项重要的制约手段融入日常生活的方方面面，专门服务互联网金融企业的商业征信联盟和平台也将出现。

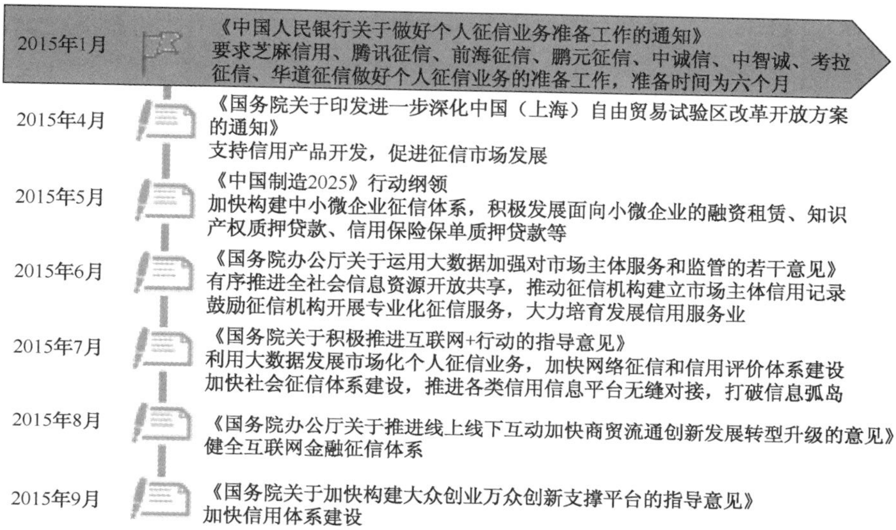

2015年1月	《中国人民银行关于做好个人征信业务准备工作的通知》 要求芝麻信用、腾讯征信、前海征信、鹏元征信、中诚信、中智诚、考拉征信、华道征信做好个人征信业务的准备工作，准备时间为六个月
2015年4月	《国务院关于印发进一步深化中国（上海）自由贸易试验区改革开放方案的通知》 支持信用产品开发，促进征信市场发展
2015年5月	《中国制造2025》行动纲领 加快构建中小微企业征信体系，积极发展面向小微企业的融资租赁、知识产权质押贷款、信用保险保单质押贷款等
2015年6月	《国务院办公厅关于运用大数据加强对市场主体服务和监管的若干意见》 有序推进全社会信息资源开放共享，推动征信机构建立市场主体信用记录 鼓励征信机构开展专业化征信服务，大力培育发展信用服务业
2015年7月	《国务院关于积极推进互联网+行动的指导意见》 利用大数据发展市场化个人征信业务，加快网络征信和信用评价体系建设 加快社会征信体系建设，推进各类信用信息平台无缝对接，打破信息孤岛
2015年8月	《国务院办公厅关于推进线上线下互动加快商贸流通创新发展转型升级的意见》 健全互联网金融征信体系
2015年9月	《国务院关于加快构建大众创业万众创新支撑平台的指导意见》 加快信用体系建设

图19.19   2015年出台的征信政策

中国征信行业其他法规文件一览	
2013年12月	环保部、发改委、中国人民银行、银监会联合印发《企业环境信用评价办法（试行）》
核心内容	将企业环评信息纳入信用评价范围，并根据信用情况给予激励或惩戒措施
2014年7月	国家税务总局发布《纳税信用管理办法（试行）》
核心内容	将纳税情况纳入信用评价范围，并加强对低信用企业的管理
2014年10月	海关总署发布《中华人民共和国海关企业信用管理暂行办法》
核心内容	将企业进出口行为纳入信用评价范围，并根据信用情况区别对待
2015年10月	民政部、中央编办、发改委、工信部、中国人民银行、工商总局、全国工商联联合发布《关于推进行业协会商会诚信自律建设工作的意见》
核心内容	鼓励各行业建立信用协会，支持将行业征信信息纳入征信机构采集范围
2015年4月	中国信用产业联盟发布《企业征信服务机构自律公约》
核心内容	对征信机构提出独立和公正从业的倡议

www.iresearch.com.cn

图19.20   中国征信行业及其他法规文件一览

互联网金融各子行业的交易数据都可从各个角度帮助判断用户信用情况。目前，中国征信行业并不缺乏数据，而是缺乏打破"数据孤岛"，将已有底层数据归纳集结的大平台，如图 19.21 所示。此外，数据标准和口径不统一、数据质量参差不齐也是阻碍底层数据打通的因素。目前，随着央行征信中心数据标准的出台、社会信用体系建设部际联席会议的推动和行业平台的建立，已有的底层数据标准将会进一步统一，既有数据也将打通。

国内既存征信相关数据一览			
政府部门		非政府部门	
部门	涉及数据	行业	涉及数据
教育部	学信数据	P2P	
工信部	通信数据	小贷	信贷、资金流动
公安部	身份、户口	互联网金融	
民政部	婚姻、出生死亡、低保	搜索引擎	搜索足迹
司法部、高法、高检	司法、诉讼信息	社交网站	社交关系网络、个人信息变更情况、身份识别
人力资源和社会保障部	工作、档案	第三方支付	消费足迹、资金流动
环境保护部	环评、监测（已出台单独办法）	电商	社交关系、经济情况、消费足迹
住建部	市政、水电	酒店、租车	
农业部	农业用地、生产资料	房屋租赁	经济情况、消费足迹
人民银行	收入、借贷、资金流动	O2O	
海关总署	进出口信息（已出台单独办法）		
税务总局	纳税信息（已出台单独办法）		
工商总局	企业存续和信息变更、企业经营行为监测		
质检总局	检验检疫信息	其他用户行为数据	
知识产权局	专利和侵权信息		
证监会	上市公司经营行为		
卫生部、食品药品监管局	食、药、卫监管信息		

www.iresearch.com.cn

图19.21　国内既存征信相关数据一览

网络征信的商业模式主要有两种：

一是征信产品。利用股权合作或战略收购的方式，将掌握不同维度大数据的机构聚合在一起，使独立的网络数据孤岛形成串联，再通过信用产品的形式，供金融机构使用。互联网金融机构不会开放这类产品的内在数据源和具体算法，但会根据不同金融机构所关注的重点，进行产品内部的权重调节，灵活性很强。

二是网络银行。相比于征信产品的缓慢渗透，网络银行的出现对传统金融机构的冲击更大，因为它可以直接切入银行最核心的存款业务，而对于数据和技术的应用又可以使银行的运营成本降低，还能服务到传统银行无法服务的中小企业客户。一旦这种模式成形，那么互联网金融公司所输出的不单是信用体系，更是运营体系，相当于对传统金融秩序的颠覆。

因此，目前互联网金融机构若要收集金融数据，一方面，可通过自身的线上线下渠道，对可以利用的合法数据进行采集；另一方面，互联网金融公司也可采用与传统金融机构合作的方式，快速获取央行征信中心的征信数据。关于数据采集维度的问题，一方面，可审查自身业务，对可以采集利用的有效数据进行归纳整理；另一方面，可参考行业内其他参与方的采集标准，对自身采集标准进行优化，并为数据库的整合做好提前准备。从长远看，互联网征信数据经过一定手段的归纳整理，最终进入央行征信中心大势所趋，此举一方面可以将采集的征信数据进行标准化处理；另一方面可以进一步提高对风险的控制能力，促进行业健康发展。

19.4.3　金融安全

2015 年国家政策密集出台，对互联网金融发展予以肯定和有力支持。国务院发布《国务院关于进一步促进资本市场健康发展的若干意见》和《国务院办公厅关于多措并举着力缓解企业融资成本高问题的指导意见》，提出建立健全证券期货互联网业务监管规则，支持证券期货服务业、各类资产管理机构利用网络信息技术创新产品、业务和交易方式，促进互联网金融健康发展，扩大资本市场服务的覆盖面。2015 年 7 月 8 日，中国人民银行与多个部委联合印发了《关于促进互联网金融健康发展的指导意见》。意见明确肯定了互联网金融对于促进就业和"双创"所发挥的积极作用，并"鼓励从业机构相互合作，实现优势互补。支持各类金融机构与互联网企业开展合作，建立良好的互联网金融生态环境和产业链。鼓励银行业金融机构开展业务创新，为第三方支付机构和网络贷款平台等提供资金存管、支付清算等配套服务。支持小微金融服务机构与互联网企业开展业务合作，实现商业模式创新。支持证券、基金、信托、消费金融、期货机构与互联网企业开展合作，拓宽金融产品销售渠道，创新财富管理模式。鼓励保险公司与互联网企业合作，提升互联网金融企业风险抵御能力。"

从用户角度来说，我国信息非法倒卖问题较为突出，虽然《征信业管理条例》已经明确禁止倒卖、泄露个人信息，但并未对泄露个人信息的处罚手段进行明确说明。此外，部分征信机构可能会因为安全防护水平不足或是从业人员道德水平低下，发生被搬库、倒卖信息等恶性事件；部分大型公司可能会利用其在征信数据采集渠道上的有利优势，滥用征信数据，为公司谋取不正当利益。要有效避免这些事件的发生，一方面需要加强数据库的安全防护，做到征信数据与外界网络的有效隔绝；另一方面需要加强对从业人员的管理，避免征信数据被滥用。

（艾瑞咨询　李　超）

第 20 章　2015 年中国 O2O 本地生活服务发展状况

20.1　发展概况

O2O 是英文 Online To Offline（线上到线下）和 Offline To Online（线下到线上）的缩写，目前以"线上到线下"模式为主，即利用互联网使线下商品或服务与线上展示结合、线上生成订单、线下完成商品或服务的交付。

中国 O2O 市场形成于服务型商品团购，借鉴了美国本地生活服务类公司的发展模式，在国内迅速形成了以个人消费类服务型商品团购为主的早期 O2O 模式。从分享经济的角度来看，O2O 的本质是利用互联网等现代信息技术整合、分享海量的分散化闲置资源，满足多样化需求的经济活动总和。故而，O2O 所涉及的传统行业，不再局限于个人消费领域，农林牧渔业、制造业、交通运输业等与国民经济有重大关系的领域，也正在积极拥抱这一促转型助升级的有力工具。在中国，O2O 已经从最初被提出时所指的一种互联网零售商业模式、从线上到线下的单向活动，演变成社会经济全领域、线上线下紧密互动的创新。

本地生活服务类 O2O 的发展，得益于团购的发展。据中国互联网络信息中心（CNNIC）发布的历次《中国互联网络发展状况统计报告》数据显示，团购用户规模从 2010 年的 1875 万人，迅速增长至 2015 年的 18022 万人，5 年间规模增长接近 9 倍；其中，移动互联网应用在 2013 年全面爆发，手机团购用户规模增速明显快于整体，从 2012 年的 1947 万增长到 2015 年的 15802 万，短短两年间用户规模翻了 5 倍（见图 20.1）。团购所覆盖的商品种类，从实物商品快速扩展至服务领域。鉴于 O2O 的内涵与外延已经极大丰富，覆盖的商品和服务种类、涉及的行业数量众多，本章聚焦于面向个人消费的"本地生活服务类 O2O"，即通过移动互联网，基于地理位置信息向用户提供本地生活产品或服务的互联网服务，且订单是通过移动互联网达成的。本章重点选取在品类、模式上具有典型意义的四个垂直领域——餐饮团购、餐饮外卖、本地交通出行、电影票，来反映本地生活服务类 O2O 市场的发展水平、特点及趋势。

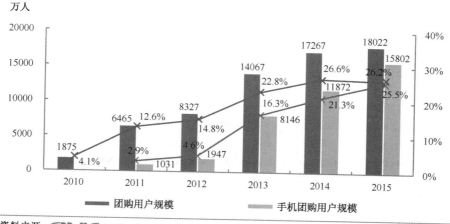

资料来源：CNNIC 历次中国互联网络发展状况统计调查。

图20.1　2010—2015年中国团购用户规模及使用率

20.2　本地生活服务类 O2O 市场概况

20.2.1　用户市场发展概况

调查显示，本地生活服务类应用中，用户对叫出租车、快车、专车、顺风车等本地交通出行服务认知度最高，比例达 87.7%，其次为买电影票、选座位，比例为 85.9%。用户对团购餐饮美食的认知度最低，仅为 54.8%（见图 20.2）。

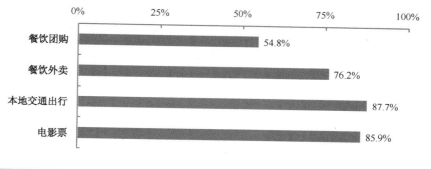

资料来源：CNNIC 中国本地生活服务类O2O市场专题调查。

图20.2　用户对本地生活服务类O2O的认知率

原因分析如下：其一，尽管团购模式从 2011 年就广为网民接受，但大量网民对于"团购"概念的认知源于团购平台品牌的宣传推广，即对作为平台品牌团购的认知强于对作为互联网服务的认知；其二，2015 年以来，各大团购平台"去团购化"的努力已经初见成效，无论是在用户界面上、还是在服务多元化与战略转型方面，都不再突出和强调"团购"概念，团购不再是"折扣"、"促销"的代名词，而逐渐成为一种餐饮消费常态。

调查数据显示，未用过餐饮团购、餐饮外卖、本地交通出行或电影票服务的用户中，有88.0%会考虑使用本地交通出行服务。此外，酒店预订类服务的用户市场规模较大，超过 3/4

的用户未来会考虑使用这项服务。但是对于上门类服务，如家政、美容和推拿，用户的接受度较低（见图 20.3）。值得注意的是，尽管仅有 24.6% 的受访者对上门美容服务存在使用意向，但分性别来看，男性用户的未来使用预期比例为 24.8%，与女性的 24.3% 不相上下，可见，"丽人"市场也需要关注男性消费群体日益旺盛的需求。

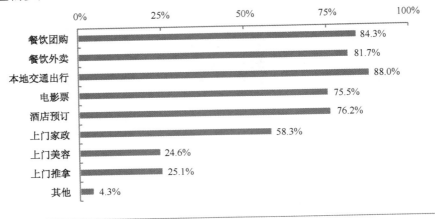

资料来源：CNNIC 中国本地生活服务类O2O市场专题调查。

图20.3 用户对本地生活服务类O2O的未来使用预期

从满意度调查数据来看，在线购票选座用户体验佳，本地交通出行线下服务好，外卖服务评价不佳。总体来看，用户对四类本地生活服务的线下环节满意度大多低于线上环节，互联网应用的用户体验日趋完善，但O2O发展的关键在于服务线下交付环节，这也是目前的发展瓶颈所在，亟须解决（见图 20.4）。

环节	细分市场	😊	😐	😞
线上	餐饮团购	71.4%	28.2%	0.4%
	餐饮外卖	61.9%	37.1%	1.0%
	本地交通出行	70.4%	26.5%	3.1%
	电影票	76.6%	22.4%	1.0%
线下	餐饮团购	70.3%	26.8%	2.9%
	餐饮外卖	57.7%	41.4%	0.9%
	本地交通出行	71.3%	27.7%	1.0%
	电影票	68.5%	28.7%	2.8%

资料来源：CNNIC 中国本地生活服务类O2O市场专题调查。

图20.4 各细分市场线上、线下服务用户满意度

20.2.2 餐饮团购用户市场发展概况

调查数据显示，在餐饮团购服务的用户中，有 29.6% 至少每周团购一次，另有 43.9% 至少每月团购一次，据此估算每个用户每周团购餐饮约 1.1 次，团购正在成为大众外出就餐的常态化消费方式（见图 20.5）。

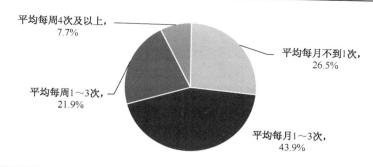

资料来源：CNNIC 中国本地生活服务类O2O市场专题调查。

图20.5　用户餐饮团购服务使用频次

调查数据显示，高达 76.3% 的餐饮团购用户经常提前买好团购券再去餐厅消费。分使用频次看，"现场团"、"提前团"与用户的消费频次并不存在显著相关。可见，从消费频次因素考虑，目前以"场景"触发"冲动消费"的营销策略还未产生明显效果，"现场团"刺激增量消费的作用并不显著。不过，随着团购平台大力推广实际到店消费与付款相关业务，预期"现场团"方式会得到更多用户的认可，且随着服务品质与用户体验的提升，用户消费金额也会受到积极影响，增量作用将逐步显现（见图 20.6）。

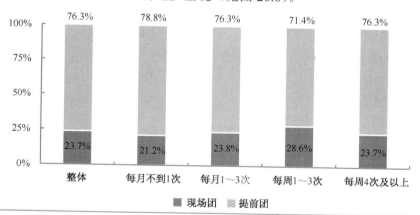

资料来源：CNNIC 中国本地生活服务类O2O市场专题调查。

图20.6　分频次和应用场景的餐饮团购服务使用情况

作为服务业中互联网化起步较早的行业，餐饮行业正在随着互联网团购业务模式的多元化、受众的广泛化，向经营结构优化、服务质量提高的现代餐饮业加速转型。根据国家统计局发布数据，2015 年餐饮收入占社会消费品零售总额的 10.7%，比重也继续回升，且餐饮收入增速于 5 年后再次恢复至高于社会消费品零售总额增幅（10.7%）的水平。随着"互联网+餐饮"的加速发展，互联网餐饮市场存在巨大的发展空间。

调查数据显示，餐饮团购用户的总体满意度较高。但用户的线上、线下服务体验存在显著差异，针对线下服务交付与消费环节，2.9% 的用户表示并不太满意（见图 20.7）。

2015 年，餐饮团购市场已呈现稳健发展趋势——其一，线上服务平台主体数量少、市场份额相对稳定，建立了比较统一的基本服务准则，如"过期退"、"未消费，随便退"等；其二，内容提供商的作用也越来越重要，帮助线下餐饮经营者进行互联网化改造；其三，作为线下服务商的餐饮经营者，也正在转变观点，不再视团购为提升短期业绩的一时之计，而更多作为体验式营销推广的有效途径；其四，消费者也更加重视服务质量。以上因素，共同促使餐饮团购线下服务环节日趋成熟。

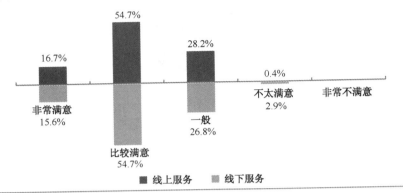

资料来源：CNNIC 中国本地生活服务类O2O市场专题调查。

图20.7　餐饮团购线上服务、线下服务用户满意度

20.2.3　餐饮外卖用户市场发展概况

调查数据显示，每周至少叫一次外卖的用户比例为 34.6%，其中有 11.3% 的用户几乎每天都会叫外卖。尽管被定义为高频应用，但仍有超过六成的用户叫外卖的频次不足一周 1 次；另据调查数据估算，用户平均每周叫外卖 1.7 次，与餐饮团购的 1.1 次相比，并未出现如预期中的显著差距（见图 20.8）。

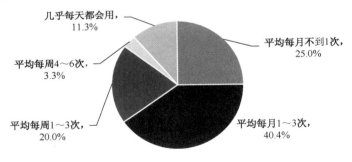

资料来源：CNNIC 中国本地生活服务类O2O市场专题调查。

图20.8　用户餐饮外卖服务使用频次

调查数据显示，在工作场景中外卖服务的使用率最高，有 74.1% 的餐饮外卖用户在日常上班、加班，以及出差在外等工作场景下叫过外卖；有 62.4% 的用户在独自一人休息、聚会等生活场景中也使用过餐饮外卖服务。调查还发现，在工作、生活，以及存在天气、身体状况等主客观条件限制的场景下，用户叫外卖的频率并没有显著差异，特别是高频用户[1]，并不受场景的显著影响（见图 20.9）。

---

[1] 不足每周一次为"低频"，每周一次及以上到不足每天一次位"中频"，每天一次及以上为"高频"。

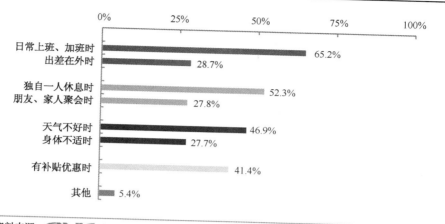

资料来源：CNNIC 中国本地生活服务类O2O市场专题调查。

图20.9　用户使用餐饮外卖服务的场景

　　调查数据显示，餐饮外卖用户的总体满意度较好，不满意的比例较低，但对线下服务评价一般的用户比例显著偏高（见图 20.10）。

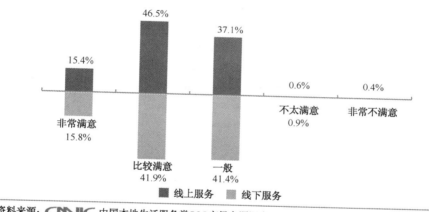

资料来源：CNNIC 中国本地生活服务类O2O市场专题调查。

图20.10　餐饮外卖线上服务、线下服务用户满意度

　　调查数据显示，外卖的线下环节服务质量仍待提升，82.5%的用户有过各种各样的不良体验。其中，送货环节问题最为集中，有 56.3%的外卖用户遭遇过送货延迟，"及时"成为外卖用户的需求痛点，其次是实物与宣传不一致，比例为 43.8%（见图 20.11）用户评选最满意外卖平台的考虑因素如图 20.12 所示。

20.2.4　本地交通出行用户市场发展概况

　　调查数据显示，每周至少一次叫车出行的用户比例为 24.9%，其中有 5.1%的用户几乎每天都会叫车出行（见图 20.13）。目前，叫车、外卖是公认的高频应用市场，据调查数据估算，用户平均每周叫车出行 1.2 次，与周均 1.7 次的外卖和 1.1 次的餐饮团购，共同成为目前本地生活服务中规模较大、竞争最为激烈的细分市场。

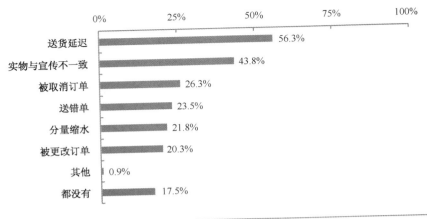

资料来源： CNNIC 中国本地生活服务类O2O市场专题调查。

图20.11 用户在使用餐饮外卖服务时遇到的问题

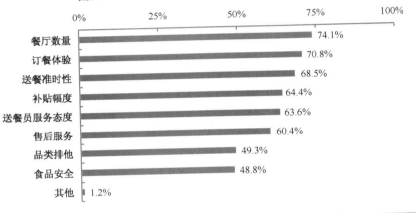

资料来源： CNNIC 中国本地生活服务类O2O市场专题调查。

图20.12 用户评选最满意外卖平台的考虑因素

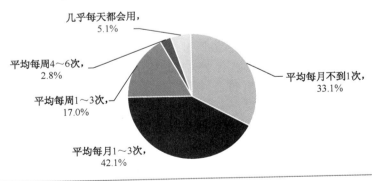

资料来源： CNNIC 中国本地生活服务类O2O市场专题调查。

图20.13 用户本地交通出行服务使用频次

　　城市交通流量快速升高、公交线路建设规划低效滞后、个人用车出行限制政策频出，在此状况下，互联网叫车服务一经推出，迅速成为人们日常出行的必要补充。调查数据显示，用户在公交出行存在限制条件下、在自驾出行存在限制条件下、在主客观条件限制下，使用叫车出行服务的比例都很高，在 80%左右，使用频次与场景因素之间不存在显著差异，说明无论在公交出行限制、自驾出行限制或是其他任何不利条件下，互联网叫车已成为用户的不二选择（见图 20.14）。

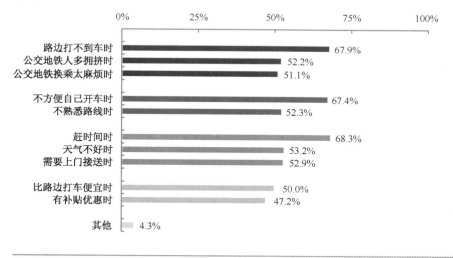

资料来源：CNNIC 中国本地生活服务类O2O市场专题调查。

图20.14　用户使用本地交通出行服务的场景

调查数据显示，用户对本地交通出行服务的整体满意度较高，对线上、线下服务环节表示满意的用户都超过 70%（见图 20.15）。互联网叫车服务得到用户的认可，在于其对传统出行服务市场标准化有余但灵活性不足起到了很好的改善作用：可以减少用户遭遇拒载情况的发生、节省打车约车时间、提供上门接送服务、丰富支付方式、多种车型选择等，尤其是以共享经济为理念的顺风车、拼车类服务产品，更是能够降低车主和乘客的出行成本，有时还能催生陌生人社交。

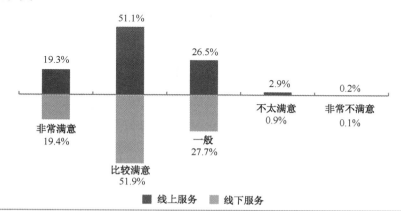

资料来源：CNNIC 中国本地生活服务类O2O市场专题调查。

图20.15　本地交通出行线上服务、线下服务用户满意度

20.2.5 电影票用户市场发展概况

在线票务对电影市场增量作用显著，在线选座正在替代传统电影票团购服务。调查数据显示，57.3%的用户使用电影票服务的频次不到一月一次，不到一周1次的比例为36.2%。据调查数据估算，用户月均服务使用频次约为 1.2 次互在线票务对电影市场增量作用显著（见图 20.16）。

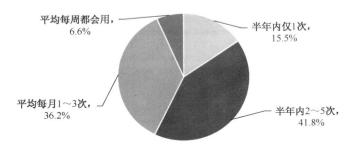

资料来源：CNNIC 中国本地生活服务类O2O市场专题调查。

图20.16 用户电影购票选座服务使用频次

调查数据显示，61.4%的在线购票用户主要使用在线选座方式，而通过先在线团购电影票、再去影院前台兑换选座的方式正在淡出用户视线（见图 20.17）。在线选座服务之所以受到用户的广泛认可，原因在于该服务缩短了在线购票流程、消除了隐性消费可能性、减少了用户到店等待时间。

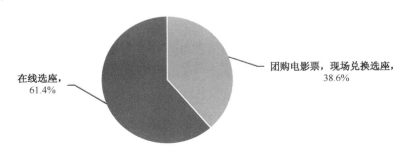

资料来源：CNNIC 中国本地生活服务类O2O市场专题调查。

图20.17 用户购票选座使用的主要方式

调查数据显示，用户对电影票服务整体比较满意，对线上、线下服务环节满意的用户比例分别达到 70.4%和 71.3%；但用户对电影票线上服务、线下服务仍存在显著差异，说明线上线下服务水平并不一致（见图 20.18）。

调查过程中发现，用户对电影票服务的不满仍集中在团购电影票上：线上问题主要在于团购券使用说明不清、过期不退等，线下部分问题主要在于消费时遭遇变相加价，如需要多张团购券才能兑换一张影票、加价兑换、强制捆绑销售卖品等。但随着院线互联网化水平提高，团购业务程式化、且不再是大型院线的战略重点，服务问题已明显缓解。

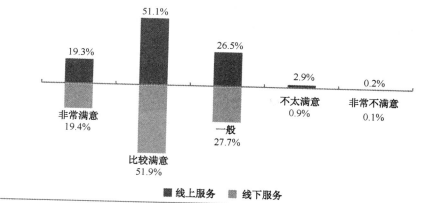

资料来源：CNNIC 中国本地生活服务类O2O市场专题调查。

图20.18　电影购票选座线上服务、线下服务用户满意度

从各 APP 或手机网页的用户体验来看,在线选座购票流程从选择影院或电影、到选座位、再到在线支付,以及线下自助取票机的使用,标准化程度很高;从各平台签约院线数来看,覆盖的院线品牌也相差无几,尤其是占主要市场份额的大型院线。影响用户首选与满意的因素,目前主要还是在于延续自平台级入口的使用习惯与补贴幅度。

20.3　本地生活服务类 O2O 发展问题

20.3.1　市场供需偏离

中国拥有世界上规模最大的网民群体,本地生活服务市场潜力巨大,但结构性供需不平衡的矛盾非常突出。区域、城乡经济发展水平差距是根本原因;针对市场发展本身,本地生活服务"只有想不到,没有做不到",但由于供给偏离需求,能长期存续的寥寥无几。主要表现在:

其一,供给方"一厢情愿"创造需求,如洗车 O2O 在大力补贴之下烧出车主首单,但洗车既不是高频需求,也无用户习惯可循,"互联网+"传统洗车未见任何效率提高;又如房产 O2O 与中介网站别无二致,卖房仍靠一线销售、买房全凭眼见为实。

其二,受限于技术或政策,供给不能满足需求,如医疗 O2O 呼声虽高,但在医疗资源匮乏和分配极不均衡的现实困境下,远未能解决患者最基本的求医问诊需求,健康护理方面的数据积累和挖掘也尚未开始。反观旅游 O2O 的成功,缘于居民消费水平提高、文化消费需求扩大和人民币升值,自由行产品、签证服务正中用户需求痛点;出行 O2O 的成功,在于用户正在为公共交通承载量饱和、个人出行受限而烦恼时,提供了唯一的、安全的、便捷的替代方式。

可见,现阶段本地生活服务最好的发展策略,应从市场现存需求切入,然后提供一种比传统的解决方案更加便捷、高效的选择。

20.3.2 本地生活服务标准化程度低，刚需市场空间小

标准化程度低，首先，表现在品类繁多，不同领域服务模式不同，例如餐饮 O2O 以体验式服务为重，出行 O2O 强调即时与便捷，酒店 O2O 的自助式服务是提高效率、提升用户体验的有效模式；其次，同一类服务在不同场景下用户需求也不同，如，用户在工作时叫外卖，餐食简单便宜、但时效需求强，而在家庭聚会时，服务质量、餐食品质需求更高，故而餐饮外卖服务市场中有饿了么，还有 Hi 捞送，甚至衍生出私厨上门服务。标准化程度低，对流量的规模需求相对较小，但对质量要求高，故市场发展受技术、流量成本限制大，规模化门槛高。

在刚需市场中，留给本地生活服务 O2O 的发展空间有限。例如，餐饮团购市场规模增速快，重要原因在于餐饮是用户生活必需品，但 2015 年餐饮市场整体规模超过 2.8 万亿元，线上化率不足 5%，发展潜力固然存在，然而大型餐饮连锁、中高端餐饮网络化正在逐步完善，中低端餐饮对 O2O 模式需求低、成本高，所以线上餐饮市场规模发展空间有限；又如，医疗、教育、水电气，互联网可以从生产环节提高市场效率，但依靠 O2O 模式的用户端服务，很难触及产业核心。而对非刚需市场来说，在营销精准度仍需提高的现状下，尽管补贴可以实现短期内换取流量，但用户黏性的形成与消费习惯的改变却非朝夕。

20.3.3 平台服务同质化，"信息渠道"创新不足

餐饮团购、外卖服务平台的同质化竞争最为突出：第一，一二线城市商户重合度高，尽管"独家协议"已成为常见手段，但对商户利益存在损害，故平台间产品差异化并不显著，且随着竞争深入三、四、五线地区，对商户资源的争抢日益激烈，重合度势必会进一步提高。第二，UI 界面类似，无论是布局、配色、频道设置等，用户在使用上基本感受不到差异。第三，各平台在营销上，"口水战"、价格战仍是吸引流量的主要手段，访问内页推送规则也仅限于基于地理位置、搜索与购买历史等相对单一的维度。

根本上，本地生活服务类 O2O 模式通过向消费者提供了获取线下信息的新渠道，从而改变了消费行为路径。例如，餐饮 O2O，改变的是以往商户用"广而告之"式的电视广告、"酒香不怕巷子深"式的口耳相传，而今注重"网友热评"、"折扣最高"的互联网展示，到店出示团购券、闪惠/扫码买单已作为必要环节，嵌入消费者的行为链；本地交通出行服务更是如此，将传统出行的痛点——没有即时、目的地信息传达渠道的问题完全解决。所以，本地生活服务的竞争焦点，理应聚焦于"信息渠道"的变革与创新，而不是对建立竞争壁垒没有长期助益的补贴。

20.3.4 数据价值挖掘不足，二次营销效果不佳

与传统网络购物不同，O2O 服务的重点是线下，所以线下消费行为数据的收集对实现 O2O 营销至关重要。但从效果来看，差强人意。

其一，平台服务商的到店消费前被动推送策略落后。基本采用关键字搜索排名，提供的搜索服务相对标准化，筛选条件包括地理位置、服务分类、销量、发布时间等，但是本地生活服务标准化程度低导致用户的搜索需求非常复杂，甚至不同场景下对相同服务的需求痛点

都不一样。例如，基于地理位置的服务搜索，有时并非发生在用户当下所处地点，当需要在非实时位置搜索周边服务并按照距离排序时，搜索体验很差。

其二，数据不全面、挖掘算法落后，主动推送效果差。一方面，消费决策受多方面因素影响，致使用户的访问行为链条长且复杂，但由于平台间数据壁垒的存在，很难获得用户的全部访问行为数据；另一方面，也是更重要的，在于线下数据收集困难、分析挖掘技术不成熟，导致到店消费行为数据与线上数据仍存在严重割裂，目前在线数据维度有限、个性化算法全凭统计概率，而传统店面对到店消费后的用户行为数据收集意识很差，尽管如 Beacon、人脸识别、热图、VR 技术已经发展成熟，但应用非常少。O2O 不仅是将运营活动向线上转移，更重要的是将互联网思维与互联网技术应用于线下，深入实践供给侧的变革。

（中国互联网络信息中心　高　爽）

第 21 章　2015 年中国网络新媒体发展报告

21.1　发展概况

新兴媒体通常是指相对于传统媒体而言的具有一些新特点的媒体形态。这些新特点主要包括：在技术层面上，利用数字技术、网络技术、移动技术等新技术手段；在内容生产上，发挥即时和交互的优势，使公众同时成为信息的接收者和生产者；在传播渠道上，超越传统媒体的单一传播平台，将音视频技术融合使用，通过各种终端向用户提供信息和服务等。事实上，具备上述特点的新兴媒体的范围很广，既包括传统媒体经营的"新媒体"，也包括自发形成的"新媒体"。目前影响较大的概括起来主要有三类：一是传统媒体开设的社交媒体账号，比如，微博、微信、微博账号、微信公众账号等。二是传统媒体开设的移动新闻客户端，包括手机、平板电脑在内的移动智能终端，它们凭借随时随地可用、移动便携性等优势逐渐成为重要的大众传播媒介。三是媒体从业人员开设的自媒体及具有媒体属性的"大 V"账号。[1]

2015 年，我国网络新媒体发展迅速。据 CNNIC 调查显示，2015 年中国网络新闻用户规模达到 5.644 亿人，网民使用率为 82%，其中手机网络新闻用户规模达 4.8165 亿人，网民使用率为 77.7%。据《中国互联网站展状况及其安全报告（2016）》显示，全国提供新闻、教育等专业互联网信息服务的网站达到 2.3 万余个。从新媒体用户规模上来看，截至 2015 年 12 月，我国网络新闻用户规模为 5.64 亿，较 2014 年年底增加 4546 万，增长率为 8.8%。网民中的使用率为 82%，比 2014 年年底增长了 2 个百分点。其中，手机网络新闻用户规模为 4.82 亿，与 2014 年年底相比增长了 6626 万人，增长率为 16%，网民使用率为 77.7%，相比 2014 年年底增长了 3.1 个百分点。从年龄分布来看，新媒体用户中近一半集中于 80 后（26～35 岁），占比为 49.5%，年龄中位数为 29.9 岁，相较于整体网民年龄中位数 21.9 而言，新媒体用户平均年龄偏高，较为成熟。80 后、男性是网络新媒体用户主力军。从用户的媒介接触行为来看，艾瑞咨询统计发现，从 2011 年到 2015 年，中国人均日均使用数字媒体的时间从 1.78 小时增长到 3.08 小时，占比也从 35.8%上升到 50.4%（见图 21.1）。

---

[1] 任贤良. 导向一致　形新神定——关于传统媒体和新兴媒体统筹管理的思考[J]. 红旗文稿，2015（20）.

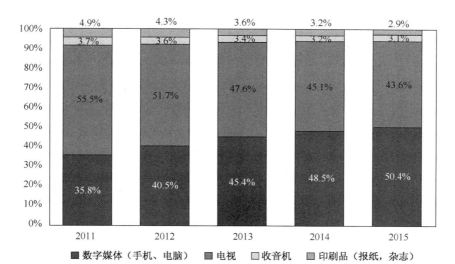

注释：1.使用各媒体事件仅统计18岁以上人群；2.同时接触两种媒介时，如同时看电视用电脑一小时，统计数据时记为一小时数字媒介及一小时电视；3.数字媒体包括平板电脑、笔记本等；4.电视、收音机及印刷品均为通过非数字媒体方式，如在电脑上阅读报纸记为使用数字媒体；5.由于取整，数据总和可能不足100%。
资料来源：eMarketer，2015.6。

© 2015.8 iResearch Inc.　　　　　　　　　　　　www.iresearch.com.cn
资料来源：艾瑞咨询。

图21.1　中国人均日均使用各主流媒介时间占比

21.2　发展特点

21.2.1　新媒体迁移特征明显

由企鹅智酷和清华大学新闻与传播学院新媒体研究中心联合发布的《众媒时代——新媒体发展趋势报告 2015》指出，网络新媒体的渠道由 PC 互联网向移动互联网迁移的特征明显，移动媒体端黏性进一步增强：46.8%的用户每天使用移动端的时长不低于 3 小时；54.9%的用户从移动新闻客户端获取新闻；17.7%的用户通过社交应用获取新闻（超过 PC 端新闻网站）；12%的用户通过视频应用获取新闻，直逼电视（13.5%）。

21.2.2　新媒体分化趋势升级

随着新媒体技术演进和应用形态的深入发展，网络新媒体逐渐呈现新的分化趋势：一是微信版图进一步扩张。腾讯公司发布的 2015 年微信报告称，截至 2015 年第一季度，微信每月活跃用户已达到 5.49 亿，用户覆盖 200 多个国家、超过 20 种语言。各品牌的微信公众账号总数已经超过 800 万个，移动应用对接数量超过 85000 个。二是微博"衰弱"趋势缓解，影响力有所回升。2015 年新浪微博发布的第三季度财报中显示，截至 2015 年 9 月 30 日，微博月活跃用户数（MAU）已经达到 2.12 亿人，较上年同期增长 48%，其中 9 月移动 MAU 在 MAU 总量中的占比为 85%；9 月的日均活跃用户数（DAU）达到 1 亿，较上年同期增长 30%。三是论坛、博客影响力进一步衰减。据国内免费网站数据查询网站 iwebchoice 统计，截至 2015 年 7 月，社区论坛类网站中，访问量最高的天涯社区日均覆盖数 UV 为 3730，也就是每百万人中只有 3730 人每天独立访问天涯社区，远远低于微博和微信的访问数量。

21.2.3　自媒体专业化特征明显

微传播进一步崛起，以个人账号和聚合性新闻 APP 为代表的自媒体，爆发出强劲的传播力。艾瑞咨询发布的《2015 年微信公众号媒体价值研究报告》显示：公众号用户占据到整体微信用户的 79.3%，用户在微信及其公众号上的花费的时间越来越长；《众媒时代——新媒体发展趋势报告 2015》显示，2015 年微信公众号活跃订阅号已接近 200 万个，其中原创认证号超过 4 万家。随着微信公众号影响力的增强，越来越多的公众号开始向专业化转型，通过差异化定位、吸引专业媒体人才、打造交易链条和盈利模式等多种途径，提升专业化程度。

21.2.4　新媒体同质化困境显现

新媒体同质化的困境表现在多方面：一是应用类型的同质化。无论是新闻应用、聊天应用，还是社会化网络应用，一款 APP 爆红之后，大量模仿应用随之而来，同质化竞争十分严峻。二是内容的同质化。内容是网络新媒体的核心竞争力，受新媒体生产专业化程度不高、内容多来源于传统媒体、竞争激烈日趋激烈等因素影响，网络新媒体内容的同质化倾向日趋明显，部分微信公众号、新闻客户端同质化困境开始显现。

21.3　用户行为

21.3.1　新媒体用户付费意愿相对较高

艾瑞调研数据显示，30.3%的新媒体用户愿意为视频或文字内容付费。结合移动网民付费的网络服务类型来看，30.3%的用户愿意为视频或文字内容付费处于付费意愿较高的档次。

21.3.2　用户倾向按次和包月方式，且付费金额不高

艾瑞调研数据显示：①从付费方式来看，49.2%的新媒体用户倾向于包月付费的形式，46.0%的用户倾向按次付费的形式，24.9%的用户倾向包年付费的方式。②从付费金额来看，愿意包月付费的用户中有 86.9%的用户接受小于 20 元/月的费用；愿意按次付费的用户中有 85.3%的用户接受小于 10 元/次的费用；愿意包年付费的用户中有 57.9%的用户接受 150 元/年的费用。可见，新媒体用户倾向按次和包月的付费方式，并且一次性支付金额不高。

21.3.3   电影、小说和教育类用户付费意愿最高

艾瑞调研数据显示，新媒体用户愿意付费视频/文字类型 TOP5 分别为：电影（占比为 53.4%）、小说（占比为 31.0%）、教育类（占比为 28.2%）、电视剧（占比为 26.8%）、演唱会（占比为 26.2%）。

21.4   门户新媒体

21.4.1   新闻门户

艾瑞咨询数据显示，截至 2015 年 12 月，新闻门户网站日均覆盖人数达 5509.7 万人。其中，中青网日均覆盖人数达 986 万人，网民到达率达 3.9%，位居第一；光明网日均覆盖人数达 848 万人，网民到达率达 3.4%，位居第二；环球网日均覆盖人数达 658 万人，网民到达率达 2.6%，位居第三（见表 21.1）。

表 21.1   2015 年 12 月新闻门户网站日均覆盖人数排名

排名	网　站	日均覆盖人数 万人	日均网民到达率 %	排名变化
1	中青网	986	3.9%	→
2	光明网	848	3.4%	→
3	环球网	658	2.6%	↑
4	北青网	648	2.6%	→
5	中国广播网	535	2.1%	↑
6	中国网	511	2.0%	↓
7	参考消息	476	1.9%	↑
8	新华网	467	1.8%	↓
9H	人民网	421	1.7%	↓
10	海外网	415	1.6%	↓

注：日均网民到达率=该网站日均覆盖人数/所有网站总日均覆盖人数

Source：iUserTracker.家庭办公版2015.12，基于对40万名家庭及办公（不含公共上网地点）样本网络行为的长期监测数据获得。

© 2016.1 iResearch Inc.   www.iresearch.com.cn

艾瑞 iUserTracker 最新数据显示，2015 年 12 月，新闻门户有效浏览时间达 1.1 亿小时。其中，环球网有效浏览时间达 896 万小时，占总有效浏览时间的 7.9%，位居第一；光明网有效浏览时间达 891 万小时，占总有效浏览时间的 7.9%，位居第二；中青网有效浏览时间达 857 万小时，占总有效浏览时间的 7.6%，位居第三（见表 21.2）。

表 21.2 2015 年 12 月新闻门户网站有效浏览时间排名

排名	网 站	月度有效浏览时间	月度有效浏览时间比例	排名变化
		万小时	%	
1	环球网	896	7.9%	↑
2	光明网	891	7.9%	↑
3	中青网	857	7.6%	↓
4	东方网	757	6.7%	↓
5	中国广播网	693	6.1%	↑
6	海外网	652	5.8%	↑
7	人民网	620	5.5%	↓
8	参考消息	594	5.2%	↓
9	北青网	498	4.4%	→
10	联合早报网	491	4.3%	→

注：月度有效浏览时间比例=该网站月度有效浏览时间/该类别所有网站总月度有效浏览时间

Source：iUserTracker.家庭办公版2015.12，基于对40万名家庭及办公（不含公共上网地点）样本网络行为的长期监测数据获得。

© 2016.1 iResearch Inc.　　　　　　　　　　　　　　　　www.iresearch.com.cn

21.4.2 视频门户

第 37 次中国互联网络发展情况统计报告显示，截至 2015 年 12 月，中国网络视频用户规模达 5.04 亿，较 2014 年年底增长了 7093 万，网络视频用户使用率为 73.2%，较 2014 年年底增长了 6.5 个百分点。其中，手机视频用户规模为 4.05 亿，与 2014 年年底相比增长了 9228 万，增长率为 29.5%。手机网络视频使用率为 65.4%，相比 2014 年年底增长 9.2 个百分点（见图 21.2）。

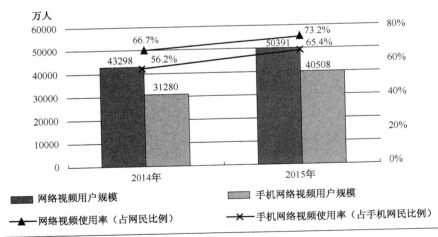

资料来源：CNNIC 中国互联网络发展状况统计调查。

图21.2 2014—2015年网络视频/手机网络视频用户规模及使用率

2015 年，网络视频行业依旧未能摆脱对资本和流量的诉求，马太效应愈发凸显，爱奇艺、优酷土豆、腾讯视频三强领跑的局面基本确立，与其他视频网站之间的差距逐渐拉开。整体来看，2015 年网络视频行业的发展主要呈现以下两个特点：

其一，各大视频网站的用户付费业务明显增长，收入结构更加健康。随着网络视频用户基数的不断增长，国家相关部门对盗版盗链打击力度的增强，在线支付尤其是移动支付的普及，再加上知识产权（Intellectual Property，IP）大剧的推动，用户付费市场从以前的量变积累转化到质变阶段。主要视频网站在 2015 年新增的付费用户数超过之前的积累，用户付费收入在整体收入中的占比增大，预计未来会成为视频网站重要的收入来源。

其二，大型视频网站纷纷加强生态布局，构建视频产业生态圈。在硬件设备上，视频网站涉足手机、电视、盒子等视频收看硬件设备制造及 VR（虚拟现实）设备的开发，抢占硬件入口。在营销模式上，试水"视频电商"，实现边看边购，同时上线商城业务，给用户带来一站式的购物体验，挖掘视频的电商价值和内容衍生价值。在产业布局上，一方面成立影视公司，进军互联网电影产业，向上游内容制作产业链延伸；另一方面加大对网络剧的开发，以优质内容为基础，与泛娱乐产业链上的文学、游戏、动漫各板块深度联动，将优质内容变现，在大的文化娱乐平台上互相打通推广，发挥内容的最大价值。

21.5　社交新媒体

随着移动互联网的发展，社交应用也进入新的阶段，借助 LBS、兴趣、通讯录等功能，以解决用户沟通、分享、服务、娱乐等为立足点，满足用户不同场景下的需求。根据 CNNIC 对当前社交应用市场的分析，国内的社交应用市场主要分为两大类：一类是各类信息汇聚的综合社交类应用，如 QQ 空间、微博等；另一类是相对细分、专业、小众的垂直类社交应用，如图片/视频社交、社区社交、婚恋/交友社交、匿名社交、职场社交等。

在综合社交领域，典型应用主要有 QQ 空间、微博，网民使用率分别为 65.1%、33.5%（见图 21.3）。其中 QQ 空间主要满足用户对个人关系链信息的需求，凭借良好的用户基础，在基于大数据的关系营销方面做了诸多有益的探索；微博则主要满足用户对兴趣信息的需求，是用户获取和分享"新闻热点"、"兴趣内容"、"专业知识"、"舆论导向"的重要平台。同时，微博在帮助用户基于共同兴趣拓展社交关系方面也起到了积极的作用。过去一年里，微博通过坚持去中心化战略，扶植各垂直行业自媒体，刺激原创内容产生，以优质内容吸引和维持用户的活跃，用户规模稳步增长，内容平台价值得到进一步提升。

对垂直社交应用而言，不同领域的社交应用在用户属性与行为、商业模式、信息类别、使用场景上均呈现各自不同的特点。目前国内用户对社交应用的使用深度还远远不够，未来垂直类社交应用会得到进一步发展。

在移动互联网时代，借助于大数据和移动社交技术，社交应用呈现显著的移动化、本地化特征，是很好的商业导流入口。目前，电商、游戏、视频，甚至在线教育、互联网金融领域也都纷纷引入社交元素，带动用户规模，提升用户黏性，社交应用在我国的发展前景向好。

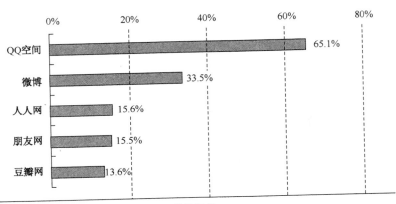

资料来源：CNNIC 中国互联网络发展状况统计调查。

图21.3　2015年12月典型社交应用使用率

21.5.1　微博

1．总体情况

据新浪微博数据中心发布的《2015 年微博用户发展报告》，截至 2015 年 9 月，微博月活跃人数已经达到 2.22 亿，较 2014 年同期增长 33%；日活跃用户达到 1 亿，较 2014 年同期增长 30%。随着微博平台功能的不断完善，微博用户群逐渐稳定并保持持续增长。微博活跃用户中，性别比例相对均衡，拥有大学以上高等学历的用户是微博的主力用户，占比高达 76%。从年龄分布来看，17～33 岁年龄段是微博的主力人群；从性别比例上看，17～24 岁年龄段的女性微博使用率最高，24 岁后年龄段的男性用户占比相对较高。从用户偏好上来看，娱乐明星、搞笑幽默是微博用户主流爱好。

2．微博收入情况

新浪微博第四季度及全年财务报告显示，第四季度微博营收 1.49 亿美元，同比增长 42%，广告收入 1.295 亿美元，同比增长 47%。微博也连续第五个季度实现盈利，当季利润 3290 万美元，比 2014 年同期增长 251%。2015 年全年，微博总营收 4.779 亿美元，同比增长 43%，总利润也达到 6880 万美元。

21.5.2　微信公众号

1．总体情况

腾讯 2016 年微信业绩报告显示：微信覆盖 90%以上的智能手机，成为人们生活不可或缺的日常工具。

2．用户分析

据"2015 年 12 月微信公众号移动端在线调查"数据显示，微信公众号用户近八成为活跃用户，平均每天使用 1.5 次；访问时长中，超过半数以上的用户为深度使用用户，平均每天访问浏览 25.6 分钟。"工作间隙/休息时间"是用户浏览微信公众号的主要时段，占比达 77.3%；其次是"晚饭后"和"睡前"。据此次调研数据显示，用户对于微信公众号的推荐和内容的转发率达到 98%以上，推荐和转发时用户最为看重"内容实用性"，另外"优惠信息"

是否多，内容是否"观点新颖"也成为重要原因。97.4%的用户有过取消关注公众号的行为，主要原因集中在内容不实用、没有自己的观点和专业性不够。

21.5.3　新闻客户端

易观智库产业数据库发布的《中国移动新闻资讯 APP 市场专题研究报告 2015》显示，移动新闻资讯 APP 作为第四大移动应用，用户渗透率达到 41.4%，仅次于浏览器 APP，已成为满足用户信息需求的移动互联网信息最主要入口。其中，一线城市移动新闻资讯 APP 人均安装数量为 1.85 个，高于其他级别城市和农村市场。但各地区人均单日使用 APP 数量均在 1.11 个以下，说明 1～2 个移动新闻资讯 APP 可满足用户基本的移动端新闻信息需求（见图 21.4）。

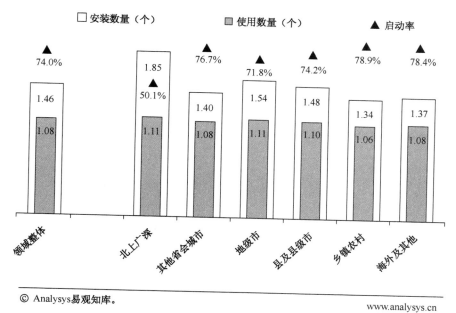

© Analysys易观知库。　　　　　　　　　　　www.analysys.cn

图21.4　平均每台设备移动新闻资讯APP安装数量及使用数量
（数据截至2015年4月）

易观智库产业数据显示：移动新闻资讯 APP 覆盖了社会主流人群，其中 25～40 岁用户占比为 70.3%，大专学历以上用户占 34.5%，远高于整体移动互联网用户中该属性用户比例。同时，移动新闻资讯 APP 用户在移动金融类、移动消费类、支付类 APP 的活跃程度明显高于以上类型 APP 整体用户水平，说明移动新闻资讯 APP 用户更具营销潜力。中国移动新闻资讯 APP 用户消费金融类 APP 使用情况如图 21.5 所示。

易观智库分析发现，媒体新闻客户端发展更成熟，聚合新闻客户端技术有优势。媒体新闻类客户端（包括传统媒体与互联网媒体为运营主体的媒体新闻客户端，以凤凰新闻、搜狐新闻、腾讯新闻、新浪新闻、网易新闻等为例）和聚合信息类客户端（技术公司、商业公司利用技术聚合其他媒体资讯内容，以百度新闻、Flipboard 中国版、今日头条、一点资讯、ZAKER 等为例）两类移动新闻资讯 APP 研究发现，媒体新闻客户端相对用户规模更大，用户覆盖面广，被不同年龄、不同教育背景、不同区域的用户广泛接受，发展更为成熟；聚合信息客户端用户在低线级城市、中低学历人群中覆盖率有待发展。但聚合类信息客户端凭借其优秀算法技术，在人均单日启动次数、人均单日启动时长等数据指标上明显优于媒体新闻客户端（见图 21.6 和图 21.7）。

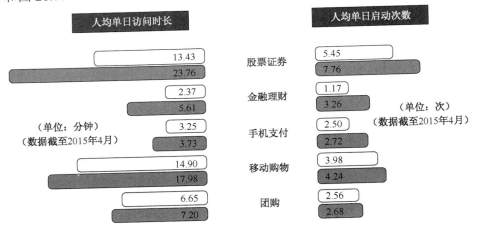

图21.5　中国移动新闻资讯APP用户消费金融类APP使用情况

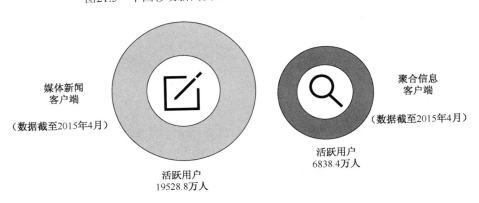

数据说明：媒体新闻客户端包括东网港淳、凤凰新闻、人民新闻、人民日报、控制新闻、腾讯新闻、网易新闻、新浪新闻、央视新闻、ZOL中关村在线等。聚合信息客户端包括360新闻、百度新闻、冲浪快讯。抽屉新热榜、Flipboard中国版、今日头条、鲜果、一点资讯、ZAKER等。

© Analysys易观智库。　　　　　　　　　　　　　　www.analysys.cn

图21.6　媒体新闻客户端与聚合信息客户端月均活跃用户数量

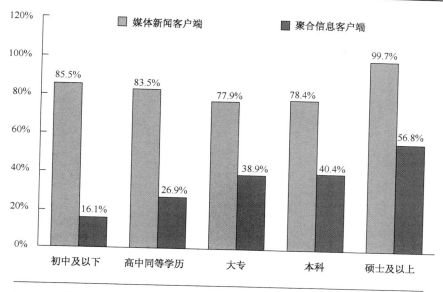

www.analysys.cn

图21.7 不同学历移动新闻资讯用户行业渗透率情况

（数据截至2015年4月）

从行业格局来看，目前中国移动新闻资讯 APP 市场的第一阵营已经成型，腾讯新闻、搜狐新闻、今日头条、网易新闻和凤凰新闻分列行业活跃用户规模的前五位。其中，腾讯新闻在微信、QQ 等社交平台的助力下，用户活跃程度高，其活跃用户数量占中国移动新闻资讯 APP 市场第一位；搜狐新闻凭借较早的渠道布局，用户基数较大，活跃用户表现也依然抢眼；今日头条凭借技术算法的差异优势定位，获得大量用户认可；网易新闻用户互动性强，用户忠诚度较高；凤凰新闻则依靠拥有凤凰网、凤凰卫视、凤凰周刊等全媒体优质内容资源优势，以独家特色内容吸引用户使用，在 2015 年 4 月实现了 39.3%的高速增长，是 TOP5 移动新闻资讯 APP 中增长率最大的应用。"优质内容+优秀算法"的作用，在用户黏性上体现无疑。截至 2015 年 4 月，TOP5 中国移动新闻资讯 APP 人均单日访问时长如图 21.8 所示，TOP5 中国移动新闻资讯 APP 人均单日启动次数如图 21.9 所示。

易观智库预测，未来移动新闻资讯 APP 市场将呈现五大发展趋势。

1. 移动化、垂直化、碎片化带来移动应用发展机遇

移动端成为用户主要接触媒介，媒体外延不断拓展，小而精的媒体移动应用满足用户垂直化、碎片化的信息资讯需求，更易获取、积累用户，是进行商业化发展的良好根基。

2. 大数据技术带来高效的新闻信息传播方式

相对于传统媒体，移动互联网媒体在用户数据采集上有天然优势，未来通过大数据与信息技术，移动新闻资讯厂商可以实现更精准的定向内容推送以及更高效的内容采编生产。

3. 智能可穿戴设备拓展用户资讯接收渠道

用户接收信息的屏幕不断增加，可触及用户的渠道不断拓展，未来移动新闻资讯 APP 可通过技术创新，并结合不同智能可穿戴设备的使用场景和屏幕大小等，为用户提供适宜、丰富、及时的资讯信息。

（单位：分钟）

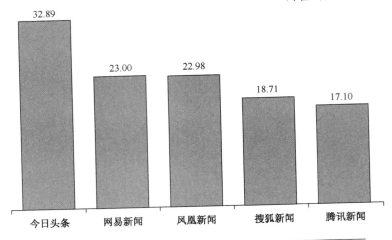

图21.8　TOP5中国移动新闻资讯APP人均单日访问时长

（数据截至2015年4月）

（单位：次）

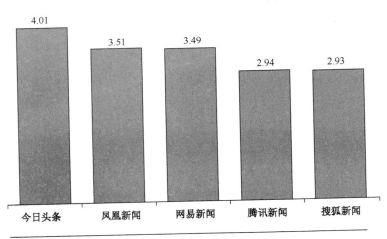

图21.9　TOP5中国移动新闻资讯APP人均单日启动次数

（数据截至2015年4月）

4. 同质化威胁，优质内容成为未来竞争关键

移动新闻资讯市场由于传统媒体、互联网巨头强势发力，竞争已然激烈，由于内容是吸引用户的核心竞争力，而新闻资讯应用比较容易形成同质化，在此背景下，优质内容的提供成为厂商今后发力的重点。

5. 内容营销助力商业化加速

移动新闻资讯 APP 具有媒体的权威性，是品牌输出信息的重要且高效的传播渠道，而媒体积累的内容生产能力可以帮助品牌推出更易于该平台受众接收的推广内容。原生营销作为内容营销的更高层级，以用户为中心展开营销活动，基于大数据研究，深入挖掘用户需求与偏好，创造出与用户生活紧密相关的品牌宣传内容，建立用户与品牌之间的情感共鸣，将给品牌主带来品质与效果兼具的营销结果。

（国家计算机网络应急技术处理协调中心　程晶晶、葛自发）

第 22 章　　2015 年中国网络广告发展状况

22.1　发展概况

2015 年，中国网络广告市场继续深入发展。从行业政策看，年初"史上最严"新广告法出台，对广告宣传用语等方面制定了诸多规范，对广告内容与表现形式提出了更高要求。从行业发展趋势看，核心广告主在削减广告支出的同时，更加注重营销效果和价值的最大化，在行业发展进程的推动下，网络广告行业整合加速，并购事件频发。从媒体终端看，移动端渗透不断加深，主要媒体移动端收入占比不断提升，移动端价值凸显。从内容市场看，综艺节目、电视剧及网络自制剧等优质资源的挖掘和掌握，成为各家视频网站争夺的重点。从广告形式看，原生广告、内容营销及创新互动营销等，更加获得广告主青睐。从媒体融合看，微博助力的台网联动、微信与电视节目的互动不断演进。

1.　新广告法出台，积极规范网络广告业

2015 年 4 月 24 日，十二届全国人大常委会第十四次会议表决通过了新修订的广告法，新广告法 9 月 1 日全面实施。新广告法的颁布，引起广告行业与媒体行业的强烈关注。本次新广告法充实和细化了广告内容准则；明确虚假广告的定义和典型形态；对互联网广告有了系列新规定；强化了对大众传播媒介广告发布行为的监管力度，一系列的禁止条款与处罚规定将促进网络营销的健康发展，也或将对网络广告及中国广告市场产生结构性影响。

2.　移动网络营销市场扩大，更加重视原生广告

2015 年，从用户流量和营收情况来看，各主要网络媒体的移动端货币化能力不断提升，网络营销的发展重心进一步向移动端转移，移动广告已经成为主要企业广告营收中的重要组成部分。随着移动互联网及广告技术的发展，互联网企业纷纷布局移动营销，大力发展自有原生广告。以信息流广告为代表的原生广告，因用户体验相对较好，成为众多移动平台的发力重点，广告应用范围、广告体验、互动性、玩法等均有显著提升。

3.　强 IP 价值凸显，全媒体营销与跨界合作继续演进

2015 年，在内容资源作用日益凸显的影响下，对于优质资源的挖掘和掌握，也成为各家视频网站争夺的重点。2015 年内容领域 IP 风潮火爆，而 IP 作为天然的粉丝追逐对象，因其能够赢取更多用户的注意力，获得广告主的青睐，IP 尤其是热门 IP 成为整个广告营销业的争抢目标。同时，以 IP 资源为中心的整合营销形式更加完善，互联网和传统媒介、内容和营销的边界逐步模糊。电视电台、户外媒体与互联网、移动社交媒体的相互结合，从而多点触达用户。除了传统广告主多渠道布局投放广告外，大批互联网公司也开始纷纷投放电视广告，广告预算开始跟着用户走，全媒体融合进度不断加深。

4．创新营销产品推动广告投放效率、效果提升

在网络营销广告产品方面，多样的创新营销产品和多渠道的跨界营销帮助广告主更好地了解消费者，推动网络广告向"品效合一"不断前进。主要互联网企业继续优化自身的大数据营销平台，社交、视频等领域根据自身特质也推出了多种玩法升级的创新营销产品，多维度挖掘营销价值，优化广告效果。创新成为网络广告、尤其是移动广告的主要特征。无论是BAT 等巨头企业，还是社交、视频等细分领域企业，创新营销理念与新商业模式的探索均不断深入。

5．营销效果和价值备受重视、DSP（Demand-Side Platform）受资本青睐

2015 年，广告巨头在削减广告开支的同时，更加注重营销的效果和价值，除了在整体预算中继续提高数字预算的占比外，持续关注大数据、程序化购买、跨屏营销等新营销技术，同时关注内容营销、原生广告等热门广告形式，在此基础上，加快跨屏整合营销的步伐，进行全网多触点营销，从而提升整体广告支出的效率。广告主对于精准营销的重视，也使程序化购买等技术得到大力发展，相关的广告技术公司受到资本追捧。

6．网络营销促使广告行业整合加速，并购事件频发

在行业发展进程的推动下，2015 年广告行业整合加速，并购事件频发。根据公开资料显示，2015 年年初，蓝标斥资近 1.2 亿美元批量入股璧合、晶赞、精硕科技和爱点击四家广告技术公司。2015 年 6 月以 2.89 亿美元收购 DomobLimited 100%的股权和多盟智胜网络技术（北京）有限公司 95%的股权；以 6120 万美元收购 MadhouseInc.51%的股权，同时以 1000万美元对亿动进行增资，蓝色光标将持有亿动 54.77%的股权。2015 年 1 月 13 日，阿里巴巴集团以现金 3 亿美元+资源的方式控股易传媒。2015 年 5 月 6 日，利欧股份宣布以 29.12 亿元收购万圣伟业和微创时代 100%股权。2015 年 10 月 12 日，华谊嘉信出资 5.87 亿元收购好耶上海 100%股权。通过收购好耶上海，华谊嘉信将增加数字品牌整合营销、效果营销及网络营销增值服务板块。

22.2　市场概况

22.2.1　网络广告发展概况

据艾瑞咨询统计数据，中国网络广告市场规模达到 2093.7 亿元，同比增长 36.0%，较 2014年增速有所放缓，但仍保持高位。随着网络广告市场发展不断成熟，未来几年的增速将趋于平稳，预计至 2018 年整体规模有望突破 4000 亿元（见图 22.1）。

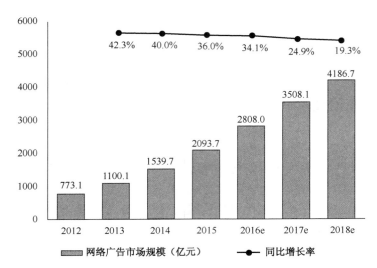

注释：1.互联网广告市场规模按照媒体收入作为统计依据，不包括渠道代理商收入；2.此次统计数据包含搜索联盟的联盟广告收入，也包含搜索联盟向其他媒体网站的广告分成。
资料来源：根据企业公开财报、行业访谈及艾瑞统计预测模型估算。

© 2016.3 iResearchInc.　　　　　　　　www.iresearch.com.cn

图22.1　2012—2018年中国网络广告市场规模及预测

2015 年中国经济整体呈现稳中趋缓的"新常态"。在此背景下，中国网络广告市场 2015 年已突破 2000 亿元，增速仍保持较高水平。由此可见，不同领域的结构变化、消费市场的大力发展、市场竞争的压力增大，以及消费者消费水平的不断提高等，都促进了市场营销及广告需求的增长。

2015 年，广告主预算继续向数字媒体倾斜，对网络广告的需求也更加多元，多方因素共同加速了网络广告市场规模的进一步发展。不同行业的网络广告在内容、表现形式、广告主结构上均呈现了差异化发展的趋势。

2015 年全年四个季度网络广告市场规模不断攀升，同比增速保持在 30%以上，发展态势良好。此外，受到广告主投放策略周期性影响，网络广告第一季度环比下降 22.5%，同比增长 38.3%。第二季度大幅回升，环比增长 29.6%，同比增长 37.1%。第三季度增速继续加快，环比增长 12.4%，同比增长 37.9%。第四季度市场规模达到 655.2 亿元，环比增长 17.4%，同比增长 32.5%（见图 22.2）。

22.2.2　移动广告发展概况

2015 年移动广告市场规模达到 901.3 亿元，同比增长率高达 178.3%，发展势头十分强劲。移动广告的整体市场增速远远高于网络广告市场增速。预计到 2018 年，中国移动广告市场规模将突破 3000 亿元（见图 22.3）。移动互联网的高速发展为移动广告的发展提供了巨大的空间，移动广告市场经过几年的竞争后，逐渐进入了新的发展阶段，针对垂直行业的移动广告平台在各自领域逐渐形成规模化经营，移动广告产品的创新和成熟进一步吸引广告主向移动广告市场倾斜。移动程序化营销、场景营销、泛娱乐营销、自媒体社群营销成为未来几年移动营销发展的趋势。

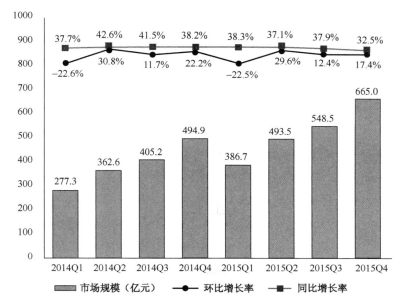

注释：1.网络广告市场规模按照媒体收入作为统计依据，不包括渠道代理商收入；2.此次统计数据包含搜索联盟的联盟广告收入，也包含搜索联盟向其他媒体网站的广告分成。
资料来源：根据企业公开财报、行业访谈及艾瑞统计预测模型估算。

© 2016.3 iResearchInc.　　　　　　　　www.iresearch.com.cn

图22.2　2014Q1—2015Q4中国网络广告市场规模

注释：从2014年第四季度数据发布开始，不再统计移动营销的市场规模，移动广告的市场规模包括移动展示广告（含视频贴片广告，移动应用内广告等）、搜索广告、社交信息流广告等移动广告形式，统计终端包括手机和平板电脑。短彩信、手机报等营销形式不包括在移动广告市场规模内。
资料来源：根据企业公开财报、行业访谈及艾瑞统计预测模型估算，仅供参考。

© 2016.3 iResearch Inc.　　　　　　　　www.iresearch.com.cn

图22.3　2012—2018年中国移动广告市场规模及预测

　　2015 年，移动广告市场各季度未受传统广告策略的影响，均保持了环比的增长。与 2014 年相比，全年四个季度同比增长均超过 100%。2015 年第三季度，移动广告收入同比增长达到 203%，为全年峰值。2015 年第四季度，移动广告市场规模达到 311.7 亿元，达到新的高度。2015 年移动广告增长是各大互联网巨头大力拓展移动端市场的结果，根据艾瑞最新数据显示，未来几年移动广告在整体互联网广告中的占比将持续增大，预计 2018 年该占比将接近 80%。未来移动广告市场还将保持高速增长（见图 22.4 和图 22.5）。

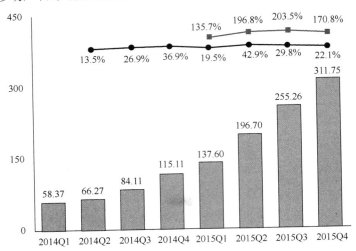

注释：从2014年第四季度数据发布开始，不再统计移动营销的市场规模，移动广告的市场规模包括移动展示广告（含视频贴片广告，移动应用内广告等）、搜索广告、社交信息流广告等移动广告形式，统计终端包括手机和平板电脑。短彩信、手机报等营销形式不包括在移动广告市场规模内。
资料来源：根据企业公开财报、行业访谈及艾瑞统计预测模型估算，仅供参考。

© 2016.3 iResearch Inc.　　　　　　　　www.iresearch.com.cn

图22.4　2014Q1—2015Q4中国移动广告市场规模

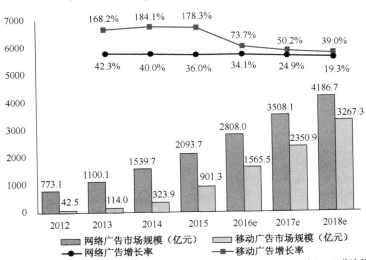

注释：1.网络广告市场规模按照媒体收入作为统计依据，不包括渠道代理商收入；2.此次统计数据包含搜索联盟的联盟广告收入，也包含搜索联盟向其他媒体网站的广告分成。3.网络广告与移动广告有部分重合，重合部分为门户、搜索、视频等媒体的移动广告部分。
资料来源：根据企业公开财报、行业访谈及艾瑞统计预测模型估算。

© 2016.3 iResearch Inc.　　　　　　　　www.iresearch.com.cn

图22.5　2012—2018年中国网络广告和移动广告市场规模及预测

22.3　各类网络广告形式发展情况

22.3.1　各类网络广告形式概况

2015 年，搜索广告仍旧是份额占比最大的广告类型，占比为 32.6%，较 2014 年占比略有下降。电商广告份额排名第二，占比达 28.1%，比 2014 年增长 2 个百分点。品牌图形广告市场份额持续受到挤压，位居第三，占比为 15.4%。视频贴片广告份额继续增大，占比为 8.2%。其他广告形式份额增长迅速，占比达 8.7%，主要包括导航广告和门户社交媒体中的信息流广告等（见图 22.6）。

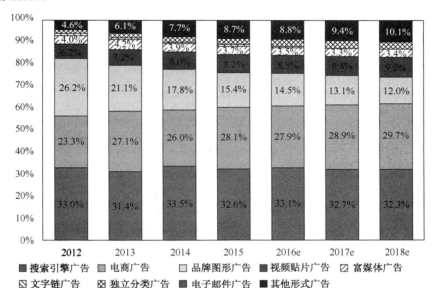

注释：1.搜索广告包括搜索关键字广告及联盟广告，搜索引擎广告>搜索广告>搜索关键词广告；
2.电商广告包括垂直搜索类广告以及展示类广告，例如淘宝、京东、去哪儿；3.独立分类广告从2014年开始核算，仅包括58同城、赶集网等分类网站的广告营收，不包括搜房等垂直网站的分类广告营收；4.其他形式广告包括导航和门户及社交媒体中的效果类广告。
资料来源：根据企业公开财报、行业访谈及艾瑞统计预测模型估算。

© 2016.3 iResearch Inc.　　　　　　　　　　www.iresearch.com.cn

图22.6　2012—2018年中国不同形式网络广告市场份额及预测

22.3.2　展示类广告

展示类广告包括品牌图形广告、视频贴片广告、富媒体广告、文字链广告。2015 年展示广告市场规模达到 585.9 亿元，同比增长 24.5%（见图 22.7）。展示类广告的持续增长主要受到广告技术发展的推动，更加精准、效果更好的广告形式为展示广告带来了较大的发展空间。此外，展示广告中视频贴片广告增长最快，也推动了展示广告在 2015 年实现增幅上升。

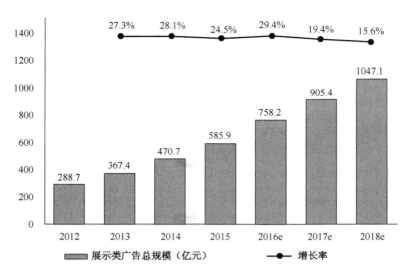

注释：1. 展示类广告包括品牌图形广告、富媒体广告、视频贴片广告、固定文字链广告等；
2. 网络广告统计口径包括各个网络媒体的广告营收，不包括渠道和代理收入。
资料来源：根据企业公开财报、行业访谈及艾瑞统计预测模型估算。

© 2016.3 iResearch Inc.   www.iresearch.com.cn

图22.7　2012—2018年中国网络广告市场展示类广告规模

展示类广告中，品牌图形广告占比依然最大，为 54.9%，但其占比逐渐降低，预计到2018 年，比重将降到 50%左右。视频贴片广告占比进一步提高，占比为 29.4%。视频贴片类广告受到快消类、汽车类等大品牌广告主的青睐，随着视频网站和 APP 用户流量进一步提升，视频贴片广告收入也将迅速增长，预计 2018 年将接近 40%的占比。随着移动端广告形式的不断创新，富媒体广告的份额也出现增长，预计到 2018 年将超过 13%（见图 22.8）。

2015 年，品牌图形广告市场规模达到 321.5 亿元，同比增长 17.2%，增速低于整体展示类广告。品牌图形广告作为最成熟的网络广告形式，增长速度逐渐放缓。

随着程序化购买产业链的快速发展，品牌图形广告市场未来还将有较多资源投入到程序化购买的资源池，依然会有较多广告主重视该部分广告的投放，而品牌图形广告的精准性和广告效果也将持续提升，整体品牌图形广告市场将保持平稳发展（见图 22.9）。

2015 年富媒体广告市场规模为 78.0 亿元，同比增长 31.5%（见图 22.10）。富媒体广告在广告表现方面较为丰富，创意性与互动性较强。富媒体广告目前在展示广告中体量较小，但较受汽车、快消类大品牌广告主的青睐。富媒体广告移动化趋势比较明显，尤其是 Html5、互动广告和 In-App 广告的发展，为移动端富媒体广告带来了契机。

2015 年视频贴片广告市场规模为 172.1 亿元，同比增长 39.7%，目前仍然处于快速增长阶段（见图 22.11）。与传统电视广告相比，视频贴片广告更加灵活、形式更加丰富，交互性更强。同时，随着在线视频网站自身用户规模的增加、内容质量的不断提高，视频贴片广告将受到越来越多品牌广告主的青睐。

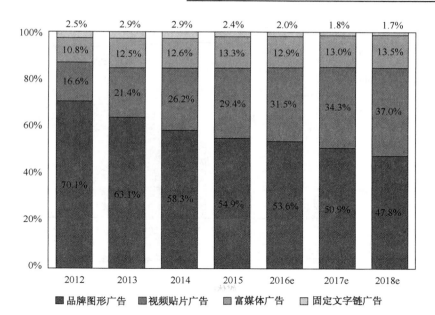

注释：展示类广告包括品牌图形广告、富媒体广告、视频贴片广告、固定文字链广告。
资料来源：根据企业公开财报、行业访谈及艾瑞统计预测模型估算。

　　　　　　　　　　　www.iresearch.com.cn

图22.8　2012—2018年中国网络广告市场展示类广告不同形式市场份额

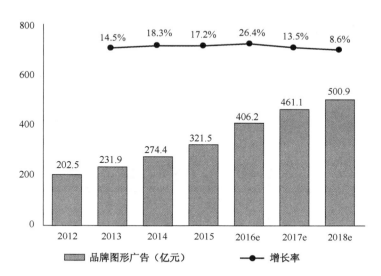

注释：网络广告统计口径包括各个网络媒体的广告营收，不包括渠道和代理商收入。
资料来源：根据企业公开财报，行业访谈及艾瑞统计预测模型估算。

　　　　　　　　　　　www.iresearch.com.cn

图22.9　2012—2018年中国网络广告市场展示类广告之品牌图形广告规模

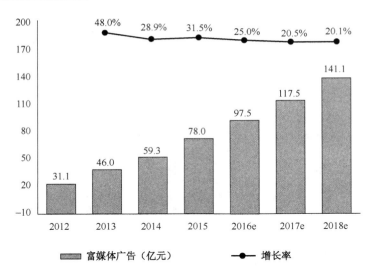

注释：网络广告统计口径包括各个网络媒体的广告营收，不包括渠道和代理商收入。
资料来源：根据企业公开财报、行业访谈及艾瑞统计预测模型估算。

© 2016.3 iResearch Inc.　　　　　　　　www.iresearch.com.cn

图22.10　2012—2018年中国网络广告市场展示类广告之富媒体广告规模

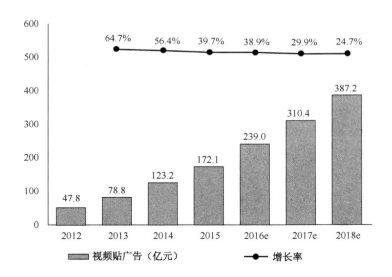

注释：网络广告统计口径包括各个网络媒体的广告营收，不包括渠道和代理商收入。
资料来源：根据企业公开财报、行业访谈及艾瑞统计预测模型估算。

© 2016.3 iResearch Inc.　　　　　　　　www.iresearch.com.cn

图22.11　2012—2018年中国网络广告市场展示类广告之视频贴片广告规模

22.4 不同形式网络媒体发展情况

22.4.1 不同形式网络媒体市场概况

2015 年搜索引擎是占据最大份额的媒体形式，占比达 33.7%。电商网站紧随其后，占比为 28.1%。未来几年，搜索引擎、电商网站及其他类型展示广告三分天下。门户网站（含旗下视频、微博、微信等）占比为 14.0%，较 2014 年份额亦有所增加。独立视频网站占比为 8.6%，随着视频网站变现能力的增强，预计到 2018 年独立视频网站广告份额将保持稳定发展。垂直行业网站占比为 8.0%，未来几年增速减缓（见图 22.12）。

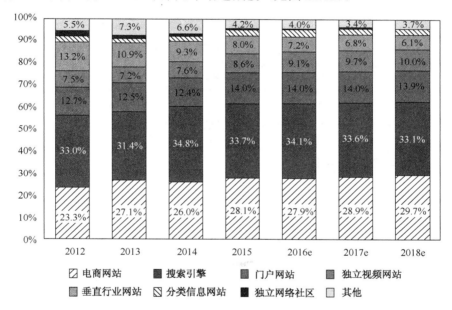

注释：1. 网络广告市场规模按照媒体收入作为统计依据，不包括渠道代理商收入；2. 此处搜索引擎收入包括关键词、展示广告收入与导航广告收入，不含网站合并进搜索引擎企业的其他广告收入。搜索引擎广告>搜索广告>搜索关键词广告；3. 独立视频网站不含门户网站的视频业务，独立网络社区不包含门户网站的社区业务；4. 其他包括导航网站、分类信息网站、部分垂直搜索、客户端、地方网站、游戏植入式广告等。
资料来源：根据企业公开财报、行业访谈及艾瑞统计预测模型估算。

© 2016.3 iResearch Inc.   www.iresearch.com.cn

图22.12　2012—2018年中国不同类型网络媒体市场份额及预测

22.4.2 搜索引擎网站广告规模

2015 年搜索引擎广告市场规模达到 706.2 亿元，同比增长达到 31.6%（见图 22.13）。2015 年移动搜索是搜索引擎广告的主要发展方向。2015 年，搜索引擎由信息服务向生态化平台的转型持续推进，推动了搜索广告实现新突破。

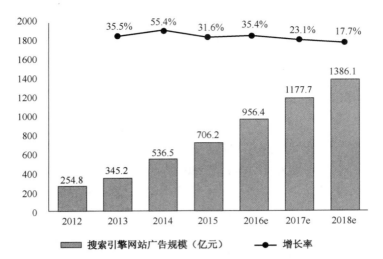

注释：搜索引擎广告业务收入为关键词广告收入、联盟展示广告收入及导航广告收入之和，搜索引擎广告>搜索广告>搜索关键词广告。
资料来源：根据企业公开财报、行业访谈及艾瑞统计预测模型估算。

© 2016.3 iResearch Inc.   www.iresearch.com.cn

图22.13　2012—2018年中国网络广告市场搜索引擎网站广告规模

22.4.3　门户网站广告规模

2015 年门户网站广告市场规模为 293.4 亿元，同比增长 51.2%，增幅上升明显（见图 22.14）。2015 年门户核心网站布局移动端较有成效，新闻客户端中的个性推荐与精准投放为门户网站带来更加灵活的广告形式，原生广告的不断创新为广告内容带来更多创意空间。除此之外，旗下的视频业务等的快速增长也为门户网站带来新增长点。同时，门户网站自身的功能性也更加突出，品牌差异化竞争加速了门户网站新的商业生态探索。

22.4.4　电商网站广告规模

2015 年电子商务（以网络购物为主）网站广告营收达到 588.1 亿元，同比增长 46.9%，增速较 2014 年有明显提升（见图 22.15）。电子商务网站（含 APP）广告规模的增长主要来自：①网络购物行业发展日益成熟，各品类发展相对完善，平台间和平台内竞争依旧激烈，电商广告主网络营销需求依然较大；②企业在积极发展跨境网购、下沉渠道发展农村电商，开拓新市场、拉动新客户等方面需要加大营销力度；③此外，2015 年阿里巴巴、京东等电商巨头纷纷涉足 O2O，将更多生活场景纳入电商领域。线上线下的互动为电商广告的发展提供了更好的机会，移动设备与电商广告的结合、线下体验式消费的不断深入，使电商广告形式更加丰富与多元，助力电商广告市场开拓新的增长点。

22.4.5　垂直行业网站广告规模

2015 年垂直行业网站广告规模为 167.0 亿元，同比增长 18.0%（见图 22.16）。垂直网站对于细分人群的广告效果更好，相对成本较低，因此受到广告主的青睐。汽车类、房产类、

IT 产品类、母婴类等网站发展态势良好，广告形式发展较为成熟，未来增速或将放缓。

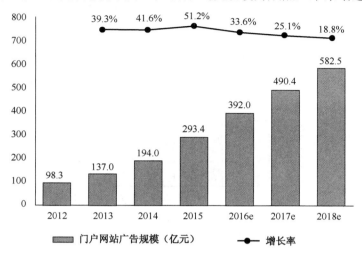

注释：门户网站包括几家综合门户网站以及隶属于该网站的其他相关网站，不包括门户
网站的搜索网站。
资料来源：根据企业公开财报、行业访谈及艾瑞统计预测模型估算。

© 2016.3 iResearch Inc.   www.iresearch.com.cn

图22.14   2012—2018年中国网络广告市场门户网站广告规模

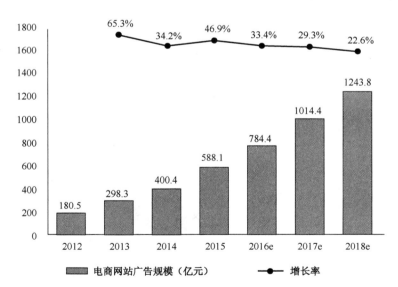

注释：电子商务网站包括C2C、B2C等网站。
资料来源：根据企业公开财报、行业访谈及艾瑞统计预测模型估算。

© 2016.3 iResearch Inc.   www.iresearch.com.cn

图22.15   2012—2018年中国网络广告市场电子商务网站广告规模

图22.16　2012—2018年中国网络广告市场垂直行业网络广告规模

22.4.6　独立视频网站广告规模

2015 年，独立视频网站网络广告规模达到 179.8 亿元，同比增速为 54.1%，增长明显（见图 22.17）。2015 年，独立视频网站发力热门 IP、创新广告形式与内容，围绕自身优势布局商

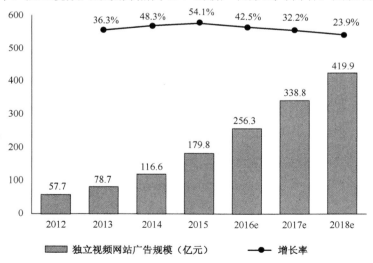

图22.17　2012—2018年中国网络广告市场独立视频网站广告规模

业生态，获得了更多广告主的认可。预计未来几年，独立视频网站将保持高于整体网络市场的增速发展。

22.4.7　独立社区网站广告规模

2015 年独立网络社区市场规模达为 19.4 亿元，同比下降 5.4%（见图 22.18）。目前 PC 端社交服务市场用户量逐年下降，独立社区网站更多定位于特定细分市场。同时，其他类型应用与社交属性的结合越发紧密，商业化拓展具有更丰富的场景，而独立社区网站在移动端的商业化目前还处于起步阶段。但在移动互联网的大趋势下，以移动端为主场景的社交产品将继续发展，个性化垂直 APP 的广告收入将在未来 2～3 年开始发展，市场广告收入乐观预计存在反弹的可能。

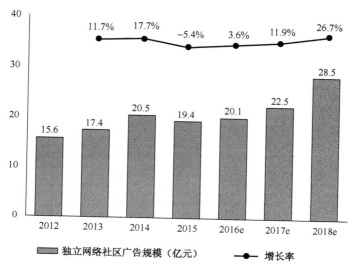

注释：独立网络社区包括社交网站、传统社区、博客等类型，不包括门户旗下的网络社区。
资料来源：根据企业公开财报、行业访谈及艾瑞统计预测模型估算。

图22.18　2012—2018年中国网络广告市场独立网络社区网站广告规模

22.5　核心企业分析

22.5.1　重点媒体增长性分析

2015 年网络广告市场核心企业中，百度、阿里巴巴、腾讯、搜狐、奇虎 360、腾讯视频、爱奇艺 PPS、去哪儿、58 同城、PPTV、乐视网、汽车之家都保持了与整体网络广告市场相当或以上的增速。

在企业营收增速方面：①58 同城 2015 年收购安居客及合并赶集网，2015 年第二季度财报开始计入安居客业绩，2015 年第三季度财报首次合并赶集业绩，成为当前中国分类信息网站的领先企业，2015 年广告收入同比增速超过 150%；②去哪儿网在移动端商业化逐步深入，广告营收明显增长；③腾讯广点通继续深耕用户数据与生活场景的结合，尤其在移动营销方面发展迅速，根据腾讯财报显示，2015 年移动营销收入占网络营销收入比例达 65%。此外，爱奇艺、乐视、腾讯视频、PPTV 等视频网站继续发力自制内容与创新营销，广告收入稳步增长（见图 22.19）。

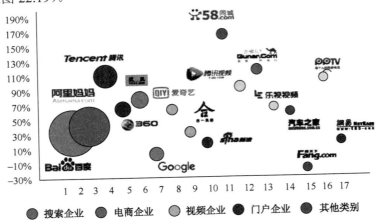

© 2016.3 iResearch Inc.　　　　　　　　　　www.iresearch.com.cn

图22.19　2015年中国网络广告市场典型企业同比增长率

22.5.2　重点媒体市场份额分析

2015 年，网络广告市场集中度继续向互联网巨头转移。百度占比为 31.7%，份额较 2014 年略有下降。淘宝占比较 2014 年略有上升，占比为 25.7%。腾讯占比较 2014 年上升明显，增长了近 3 个百分点。谷歌中国、新浪和网易占比继续下降。BAT 三家份额达到 65.7%，随着 BAT 积极进行各自商业生态布局，未来网络广告市场马太效应或将不断加深（见图 22.20）。

22.6　行业展示广告分析

2015 年展示类广告中，交通、房地产、食品饮料三大行业所占份额较大，占比分别为 20.4%、13.5%、12.0%。与 2014 年相比，食品饮料、房地产占比上升，增幅分别为 1.4%、0.2%；而交通类占比下降了 2 个百分点；近两年网络服务类与食品饮料类几近同步发展，但 2015 年网络服务类占比上升更快，增幅为 1.6%，占比为 12.0%。

TOP10 行业广告主中，增幅排名依次为网络服务类、食品饮料类、金融服务类、IT 产品类、房地产类，降幅明显的是交通类、通信服务类（见图 22.21）。艾瑞咨询分析认为，2015 年受移动互联网发展的驱动，网络服务及互联网金融服务行业发展迅速，品牌竞争加剧，网络服务类企业与金融服务类企业对网络营销的需求更高，认可度及预算均向网络营销产生倾斜。

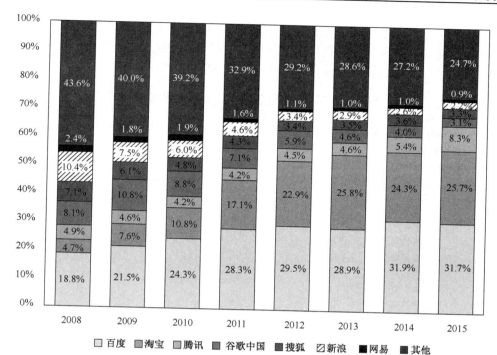

注释：1. 互联网广告市场规模按照媒体收入作为统计依据，不包括渠道代理商收入；2. 此统计数据包含搜索联盟的联盟广告收入，也包含搜索联盟向其他媒体网站的广告分成。
资料来源：根据企业公开财报、行业访谈及艾瑞统计预测模型估算。

www.iresearch.com.cn

图22.20　2008—2015年中国网络广告市场核心媒体广告收入结构

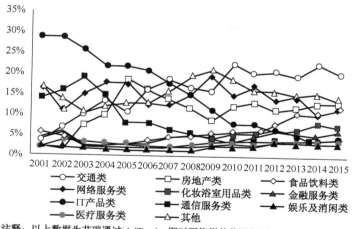

注释：以上数据为艾瑞通过iAdTracker即时网络媒体监测得到，历史数据可能产生波动，如有差异请以iAdTracker系数作为参考使用。艾瑞不为发布以上的数据承担法律责任。
资料来源：iAdTracker.2016年3月，基于对中国200多家主流网络媒体品牌图形广告投放的日监测数据统计不含文字链及部分定向类广告，费用为预估值。

www.iresearch.com.cn

图22.21　2001—2015年中国展示类广告行业广告主市场份额TOP10

2015 年展示类广告的行业广告主中，前五类投放规模总计占比达整体市场规模的 65.5%，主要集中在交通、房产、快消、网络服务等领域，投放集中度较强。其中，交通类广告主领先优势明显，占比达整体市场规模的 20.4%（见图 22.22）。

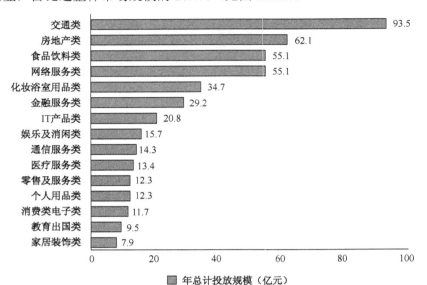

注释：以上数据为艾瑞通过iAdTracker即时网络媒体监测得到，历史数据可能产生波动，如有差异请以iAdTracker系数作为参考使用。艾瑞不为发布以上的数据承担法律责任。
资料来源：iAdTracker.2016年3月，基于对中国200多家主流网络媒体品牌图形广告投放的日监测数据统计不含文字链及部分定向类广告，费用为预估值。

© 2016.3 iResearch Inc.   www.iresearch.com.cn

图22.22 2015年中国展示类网络广告主要行业广告投放规模TOP15

22.6.1 交通类广告

2015 年交通类广告主投放规模为 93.5 亿元，同比增长 14.4%。从 2011 年以来，交通类展示广告投放规模增幅呈下降趋势，2014 年有所回升，2015 年增幅又回归到与 2013 年相近水平。2015 年汽车全生命消费周期得到更加全面的挖掘，市场规模和发展空间较大，中国交通类广告主对于网络营销的预算增加，需求更高（见图 22.23）。

汽车厂商投放占比高达 85.7%，较 2014 年上升了 2 个百分点；其次是机动车相关服务，占比为 11.3%（见图 22.24）。交通类广告主中，汽车厂商更倾向于利用网络营销来推广品牌与产品。

汽车网站与门户网站成为交通类广告主最重要的投放媒体，其中汽车网站占比为 49.8%，门户网站占比为 31.1%，与 2014 年相比，汽车网站的份额增长较快（见图 22.25）。与其他媒体相比，汽车网站内容更加垂直，功能不断趋于完善，广告效果更加精准，受到越来越多交通类广告主的重视。

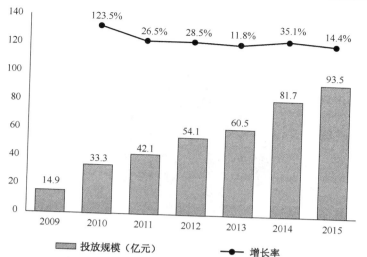

注释：以上数据为艾瑞通过iAdTracker即时网络媒体监测得到，历史数据可能产生波动，如有差异请以iAdTracker系数作为参考使用。艾瑞不为发布以上的数据承担法律责任。
资料来源：iAdTracker.2016年3月，基于对中国200多家主流网络媒体品牌图形广告投放的日监测数据统计不含文字链及部分定向类广告，费用为预估值。

© 2016.3 iResearch Inc.　　　　　　　　　　www.iresearch.com.cn

图22.23　2009—2015年中国交通类广告主投放规模

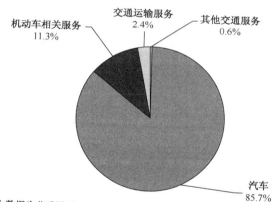

注释：以上数据为艾瑞通过iAdTracker即时网络媒体监测得到，历史数据可能产生波动，如有差异请以iAdTracker系数作为参考使用。艾瑞不为发布以上的数据承担法律责任。
资料来源：iAdTracker.2016年3月，基于对中国200多家主流网络媒体品牌图形广告投放的日监测数据统计不含文字链及部分定向类广告，费用为预估值。

© 2016.3 iResearch Inc.　　　　　　　　　　www.iresearch.com.cn

图22.24　2015年中国交通类广告投放细分行业

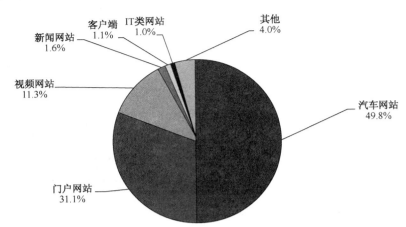

注释：以上数据为艾瑞通过iAdTracker即时网络媒体监测得到，历史数据可能产生波动，如有差异请以iAdTracker系数作为参考使用。艾瑞不为发布以上的数据承担法律责任。

资料来源：iAdTracker.2016年3月，基于对中国200多家主流网络媒体品牌图形广告投放的日监测数据统计不含文字链及部分定向类广告，费用为预估值。

© 2016.3 iResearch Inc.　　　　　　　　　　www.iresearch.com.cn

图22.25　2015年中国交通类广告主媒体投放选择

22.6.2　房地产类广告

2015 年房地产行业投放规模为 61.7 亿元，同比增长率为 27.4%，较 2014 年增速有所下降，但仍保持在较高水平，通过网络营销扩大品牌影响力成为房地产商竞争的重要手段（见图 22.26）。

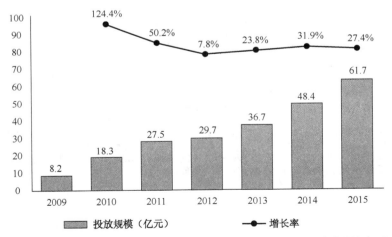

注释：以上数据为艾瑞通过iAdTracker即时网络媒体监测得到，历史数据可能产生波动，如有差异请以iAdTracker系数作为参考使用。艾瑞不为发布以上的数据承担法律责任。

资料来源：iAdTracker.2016年3月，基于对中国200多家主流网络媒体品牌图形广告投放的日监测数据统计不含文字链及部分定向类广告，费用为预估值。

© 2016.3 iResearch Inc.　　　　　　　　　　www.iresearch.com.cn

图22.26　2009—2015年中国房地产类广告主投放规模

从投放媒体选择来看，门户网站与房产网站比较受房产类广告主青睐，占比分别为49.9%、44.0%。视频网站、地方网站及其他媒体则作为补充。门户网站占比较 2014 年提升明显，综合型门户网站对于房产品牌前期推广与宣传的价值得到更大认可度（见图 22.27）。

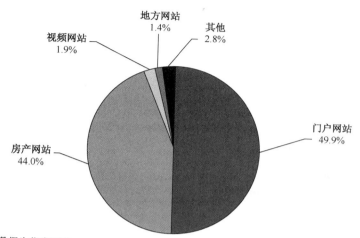

注释：以上数据为艾瑞通过iAdTracker即时网络媒体监测得到，历史数据可能产生波动，如有差异请以iAdTracker系数作为参考使用。艾瑞不为发布以上的数据承担法律责任。
资料来源：iAdTracker.2016年3月，基于对中国200多家主流网络媒体品牌图形广告投放的日监测数据统计不含文字链及部分定向类广告，费用为预估值。

© 2016.3 iResearch Inc.　　　　　　　　　　　　　www.iresearch.com.cn

图22.27　2015年中国房地产类广告主媒体投放选择

22.6.3　金融服务类广告

2015 年金融服务类广告投放总规模为 29.2 亿元，同比增长 55.9%，增幅十分明显（见图 22.28）。2015 年中国整体经济发展速度放缓，个别互联网金融企业在安全性方面出现问题较多，整体金融服务各企业均希望通过加强网络营销与推广力度，以得到更多用户的信任与认可。

从投放媒体类型看，主要集中在门户网站，占比达 63.8%，财经网站、微博媒体与视频网站占比相当。微博媒体成为金融服务广告主继门户网站和财经网站外，最主要选择的媒体，与金融类广告在精准性和用户信任感方面的需求较高有关（见图 22.29）。

22.6.4　IT 类广告

2015 年 IT 类广告投放规模达到 20.8 亿元，同比增长 47.7%。与近几年投放规模相比，增幅明显（见图 22.30）。随着 2015 年移动互联网的快速发展，移动应用市场，尤其是垂直行业的竞争加剧，产品的品牌价值凸显，互联网公司发力品牌宣传，更加注重品牌与产品的网络营销；同时，原生广告与精准营销提高了网络广告效果，为企业带来了更有效的转化，互联网公司抓住时机，意在逐渐扩大自身影响力；此外，2015 年互联网行业投融资的热情也为其投入资金建立品牌影响力注入了更多的动力。

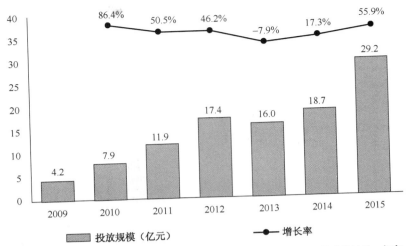

注释：以上数据为艾瑞通过iAdTracker即时网络媒体监测得到，历史数据可能产生波动，如有差异请以iAdTracker系数作为参考使用。艾瑞不为发布以上的数据承担法律责任。
资料来源：iAdTracker.2016年3月，基于对中国200多家主流网络媒体品牌图形广告投放的日监测数据统计不含文字链及部分定向类广告，费用为预估值。

© 2016.3 iResearch Inc.　　　　　　　　www.iresearch.com.cn

图22.28　2009—2015年中国金融服务类广告主投放规模

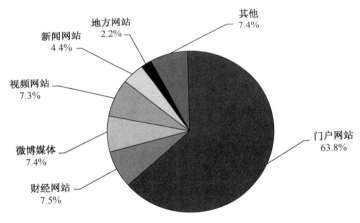

注释：以上数据为艾瑞通过iAdTracker即时网络媒体监测得到，历史数据可能产生波动，如有差异请以iAdTracker系数作为参考使用。艾瑞不为发布以上的数据承担法律责任。
资料来源：iAdTracker.2016年3月，基于对中国200多家主流网络媒体品牌图形广告投放的日监测数据统计不含文字链及部分定向类广告，费用为预估值。

© 2016.3 iResearch Inc.　　　　　　　　www.iresearch.com.cn

图22.29　2015年中国金融服务类广告主媒体投放选择

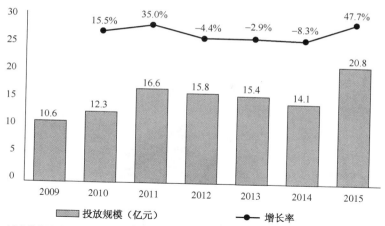

图22.30　2009—2015年中国IT类广告主投放规模

　　2015 年软件类产品成为 IT 类产品广告投放中占比最大的细分行业，占比超过 50%，达 63.5%（见图 22.31）。而此类产品在 2013 年占比仅为 15.0%，在 2014 年占比为 33.7%。伴随着中国智能手机的进一步普及，移动应用产品不断丰富，移动支付、O2O 服务的不断渗透，中国软件产业仍将继续发展，其营销渠道以将网络营销为核心，营销手段与玩法不断升级。

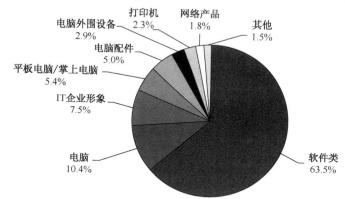

图22.31　2015年中国IT类广告投放细分行业

　　在投放媒体选择上，与 2014 年以 IT 类网站与门户网站为主相比，2015 年产生了较大差异。2015 年，微博媒体与视频网站成为 IT 类广告最重要的投放媒体，占比分别达 31.1%、

21.1%（见图 22.32）。2015 年，微博媒体与视频网站进程加快，随着社交产品与视频网站广告产品的不断创新，广告形式更加丰富、广告效果更加透明与精准，也成为 IT 类广告主更青睐的媒体投放选择。

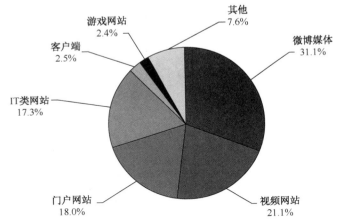

注释：以上数据为艾瑞通过iAdTracker即时网络媒体监测得到，历史数据可能产生波动，如有差异请以iAdTracker系数作为参考使用。艾瑞不为发布以上的数据承担法律责任。
资料来源：iAdTracker.2016年3月，基于对中国200多家主流网络媒体品牌图形广告投放的日监测数据统计不含文字链及部分定向类广告，费用为预估值。

© 2016.3 iResearch Inc.　　　　　　www.iresearch.com.cn

图22.32　2015年中国IT类广告主媒体投放选择

22.6.5　快速消费品类广告

2015 年，快速消费品（Fast Moving Consumer Goods，FMCG）类广告主在网络展示广告上投放规模为 98.8 亿元，同比增长 30.1%，FMCG 类广告主持续投入，增幅较 2015 年也有所上升（见图 22.33）。2015 年快消类广告主对网络营销的价值更加看重，很多与网络营销相结合的创意推广也成了 2015 年的经典案例。

2015 年，FMCG 广告主主要投放媒体集中在视频网站与门户网站，其中视频网站占比由 2014 年的 37.5%上升到 43.1%，投放比例增长明显。视频网站超越门户网站成为快消类广告最主要的投放媒体（见图 22.34）。视频网站在广告产品的创新为快消类广告提供了更大的发挥空间，也越来越受到 FMCG 类广告主的青睐。

22.6.6　电子商务类广告

电子商务类广告分析是将广告主细分行业拆分后合并分析电子商务行业的网络展示广告市场规模。2015 年电子商务行业广告主投放规模为 9.8 亿元，同比上涨 19.8%，相比 2014 年增长率 1.8%有大幅提升（见图 22.35）。2015 年，海淘服务、超市服务不深入用户生活，社交电商发展较快，电商行业的竞争加剧，扩大覆盖面与提高转化率成为电商网站的主要需求，因此电子商务在网络展示广告预算大幅增加。

2015 年电子商务行业媒体投放中，在门户网站上投入占比达 56.0%，较 2014 年有小幅上升。在视频网站中的投放略有下降，占比为 10.0%（见图 22.36）。

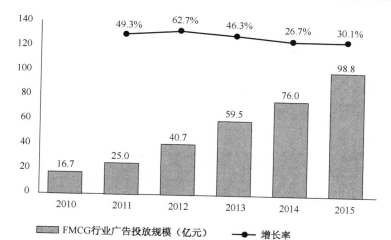

注释：以上数据为艾瑞通过iAdTracker即时网络媒体监测得到，历史数据可能产生波动，如有差异请以iAdTracker系数作为参考使用。艾瑞不为发布以上的数据承担法律责任。
资料来源：iAdTracker.2016年3月，基于对中国200多家主流网络媒体品牌图形广告投放的日监测数据统计不含文字链及部分定向类广告，费用为预估值。

© 2016.3 iResearch Inc.　　　　　　　　　www.iresearch.com.cn

图22.33　2010—2015年中国FMCG广告主投放规模

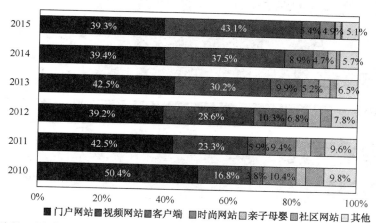

注释：以上数据为艾瑞通过iAdTracker即时网络媒体监测得到，历史数据可能产生波动，如有差异请以iAdTracker系数作为参考使用。艾瑞不为发布以上的数据承担法律责任。
资料来源：iAdTracker.2016年3月，基于对中国200多家主流网络媒体品牌图形广告投放的日监测数据统计不含文字链及部分定向类广告，费用为预估值。

© 2016.3 iResearch Inc.　　　　　　　　　www.iresearch.com.cn

图22.34　2010—2015年中国FMCG行业媒体投放比例

注释：以上数据为艾瑞通过iAdTracker即时网络媒体监测得到，历史数据可能产生波动，如有差异请以iAdTracker系数作为参考使用。艾瑞不为发布以上的数据承担法律责任。

资料来源：iAdTracker.2016年3月，基于对中国200多家主流网络媒体品牌图形广告投放的日监测数据统计不含文字链及部分定向类广告，费用为预估值。

© 2016.3 iResearch Inc.   www.iresearch.com.cn

图22.35　2010—2015年中国电子商务类广告主投放规模

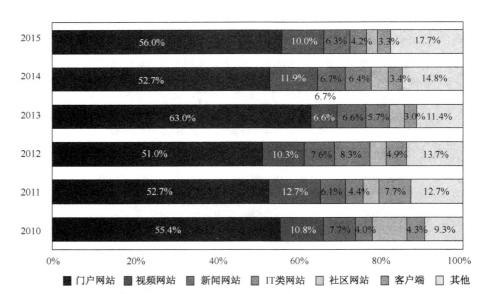

注释：以上数据为艾瑞通过iAdTracker即时网络媒体监测得到，历史数据可能产生波动，如有差异请以iAdTracker系数作为参考使用。艾瑞不为发布以上的数据承担法律责任。

资料来源：iAdTracker.2016年3月，基于对中国200多家主流网络媒体品牌图形广告投放的日监测数据统计不含文字链及部分定向类广告，费用为预估值。

© 2016.3 iResearch Inc.   www.iresearch.com.cn

图22.36　2010—2015年中国电子商务行业媒体投放比例

（艾瑞咨询　吕荣慧）

第23章　2015年中国网络音视频发展状况

23.1　网络视频行业产业环境

2005年以来，中国网络视频行业发展迅速，网络视频用户规模的不断扩大和网络视频市场的逐渐规范和成熟，目前已经成为媒体行业中最重要的新兴业态之一，这是技术进步、社会发展与政策引导等因素共同作用的结果。

1.　政策环境

近年来，随着视频网站的媒体影响力不断增强，国家相关部门对网络视频行业的监管也日益严格，这对于提升网络视频行业的竞争力、规范行业的发展有很好的促进作用。

例如，对在线视频行业的内容生产制作与播出强化监管力度。《关于进一步完善网络剧、微电影等网络视听节目管理的补充通知》要求从事生产制作网络剧、微电影等网络视听节目的机构，应依法取得广播影视行政部门颁发的《广播电视节目制作经营许可证》；个人制作并上传的网络剧、微电影等网络视听节目，由转发该节目的互联网视听节目服务单位履行生产制作机构的责任；互联网视听节目服务单位只能转发已经合适真实身份信息并符合管理规定的个人上传得网络剧、微电影等网络视听节目。

对网盘服务秩序进行规范，打击盗版、非法盗链，净化行业环境，保护视频网站的合法权益。2015年10月20日，国家版权局印发《关于规范网盘服务版权秩序的通知》。通知明确，网盘服务商应制止用户违法上传、存储并分享未经授权的作品。其中包括：正在热播、热卖的作品；出版、影视、音乐等专业机构出版或者制作的作品。同时，网盘服务商不得擅自或者组织上传未经授权的他人作品，不得对用户上传、存储的作品进行编辑、推荐、排名等加工，不得以各种方式指引、诱导、鼓励用户违法分享他人作品，不得为用户利用其他网络服务形式违法分享他人作品提供便利。

2.　经济环境

2015年中国网络广告市场规模达到1987亿元，增长率为31.9%，其中在线视频市场广告规模预计为247.9亿元，同比增长27.9%，占整体广告市场的12.5%（见图23.1和图23.2）。

资料来源：CNNIC 中国互联网络信息中心

图23.1 2010—2015年中国网络广告规模和增长率

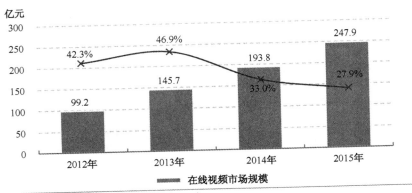

资料来源：CNNIC 中国互联网络信息中心

图23.2 2012—2015年中国在线视频市场广告规模

3. 社会环境

2010年以后，智能手机和平板电脑的使用率逐渐提升，再加上网络带宽的发展，网民对网络视频的使用逐渐向移动端转移，且人均收看时间也有一定幅度提升。2013年以来，众多互联网公司陆续推出自己的互联网电视、网络盒子等产品，加速布局客厅生态，电视这一大屏在家庭内部社交中发挥越来越重要的作用，网络视频行业呈现多屏幕发展趋势。

4. 技术环境

宽带、4G技术极大地提升了网络视频的下载速率。固定宽带用户观看网络视频时的下载速率也大幅提升，高清视频得到快速发展，移动端用户的视频传输速率提升，随时随地收看短视频成为可能。目前，一些视频网站开始尝试与VR（虚拟现实）硬件公司合作，提供视频、游戏等内容，配合VR设备，给用户2DiMAX、3D、360全景音视频、游戏和服务体系体验，未来这种合作将会进一步扩大。

23.2　网络视频行业发展状况

1．中国网络视频用户规模

自 2008 年以来，网络视频行业的用户规模一直呈增长趋势，截至 2015 年 12 月，网络视频用户规模达 5.04 亿，用户使用率为 73.2%，比 2014 年年底上升了 6.5 个百分点，是仅次于网络音乐的第二大休闲娱乐类应用。从用户规模的增长率来看，2009—2013 年，网络视频用户规模都以 15%～20% 的速度在稳步增长，达到一定程度后，近两年的增长速度有所放缓，仍然是稳中有升（见图 23.3）。

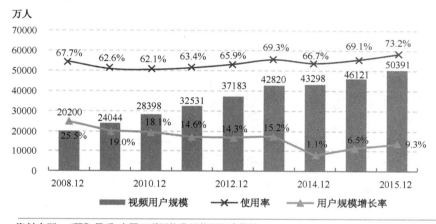

资料来源：CNNIC 中国互联网络发展状况调查统计

图23.3　2008.12—2015.6中国网络视频用户规模、使用率和增长率

截至 2015 年 12 月，手机网络视频用户规模为 4.05 亿，使用率为 65.4%，比 2014 年年底增长了 5.7 个百分点，手机视频用户的增长依然是网络视频行业用户规模增长的主要推动力量。从用户规模的增长率来看，手机网络视频用户在 2012 年、2013 年得到迅猛增长，2014 年用户达到一定规模后，增速放缓，但增长率仍保持在 10% 以上（见图 23.4）。

资料来源：CNNIC 中国互联网络发展状况调查统计

图23.4　2010.12—2015.6中国手机网络视频用户规模、使用率和增长率

2. 中国网络视频市场竞争格局

从本次调查结果来看，截至 2015 年 10 月，中国商业网络视频行业市场中，爱奇艺在整体市场份额、移动端市场份额和付费用户比例上均排在第一位。2015 年，凭借《盗墓笔记》、《心理罪》、《蜀山战纪》以及一系列的大电影，爱奇艺付费用户数得到迅猛增长，整体市场份额也大幅增长。

中国商业网络视频市场中，爱奇艺、合一集团、腾讯视频三强领跑的局面已经确立，在发展策略上三大网站各有侧重；搜狐视频在收购 56 网后，暂时没有新动作，市场份额排在第四位，比较稳定；百度视频凭借百度强大的导流和品牌影响力，市场份额排在第五位。2015 年 10 月，阿里巴巴收购合一集团，未来商业网络视频市场格局会相对稳定（见图 23.5）。

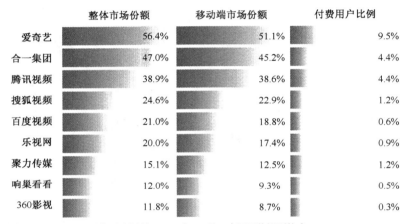

数据来源：CNNIC 网络用户调研，2015 年 10 月，中国网络视听协会。

图23.5　2015年商业网络视频行业主要品牌渗透情况

3. 用户选择各视频网站的主要考虑因素

在用户选择视频网站的决策因素中，"播放流畅、速度快"的提及率为 48.9%，排在首位，其次是"广告时间短"，提及率为 37.8%，"视频清晰度高"、"内容更新比其他网站早"的提及率也都在 30%以上，"网站内容很全"、"有独家内容，其他网站看不到"的提及率也接近 30%，是视频用户比较看重的因素（见图 23.6）。

由此可以看出，受网络、带宽等多种因素的限制，中国网络视频用户对视频网站的需求还停留在技术阶段，视频播放速度是用户最为看重的因素，也是视频网站最基础的竞争力。此外，广告时长也是影响用户体验的重要因素。从这个角度来看，用户选择视频网站首先看的是视频播放速度，其次是广告编排，再次是视频清晰度。

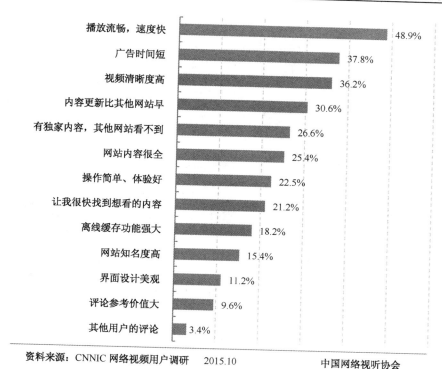

资料来源：CNNIC 网络视频用户调研　2015.10　　　　　中国网络视听协会

图23.6　用户选择视频网站看重的因素

23.3　网络视频用户特点

23.3.1　用户属性

1. 性别结构

网络视频用户中，男性网民占 56.4%，女性网民占 43.6%，手机网络视频用户中，男性网民占比略高（见图 23.7）。

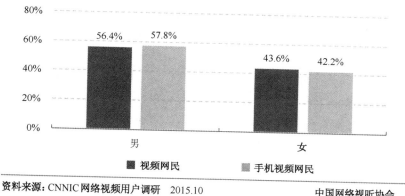

资料来源：CNNIC 网络视频用户调研　2015.10　　　　　中国网络视听协会

图23.7　中国视频网民性别结构

2. 年龄结构

网络视频用户中，20～29 岁年龄用户最多，占 37.2%，其次是 30～39 岁用户，占整体的 24.3%，手机网络视频用户构成相对更为年轻，20～29 岁用户占四成以上（见图 23.8）。

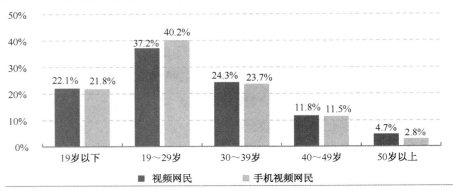

资料来源：CNNIC 网络视频用户调研　2015.10

图23.8　中国视频网民年龄结构

3. 学历结构

视频网民中，大专及以上学历网民占 24.1%，手机视频网民中这部分用户占 25.4%，比整体中网民这部分群体的占比分别高出 3.5 个和 4.8 个百分点，网络视频用户受教育程度更高（见图 23.9）。

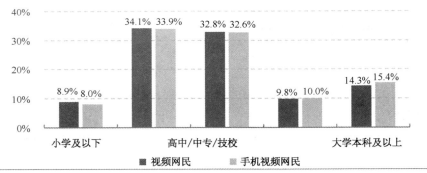

资料来源：CVNNIC 网络视频用户调研　2015.10

图23.9　中国视频网民学历结构

23.3.2　收看行为

1. 跨屏收看行为对比

从网络视频用户终端设备的使用情况来看，本次调查结果显示，76.7%的视频用户选择用手机收看网络视频，手机成为网络视频收看的第一终端，其次是台式电脑/笔记本电脑，视频用户的使用率为 54.2%，平板电脑的使用率为 22.6%，是移动端收看设备的重要补充。随着智能电视、互联网盒子等设备的普及，电视也成为客厅生态中收看视频节目的重要设备，使用率为 23.2%（见图 23.10）。

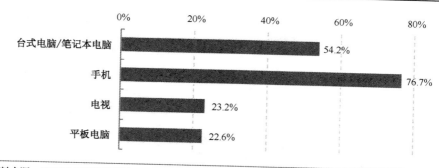

资料来源：CNNIC 网络视频用户调研2015.10

中国网络视听协会

图23.10 网络视频用户终端设备使用率[1]

　　随着智能手机的普及、网络环境的不断升级，视频网站在移动端布局的完成，在移动端收看网络视频节目变得越来越便利，移动视频用户迅速增长（见图 23.11）。随着用户向移动端的转移，更多适合移动端的广告模式被开发，目前各视频网站移动端的广告收入占到整体收入的 30%以上。

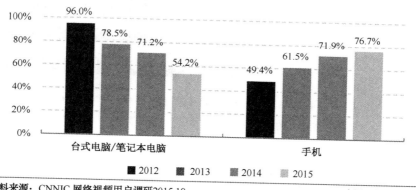

资料来源：CNNIC 网络视频用户调研2015.10

中国网络视听协会

图23.11 网络视频用户对终端设备的使用率对比

　　从不同终端设备的使用频率来看，手机作为移动端的设备，可以随身携带，且能随时随地通过 4G 或 Wi-Fi 网络收看网络视频节目，使用最为频繁和稳定，49.5%的人每天都会通过手机看视频，每周看 3～4 天的人累计占 67.1%；电视作为网络视频的收看设备，虽然目前使用率相对较低，但由于其在客厅中的重要地位，其用户也极为忠诚，49.7%的人每天都会通过电视看视频，每周看 3～4 天的人累计占 66.3%；平板电脑、台式电脑/笔记本电脑的使用频率相对较低，每天都看的人分别占 40.2%、37.3%（见图 23.12）。

　　台式电脑/笔记本电脑的使用频率虽较低，但其用户使用时长却最长。从各类设备的日均使用时长来看，80%以上的 PC 视频用户平均每天在 PC 设备看视频的时长在 30 分钟以上，其中有 31.3%的用户时长在 2 小时以上。对于手机来说，每天收看时长在半小时以上的用户比例为 72.6%，2 小时以上的用户比例为 28.8%，低于 PC 用户（见图 23.13）。

---

[1] 此处的电视是作为网络视频节目的收看设备。

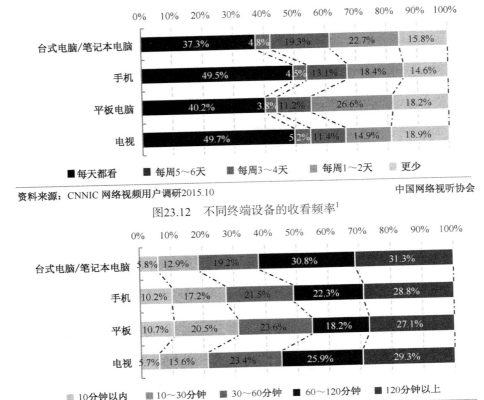

资料来源：CNNIC 网络视频用户调研2015.10　　　中国网络视听协会

图23.12　不同终端设备的收看频率[1]

资料来源：CNNIC 网络视频用户调研2015.10　　　中国网络视听协会

图23.13　不同终端设备的收看时长

由于台式电脑/笔记本电脑、电视等设备收看网络视频节目的场所相对固定，因此主要调查了移动设备（手机、平板电脑）的使用场所。家庭作为人们娱乐休闲的主要场所，"家里"是移动端视频用户收看网络视频节目的最主要场所，94.4%的移动端视频用户在家里看视频，而这一部分需求是可以在电视端来满足的。未来，如果电视端的用户体验能进一步提升，在家看视频的用户会逐渐向电视端转移，电视屏存在较大的发展空间。此外，有无线上网条件的公共场所，也是移动端用户收看网络视频节目的主要场景，这也是移动端特有的优势所在（见图 23.14）。

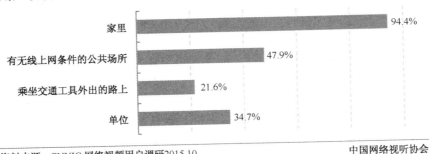

资料来源：CNNIC 网络视频用户调研2015.10　　　中国网络视听协会

图23.14　手机/平板电脑收看网络视频的场所

---

[1] 各类设备使用频率的 base 均为使用各类设备看视频的用户，以下同。

2. 跨屏内容差异

从网络视频用户对不同终端设备收看内容的喜好度来看，长视频节目的喜好度相对更高，其中电影、电视剧是目前视频用户在 PC 端、手机端、电视端最爱看的节目类型，其次是综艺节目，这也是各大视频网站耗巨资购买版权或自制的内容。这三类节目是用户普遍喜爱的节目类型，好的节目短时间内能为视频网站聚集大量人气，但难以为继，若要达到培养忠实用户的目的，需要长时间的市场培育。短视频节目中，新闻资讯类节目最受用户欢迎，其次是搞笑视频、娱乐视频（见表 23.1）。

表 23.1 不同设备上喜欢看的节目类型

		台式电脑/笔记本电脑	手 机	电 视
长视频	电视剧	51.4%	48.8%	52.5%
	电影	55.0%	50.9%	42.3%
	动漫	24.8%	17.6%	16.2%
	综艺	40.2%	33.7%	31.7%
	纪录片	16.8%	12.7%	14.9%
短视频	新闻资讯	30.3%	30.0%	34.3%
	体育	13.7%	10.9%	12.3%
	游戏	16.5%	11.9%	13.5%
	娱乐	23.4%	18.2%	18.0%
	原创视频	14.7%	10.0%	11.5%
	搞笑视频	27.5%	25.4%	17.4%
	微电影	17.5%	15.5%	13.4%
	其他短视频节目	8.5%	8.4%	9.9%

资料来源：CNNIC 网络视频用户调研，中国网络视听协会，2015.10。

从不同终端的对比来看，视频用户更喜欢在 PC 端看电影、综艺节目，在电视端看电视剧，手机端用户规模最大，对各类视频节目的喜爱度都较高。未来，各视频网站可针对各终端的不同特点，向用户推荐受欢迎的视频内容，实现精准营销。

3. 不同类别用户对不同视频内容的偏好

从不同性别用户在 PC 端对视频内容的喜好度来看，男性视频用户更喜欢看电影、新闻资讯类节目，而女性用户则更爱看电视剧、综艺、娱乐节目，两者对搞笑视频的喜好度无明显差异，提及率相差不大（见图 23.15）。

手机端的情况与 PC 端类似，女性视频用户更爱看电视剧、综艺节目，男性视频用户更爱看电影、新闻资讯类节目，两者对搞笑视频的喜好度相差不大（见图 23.16）。

从不同用户年龄对比来看，19 岁以下视频用户对综艺节目的喜好度最高，提及率为43.6%，高于其他群体，19～29 岁视频用户更爱看电影、搞笑视频，50 岁以上视频用户对电视剧、新闻资讯类节目的喜好度远高于其他群体，39 岁以下群体都比较爱看娱乐节目（见图 23.17）。

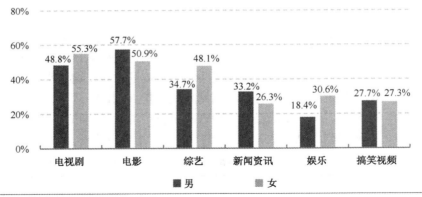

资料来源：CNNIC 网络视频用户调研2015.10　　　　　　　　　　　中国网络视听协会

图23.15　不同性别用户在PC端对视频内容的喜好差异

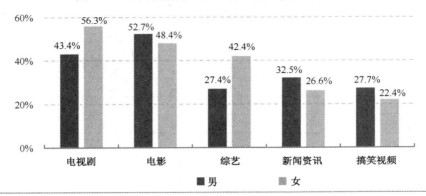

资料来源：CNNIC 网络视频用户调研2015.10　　　　　　　　　　　中国网络视听协会

图23.16　不同性别用户在手机端对视频内容的喜好差异

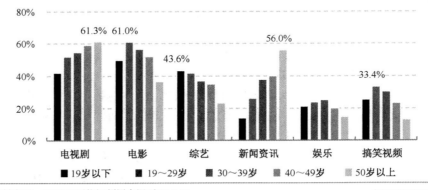

资料来源：CNNIC 网络视频用户调研2015.10　　　　　　　　　　　中国网络视听协会

图23.17　不同年龄用户在PC端对视频内容的喜好差异

从手机端的情况来看，电视剧作为一种大众喜闻乐见的节目形式，受到各个年龄群体视频用户的喜欢，各个年龄层用户对电视剧的喜好度都在43.6%以上；除50岁以上视频用户对电影的喜好度较低之外，其他年龄群体对电影的喜好度都在47.3%以上；随着年龄的增长，手机视频用户对综艺节目的喜好度逐渐降低，而对新闻资讯类节目的喜好度逐渐提升；19～49岁手机视频用户对搞笑视频的喜好度较为均衡（见图23.18）。

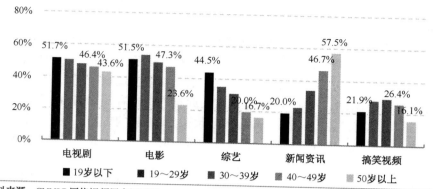

资料来源：CNNIC 网络视频用户调研2015.10　　　　　　　　中国网络视听协会

图23.18　不同年龄用户在手机端对视频内容的喜好差异

4. 电视端网络视频收看情况

在使用电视收看网络视频的用户中，45.5%的用户是通过智能电视收看，70.1%的用户通过网络机顶盒收看，其中广电机顶盒的使用率为 28.1%，互联网机顶盒的使用率略低，为 19.6%，IPTV 的使用率为 10.1%（见图 23.19）。

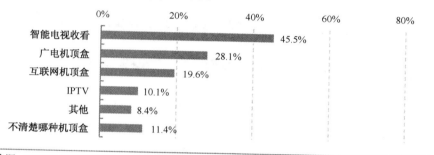

资料来源：CNNIC 网络视频用户调研2015.10　　　　　　　　中国网络视听协会

图23.19　电视终端设备使用率

电视连接到互联网之后，它就成为网民接触互联网的一块屏幕。本次调查显示，通过电视收看过网络视频的用户中，看各类视频节目、新闻是电视上网最经常从事的活动，提及率分别为 71.4%、39.3%。此外，玩在线游戏、网上买东西、网上搜索的使用率也都在 18%左右。随着智能电视市场的成熟，电视的功能也越来越智能化（见图 23.20）。

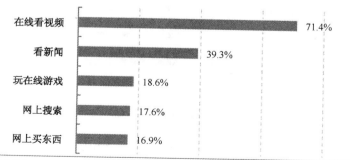

资料来源：CNNIC 网络视频用户调研2015.10　　　　　　　　中国网络视听协会

图23.20　电视上网经常从事的活动

5. 视频用户收看路径

从收看路径来看，网络视频用户通过浏览器直接访问视频网站收看视频节目的比例为36.2%，这也是视频用户最常用的方式，由此可以看出网络视频用户已经熟知一些视频网站的网址，形成了直接进入收看的习惯，视频网站的品牌效应逐渐显现。

使用搜索引擎查找的比例为 30.2%，最常用此种方式收看的比例为 17.8%。随着网络视频市场格局的基本稳定，各大视频网站朝着差异化、个性化的方向发展，独播剧、自制内容的占比越来越大，因此广大视频用户在收看视频节目时，往往会先通过搜索引擎搜索，然后再选择平台收看，这一方式主要集中在 PC 端。

此外，通过视频客户端离线缓存收看的比例为 27.1%，这部分用户主要集中在移动端；通过微博微信等网站链接收看的比例为 20.3%，微博、微信等社交应用也是网络视频的重要导流渠道（见图 23.21）。

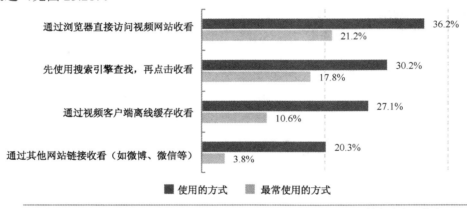

资料来源：CNNIC 网络视频用户调研2015.10　　　　　　　　　中国网络视听协会

图23.21　收看网络视频节目的方式

进入视频网站或视频客户端后，68.1%的用户会"使用站内搜索功能"来寻找想看的视频，42.1%的用户则会选择"在推荐页浏览"，37.7%的用户会选择"使用分类浏览功能"，32.8%的用户会选择"播放记录功能"寻找想看的视频，另外20%以上的用户则会选择"收藏功能"和"离线缓存功能"。用户最常用的途径顺序也基本与之类似（见图 23.22）。

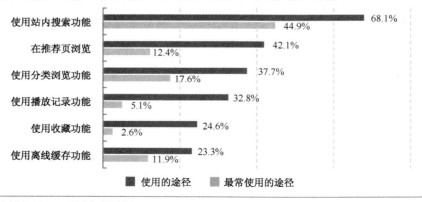

资料来源：CNNIC 网络视频用户调研2015.10　　　　　　　　　中国网络视听协会

图23.22　网络视频用户站内搜索视频节目的途径

　　用户进入视频网站或客户端之前，心中已经锁定了特定的视频资源，使用"站内搜索"功能位居第一，表明与传统电视观众相比，用户通过网络收看视频时，目的性更强、更主动。各大视频网站在设计页面时，需要把该功能放到最显眼的位置，提升用户体验，此外，推荐页的设计也尤为重要。

6. 视频用户互动情况

　　互动性是网络视频媒体与传统电视媒体的主要区别之一，看视频时的互动行为能增加用户黏性，帮助视频网站更好地留住用户。本次调研结果显示，看视频时进行过互动的用户占整体的41.3%，还有较大的增长空间。各类视频网站提供的互动功能中，点赞/踩的使用率最高，达到19.9%，其次是评论和分享，使用率在15%左右，收藏功能的使用率为13%，排在第四位，发送弹幕作为近两年才出现的功能，以7.1%的使用率排在第五位。视频用户对互动功能的使用还是以免费为主，付费送礼物的提及率为1.3%，排在末位（见图23.23）。

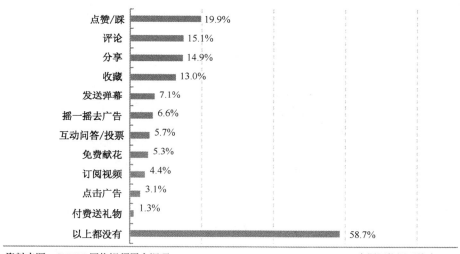

资料来源：CNNIC 网络视频用户调研2015.10　　　　　中国网络视听协会

图23.23　看视频时的互动情况

　　影响用户互动的原因，主要是"登录太麻烦"，提及率为36.1%，其次是互动时"影响观看"，提及率为18.3%，再次是"互动功能不吸引人"，提及率为12.7%（见图23.24）。

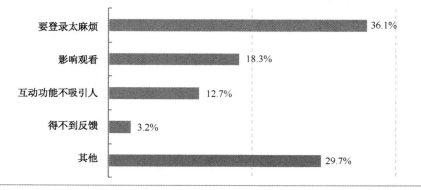

资料来源：CNNIC 网络视频用户调研2015.10　　　　　中国网络视听协会

图23.24　影响网络视频用户互动的原因

由此可以看出，要增强用户互动性，视频网站可以考虑与即时通信、社交类等使用率高的应用合作，实现后台数据打通，用户登录即时通信或社交应用账号后，可以直接登录到视频网站，增强用户黏性，同时可以获取用户在即时通信或社交类用户上的兴趣信息，做到精准推送，优化用户体验。

23.3.3 消费行为

从各大视频网站公布的数据来看，2015 年主要视频网站的付费用户数都有了较大规模的增长，究其原因，一方面是因为主流视频网站联合各方力量，打击盗版盗链，营造了行业健康的影视版权环境；另一方面则是因为移动支付市场的发展，安全、便捷的用户付费体验。本次调查结果显示，截至 2015 年 10 月，中国网络视频用户中，17%的用户有过付费看视频的经历，比 2014 年增长了 5.3 个百分点，增长率为 45.3%（见图 23.25）。中国网络视频行业在经历了十年的发展之后，终于迎来了付费用户的快速增长。

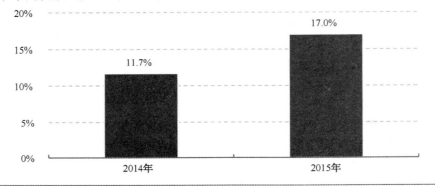

资料来源：CNNIC 网络视频用户调研2015.10　　　　　　中国网络视听协会

图23.25　中国视频网民付费用户比例

2014 年 CNNIC 的调查结果显示，付费用户中，70.9%的人采用单次点播模式，包月、包年模式的使用率分别为 16.5%、7.2%。2015 年，包月模式的使用率上升了 31.1 个百分点，成为付费用户最常用的付费模式，单次点播模式的使用率则下降了 30.6 个百分点，排在第二位，视频用户的付费习惯正在逐渐形成（见图 23.26）。

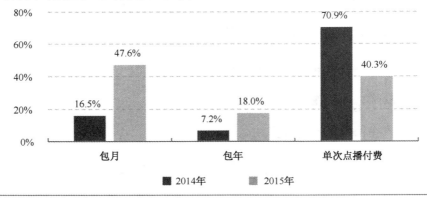

资料来源：CNNIC 网络视频用户调研2015.10　　　　　　中国网络视听协会

图23.26　中国视频网民付费模式

23.4　网络视频行业发展趋势

1. 网络视频行业商业模式逐渐多样化，用户付费成为视频网站的重要收入来源

网络视频行业自进入中国以来，一直受盈利模式困扰，单纯的广告收入难以支撑视频网站在版权、带宽等方面的巨额投入，行业整体陷入亏损境地。2015 年，随着网络视频用户基数的稳步增长，国家相关管理部门对盗版盗链打击力度的加大，在线支付尤其是移动支付的普及，再加上中国影视市场的繁荣、超级 IP 大剧的市场热度、视频网站的积极采买布局，在众多因素的共同发酵下，网络视频用户付费市场从以前的量变积累转化到质变阶段，各大视频网站 VIP 用户数都有了质的飞跃，用户付费收入占比扩大，未来，用户付费模式会成为视频网站的重要收入来源。

2. PC、手机、平板、电视之外，VR（Virtual Reality，虚拟现实）设备将成为未来视频收看设备的新趋势

过去几年内，网络视频行业完成了在 PC 端、移动端和电视端的布局，不同的场景下，用户可以选择不同的设备来收看网络视频节目，但这也只是局限于视频和音频的信息流，不能触发身体的其他感官。目前已经有一些视频行业的公司致力于虚拟现实设备的开发，且已见成效，通过虚拟现实视频技术将视频画面 360 度展示，同时让用户全方位地获得听觉、触觉、味觉、重力、加速度、冷热和压强等感觉，带给用户"沉浸式"的感觉。视频网站主要是给用户提供内容，而 VR 设备主要通过硬件带来感官体验，两者相结合，视频网站能帮助虚拟设备营销、变现，而虚拟设备则能赋予视频平台差异化的战略价值。未来，VR 设备将成为视频收看的重要设备，视频行业或将成为虚拟现实爆发的导火索。

3. 视频生态圈正在形成，网络视频将成为人和服务的连接器

随着网络视频行业的发展，视频产业可提供的服务越来越多，在视频网站上，我们除了更看到各类影视剧和节目外，还能在商城购物、看最新的电影、玩网络游戏，这些服务都是以内容 IP 来串联。视频产业与网络文学、动漫、网络游戏、电商、影业之间链条被打通，视频生态圈正在形成，未来看视频会成为一种综合性的服务，网络视频将成为人和服务之间的连接器。

23.5　网络音乐行业发展状况

从中国数字音乐整体市场发展来看，经过近几年对音乐版权的逐步规范，原创内容稳步增加，推动了数字音乐市场稳步发展。随着移动互联网在国内的飞速发展，移动音乐也得到飞速的发展。网络文化需求、技术应用发展推动移动音乐创新产业形态，如酷狗、QQ、酷我的全用户覆盖音乐软件；网易云、虾米等较高用户针对性的音乐产品等，我国数字音乐用户产品选择更加多元化。

目前，数字音乐市场形成了以腾讯、百度、阿里等互联网企业为主流的市场竞争格局，各自探索成熟可行的数字音乐商业模式。另外，网络音乐版权监管推动了音乐产业的正版化进程，也开启了移动音乐平台的版权争夺战。主流移动音乐平台巨资投入版权收购，通过与上游唱片公司开展独家版权合作的方式构建平台内容竞争力。与全球的音乐产业生态相似，中国的音乐产业也在服务提供商环节分成三条子产业链。分别是唱片音乐、音乐版权与音乐演出。这三方面受到版权保护的挑战，发展程度各不相同。音乐产业链框图如图 23.27 所示。

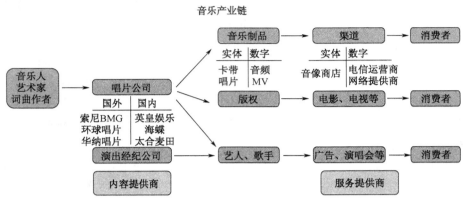

资料来源：腾讯研究院《2015 年音乐产业发展报告》。

图23.27 音乐产业链框图

据易观估计，2015 年中国数字音乐整体市场增速平稳，规模约为 126.7 亿元，同比增长 29.7%。其中在线演艺增长迅速（见图 23.28 和图 23.29）。

说明：1.中国数字音乐市场规模，即中国数字音乐企业在PC端和移动端音乐业务方面的营收总和，彩铃业务不计。2.上市公司财务报告、专家访谈、厂商深访以及易观智库推算模型得出。

资料来源：Enfodesk易观知库　　　　　　　www.enfodesk.com

图23.28 中国数字音乐整体市场规模预测

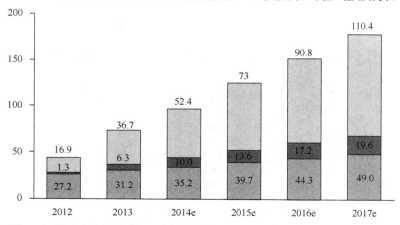

说明：1.中国数字音乐市场规模，即中国数字音乐企业在PC端和移动端音乐业务方面的营收总和，彩铃业务不计。2.上市公司财务报告、专家访谈、厂商深访以及易观智库推算模型得出。

资料来源：EnfoDesk易观智库　　　　　　　　　　　　　　www.enfodesk.com

图23.29　中国数字音乐市场构成

据易观智库统计，移动音乐市场的集中度正在逐渐提高，主要互联网企业纷纷涉足，通过资源整合主导市场竞争格局。受此影响，移动音乐用户呈现月度波动性增长（见图 23.30 和图 23.31）。2015 年第四季度中国主流移动音乐用户渗透率情况如图 23.32 所示。

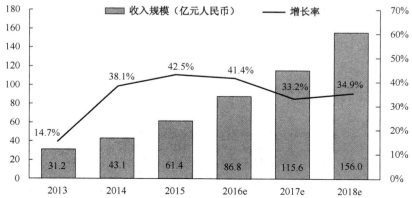

说明：中国移动音乐市场规模，即中国音乐企业在移动端业务方面的营收总和。具体包括其运营移动前业务所创造的广告收入、用户付费收入以及版权分销收入、音乐周边产品和其他收入的总和。运营商业务不计。

© Analysys易观智库　易观千帆　　　　　　　　　　　　www.analysys.cn

资料来源：易观智库《2016 年中国移动音乐市场年度综合报告》。

图23.30　中国移动音乐市场规模

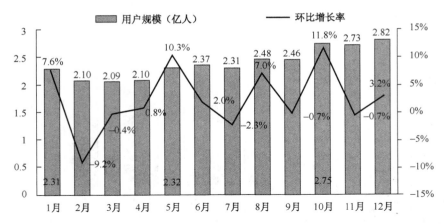

数据来源：千帆只对独立APP中的用户数据进行监测统计，不包括APP之外的调用等行为产生的用户数据。截止2015年第4季度易观千帆基于对5.4亿累计装体贴覆盖、1.2亿移动端月活跃用户的行为监测结果。采用自主研发的enfoTech技术，帮助您有效了解数字消费者在智能手机上的行为轨迹。

© Analysys 易观智库易观千帆　　　　　　　　　　　www.analysys.cn

资料来源：易观智库《2016年中国移动音乐市场年度综合报告》。

图23.31　中国移动音乐市场用户规模

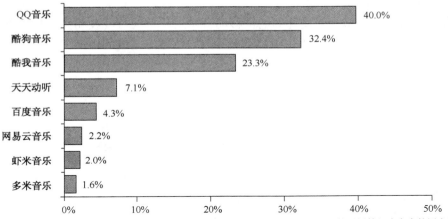

数据来源：千帆只对独立APP中的用户数据进行监测统计，不包括APP之外的调用等行为产生的用户数据。截至2015年第4季度易观千帆基于对5.4亿累计装体贴覆盖、1.2亿移动端月活跃用户的行为监测结果。
备注：用户渗透率是指使用某一移动音乐APP的用户占移动音乐领域整体用户的比例；电信运营商移动音乐平台排名不计。

© Analysys 易观智库　易观千帆　　　　　　　　　　www.analysys.cn

资料来源：易观智库《2016年中国移动音乐市场年度综合报告》。

图23.32　2015年第四季度中国主流移动音乐用户渗透率情况

23.6　网络音乐行业发展趋势

展望未来，我国网络音乐行业有如下发展趋势：

（1）用户付费消费习惯逐渐养成。中国数字音乐市场已迈入版权规范化阶段，多家平台向音乐用户推广的付费内容，可以达到每月 10 元左右的增值服务享受，用户付费享受更多权益的理念已经为越来越多的用户接受。正版音乐政策引领移动音乐良性发展，行业发展逐渐规范化，音乐市场将因此受益并获得规模性增长。

（2）数字音乐平台逐渐横向发展，与不同场景深度融合，K 歌、铃声剪辑等工具性功能、歌曲评论、互动等社交功能以及音乐电台、演艺直播等功能的集成融合，将大大提高音乐平台的场景体验。随着智能手机性能提升与移动互联网快速发展，移动音乐作为网民最喜爱的应用之一，呈现快速发展的趋势，移动音乐产业具有更广阔的发展空间。

（3）移动音乐产业围绕用户的音乐需求不断升级，构建新的产业生态，如通过并购、入股等方式，获得内容制作方的产业资源、通过 O2O 模式拓展线下 KTV、演出活动资源。原创音乐获得新的关注，独立音乐市场重新被看好。企业通过音乐产业链的资源整合，将会获得更多如综艺节目、线上付费直播音乐会等跨界发展空间。

（中国互联网络信息中心　谭淑芬）

第 24 章　2015 年中国网络游戏发展状况

24.1　中国网络游戏市场发展环境

1．政策保护网络游戏知识产权

2015 年国内网络游戏市场版权纠纷频发，并引起政策上对于网络游戏知识产权保护的高度重视。2015 年年初，一起牵涉美国游戏厂商 Valve、动视暴雪以及国内游戏厂商莉莉丝关于《刀塔传奇》的知识产权纠纷引起世界范围内从业者的关注；不久国内盛大游戏、恺英网络两家大型厂商也分别围绕"传奇"、"奇迹"等经典 IP 知识产权受到侵害而发起了维权行动。厂商积极维权的同时，国务院办公厅也发布了《关于加强互联网领域侵权假冒行为治理的意见》，旨在打击网络游戏侵权盗版现象。总体来说，2015 年国内网络游戏市场由政策推动的网络游戏知识产权环境正在逐渐改善。

2．资本推动游戏厂商市值屡创新高

2015 年众多在国内上市的游戏厂商市值创下历史新高。4 月 9 日，港股手游概念股爆发，其中最高涨幅飞鱼科技超过 50%，在随后的两个月内，掌趣科技、蓝港互动、昆仑万维、恺英网络、龙图游戏、游族网络、金亚科技等内地游戏厂商市值纷纷达到历史高点。与此同时，包括淘米科技、中手游、人人网、360、完美世界在内的已经赴美上市的老牌网络游戏厂商纷纷宣布开启私有化进程。很多有潜力的创业型公司也在这轮大潮中获得了良好的融资机会，主打移动电竞概念的英雄互娱和以开发《奇迹暖暖》闻名的苏州叠纸科技分别完成了 8000 万元和 1.5 亿元人民币的融资。总体来说，2015 年国内资本市场的火爆对网络游戏行业的发展起到了推动作用。

3．VR 技术产品化开创新型游戏市场

应用 VR 技术的硬件设备开始在 2015 年逐渐面向市场，而基于此技术的网络游戏逐渐受到业内重视。暴风科技、360、魅族与三星也分别推出了自己的 VR 眼镜产品；12 月，腾讯发布 Tencent VR SDK 及开发者支持计划，并将引入海外大作、举办开发者活动，同时提供早期投资、内容孵化等各层面的支持。老牌游戏厂商也纷纷将资源投入到 VR 游戏布局中，触控科技、顽石科技、恺英网络、游族网络、龙图游戏、完美世界、巨人网络、盛大游戏均在 2015 年年底至 2016 年年初通过不同渠道表示将进行 VR 领域业务尝试。预期 VR 游戏将成为未来游戏市场增长的重要力量。

4. 用户群体更加成熟，对游戏品质要求更高

手机游戏目前已经成为国内网络游戏市场增长的核心，而随着用户群体的逐渐成熟，之前游戏分发渠道的强势地位在 2015 年受到冲击，市场更加倾向于为游戏品质较高而非之前拥有更多渠道资源的游戏埋单。预期未来随着用户成熟度的逐渐提高，游戏品质对于游戏营收的影响将越来越大。

24.2 中国网络游戏市场发展情况

24.2.1 中国网络游戏市场规模

2015 年中国网络游戏行业包括客户端游戏、网页游戏和移动游戏在内的市场实际销售收入为 1346 亿元，同比增长 23.9%，增幅降低（见图 24.1）。其中客户端游戏的销售收入增长已经进入瓶颈期，以手机游戏为代表的移动游戏已经成为整个网络游戏市场销售收入增长的核心支柱。预计未来国内网络游戏行业营收的增长逐渐趋于稳定，以 VR 技术为基础的新型游戏设备将可能成为新的增长点。

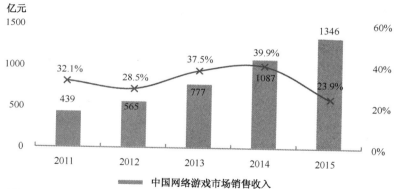

数据来源：GPC IDC and CNG，图中数据为四舍五入结果，下同。

图24.1 中国网络游戏市场销售收入

24.2.2 中国网络游戏市场结构

在 2015 年中国网络游戏市场规模中，客户端游戏、网页游戏、移动游戏的营收占比分别为 45.4%、16.3% 和 38.2%，客户端游戏作为网络游戏收入支柱的地位被持续削弱，网页游戏的营收占比基本保持稳定，而移动游戏营收所占的比重依然保持了快速提升，目前已经达到 38.2%，按照目前增速预期明年占比将超过客户端游戏（见图 24.2）。

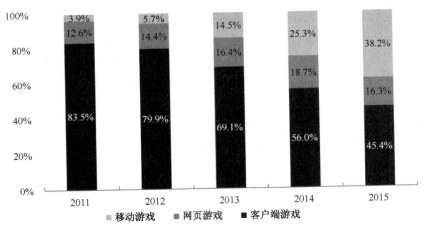

数据来源：GPC IDC and CNG。

图24.2　中国网络游戏市场销售收入结构

24.2.3　中国网络游戏各细分领域发展现状

1. 中国客户端游戏市场发展状况

2015 年中国客户端网络游戏市场的实际销售收入达 611.6 亿元，比 2014 年仅增长了 0.4%（见图 24.3）。自 2011 年起，客户端网络游戏市场的销售收入增速不断降低，目前其增速已经趋近于零，造成这种情况的主要原因在于客户端游戏发展缓慢和以手机为代表的移动游戏迅速发展导致的用户迁移。虽然从用户规模、在线时长以及付费能力上看，客户端游戏依旧拥有最具价值的深度用户，但按照过去两年的趋势来看，客户端游戏长期以来保持的网络游戏销售收入核心的地位将很快被移动游戏取代。

从产品上看，2015 年国内上线的国产大型客户端游戏，如《天涯明月刀》、《传奇永恒》、《3D 征途》等产品依然以武侠类角色扮演的游戏模式为主，在玩法、用户体验上并无显著突破，且很大程度上依靠成熟 IP（Intellectual Property）为游戏输送流量。国内客户端游戏研发商在游戏玩法上的创新较少，成为国内客户端游戏发展缓慢的一大原因。

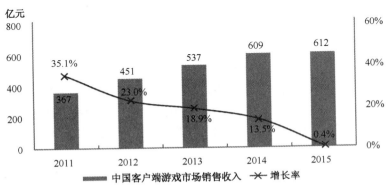

数据来源：GPC IDC and CNG。

图24.3　中国客户端游戏市场规模

2. 中国网页游戏市场发展状况

2015 年中国网页游戏市场实际销售收入 219.6 亿元，比 2014 年仅增长 8.3%，网页游戏与客户端游戏营收均产生明显下滑，表明 PC 端游戏受到以手机为代表的移动游戏冲击，造成部分用户流失和收入增幅下降（见图 24.4）。

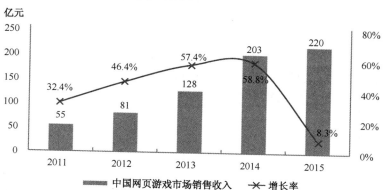

数据来源：GPC IDC and CNG。

图24.4 中国网页游戏市场规模

3. 中国移动游戏市场发展状况

2015 年，中国移动游戏市场实际销售收入为 514.6 亿元，比 2014 年增长了 87.2%，依然保持了较高增速（见图 24.5）。在用户规模上，移动游戏已达 2.79 亿，同比增长仅 4.6%，完全度过人口红利时期。预期未来移动游戏营收与用户规模增速将持续放缓。

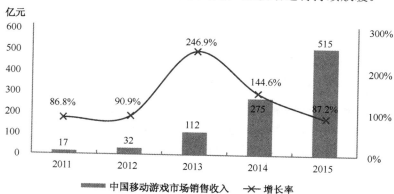

数据来源：GPC IDC and CNG。

图24.5 中国移动游戏市场规模

整体来说，2015 年国内以手机为代表的移动游戏市场快速成熟，在硬件技术不断发展、移动宽带网络快速普及的同时，用户已经逐渐对移动游戏品质具备一定的辨别能力，进而导致游戏分发渠道不再是一款游戏成功的决定性因素，游戏研发厂商对游戏品质更加重视。

与此同时，一直以来困扰移动游戏行业发展的知识产权保护问题也逐渐获得重视。2015 年保护移动游戏知识产权的相关规章制度和专项行动陆续出台。但随着泛娱乐产业链的不断融合，未来可能会有来自更多领域的优质 IP 进行游戏改编，进而从一定程度上缓解中小型游戏厂商的 IP 困境。

24.3 中国网络游戏市场用户分析

24.3.1 2015 年中国网络游戏整体用户规模

数据显示，截至 2015 年 12 月，网民中网络游戏用户规模达到 3.91 亿，较 2014 年年底增长了 2562 万，占整体网民的 56.9%（见图 24.6）。自 2012 年起，智能手机迅速普及推动网民整体规模快速提升，造成网络游戏用户在整体网民中的占比有所下降，但 2015 年智能手机出货量开始进入瓶颈期，网民整体规模的增速已经趋于稳定，预计未来网络游戏用户的整体规模和渗透率也将同样保持稳定。

数据来源：CNNIC。

图24.6　网络游戏用户规模及普及率

24.3.2 客户端游戏用户状况

1. 客户端游戏用户整体规模与游戏类型

数据显示，我国网民中网络游戏用户规模达到 3.91 亿，其中不含休闲平台类游戏在内的客户端游戏用户占整体网民游戏用户的 38.6%，竞技对战类游戏是目前端游用户的最爱，其用户使用率远高于角色扮演类游戏（见图 24.7）。

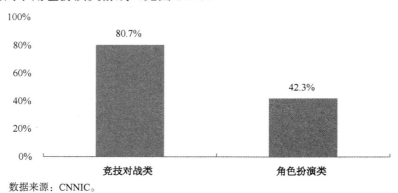

数据来源：CNNIC。

图24.7　客户端游戏类型占比

2. 客户端游戏用户游龄结构与年龄结构

从客户端游戏用户接触这类游戏的时间来看，一年以内的新用户只占整体端游用户的 6.6%，接触客户端游戏 1～3 年的用户最多，占整体的 37.5%，造成这一现象的一方面原因是由于端游用户基数较大导致新用户占比较低，另一方面也由于客户端游戏经过多年发展，渗透率已经较高，很难继续作为用户增长的核心支柱（见图 24.8）。

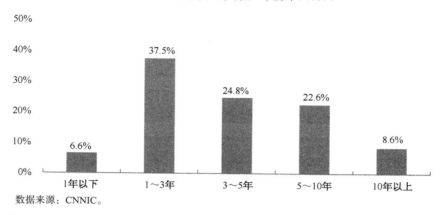

图24.8　客户端游戏用户游龄结构

从客户端游戏用户的实际年龄来看，20～29 岁的青年用户是其主要用户群体，占整体客户端游戏用户的 62.6%，30～39 岁和 19 岁及以下的用户比例分别为 21.1% 和 12.4%（见图 24.9）。

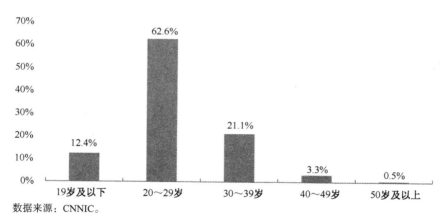

图24.9　客户端游戏用户年龄结构

3. 客户端游戏用户的游戏频率与时长

不管是从游戏频率还是单次游戏时长上看，客户端游戏用户的活跃度都相当优秀。相比 2014 年，游戏频率几乎保持不变，平均游戏时长有了明显提高，尤其平均进行游戏 2 小时以上的比例达到 60.1%。根据经验来看，网络游戏用户活跃度越高，其游戏依赖性越强，付费意愿也越强，这也从一个侧面解释了端游整体营收仍在增加的原因。

游戏频率上，每周玩几次的用户所占比例最高，达到 45.9%，几乎每天都玩的用户占比也相当高，为 34.7%（见图 24.10）。

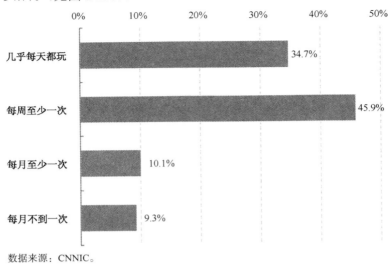

数据来源：CNNIC。

图24.10　客户端游戏用户游戏频率

值得注意的是，从客户端游戏用户的游戏频率变化上看，45.9%的用户认为自己玩客户端游戏越来越少了，其主要原因部分是由于客户端游戏用户的主要群体为中青年，工作和生活压力逐渐增大必然会减少其游戏时间，另一部分则是由于移动游戏的兴起而造成的客户端游戏用户分流（见图 24.11）。

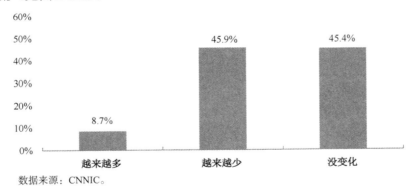

数据来源：CNNIC。

图24.11　客户端游戏用户游戏频率变化

游戏时长上，客户端游戏用户的单次游戏时长普遍超过 1 小时，其中游戏时间在 2～4 小时内的占比最高，达到 37.7%，其次为 1～2 小时，占整体客户端游戏用户的 27.9%，半小时以内的用户占比最低，只有 1.2%（见图 24.12）。

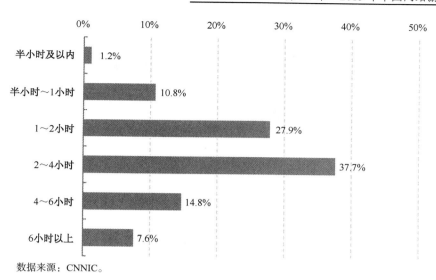

数据来源：CNNIC。

图24.12　客户端游戏用户游戏时长

4．客户端游戏生命周期

调查数据显示，客户端游戏拥有惊人的用户黏性，使得其平均寿命相当长，玩一款客户端游戏在 1～3 年的用户占比高达 50.5%，3 年以上的比例也达到 28.2%（见图 24.13）。

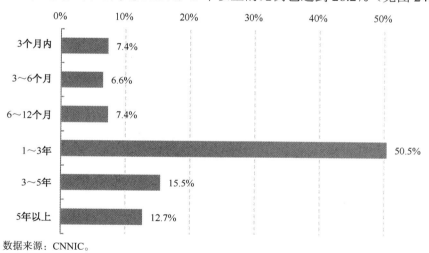

数据来源：CNNIC。

图24.13　客户端游戏生命周期

5．客户端游戏用户信息获取渠道

从客户端游戏用户对于新游戏的信息获取渠道上看，由于周围朋友或兴趣圈的其他人推荐而尝试一款游戏的比例最高，达到 71.7%，而通过垂直的端游资讯网站、微博、微信公众号等获取信息的比例则没有预期的高（见图 24.14）。尽管网吧在网民上网环境中的地位逐渐降低，但依然是客户端游戏推广的有效渠道。

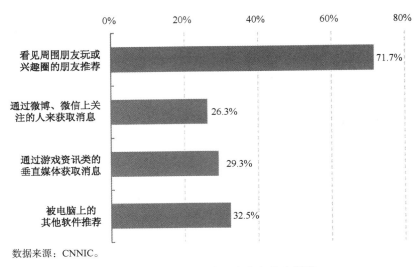

数据来源：CNNIC。

图24.14　客户端游戏用户信息获取渠道

6. 不同类型的客户端网络游戏用户占比

据调查，不同类型的客户端网络游戏，其用户规模与使用行为存在很大差异。相对于角色扮演类游戏，竞技类游戏的用户群体更加广泛，其中只玩这类客户端网络游戏的用户占整体客户端网络游戏用户的 56.2%，同时玩竞技类客户端网络游戏和角色扮演类客户端网络游戏的用户占比也高达 24.6%，而只玩角色扮演类游戏的用户仅占整体的 17.7%（见图 24.15）。

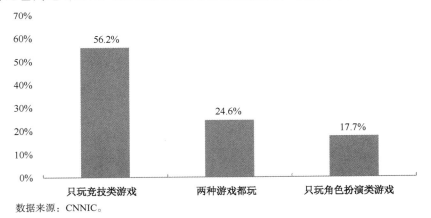

数据来源：CNNIC。

图24.15　客户端网络游戏用户重合度

7. 客户端网络游戏付费情况

竞技类客户端网络游戏的付费比例为 51.9%，比 71.1%的角色扮演类游戏付费率低很多，但却在月均付费超过 500 元的用户比例上大幅领先。竞技类游戏用户月均付费超过 500 元的比例高达 21%，而角色扮演类游戏用户月均付费超过 500 元的只有 11.7%（见图 24.16 和图 24.17）。

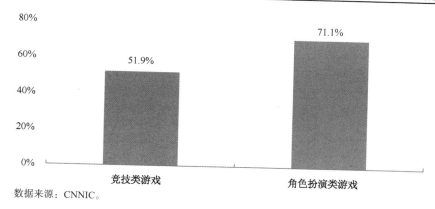

数据来源：CNNIC。

图24.16　客户端网络游戏用户付费比例

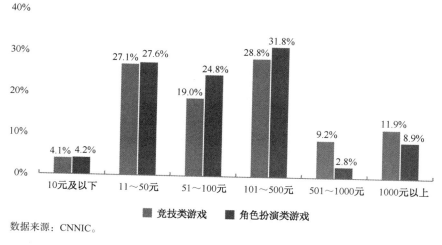

数据来源：CNNIC。

图24.17　客户端网络游戏用户付费能力

8. 竞技类端游比赛用户关注程度

竞技类端游在过去几年发展迅猛，而以其竞技性发展起来的职业线下比赛、电视/网络转播等行业也得到了蓬勃发展，并得到了资本方的普遍关注。根据调查，竞技游戏用户中 66.9% 的玩家都会关注职业游戏赛事，由此诞生的粉丝经济极有可能成为端游的下一个增长点（见图 24.18）。

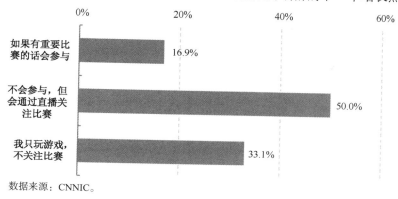

数据来源：CNNIC。

图24.18　竞技类端游比赛用户关注程度

24.3.3 移动游戏用户状况

1. 移动游戏用户整体规模

在过去的一年，国内以手机游戏为主体的移动游戏用户规模仍然保持高速发展。数据显示，截至 2015 年年底，国内手机网络游戏用户规模已经达到 2.79 亿，同比增长 12.5%，网民渗透率达到 45.1%，占整体游戏用户的 71.3%，手机游戏目前已经成为受众最广的游戏类型（见图 24.19）。

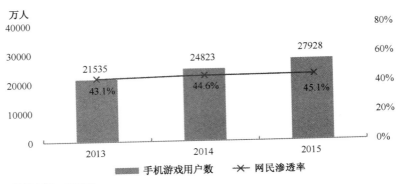

数据来源：CNNIC。

图24.19　手机游戏用户规模及使用率

2. 移动游戏用户设备选择

调查数据显示，移动游戏用户主要集中于手机端，使用 Pad 玩游戏的用户相对较少，69% 的用户只用手机玩移动游戏，而只用 Pad 玩游戏的用户仅为 2.6%（见图 24.20）。

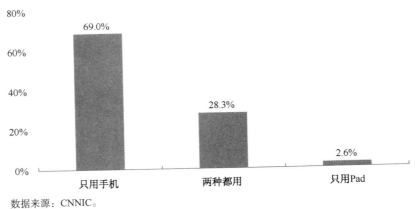

数据来源：CNNIC。

图24.20　移动游戏用户设备选择

从用户使用移动终端的操作系统来看，目前最主流的操作系统是安卓或基于安卓二次开发的系统，苹果 iOS 系统次之。根据调查，只在安卓系统下玩游戏的用户占比达到 48.1%，只在 iOS 系统下玩游戏的用户占比为 23.3%，同时会使用以上两种操作系统的用户比例为 27.3%，而使用其他操作系统的移动游戏用户占比仅为 1.3%（见图 24.21）。

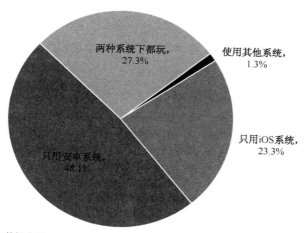

数据来源：CNNIC。

图24.21　移动游戏用户操作系统

3. 移动游戏用户游龄结构与年龄结构

调查显示，接触手机或平板电脑游戏在半年或半年以下的用户占比为 6.6%，较 2014 年年底的 8.6%略有下降。值得注意的是，使用移动设备玩游戏在 3 年以上的用户达到 53.2%，同比提高 20 个百分点，这主要是由于 2012 年的新增用户在目前用户中所占的比重较大造成的。接触移动游戏时间在 3 年以上的用户占比已经超过整体用户的一半，随着游戏经验的增加，用户对于游戏品质的要求将不断提高（见图 24.22）。

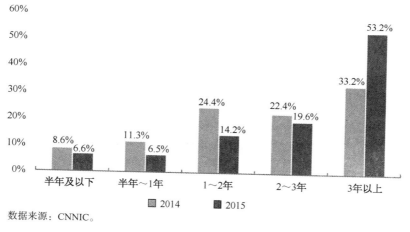

数据来源：CNNIC。

图24.22　用户移动设备游戏年龄

用户的年龄结构相比 2014 年产生了小幅波动，波动主要集中于 30 岁以下用户。其中 20～29 岁用户的占比提高了 4.4 个百分点，而 19 岁及以下用户的占比降低了 4.1 个百分点，其他各年龄段的占比变化不大（见图 24.23）。

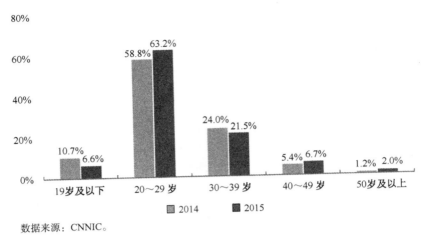

数据来源：CNNIC。

图24.23　移动游戏用户年龄结构

4. 移动游戏用户的游戏频率与时长

从手机游戏用户使用手机或平板电脑进行游戏的行为上看，随着国内移动游戏的重度化发展趋势，用户的游戏频率和时长相比 2014 年产生了显著变化。使用频率方面，用户每天使用该类设备进行游戏一次以上的比例由 2014 年的 83.8%下降至 68.6%，但日均使用时长在 2 小时以上的用户比例由 2014 年的 14.6%上升至 25.3%，这表明用户在由"高频低时长"的碎片化使用习惯向"低频高时长"的重度化使用习惯过渡（见图 24.24 和图 24.25）。用户使用习惯由"轻"到"重"的变化反映了游戏用户黏性的提升，进而增强了用户为游戏付费的可能性，因此受到这一因素影响，2015 年移动游戏行业的整体营收相比 2014 年有显著增长。

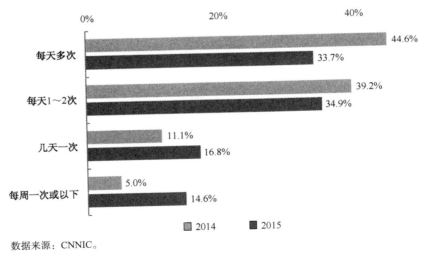

数据来源：CNNIC。

图24.24　移动游戏用户使用频率

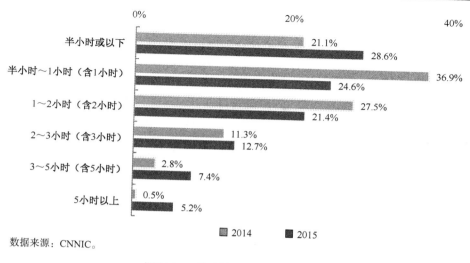

数据来源：CNNIC。

图24.25 移动游戏用户游戏时长

5. 移动游戏生命周期

游戏使用寿命是衡量一款游戏成功与否的核心指标之一。虽然与 PC 端游相比，移动设备上游戏的平均使用寿命往往较短，但从调查结果来看，如果用户对移动设备上一款游戏的内容和玩法表示接受，就大多会在之后几个月的时间对该游戏保持兴趣。数据显示，用户平均玩一款游戏持续时间不足一个月的比例仅为 31.9%，而持续 3 个月以上时间的比例则高达 44.9%（见图 24.26）。

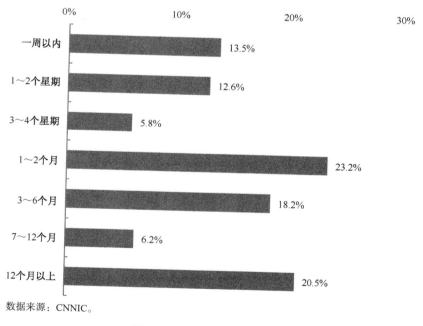

数据来源：CNNIC。

图24.26 移动游戏平均寿命

6. 移动游戏用户获知渠道

从用户获知一款移动设备上新游戏的方式来看，线下看到身边其他人在玩和朋友推荐依然是用户接受一款新游戏信息的最有效方式，而通过微信等软件的游戏中心、应用商店推荐而获知一款新游戏的方式分别只能排在游戏获知渠道的第三、第四位。可见虽然移动设备上的游戏在推广早期分发渠道至关重要，但一款游戏能否被更多用户接受的核心因素还是在于潜在用户所处环境对其造成的影响，看到身边有其他人玩或被朋友推荐的传播方式更加有效（见图 24.27）。

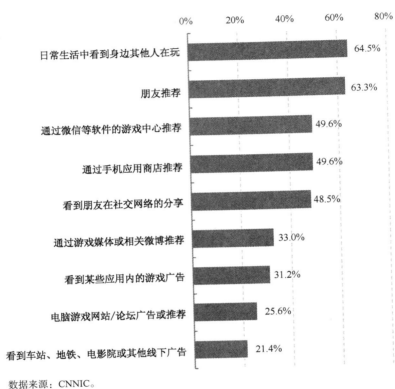

数据来源：CNNIC。

图24.27　移动游戏用户获知渠道

7．移动游戏对 PC 游戏的影响

根据调查，移动游戏对用户使用 PC 玩游戏产生了较大影响。通过对用户中玩过 PC 客户端游戏或网页游戏的用户进行调查发现，48.3%的用户认为自从使用移动设备玩游戏之后自己花在 PC 游戏上的时间产生了不同程度的减少，其中 4.7%甚至表示自从使用移动设备玩游戏以来，已经不在电脑上玩游戏了（见图 24.28）。

8．移动游戏用户付费情况

从用户的付费目的上看，付费购买游戏角色、道具、装备依然是用户的主要付费目的，78.6%的用户曾为此付费。而随着游戏内购买体力的模式在免费游戏中越来越多，这一目的付费的用户比例达到 44.2%。排名第三的付费目的是为激活游戏中的关卡、地图付费，用户比例也超过了 40%。值得注意的是，从 2014 年开始流行的订购包月服务发展迅速，29%的用户曾为此付费（见图 24.29）。

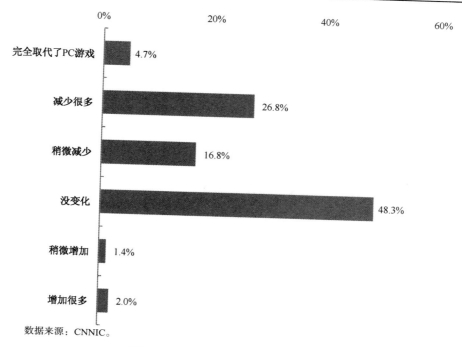

数据来源：CNNIC。

图24.28　移动游戏对PC游戏的影响

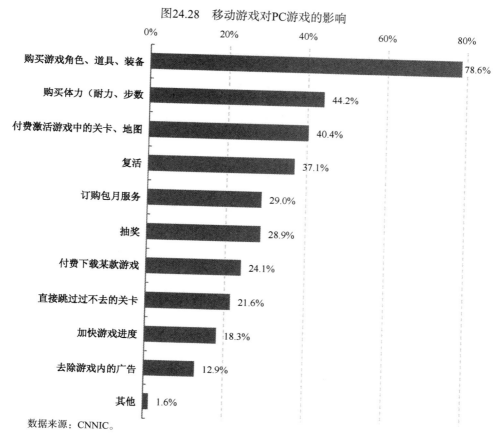

数据来源：CNNIC。

图24.29　移动游戏用户付费目的

从用户付费能力上看，用户为手机或平板电脑游戏付费的比例相比 2014 年有了明显提高，46.6%的用户曾为移动游戏付费，这一数字在 2014 年只有 28%。多方面原因共同促成了这一结果，包括用户平均收入的增长、游戏重度化造成的用户黏性增强，以及厂家通过营销手段造成的用户付费意识提升。从用户的付费能力上看，根据调查，月均为游戏付费在 100 元以上的用户比例由 2014 年的 13.7%提升至 2015 年的 27.6%（见图 24.30）。

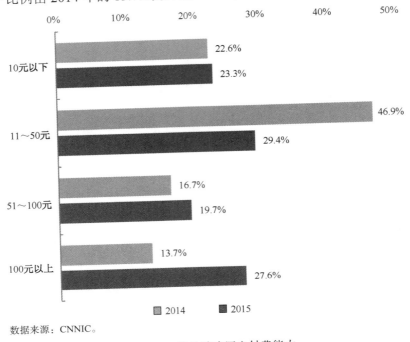

数据来源：CNNIC。

图24.30　移动游戏用户付费能力

24.4　总结与展望

总体来说，2015 年标志着目前国内以手机游戏为营收核心的未来网络游戏市场格局已经基本确定，但随着智能手机普及浪潮的退去，未来手机游戏营收的增长将不再能单纯依靠用户规模的增长，而需要将更多精力投入于游戏玩法带来的用户体验优化。而对于 PC 端游戏来说，虽然用户向移动游戏设备的迁移仍会对客户端游戏和网页游戏产生更大冲击，但由于 PC 端游戏的核心用户群体较为稳定，因此预计未来 PC 端游戏的营收规模并不会发生太大变化。此外，网络游戏的国际化已经近在咫尺，中国已经成为全球最受瞩目的游戏市场，越来越多的海外游戏厂商将国内市场视为必争之地，这将对国内游戏厂商的游戏研发能力提出严峻考验。与此同时，很多有实力的国内游戏厂商也纷纷将业务拓展到国外，积极设立海外研发或游戏发行机构，与各地的本土游戏厂商进行竞争。

1. 客户端游戏仍将保持稳定发展

客户端游戏的用户规模与营收在 2015 年受到以手机为代表的移动游戏冲击，但整体营收规模仍为下降，且核心用户群体并未明显流失。但从行业发展来说，客户端游戏在过去几年玩法几乎没有发生明显变化：2008 年以前国内客户端游戏市场主要为本土厂商研发的武侠背景角色扮演类游戏和代理自韩国、美国的魔幻背景角色扮演类游戏，自 2008 年开始，竞技对战类游戏逐渐成为市场热点，《穿越火线》、《英雄联盟》、《DOTA2》等游戏开始成为主流，而之前《魔兽世界》、《梦幻西游》、《剑侠情缘网络版》等 RPG 游戏的地位开始下降。直至今日，RPG 客户端游戏的地位虽然已经全面被竞技游戏超越，却依然保留了很多付费能力强的深度用户，导致很多国内客户端游戏厂商仍在不断开发该类游戏。虽然这部分用户能够提供稳定的收入，但国内游戏厂商如果希望客户端游戏的营收未来能再有所突破，就必须突破陈旧的游戏模式，开发新的游戏玩法。

2. 移动游戏精品化

以手机游戏为核心的移动游戏在 2015 年获得蓬勃发展，按照目前增速，移动游戏行业的整体营收将在 2016 年超过客户端游戏，占据国内网络游戏行业营收首位，但这种增长的前景并不能太过乐观。有数据显示，2014 年日本是世界手机游戏收入第一的国家，相比 2013 年的 5600 亿元收入增长近 60%，而 2015 年的预计收入增长仅为 300 亿日元，2016 年预计收入增长只有 200 亿日元左右。预计国内市场相比日本市场具有一定滞后性，但这种收入增速放缓的趋势未来极有可能发生。此外，通过比较手机游戏用户规模和营收的增幅可以发现，手机游戏在过去一年用户规模仅增长了 12.5%，但移动游戏的整体营收却增长了 87.2%，可见手机游戏在过去一年营收增长的核心因素在于老用户付费能力的提升，这很大程度上得益于国内手机游戏厂商先进的游戏运营手段。但用户的付费能力不可能无限地挖掘，提升方式也不可能仅依靠运营手段，不断通过手机的 LBS、社交等功能开发新的游戏玩法，提升游戏品质进而追求更好的游戏体验，才是未来国内手机游戏行业健康发展的根本之道。

3. 新设备

2015 年 VR 游戏设备进入萌芽期，一些厂商发布了基于 VR 技术的眼镜，但完整的 VR 游戏设备将会在 2016 年陆续面向市场。虽然业内对于 VR 游戏的未来前景普遍表示看好，但 VR 游戏距离在国内普及显然尚需较长时间。目前看来，VR 游戏至少存在以下几点问题：第一，要流畅地运行 VR 游戏必须搭配硬件配置十分强大的 PC，这是目前大规模普及的首要问题。根据国内一些 VR 游戏设备厂商的预计，一套含有 PC 的完整 VR 游戏解决方案的设备价格要在 2 万～3 万元，对于国内绝大多数游戏用户来说，这个门槛都显然太高。第二，VR 游戏内容太少。作为新生游戏技术，很多厂商之前并没有将 VR 作为游戏开发的重点方向，虽然随着 VR 设备的发展，VR 游戏内容将越来越丰富，但是这个过程显然需要比较漫长的时间。第三，设备太重并且有些玩家会有眩晕感。VR 设备由于虚拟了完整的游戏环境，所以必须要求用户佩戴头盔甚至更多设备，这些设备的舒适度较差，而且不少用户在试用过后反应会有很强的眩晕感。因为以上原因，虽然这些问题终将随着技术的发展逐步得到解决，但至少在一两年内，VR 游戏很难在国内得到大规模普及。

4. 游戏直播

2015 年游戏直播业务开始作为竞技类客户端游戏的周边生态产业受到业界重视。腾讯、YY 等厂商先后建立了自己的游戏直播品牌，老牌视频厂商优酷也投资创业公司的方式对游戏直播业务进行了布局。此外，由于资本市场的看好，很多游戏直播创业企业在 2015 年获得投资，但很快又由于缺乏稳定的流量和变现手段陷入困境。与此同时，政府机构对于直播内容涉及宣扬淫秽、暴力、教唆犯罪等现象开始重视，预期未来相关政策与各部门的整治行动必不可少，游戏直播行业必须在内容健康的大方向上进行不断探索。

（中国互联网络信息中心　郭　悦）

第 25 章　2015 年中国搜索引擎发展状况

25.1　中国搜索引擎用户市场概况

25.1.1　中国搜索引擎市场用户规模

1. 搜索引擎用户规模

　　截至 2015 年 12 月，我国搜索引擎用户规模达约 5.66 亿，使用率为 82.3%，用户规模较 2014 年年底增长 4400 万，增长率为 8.4%（见图 25.1）。搜索引擎是中国网民的基础互联网应用，截至 2015 年，使用率仅次于即时通信。

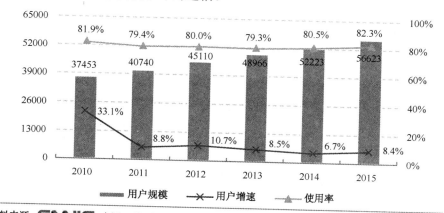

资料来源：CNNIC 中国互联网络发展状况统计调查。

图25.1　2010—2015年搜索引擎用户规模与增速

2. 手机搜索引擎用户规模

　　截至 2015 年 12 月，我国手机搜索用户数约达 4.78 亿，使用率为 77.1%，用户规模较 2014 年年底增长 4870 万，增长率为 11.3%（见图 25.2）。手机搜索是整体搜索引擎市场快速发展的持续推动力：2011 年至今，手机搜索用户规模年增长速度一直快于搜索引擎领域整体，在全国互联网渗透率、搜索引擎使用率长期保持小幅增长的背景下，手机搜索使用率的增长幅度更大。

图25.2　2010—2015年中国手机搜索用户规模与增速

25.1.2　搜索引擎市场发展特点

1.　移动搜索市场延续快速增长的态势

2015 年，移动搜索引擎市场在用户规模、流量、企业营收三个方面均实现了快速发展：其一，移动搜索用户数量增速仍快于领域整体；其二，来自移动端的搜索流量全面超越 PC 端，根据企业公开财报数据，2015 年第三季度百度有超过 2/3 的搜索流量来自移动端，2015 年搜狗搜索移动端流量占比由年初的 37%跃升至年底的 57%；其三，移动营收在整体营收增长中的贡献越来越大，根据企业公开财报数据，百度移动营收在总营收中的占比从 2015 年第一季度的 50%增至第四季度的 56%，搜狗移动搜索营收占比也从第一季度的 22%增至第三季度的 30%。

2.　搜索引擎由信息服务向生态化平台的转型持续推进

各大搜索平台融合语音识别、图像识别、人工智能、机器学习等多种先进技术，依托基础搜索业务，打通地图、购物、本地生活服务、新闻、社交等多种内容的搜索服务，通过对用户行为大数据的深入挖掘，实现搜索产品创新与用户体验完善，为网民和企业提供更好的服务，并因此在流量、营收、电商化交易规模等不同方面实现新增长、新突破。其中，百度2015 年电商化转型效果得到市场的认可，其第四季度电商化交易额同比增长 397%，业绩超出华尔街预期，财报公布当日盘后股价大涨 11%。

3.　大数据与智能技术相辅相成推动搜索技术发展

互联网数据规模与复杂程度快速提高，一方面，基于网站合作计划与搜索开放平台，深网、暗网[1]内的海量优质内容正逐步纳入搜索引擎的爬取收录范围，搜索质量在潜移默化中得到提升；另一方面，在线下经济向线上转移、物联网与互联网相互融合的趋势下，搜索场景碎片化、信息结构复杂化，且用户的搜索需求也更加多元化，不仅搜索互联网内容、服务、地理位置，还会搜索联网设备，这对未来搜索引擎模型算法的智能水平、搜索结果的展示方式也提出了更大挑战。

25.1.3　各类搜索引擎用户渗透率

截至 2015 年 12 月，94.6%的搜索用户通过综合搜索网站搜索信息，其次是购物、团购

---

[1]　深网（Deep Web）、暗网（Dark Web）指互联网上不能被传统搜索引擎索引的部分。

网站的站内搜索和视频搜索，渗透率分别为 86.3% 和 84.4%。其他种类搜索引擎的使用涉及地图、新闻、分类信息、微博、导航等各类互联网应用，渗透率远超 50%；此外，还涉及 APP 应用商店和旅行网站搜索，渗透率也超过 45%（见图 25.3）。搜索行为贯穿于用户互联网使用的方方面面，"无上网，不搜索"的大搜索局面已经形成。

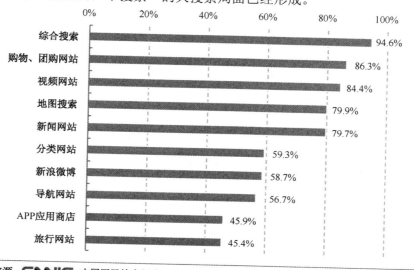

资料来源：CNNIC 中国网民搜索行为调查。

图25.3　各类型搜索引擎渗透率

25.1.4　综合搜索引擎品牌渗透率

截至 2015 年 12 月，在搜索引擎用户中，百度搜索的渗透率为 93.1%，其次是 360 搜索/好搜搜索和搜狗搜索（含腾讯搜搜），渗透率分别为 37.0% 和 35.8%。搜索引擎市场集中度有逐年提高的趋势（见图 25.4）。

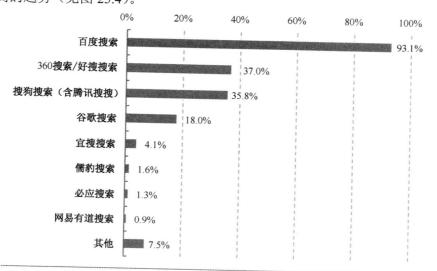

资料来源：CNNIC 中国网民搜索行为调查。

图25.4　综合搜索引擎品牌渗透率

25.2 用户手机端搜索行为

25.2.1 用户手机端搜索行为概况

1. 手机端各类搜索引擎渗透率

截至 2015 年 12 月,手机搜索用户使用综合搜索网站或应用的比例最高,渗透率为 90.3%;购物、团购网站或应用、视频网站或应用、地图、新闻网站或应用的渗透率也均超过 70%。值得注意的是,微信作为超级 APP,其应用内搜索的使用率达 62.2%,流量入口地位日益凸显(见图 25.5)。

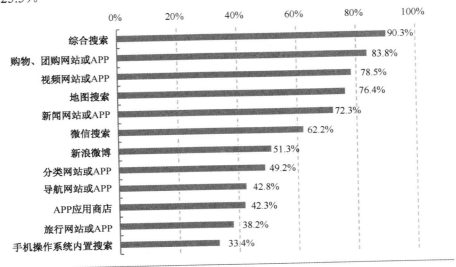

资料来源:CNNIC 中国网民搜索行为调查。

图25.5 手机端各类型搜索引擎渗透率

2. 手机端综合搜索引擎品牌渗透率

截至 2015 年 12 月,在手机搜索引擎用户中,使用百度搜索的比例为 87.5%,搜狗搜索(含腾讯搜搜)、360 搜索/好搜搜索分列第二、第三位,渗透率分别为 22.7%和 20.9%;专注于移动搜索的宜搜、易查、神马、儒豹等搜索引擎的渗透率不足 5%,难以同移动搜索市场中前三大品牌竞争(见图 25.6)。

调查结果显示,截至 2015 年 12 月,手机搜索用户中有 88.6%最常用的综合搜索引擎是百度搜索,其次为手机浏览器默认搜索引擎,常用率为 4.0%(见图 25.7)。

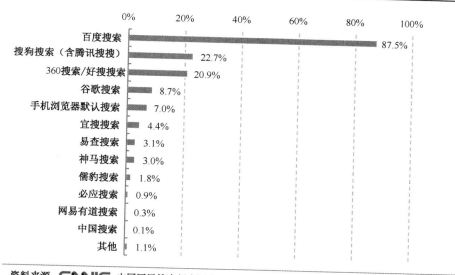

资料来源：CNNIC 中国网民搜索行为调查。

图25.6　手机端综合搜索引擎品牌渗透率

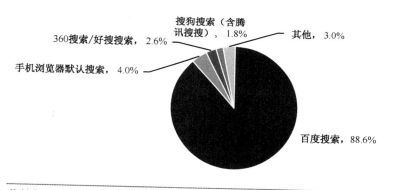

资料来源：CNNIC 中国网民搜索行为调查。

图25.7　手机端综合搜索引擎品牌常用率

3. 手机端搜索使用场景

　　截至 2015 年 12 月，70.7%的手机搜索用户在下载娱乐资源时使用搜索，其次是工作、学习时，比例为 68.6%。随着移动互联网的发展，手机已经成为拉动中国网民规模增长的首要设备，根据 CNNIC《第 37 次中国互联网发展状况统计报告》，截至 2015 年 12 月，我国手机网民规模达 6.20 亿，网民中使用手机上网人群的占比提升至 90.1%，在这种网民生活全面移动化的背景下，搜索引擎正在从信息工具转变为综合服务平台，根据本次调查结果，已有相当部分的搜索用户将移动搜索作为休闲娱乐、生活服务的入口，比例分别为 62.2%和 59.7%（见图 25.8）。

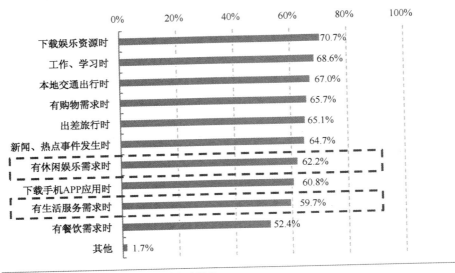

资料来源：CNNIC 中国网民搜索行为调查。

图25.8 手机端搜索使用场景

4. 手机端搜索输入方式

调查结果显示，截至 2015 年 12 月，多种搜索输入方式受到用户的认可，其中文字输入搜索是最普遍的方式，使用比例高达 96.0%；由于 2015 年互联网公司大力度的推广活动，线下应用场景得到广泛拓展，二维码、条形码扫描的使用比例分别达 74.1% 和 58.4%，已初步显现出流量入口的作用；此外，分别有 42.9% 和 30.7% 的搜索用户使用过图像搜索和语音搜索，这与移动搜索场景丰富、机器学习与识别技术成熟密切相关，说明更加智能、更加便捷的新型搜索方式逐渐得到用户的认可（见图 25.9）。

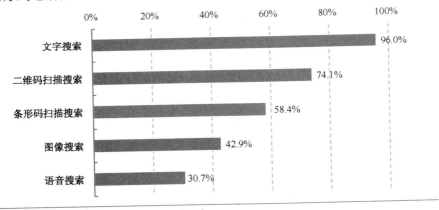

资料来源：CNNIC 中国网民搜索行为调查。

图25.9 手机端搜索输入方式

语音搜索市场发展潜力巨大：据搜索引擎企业公开资料，2015 年搜狗语音识别的准确率和使用频度大幅提升，每日语音搜索次数提升 3 倍多；百度大力发展语音识别技术，已实现较高的识别率，搜索结果相关度也很好。

25.2.2　用户综合搜索 APP 使用情况

1.　综合搜索 APP 品牌渗透率

截至 2015 年 12 月,手机综合搜索引擎用户中,使用过百度搜索 APP 的用户比例达 68.3%,使用过 360 搜索/好搜搜索 APP、搜狗搜索(含腾讯搜搜)APP 的用户比例分别为 8.2%、6.6%。尽管手机综合搜索的用户渗透率高达 90.3%,但其中仍有 23.8% 的用户并未使用过任何综合搜索 APP(见图 25.10)。另外,与综合搜索引擎品牌的手机端整体渗透情况相比,综合搜索 APP 的使用率显著偏低,且同时使用多个 APP 的用户很少,CNNIC 分析认为,一方面是综合搜索引擎 APP 主要功能和服务的同质性强,另一方面是安装 APP 带来的成本较高,包括占用手机内存、频繁更新、通知与广告骚扰、隐私安全等问题。

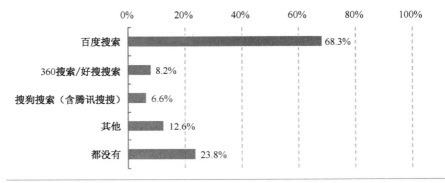

资料来源: CNNIC 中国网民搜索行为调查。

图25.10　综合搜索APP品牌渗透率

调查结果显示,过去半年未使用综合搜索 APP 的用户中,有 77.0% 通过网页搜索就可以基本满足使用需要,有 37.0% 的用户通过其他各类 APP 满足使用需要。值得注意的是,6.8% 的用户提出 APP 占用手机内存的问题。目前,手机网页搜索仍广为使用,同时有部分用户对 APP 安装与使用存在疑虑,未来 APP 与 HTML5 之间仍会长期维持竞争关系(见图 25.11)。

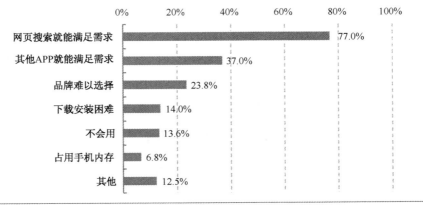

资料来源: CNNIC 中国网民搜索行为调查。

图25.11　不使用综合搜索APP的原因

2. 综合搜索 APP 服务使用情况

1）综合搜索 APP 服务预订与购买的使用情况

本次调查显示，使用过综合搜索 APP 的用户中，27.1%仅使用过基本的搜索功能，并未通过综合搜索 APP 开展过服务的预订或购买；综合搜索 APP 用户对电影选座购票和叫车服务的接受度较高，使用率分别为 40.7%和 38.1%，团购、旅行预订、外卖的使用率也都超过三成；而家政、洗衣、按摩、美容等 O2O 到家服务正处于市场发展初期，用户使用习惯仍待培养，本次调查中该项服务的使用率尚不足 10%（见图 25.12）。

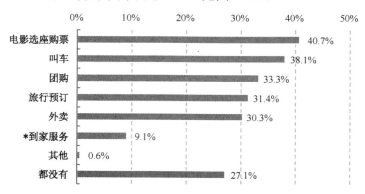

到家服务：指家政服务、洗衣、按摩、美容美甲等，不包括外卖

资料来源：CNNIC 中国网民搜索行为调查。

图25.12　综合搜索APP部分服务使用率

随着百度搜索、360 搜索/好搜搜索、搜狗搜索的移动化和平台化战略，综合搜索 APP 正在向综合服务平台入口转变，综合搜索 APP 对其他垂直服务 APP 的可替代性将越来越强；此外，HTML5 技术与应用的发展，也会给综合搜索移动网页版的发展带来新的契机。未来在移动端，综合搜索 APP 及 HTML5 市场的用户规模仍有巨大的上升空间，服务功能与商业模式也将出现更多创新。

2）综合搜索 APP 服务平台入口的用户首选情况

本次调查显示，使用综合搜索 APP 开展服务的预订或购买的用户中，目前已有 38.0%将其作为购买或预订服务的首选渠道，另有高达 45.3%的用户考虑将其作为首选（见图 25.13）。中国互联网络信息中心 CNNIC 发布的历次《中国互联网络发展状况统计报告》显示，

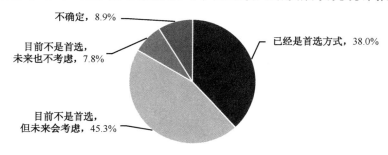

资料来源：CNNIC 中国网民搜索行为调查。

图25.13　首选综合搜索APP购买或预订服务的情况

自有统计数据以来，搜索引擎一直是中国手机网民的第二或第三大应用，庞大的搜索用户规模作为基础，加之 O2O 市场教育日益广泛和深入，都为综合搜索 APP 向生活服务平台转型提供了有力支持。

25.2.3　用户手机地图搜索使用情况

1.　手机地图品牌渗透率

本次调查显示，在使用过手机地图进行搜索的用户中，百度地图的品牌渗透率最高，达80.3%，其次为高德地图，品牌渗透率为 58.9%，从用户量来看，二者占据了手机地图的绝大部分用户市场份额（见图 25.14）。

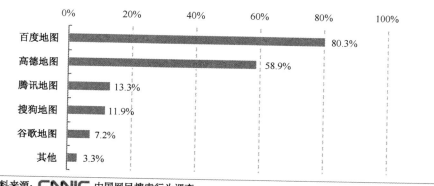

资料来源：CNNIC 中国网民搜索行为调查。

图25.14　手机地图品牌渗透率

2.　地图 APP 服务使用情况

本次调查显示，手机地图的用户中，有 45.7% 使用过地图 APP（见图 25.15）。

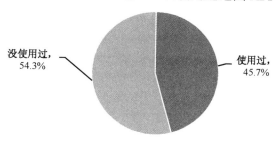

资料来源：CNNIC 中国网民搜索行为调查。

图25.15　用户地图APP使用情况

从用户对地图 APP 服务的使用情况看，超过一半的用户没有使用过地图 APP 开展过服务的预定或购买。地图 APP 用户中，有 22.8% 的用户通过地图 APP 叫车，团购、旅行预订、电影选座购票等服务的使用率都较低，不足 20%。可见，地图 APP 的工具性仍然较强，作为服务平台入口的重要地位有待建立、用户使用习惯还需长期培养（见图 25.16）。

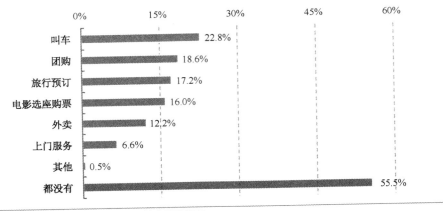

资料来源：CNNIC 中国网民搜索行为调查。

图25.16　地图APP服务使用率

25.3　用户 PC 端搜索行为

25.3.1　用户 PC 端搜索行为概况

1.　PC 端各类搜索引擎渗透率

截至 2015 年 12 月，PC 搜索用户使用综合搜索网站的比例为 95.0%，与手机端综合搜索 90.3%的渗透率相比，PC 端综合搜索引擎的流量入口地位更加牢固；用户在视频网站、购物或团购网站进行搜索的比例分别为 78.0%和 77.9%，低于手机端的 78.5%和 83.8%（见图 25.17）。

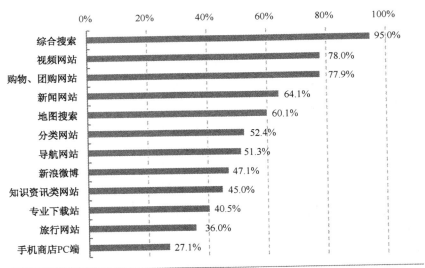

资料来源：CNNIC 中国网民搜索行为调查。

图25.17　PC端各类型搜索引擎渗透率

2. PC 端综合搜索引擎品牌渗透率

截至 2015 年 12 月，PC 端搜索引擎用户中，百度搜索的使用比例为 92.4%，360 搜索/好搜搜索、搜狗搜索（含腾讯搜搜）分列第二、第三位，渗透率分别为 37.1% 和 32.5%。尽管在 PC 端百度搜索仍占据绝对优势，但与手机端综合搜索引擎品牌渗透率相比，处于第二梯队的 360 搜索/好搜搜索、搜狗搜索（含腾讯搜搜）在 PC 端的表现，与百度搜索的差距有所减小：一方面，凸显出移动端用户的搜索引擎品牌复用数量更少、忠诚度更高；另一方面，第二梯队品牌在 PC 端搜索市场中仍存在一定的差异化发展空间（见图 25.18）。

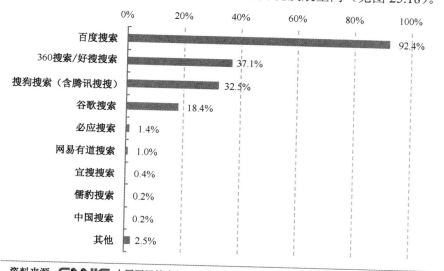

资料来源：CNNIC 中国网民搜索行为调查。

图25.18　PC端综合搜索引擎品牌渗透率

调查结果显示，截至 2015 年 12 月，PC 搜索用户中有 84.3%，最常用的综合搜索引擎是百度搜索，低于手机端的 88.6%；其次为 360 搜索/好搜搜索，常用率为 11.9%，远高于手机端的常用率（见图 25.19）。

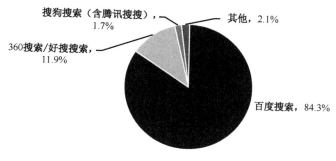

资料来源：CNNIC 中国网民搜索行为调查。

图25.19　PC端综合搜索引擎品牌常用率

3. PC 端搜索使用场景

截至 2015 年 12 月，74.9%的 PC 搜索用户在工作、学习场景下使用搜索，其次是下载娱乐资源时，比例为 74.0%。与手机端使用场景对比可见，在出差旅行、有生活服务需求时、本地交通出行时、有休闲娱乐和餐饮需求等与地理位置相关的应用场景下，手机端搜索的使用率显著高于 PC 端（见图 25.20）。

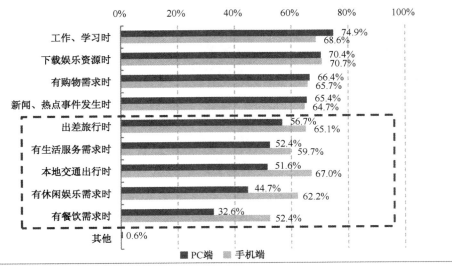

图25.20　PC端、手机端搜索使用场景对比

25.3.2　用户 PC 端搜索引擎访问路径分析

1.　用户 PC 端搜索日频次分布

根据中国互联网数据平台的监测数据，2015 年主要搜索引擎的用户，在一天中各个时段访问百度搜索主页（www.baidu.com）、360 搜索/好搜搜索主页（包括 www.haosou.com、www.360sosou.com 和 www.so.com）的频次分布情况比较接近，访问高峰出现在 8 点至 16 点间，访问量占到 70%；相较之下，用户访问搜狗搜索（含腾讯搜搜）主页（包括 www.sogou.com 和 www.soso.com）的高峰时段略有提前，70%的访问量发生在 7 点至 15 点间（见图 25.21）。

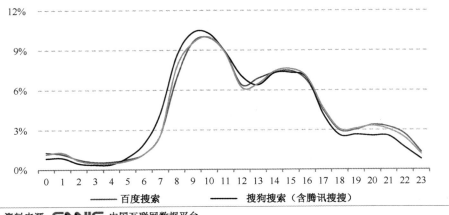

图25.21　主要搜索引擎分时段访问频次分布

2. 用户 PC 端搜索页面平均访问时长

根据中国互联网数据平台的监测数据，2015 年主要搜索引擎的用户，从跳入某一搜索引擎页面、到跳出该搜索引擎页面，平均花费 34.0 秒。分品牌看，百度搜索的单一页面平均访问时长最高，为 38.7 秒，360 搜索/好搜搜索较低，为 20.9 秒（见图 25.22）。

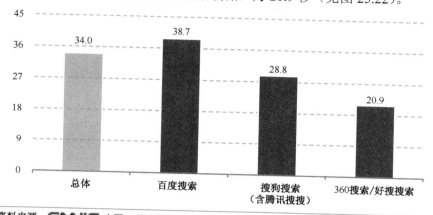

资料来源：CNNIC 中国互联网数据平台。

图25.22　分品牌的搜索引擎单一页面平均访问时长

分时段看，用户在一个搜索引擎页面上停留的最长时间是 37.6 秒，发生在 15 点；最短时间为 21.4 秒，发生在凌晨 1 点。总体来看，不同时段内用户在一个搜索引擎页面上的停留时长，在 9 点至 23 点间超过半分钟，其中在 10 点至 16 点间平均访问时长超过 35 秒（见图 25.23）。

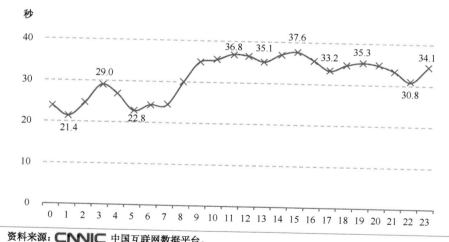

资料来源：CNNIC 中国互联网数据平台。

图25.23　主要搜索引擎分时段单一页面平均访问时长

分不同搜索引擎品牌看，用户在不同时段访问的时长分布差异很大：用户访问百度搜索的时长，在各个时段基本都高于搜狗搜索（含腾讯搜搜）和 360 搜索/好搜搜索，单一页面最长的访问时长出现在 15 点，为 43.5 秒，且 8 点至 23 点的单一页面访问时长都远超过半分钟；相较之下，搜狗搜索（含腾讯搜搜）和 360 搜索/好搜搜索的用户单一页面访问时长不存在明显的高峰时段，二者的单一页面最高访问时长分别为 35.0 秒和 22.3 秒，分别比百度搜索低 8.5 秒和 21.3 秒（见图 25.24）。

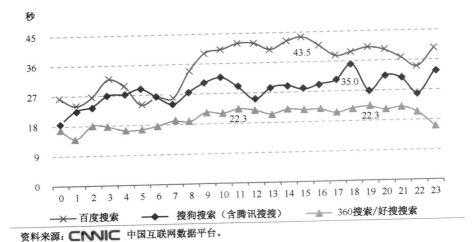

资料来源：CNNIC 中国互联网数据平台。

图25.24　分品牌分时段单一页面平均访问时长

3. 用户 PC 端搜索引擎站内访问深度

根据中国互联网数据平台的监测数据，2015 年主要搜索引擎的用户，搜索引擎站内访问深度[1]平均为 1.55 页；分品牌看，搜狗搜索（含腾讯搜搜）的用户访问深度最高，平均每次访问会点击 1.86 个页面，360 搜索/好搜搜索和百度搜索的平均页面访问深度分别为 1.61 和 1.52。若剔除仅访问一个页面的情况，则搜索引擎站内访问深度平均为 2.93 个页面，百度搜索、搜狗搜索（含腾讯搜搜）的平均访问深度为 2.95 个页面，360 搜索/好搜搜索略低，为 2.86 个页面（见图 25.25）。通过方差分析，访问深度包含 1 页、访问深度 2 页及以上两种情况下，用户访问百度搜索、搜狗搜索（含腾讯搜搜）、360 搜索/好搜搜索的深度之间均存在显著差异[2]。

从不同搜索引擎访问深度的分布情况看，用户在百度搜索中仅访问一个页面的比例最高，访问量占比接近 3/4，说明用户将百度设置为默认主页的情况非常普遍；在搜狗搜索（含腾讯搜搜）中，连续访问两页的流量占比为 31.0%（见图 25.26）。

---

[1] 指用户访问互联网产生的 url 地址中，连续包含"baidu.com"、"sogou.com"、"soso.com"、"haosou.com"、"360sosou.com"或"so.com"等关键词的页面个数。这一口径将搜索引擎各频道也纳入统计范围，如百度搜索的访问深度可能包括主页（www.baidu.com）、百度知道（zhidao.baidu.com）、百度百科（baike.baidu.com）、百度贴吧（tieba.baidu.com）、百度文库（wenku.baidu.com）、百度图片（image.baidu.com）、百度经验（jingyan.baidu.com）等。

[2] 含 1 页，方差分析 F 值为 1573.45，P（F）< 0.0000，具有统计显著性；2 页及以上，方差分析 F 值为 47.22，P（F）< 0.0000，具有统计显著性。

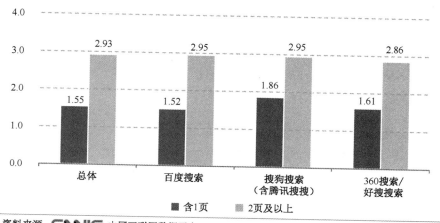

资料来源：CNNIC 中国互联网数据平台。

图25.25　分品牌的搜索引擎平均访问深度

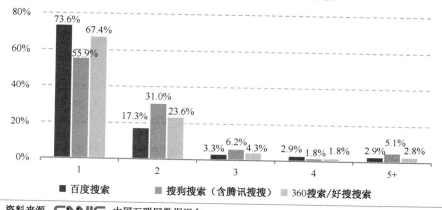

资料来源：CNNIC 中国互联网数据平台。

图25.26　分品牌访问深度分布情况

4. 用户 PC 端搜索前页网站访问情况

根据中国互联网数据平台的监测数据，2015 年主要搜索引擎的用户，在访问百度搜索、搜狗搜索（含腾讯搜搜）、360 搜索/好搜搜索主页前，19.7%的访问量集中在 360 导航（hao.360.cn），其次是百度旗下的 hao123 导航（www.hao123.com）和好搜（www.haosou.com），访问量占比分别为 6.7%和 5.6%（见图 25.27）。

分不同搜索引擎品牌看，百度搜索前页的网站分布较为分散，来自 hao123 导航网站的流量占比为 9.3%，其次为 360 导航，流量占比为 5.6%。值得注意的是，百度搜索的流量有 2.8%来自空白页，说明部分将浏览器起始页设置为空白页的用户，首先打开的网页即为百度搜索主页；另外，百度搜索前页网站 Top10 中，同属百度系的网站个数有 6 个、流量合计占比为 17.0%（见图 25.28）。

搜狗搜索（含腾讯搜搜）流量中，来自搜狗搜索站内的比例最高，为 14.3%，其次为 QQ 导航（hao.qq.com）、搜狗网址导航（123.sogou.com）和毒霸网址大全（www.duba.com），流量占比分别为 9.2%、8.8%和 8.5%。搜狗搜索（含腾讯搜搜）前页网站 Top10 中，前 5 网站贡献流量近半，入口集中度较高（见图 25.29）。

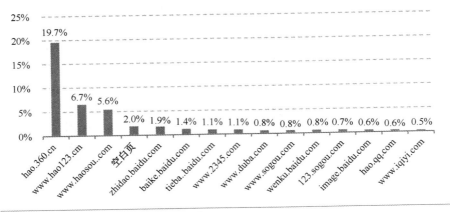

资料来源：CNNIC 中国互联网数据平台。

图25.27　主要搜索引擎前页网站分布情况

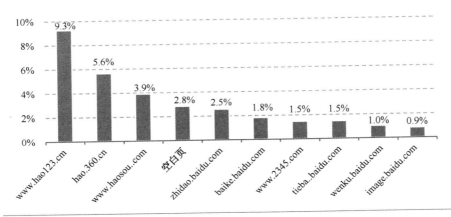

资料来源：CNNIC 中国互联网数据平台。

图25.28　百度搜索前页网站分布情况

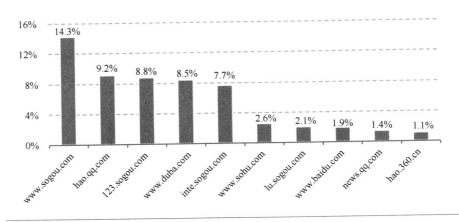

资料来源：CNNIC 中国互联网数据平台。

图25.29　搜狗搜索（含腾讯搜搜）前页网站分布情况

360 搜索/好搜搜索的流量来源构成与百度搜索、搜狗搜索（含腾讯搜搜）差异显著，有 66.8%的流量都来源于 360 导航（hao.360.cn），其次是好搜，流量占比为 11.7%，二者合计贡献了近八成流量（见图 25.30）。这与 360 浏览器的使用密切相关：根据中国互联网数据平台的监测数据，2015 年下半年 360 安全浏览器与 360 极速浏览器的用户覆盖率合计达 83.7%，由于浏览器会首选同一品牌或有合作关系的搜索引擎或导航网站作为搜索框工具默认搜索引擎或默认主页，除自愿使用浏览器默认设置的用户外，部分用户并不知道如何修改默认设置。

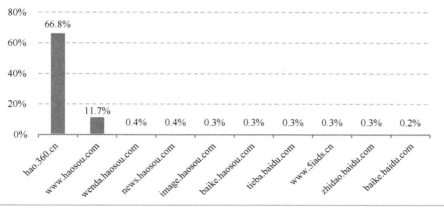

资料来源：**CNNIC** 中国互联网数据平台。

图25.30　360搜索/好搜搜索前页网站分布情况

5. 用户 PC 端搜索后页网站访问情况

根据中国互联网数据平台的监测数据，2015 年主要搜索引擎的用户，在访问百度搜索、搜狗搜索（含腾讯搜搜）、360 搜索/好搜搜索主页后的 Top15 网站中，有 13.3%的流量停留在百度搜索主页、各频道页及旗下网站中，如搜索主页、知道、百科、贴吧、hao123 导航、文库、图片、经验以及爱奇艺；搜索后页 Top15 网站中，360 搜索/好搜搜索主页及各频道页的流量比例为 4.9%（见图 25.31）。

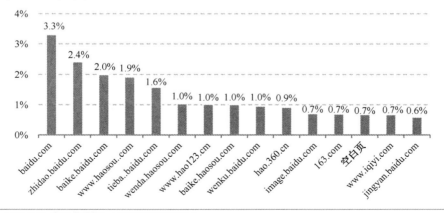

资料来源：**CNNIC** 中国互联网数据平台。

图25.31　主要搜索因后页网站分布情况

分不同搜索引擎品牌看，与百度搜索的前页网站分布情况类似，其后页网站流量分布也较为分散，百度搜索主页及各频道页在搜索后页 Top10 网站中占据七席，访问量合计占比为15.7%（见图 25.32）。

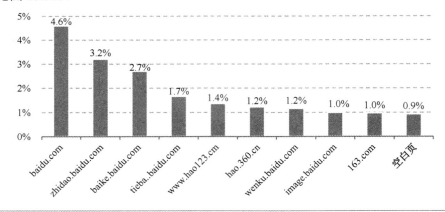

资料来源：CNNIC 中国互联网数据平台。

图25.32　百度搜索后页网站分布情况

搜狗搜索（含腾讯搜搜）后页网站 Top10 中，搜狗搜索主页及频道页流量占比合计为14.3%，其余均为百度搜索主页及频道页，流量占比合计为 6.2%（见图 25.33）。

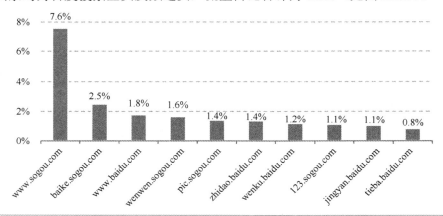

资料来源：CNNIC 中国互联网数据平台。

图25.33　搜狗搜索（含腾讯搜搜）后页网站分布情况

360 搜索/好搜搜索后页网站 Top10 中，360 搜索/好搜搜索主页及频道页流量占比合计为17.8%。与百度搜索、搜狗搜索（含腾讯搜搜）后页网站类型与集中度有所不同，360 搜索/好搜搜索的用户，在离开搜索页面后，更大比例的流量向非搜索引擎网站分散，如财经网站、门户、博客、文学网站等（见图 25.34）。

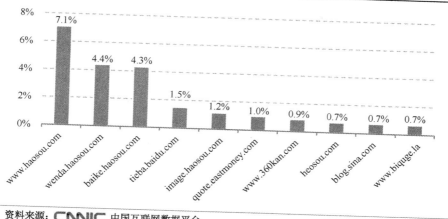

资料来源：CNNIC 中国互联网数据平台。

图25.34　360搜索/好搜搜索后页网站分布情况

25.4　搜索广告用户接受度

25.4.1　搜索引擎广告用户接受度

根据本次调查，搜索用户中有 69.9%注意到了搜索结果中的推广信息或广告。相比 2014 年 6 月，能够识别搜索引擎推广信息的网民比例提升幅度明显，超过 20 个百分点（见图25.35）。

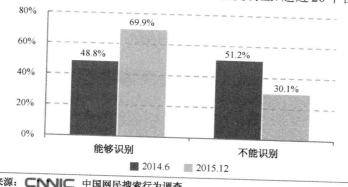

资料来源：CNNIC 中国网民搜索行为调查。

图25.35　用户对搜索引擎广告的识别情况

根据本次调查，用户对搜索引擎广告的态度日趋明朗，相比 2014 年 6 月，在表示信任搜索引擎广告的用户比例上升 6.2 个百分点的同时，不信任的比例也上升了 9.6 个百分点（见图 25.36）。

目前，中国搜索引擎广告市场收入规模仍保持高增长。根据企业财报数据，2015 年度百度网络营销营收为人民币 640.37 亿元人民币，比 2014 年增长 32.0%；搜狗营收为 5.92 亿美元，同比增长 53%；截至 2015 年上半年，奇虎 360 在线广告营收超过 5.39 亿美元。搜索引擎营销收入保持高增长的同时，用户权益保护却仍相对滞后，搜索广告虚假广告、欺诈问题仍频繁发生。

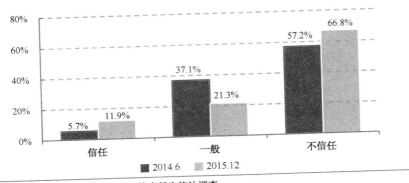

资料来源：CNNIC 中国网民搜索行为统计调查。

图25.36　用户对搜索引擎广告的信任情况

　　为规范互联网广告活动，促进互联网广告健康发展，保护消费者的合法权益，维护公平竞争的市场经济秩序，发挥互联网广告在社会主义市场经济中的积极作用，2015 年 7 月 1 日国家工商行政管理总局发布了《互联网广告监督管理暂行办法（征求意见稿）》。《办法》第十六条规定："通过门户或综合性网站、专业网站、电子商务网站、搜索引擎、电子邮箱、即时通信工具、互联网私人空间等各类互联网媒介资源发布的广告，应当具有显著的可识别性，使一般互联网用户能辨别其广告性质。付费搜索结果应当与自然搜索结果有显著区别，不使消费者对搜索结果的性质产生误解"，对互联网广告的"可识别性"问题做出了明确规定。可见，《办法》明确搜索引擎付费搜索结果属于通过"搜索引擎"这一互联网媒介资源发布的广告，且要求其须"与自然搜索结果有显著区别"以使互联网用户能够辨别其广告性质。

25.4.2　购物搜索广告用户接受度

　　根据本次调查，购物搜索用户中有 70.6%注意到了购物搜索结果中的推广信息或广告，相比 2014 年 6 月升高了 5.8 个百分点（见图 25.37）。

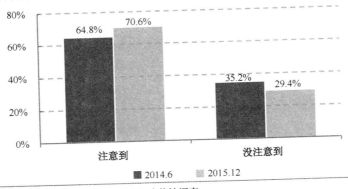

资料来源：CNNIC 中国网民搜索行为统计调查。

图25.37　用户对购物搜索广告的识别情况

　　与搜索引擎广告相比，用户对购物搜索广告的态度更加消极：表示不信任的用户比例从2014 年 6 月的 32.1%升至 2015 年年底的 57.5%（见图 25.38）。

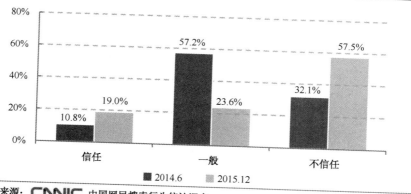

资料来源：CNNIC 中国网民搜索行为统计调查。

图25.38 用户对购物搜索广告的信任情况

随着互联网零售以及 O2O 服务逐步深入网民日常生活，以实物商品、虚拟商品和服务为推广对象、以销售为最终目的的营销活动日益频繁，购物搜索广告市场规模迅速增长：根据阿里巴巴公布的财报数据，2015 年第四季度，通过向入驻零售商销售广告和搜索位置，以及从天猫入驻零售商手中获取佣金赚取收入实现 345.43 亿元人民币的营收，与上年同期的人民币 261.76 亿元相比增长 32%；京东净收入实现同比增长 58%，来自于服务项目与其他项目的净收入同比增长 110%，增长动力主要来自快速扩张的京东商城第三方开放平台业务，广告服务以及向第三方商家提供的物流服务。

由于市场发展速度快于环境的改善与规范，随之出现互联网消费欺诈事件频发问题：据 CNNIC 第 37 次《中国互联网络发展状况统计报告》，2015 年在网上遇到消费欺诈的网民比例达 16.4%，较 2014 年提升了 3.8 个百分点。在这一背景下，也应当充分落实《互联网广告监督管理暂行办法（征求意见稿）》的作用，在信息经济繁荣发展的大趋势下，切实保障消费者的合法权益。

（中国互联网络信息中心 高 爽）

第 26 章　2015 年中国社交网络平台发展状况

26.1　发展概况

社交类应用从最初的个人空间、聊天室发展为微博、微信、陌陌、美拍、知乎等，围绕着展现自我、认识他人、交流互动三大社交主需求衍生出了越来越丰富的应用类型。对丰富的社交应用进行有效分类则能够帮助我们更好地观察社交领域的格局和变化，把握用户需求和行业发展趋势。参考国内外社交应用发展情况及我国社交应用的现状，我国目前社交应用主要分类如表 26.1 所示。

表 26.1　社交应用分类

类别		代表应用
即时通信工具		QQ、微信、陌陌、阿里旺旺、QT 语音
综合类社交应用		QQ 空间、新浪微博、人人网
垂直类社交应用	图片视频社交	美拍、秒拍、优酷拍客、足记
	婚恋社交	58 交友、赶集婚恋、世纪佳缘
	社区社交	百度贴吧、豆瓣、天涯社区、知乎
	职场社交	脉脉、领英、猎聘秘书

社交应用

26.1.1　社交类应用使用率

从用户调查来看，即时通信作为重要的互联网应用，使用率为 90.7%，其他社交应用的使用率为 77.0%，综合社交应用的使用率为 69.7%，明显高于垂直类社交应用。垂直类社交应用中，图片视频社交、社区社交的使用率分别为 45.4%、32.2%，相对较高，婚恋社交、职场社交等类别应用的使用率都在 10% 以下（见图 26.1）。

90.7% 的手机用户使用过即时通信工具，其中 QQ、微信是人们最常用的即时通信工具，使用率分别为 90.3%、81.6%，与其他即时通信工具之间拉开了较大距离；YY/YY 语音、阿里旺旺、陌陌的使用率都在 20% 左右，分别排在第 3～第 5 位（见图 26.2）。手机端即时通信工具常用率如图 26.3 所示。

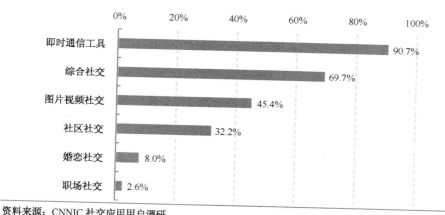

资料来源：CNNIC 社交应用用户调研。

图26.1　2015年中国社交类应用使用率

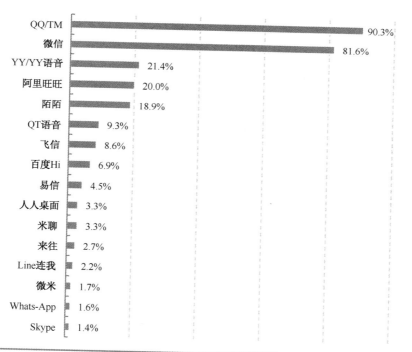

资料来源：CNNIC 社交应用用户调研。

图26.2　手机端即时通信工具使用率

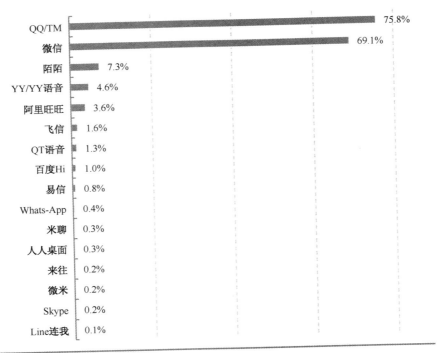

资料来源：CNNIC 社交应用用户调研。

图26.3　手机端即时通信工具常用率

综合类社交应用由 QQ 空间、新浪微博领跑，在最近半年使用过社交应用的用户中，QQ 空间、新浪微博的使用率分别为 84.5%、43.5%（见图 26.4）。

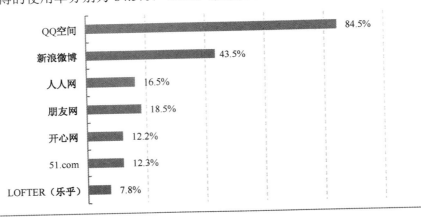

资料来源：CNNIC 社交应用用户调研。

图26.4　综合类社交应用使用率

伴随着科技的发展，手机硬件的完善使得图片质量获得了大幅度的提升。与此同时，随着移动互联网时代的来临，用户浏览阅读习惯的改变，致使图片传播有了便捷的路径。近几年，图片社交软件扎堆诞生，图片社交市场火爆。在图片/视频类社交应用中，美图秀秀出品的短视频社区美拍以 27.3% 的使用率排在首位（见图 26.5）。

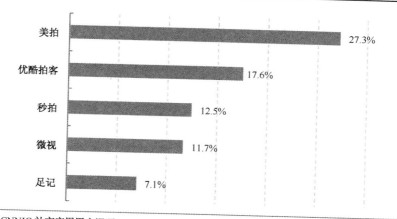

资料来源：CNNIC 社交应用用户调研。

图26.5　图片视频类社交使用率

用户调查显示，社区类社交应用中，知识类社交应用幅度提升，交流内容更加丰富（见图 26.6）。

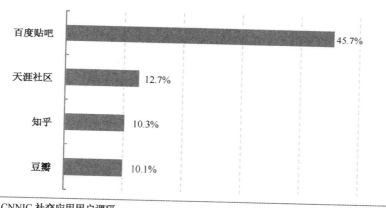

资料来源：CNNIC 社交应用用户调研。

图26.6　社区类社交应用使用率

婚恋交友类应用是单身男女解决婚恋问题的在线社交工具，用户能够随时随地开展文字、语音、视频聊天，以及通过本地搜索、标签匹配和红娘服务等获得较为便捷的交友机会，通过互动方式来谈婚论嫁，为用户在征婚、找对象等实际需求带来便利。本次调查的婚恋交友类应用，使用率都在 5%以下（见图 26.7）。

职场社交应用主要是面向职场人士，帮助其拓展职业人脉，寻求职业机遇，以及提供沟通渠道的职业性社交平台，主要应用有领英、脉脉、猎聘秘书等。该类应用的用户使用率相对较低，均在 3%以下（见图 26.8）。

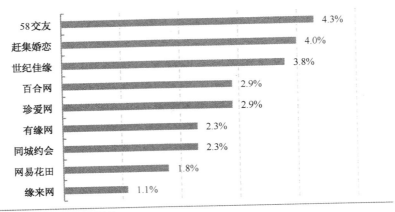

资料来源：CNNIC 社交应用用户调研。

图26.7　婚恋交友类社交应用使用率

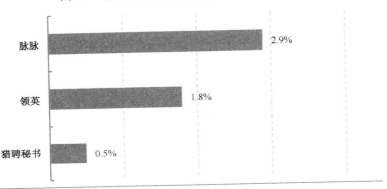

资料来源：CNNIC 社交应用用户调研。

图26.8　职场类社交应用使用率

26.1.2　社交类应用功能

调查结果显示，人们使用社交应用，主要目的有：和朋友互动（72.2%）、及时了解新闻热点（64.3%）、关注感兴趣的内容（59%）、获取知识和帮助（58.3%）、分享知识（54.8%），如图 26.9 所示。为了满足人们不同的社交目的，就出现了不同的社交产品：熟人社交、社交媒体、社区社交，这些社交产品的使用率也相对较高，此外，还有一些使用率相对较小的社交目的，如认识更多新朋友、发现潜在客户/机会等，陌生人社交、职场社交等应用的出现较好地满足了用户需求。

不同的社交应用，能满足人们不同的社交需求和目的，但是又不局限于这些需求和目的。目前市场的社交产品，除了其核心的定位外，也都具备基础的沟通、娱乐功能。

调查显示，用户对于社交应用，主要使用的功能是看视频/听音乐，使用率为 71.5%，视频、音乐本身是休闲娱乐类的主要应用，社交网站的视频、音乐功能因为结合了社交元素，让用户在放松身心的同时能与好友一起分享，故而得到了广大用户的认同。

此外，站内即时聊天、分享/转发信息、收发短信/打招呼、关注感兴趣的信息、上传照片、发布/更新状态等社交应用基本功能的使用率都在 60% 左右（见图 26.10）。

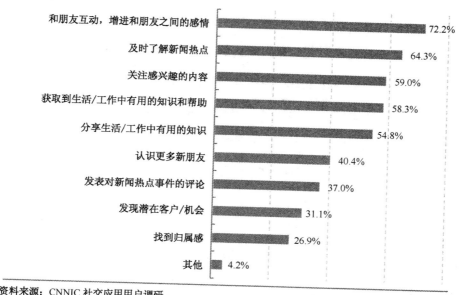

资料来源：CNNIC 社交应用用户调研。

图26.9　社交应用主要使用目的

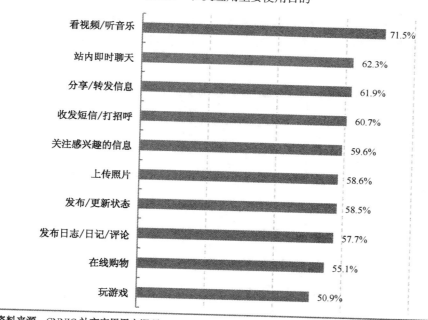

资料来源：CNNIC 社交应用用户调研。

图26.10　社交类应用主要使用功能

从社交应用内从事的活动来看，社交应用的商业化程度还比较低，站内买商品、付费打游戏、点击站内广告等活动的使用率分别为 26.6%、18.8%和 18.6%，社交应用的商业化还有很长的路要走（见图 26.11）。

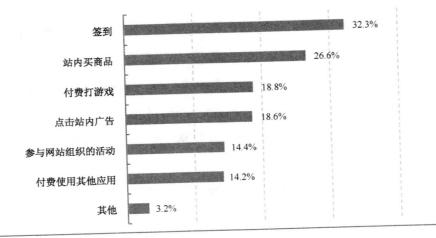

资料来源：CNNIC 社交应用用户调研。

图26.11　社交应用内从事的活动

26.1.3　社交类应用对象

社交应用的联系人中，现实生活中的朋友、同学、同事占比最高，都在80%以上；其次是亲人或亲戚，关注比例为 79.7%，老师/领导的关注比例为 62.4%。在目前市场上的社交应用中，用户量较大的应用都是基于熟人关系链的在线交互，因此在社交网站的联系人中，以同学、同事、亲朋好友为主（见图 26.12）。

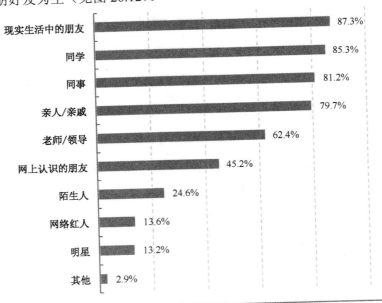

资料来源：CNNIC 社交应用用户调研。

图26.12　社交应用主要联系人

26.1.4　社交类应用频次

从用户对社交应用的使用频率来看，63.3%的用户每天都会使用社交应用，每周使用 4～6 次以上的用户累计达 70%，每周 2～3 次以上的用户累计达 81.4%，社交应用成为网民网络生活中不可缺少的一部分（见图 26.13）。

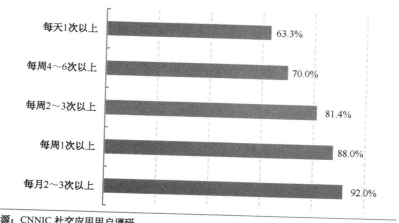

资料来源：CNNIC 社交应用用户调研。

图26.13　社交应用使用频次

从用户对社交应用的使用时长来看，46.2%的用户每天使用社交应用的时长在 60 分钟以上，日均使用时长在 30 分钟以上的用户累计达 61%，日均使用时长在 10 分钟以上的用户累计达 84.9%（见图 26.14）。

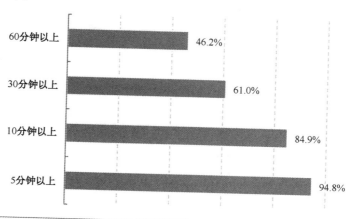

资料来源：CNNIC 社交应用用户调研。

图26.14　社交应用日均使用时长

26.1.5　社交类应用设备

从用户访问社交应用采用的设备来看，手机以其便携、随时可触达的特征成为人们访问社交应用的首要设备，社交网站平台供应商们应进一步加强在移动端的布局，产品设计要符合移动端的特征，让用户有更好的使用体验，以增强用户黏性。人们使用台式电脑、笔记本电脑、平板电脑等设备访问社交应用的比例分别为 47.6%、35.2% 和 27.3%，是手机的重要补充（见图 26.15）。

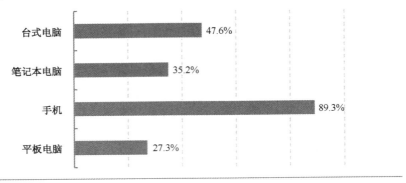

资料来源：CNNIC 社交应用用户调研。

图26.15　社交应用主要使用设备

26.2　微博发展情况

26.2.1　微博使用功能

从用户对微博的主要使用目的来看，"及时了解新闻热点"、"关注感兴趣的内容"、"获取到生活/工作中有用的知识和帮助"是最主要的目的，使用率分别为 72.4%、65.5% 和 59.7%，这也非常符合微博的社交媒体和兴趣社区属性（见图 26.16）。

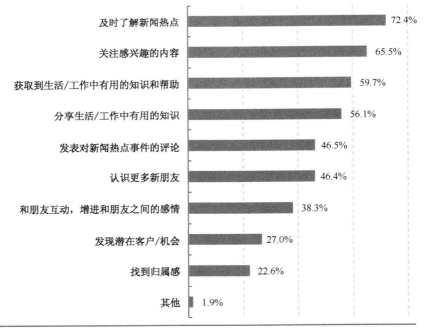

资料来源：CNNIC 社交应用用户调研。

图26.16　微博主要使用目的

　　微博用户之所以选择微博来关注新闻/热点话题，主要的原因是微博的快速响应速度，这一因素的认同率为 62.8%。在传播速度和传播深度上，微博都比传统的新闻媒体有天然的优势，而新浪微博一直都是各类重大新闻事件的首发源头。每逢遇到社会重大事件，新浪微博上的内容发送量都会出现显著上涨。

　　此外，微博用户对"能够辐射各类人群"、"话题关注度高，且短时间内不会减退"等原因的使用率也都在 50% 以上（见图 26.17）。微博时代，信息的传播变得简单，谣言也随之蔓延，而且速度更快、杀伤力更强，用户对新浪微博平台信息整合性、及时性、权威性的认可，从另一方面也体现了微博辟谣的效果。正是由于微博的这种"自净性"，微博平台才变得可信任。

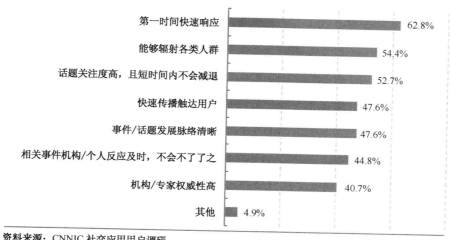

资料来源：CNNIC 社交应用用户调研。

图26.17　从微博上获取新闻/热点话题的原因

　　传统媒体时代，信息内容的传播是人们通过阅读、收看、收听之类的订阅方式，多个人从少数信息源获得信息的。在微博这样的社会化媒体出现之后，信息内容的传播是通过人与人之间的"关注"、"被关注"网络，一层层传播开来。这种传播方式覆盖面广、速度快，同时有信任关系的存在，信息的被接受程度比较好。

　　从对微博功能的使用情况来看，73.9% 的用户通过微博关注新闻/热点话题，新浪微博已经成为一个大众舆论平台，成为人们了解时下热点信息的主要渠道之一；61.6% 的用户主要看热门微博；59.6% 的新浪微博用户关注感兴趣的人；57.9% 的新浪微博用户在微博上看视频/听音乐；52.8% 的人在微博上分享/转发信息（见图 26.18）。

　　目前，微博的商业化产品比较丰富，用户参与较多的是周边信息搜索和电影/音乐/美食/酒店点评，参与度在 20% 以上，点击站内广告、购买站内商品、网站发起的活动等的参与度在 17% 以上（见图 26.19）。

　　从当前商业化举措对网民体验的影响来看，59.3% 的微博用户认为微博的商业化活动对自身使用体验没有影响（见图 26.20）。

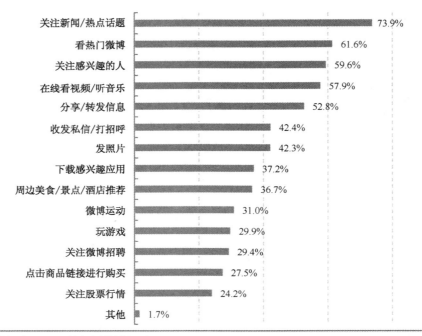

资料来源：CNNIC 社交应用用户调研。

图26.18 微博主要使用功能

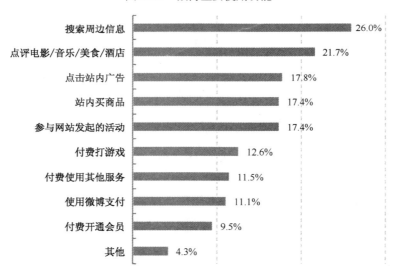

资料来源：CNNIC 社交应用用户调研。

图26.19 微博上从事的活动

　　微博作为新兴媒体，除了其社交自媒体的属性外，还有更高的服务价值。很多众多政府机关、名人、新闻媒体纷纷开通微博，与网民展开互动。政府方面主要利用通过微博征求民众意见，为民众自由发表观点建议提供新的平台，尽力在民众心中树立亲民民主形象，名人们通过微博发表自己正面积极有趣的信息以获得更多支持，新闻媒体则利用微博发表精短新闻消息以扩大知名度。总体而言，微博对当下社会的影响主要集中在"让新闻资讯传播更加

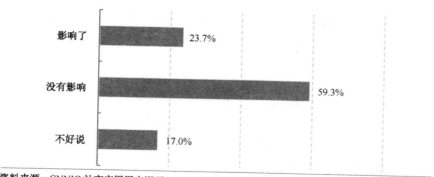

资料来源：CNNIC 社交应用用户调研。

图26.20　微博广告的影响

便捷"（87.3%）、"能推动公益事业的发展"（60.1%）、"对政府政务透明起到推动作用"（57.6%）、"是用户与企业直接的沟通渠道"（50.1%），如图 26.21 所示。

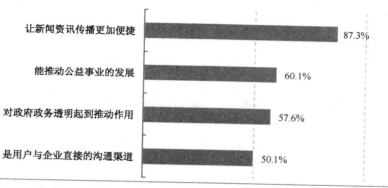

资料来源：CNNIC 社交应用用户调研。

图26.21　微博对当下社会的影响

26.2.2　微博关注对象

微博联系人中，同学、现实生活中的朋友、同事占比最高，均在 60% 以上；其次是亲人/亲戚、明星，55% 以上的微博用户会关注（见图 26.22）。

与社交网络不同，微博除了熟人关系链的在线交互外，还有基于生人网络弱关系链和虚拟空间相关性的社交关系模式。在微博中，除了与现实生活中的朋友进行互动外，还会关注明星大 V、垂直行业 V 用户，形成一个非常庞大的追随网络，还会因为对某一话题的关注，而迅速走到一起，从而造成很大的传播效应，这也是微博社交媒体属性的一个重要基因。

微博用户中，有 10.5% 的人会关注企业账号，他们关注企业账号的目的，主要是了解企业发展动态（79.9%），其次是了解促销信息（68.5%），如图 26.23 所示。微博用户都是以休闲的心态来看微博，因此，微博企业账号的内容要尽量轻松幽默，这有利于增加品牌的亲和力。另外，配以图片和视频对提高微博质量也有较大作用。企业的官方微博是企业的品牌形象所在，有特征、有个性的企业账号才能更好地体现企业文化。

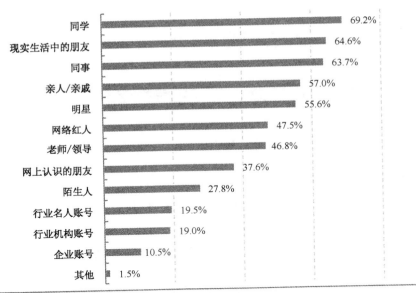

资料来源：CNNIC 社交应用用户调研。

图26.22　微博主要关注人

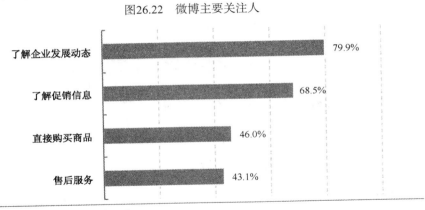

资料来源：CNNIC 社交应用用户调研。

图26.23　微博关注企业账号的原因

26.2.3　微博使用频次

根据调查显示，每周登录 2～3 次以上用户累计达 77.2%，微博已成为他们部分人群生活中一个非常重要的社交媒体途径（见图 26.24）。

从每天的使用时长来看，23.4%的用户每天对微博的使用时长在 1 小时以上，日均使用时长在半小时以上的用户占 45.1%（见图 26.25）。

过去半年内，随着微博产品不断成熟，用户使用习惯逐渐养成，45.6%的微博用户对微博的使用时长没有变化，25%以上的用户对微博的使用时长有所增加（见图 26.26）。

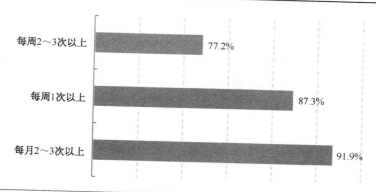

资料来源：CNNIC 社交应用用户调研。

图26.24　微博使用频次

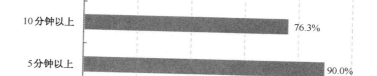

资料来源：CNNIC 社交应用用户调研。

图26.25　每天使用微博的时长

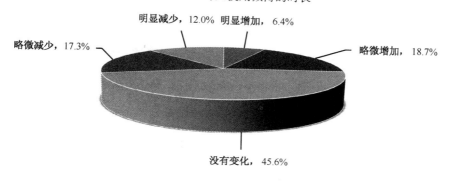

资料来源：CNNIC 社交应用用户调研。

图26.26　过去半年内使用微博的时长变化

26.2.4　微博使用设备

随着智能手机的普及和移动互联网的发展，手机成为人们刷微博的主要设备之一，88.8%的微博用户会在手机端使用微博，随时关注微博动态，随时参与微博话题（见图 26.27）。

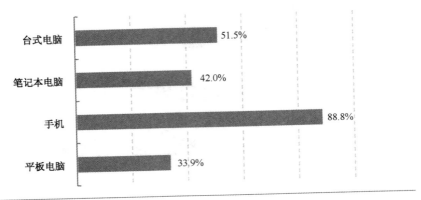

资料来源：CNNIC 社交应用用户调研。

图26.27 微博主要使用设备

26.3 微信发展情况

26.3.1 微信使用功能

微信最早的出发点和核心就是社交工具，而且是熟人社交工具，"和朋友互动，增进和朋友之间的感情"是使用微信的主要目的，使用率为80.3%。随着微信公众平台影响力的增强，公众账号成了微信的主要服务之一，企业和媒体的公众账号也成了用户的主要关注对象。"及时了解新闻热点"、"分享、获取生活/工作中有用的知识"的使用率也都在50%左右（见图 26.28）。

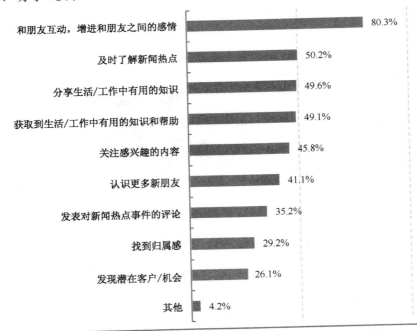

资料来源：CNNIC 社交应用用户调研。

图26.28 微信主要使用目的

网民在微信上使用较多的内容分别为文字聊天、语音聊天、朋友圈，这三者的使用比例均在 80% 以上。此外，群聊的使用比例为 64.5%，社交因素在微信应用里表现较强（见图 26.29）。

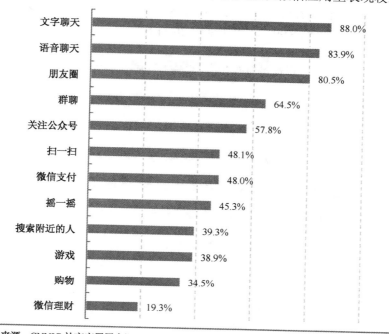

资料来源：CNNIC 社交应用用户调研。

图26.29　微信主要使用功能

目前，微信的商业化产品主要涉及微信支付、微店、朋友圈广告、付费游戏、付费表情等，用户参与最多的是微信支付，使用率为 25%，其他商业化产品的使用率都在 10% 左右，另外有 60% 左右的用户没有参与过微信的商业化活动（见图 26.30）。

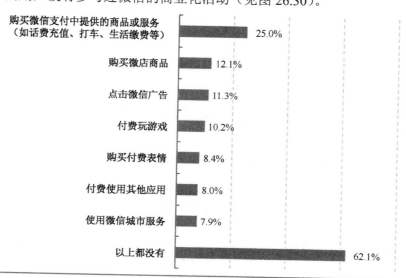

资料来源：CNNIC 社交应用用户调研。

图26.30　微信上从事的活动

26.3.2 微信使用对象

微信是基于熟人关系链的在线社交，微信联系人中，主要有同学、现实生活中的朋友、亲人/亲戚、同事，占比在 80%～90% 之间（见图 26.31）。

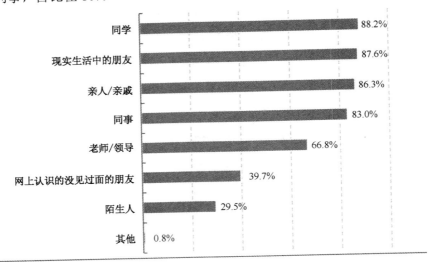

资料来源：CNNIC 社交应用用户调研。

图26.31　微信主要关注人

26.3.3 微信使用频次

日常生活中，人们使用微信主要是沟通交流，以及查看随时可能会更新的朋友圈，每次的使用时长短，但是频率高，因此日均时长累计较高。调查结果显示，微信用户中，每天使用时长在 60 分钟以上的用户占 59.7%，使用时长在 30 分钟以上的用户累计占 75%（见图 26.32）。

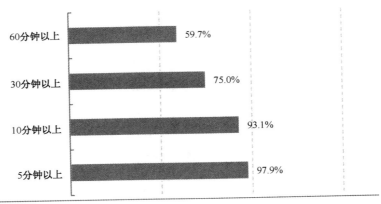

资料来源：CNNIC 社交应用用户调研。

图26.32　每天使用微信的时长

26.4　社交类应用对相关产业的影响

26.4.1　社交类应用与新闻资讯

社交应用普及后，网民网上收看新闻资讯的渠道从单一的新闻资讯类媒体转变成以新闻资讯类网站为主体，社交类网站并存的格局。当用户网上需要获取新闻资讯时，除了新闻资讯类网站以及新闻客户端外，15.1%的网民会通过微博关注新闻，此外，16.2%的网民会通过其他社交网站关注时下发生的热点问题（见图 26.33）。

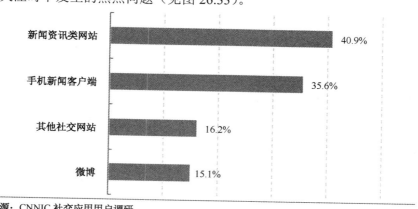

资料来源：CNNIC 社交应用用户调研。

图26.33　网民网上获取新闻资讯的渠道

网民之所以使用社交应用收看新闻资讯，是因为社交应用能从多方面满足网民接触新闻的需求。首先，63.5%的网民表示"喜欢看大家都关注的热点新闻"，社交应用的属性决定了进入关系圈内进行分享的话题多是圈内热点或共同关注、感兴趣的热点，如微博搜索热点、社交网站热点话题推荐等，网民通过这些渠道能更快地接触到正在发生的热点事件。其次，48.9%的网民喜欢看短新闻，微博能很好地满足网民此类需求。最后，还有 43%的网民喜欢看别人转发的新闻，29.1%的网民喜欢看新闻后做评论，28.1%的人喜欢看到新闻后转发到社交应用上面，而社交应用能很好地满足网民这些需求（见图 26.34）。

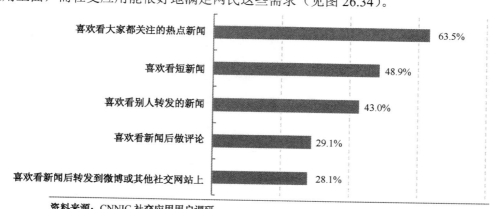

资料来源：CNNIC 社交应用用户调研。

图26.34　社交网民看新闻的状态

对于社交类网民来说，需要关注热门事件或话题时，首选的社交平台是新浪微博，使用率为 22.1%；其次是 QQ 空间，使用率为 11%，与新浪微博之间拉开较大差距；再次是论坛（贴吧等）等，用户从这两个渠道关注热门事件或话题的比例为 7.2%（见图 26.35）。

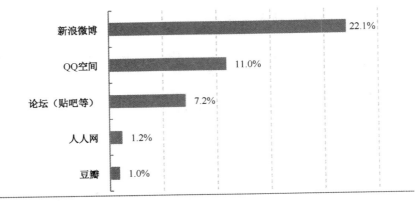

资料来源：CNNIC 社交应用用户调研。

图26.35 网民关注热门事件或话题的首选平台

26.4.2 社交类应用与网络购物

社交应用的基础在于人与人之间的关系和交互，这样的关系可能是亲戚、朋友、同事、同学等亲近关系，也可能是兴趣爱好相同或经历类似的感情共鸣关系。电商企业通过这些关系中的部分人推荐或分享传播购物信息，将带动整个社交圈子里的人对企业和产品的认知和信任，最终转化为销售。

当前网民分享购物信息的比例较低，导致通过购物分享传递购物信息的力度不大。在有过网上购物经历的社交网民人群中，4.1% 的社交网民常常分享购物信息，31.2% 的人偶尔分享购物信息，二者之和占 35.3%，高达 64.6% 的网络购物网民从不分享购物信息（见图 26.36）。与 2014 年同期相比，愿意分享购物信息的网民占比上升了 10 个百分点以上，在商家的推动下，越来越多的网民认可并分享购物信息。

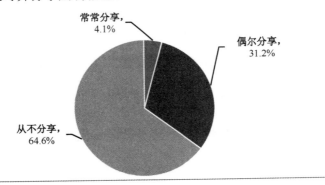

资料来源：CNNIC 社交应用用户调研。

图26.36 网购用户分享购物信息意愿

当前网民购买别人推荐的产品的意愿不高。仅有 32.3% 的社交网民表示会购买别人推荐的产品，67.7%的人表示不会购买，网络社交购物市场还需经过不断实践和市场教育，才能让网民逐步接受在社交应用上分享购物信息，并对这些信息产生信任（见图 26.37）。

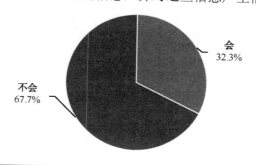

资料来源：CNNIC 社交应用用户调研。

图26.37　是否会购买别人推荐的产品

26.4.3　社交类应用与网络视频

随着网络视频用户规模的扩大和网络视频市场的逐渐规范和成熟，各大视频网站之间的竞争也越来越激烈。不少企业将社交应用作为推广网络视频的重要渠道，以争取更大范围的覆盖、更精准地达到目标受众。用户的分享是网络视频通过社交应用推广的重要前提。

调查数据显示，网络视频用户中，有 38.5%的人分享或转发过网络视频，其中 4.4%的人常常分享网络视频，34.1%的人偶尔分享，分享过的网络视频的用户比例略高于分享过购物信息的比例，与 2014 年调查结果相比上升了 2.7 个百分点（见图 26.38）。

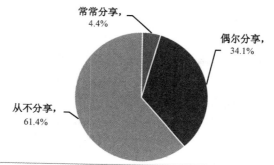

资料来源：CNNIC 社交应用用户调研。

图26.38　社交用户视频分享情况

随着我国网络环境的不断升级和智能手机的普及，视频已经成为一种很常见的信息传递的方式，它能够生动、深度地传达信息，得到了广大社交网民的喜爱，65.6%的网络视频用户会在微博或社交网站里收看别人推荐的视频（见图 26.39）。

最后，愿意在微博或社交网站里点击进入视频网站收看视频的比例也较高，达到了 57.4%（见图 26.40）。由于网民在微博和社交网站里分享和收看视频的积极性较高，网络视频企业可通过视频推荐、确认核心人物转发等多种方式促进用户在社交网站里收看视频，从而增加视频的覆盖率、点击率，提升网络视频网站的流量。

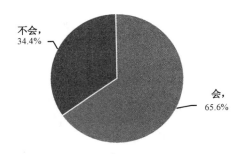

资料来源：CNNIC 社交应用用户调研。

图26.39 是否会在社交网站上收看别人推荐的视频

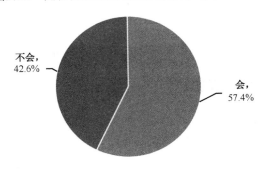

资料来源：CNNIC 社交应用用户调研。

图26.40 社交用户从社交网站点击进入视频网站的意愿

26.5 发展趋势

（1）社交应用市场发展迅速，满足用户沟通、娱乐、兴趣、工作等各个层次需求，其中即时通信工具、综合社交应用、社区社交应用占据了较大的市场份额。

随着移动互联网的普及，社交应用逐渐崛起，各种移动社交应用相继出现，借助 LBS、兴趣、通讯录等功能，以解决用户沟通、分享、服务、娱乐等为立足点，满足用户不同场景下需求。根据用户的使用目的，目前国内的社交应用类型主要分为即时通信工具、综合社交应用、图片/视频社交应用、社区社交应用、婚恋/交友社交应用和职场社交应用六大类。其中即时通信工具的使用率最大，占 90.7%；综合社交应用的使用率为 69.7%；工具性较强的图片/视频类应用使用率为 45.4%，排在第三位；社区社交应用使用率为 32.2%，排在第四位；其他两类社交应用的使用率相对较小，均在 10%以下（见图 26.41）。

（2）社交用户的互联网使用成熟度较高，社交应用是很好的导流入口。

用户调查显示，82.7%的人接触互联网的时间在 5 年以上，61.7%的人接触移动互联网的年限也在 5 年以上，这也从另一方面看出社交用户善于接受新事物，处于时代的前沿。从社交用户平均每日接触互联网的时长来看，整体上网时长、手机上网时长在 6 小时以上的用户分别占 36.9%、22.8%，上网时长在 2 小时以上的用户累计分别为 79.5%、60.5%，网络重度用户较多，社交应用成为网民生活中不可缺少的一部分。利用社交应用的大流量、高时长，各社交平台进一步推进电商化，形成多入口流量导入模式，为社交应用的盈利创造了条件。

图26.41　2015年中国社交应用分类及代表应用

（3）沟通交流、关注新闻热点及感兴趣内容、获取及分享知识是人们使用社交应用的主要目的。用户对社交应用的使用行为和目的表现出极鲜明的差异化。

用户使用社交应用的目的集中于：与朋友互动（72.2%）、了解新闻热点（64.3%）、关注感兴趣的内容（59%）、获取知识和帮助（58.3%）、分享知识（54.8%）。微博、微信、陌陌主要使用目的如图 26.42 所示。

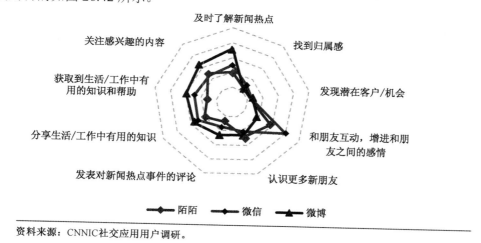

资料来源：CNNIC社交应用用户调研。

图26.42　微博、微信、陌陌主要使用目的

（4）当前，人们的社交心态更开放，借助于大数据和移动社交技术，在社交平台上结识新朋友已经成为常态，陌生人社交正向着健康的方向发展。

调查结果显示，40.4%的社交用户使用社交应用的目的是认识更多新朋友，45.2%的社交用户联系人中有网上认识的朋友。陌生人社交其实一直贯穿于人类社交行为中，在移动互联网时代，这种需求通过陌生人社交应用产品被引导和释放。

（5）社交应用的商业模式在不断地丰富和成熟。其中，微博、陌陌的商业化产品相对丰富，用户参与度也较高。值得注意的是，过度的商业化必然会影响用户体验，在追求盈利和保护用户体验之间寻求平衡是摆在社交应用产品面前的难题。

（中国互联网络信息中心　谭淑芬）

第 27 章　2015 年中国智慧城市发展状况

智慧城市是物联网、云计算、大数据、空间地理信息等新一代信息技术创新应用与城市转型发展深度融合，促进城市规划、建设、管理和服务智慧化的新理念和新模式，体现了城市走向绿色、低碳、可持续发展的本质需求。当前，我国经济发展已进入新常态，开展智慧城市建设既是提升城市承载能力、促进经济提质增效、提高市民生活品质的现实需要，也是引领经济新常态，走中国特色新型城镇化道路，协同推进新型工业化、信息化、城镇化、农业现代化和绿色化的战略决策。

党中央、国务院高度重视智慧城市建设工作，在 2015 年 12 月召开的城市工作会议上，习近平总书记明确指出要着力打造智慧城市，提升城市管理水平。李克强总理在 2016 年的政府工作报告当中强调，要打造智慧城市，改善人居环境，使人民群众生活得更安心、更省心，更舒心。智慧城市已成为应对我国城镇化发展面临严峻挑战、破解"城市病"困境、实现城市可持续发展目标的重要抓手，也是我国推进新型城镇化发展、实现国家治理体系和治理能力现代化的必然选择。

27.1　发展概况

随着对智慧城市认识逐渐加深，在国家政策鼓励和城市发展现实需求的双重推动下，越来越多的中央部委和地方城市已将智慧城市列入重点工作。截至目前，发改委、住建部、工信部、科技部等多个部委各自开展了各类智慧城市相关试点多达 597 个。随着智慧城市建设的落地，更多的城市开始理性地围绕城市发展的战略需要，选择符合自身基础和战略定位的建设重点突破，使智慧城市建设与城市发展的战略目标逐渐一致。

2010 年以来，国家相继出台了推进物联网、云计算、宽带中国、信息消费、信息惠民、智慧城市、互联网+、大数据纲要、中国制造 2025，以及大众创业、万众创新等一系列政策文件，与智慧城市发展均密切相关，国家层面关于智慧城市的政策部署已比较全面到位。

2014 年 3 月 16 日发布的《国家新型城镇化规划（2014—2020 年）》中明确提出"推进智慧城市建设"，"强化信息网络、数据中心等信息基础设施建设。促进跨部门、跨行业、跨地区的政务信息共享和业务协同，强化信息资源社会化开发利用，推广智慧化信息应用和新型信息服务"，为如何通过智慧城市建设实现新型城镇化指明了方向。发展智慧城市在提高城市综合承载力、促进城市产业经济提质增效、创新社会治理和公共服务、保障和改善民生方面具有突出作用，已经成为实现中国特色新型城镇化道路的有效手段。

2014 年 1 月 15 日，国家发改委、工业和信息化部等 12 个部门联合印发《关于加快实施信息惠民工程有关工作的通知》，提出要"围绕当前群众广泛关注和亟待解决的医疗、教育、社保、就业、养老服务等民生问题，选择信息化手段成效高、社会效益好、示范意义大、带动效应强的内容作为工作重点，着力解决薄弱环节、关键问题，增强信息服务的有效供给能力，提升信息便民惠民利民水平"，有效地推动了民生服务领域的智慧城市建设和发展。

2014 年 8 月 27 日，为解决我国智慧城市建设中暴露的诸如缺乏顶层规划设计、相关政策政出多门、网络安全隐患风险突出等问题。经国务院同意，国家发改委联合工信部等八部委联合印发了国家第一份智慧城市系统性指导文件《关于促进智慧城市健康发展的指导意见》，明确了智慧城市发展是一项长期而复杂的系统工程，不可能一蹴而就，提出了"以人为本"、"因地制宜"、"市场为主"、"协同创新"的发展原则和"公共服务便捷化、城市管理精细化、生活环境宜居化、基础设施智能化、网络安全长效化"的发展目标，明确了"科学制定智慧城市建设顶层设计"、"切实加大信息资源开发共享力度"、"积极运用新技术新业态"、"着重加强网络信息安全管理和能力"的建设思路，为地方健康有序开展智慧城市建设提供了切实有效的指导。

与之同时，许多地方也纷纷出台了各种各类智慧城市政策（见表 27.1），结合当地实际情况开展不同层面的建设推进工作。虽然上述政策都提出了很多保障措施，但真正落实智慧城市建设还需要深入细致研究，并拿出切实可行的操作方法。同时，由于这些政策本质上都属于"中国信息化"的不同侧面，因此执行这些政策的时候也必须注意整体性解读和关联性分析。

表 27.1　部分地方政府智慧城市建设相关政策文件一览

序号	发布单位	文件名称	发布时间	主要内容
1	江西省住房和城乡建设厅、江西省发改委、江西省工信委	关于印发《关于推进我省智慧城市建设的指导意见》的通知（赣建科〔2014〕7 号）	2014.08	基础设施智能化；公共服务便捷化；社会治理精细化；产业发展科学化；发展机制更加完善
2	浙江省人民政府办公厅文件	浙江省人民政府办公厅关于开展智慧城市建设试点工作的通知（浙政办发〔2011〕107 号）	2011.10	"八八战略"、创业富民、创新强省试点项目申报
3	浙江省信息化工作领导小组办公室	关于印发《2012 年智慧城市建设试点工作方案》的通知（浙信办发〔2012〕7 号）	2012.03	围绕城市发展突出问题，探索服务和商业模式创新、创新机制体制，推进省智慧城市建设试点
4	浙江省信息化工作领导小组办公室文件	关于建立首批智慧城市试点项目建设组织保障体系有关事项的通知（浙信办发〔2012〕8 号）	2014.04	以市政府为责任主体的试点项目，省级业务部门为责任主体试点项目
5	浙江省人民政府办公厅文件	浙江省人民政府关于务实推进智慧城市建设示范试点工作的指导意见（浙政发〔2012〕41 号）	2012.05	明确并实施示范试点项目；成熟一个、启动一个
6	浙江省人民政府办公厅文件	浙江省人民政府办公厅关于公布首批智慧城市建设示范试点项目指导组名单的通知（浙政办发〔2012〕58 号）	2012.06	具体职责及工作要求
7	浙江省科学技术厅文件	浙江省科学技术厅关于印发《浙江省智慧城市研究课题实施方案》的通知（浙科发社〔2012〕77 号）	2012.4	智慧城市建设试点布局与城市应用市场合作开发的战略研究；标准化建设研究；保障体系研究

续表

序号	发布单位	文件名称	发布时间	主要内容
8	河南省人民政府办公厅	关于印发河南省促进智慧城市健康发展工作方案（2015—2017年）的通知（豫政办〔2015〕109号）	2015.08	试点示范；标准评价体系制定；宽带中原；技术研发
9	贵州省人民政府	省人民政府印发《关于加快大数据产业发展应用若干政策的意见》、《贵州省大数据产业发展应用规划纲要（2014—2020年）》的通知（黔府发〔2014〕5号）	2014.02	示范工程；应用平台；科技创新；投融资体系；三位一体协同发展
10	山东省信息化工作领导小组办公室	关于印发《山东省"互联网+"发展意见》的通知（鲁信办字〔2015〕2号）	2015.07.06	推进"互联网+"传统产业；发展"互联网"+新兴产业；推进"互联网+"公共服务；发展"互联网+"基础设施
11	山西省人民政府	山西省人民政府关于促进云计算创新发展培育信息产业新业态的实施意见	2015.08	推动云计算产业与经济社会协调发展
12	山西省人民政府办公厅	山西省人民政府办公厅关于促进地理信息产业发展的实施意见	2014.09	积极推进产业发展平台体系建设；优化产业发展环境
13	北京市人民政府	北京市人民政府关于促进信息消费扩大内需的实施意见	2014.02	推进信息基础设施建设；培育信息消费需求
14	北京市人民政府	北京市人民政府关于印发北京市促进软件和信息服务业发展指导意见的通知	2015.07	围绕十大应用领域，鼓励研发行业解决方案
15	天津市人民政府办公厅	天津市人民政府办公厅关于转发市工业和信息化委拟定的天津市推进智慧城市建设行动计划（2015—2017年）的通知	2015.06	惠民服务便利化应用行动；城市管理精细化推进行动；城市基础设施智能化提升行动
16	天津市人民政府办公厅	天津市人民政府办公厅关于促进我市电子政务协调发展的实施意见	2015.05	建成统一规范的全市电子政务网络、电子政务云平台
17	青海省人民政府办公厅	青海省人民政府办公厅关于印发加快宽带青海建设创建宽带中国示范城市工作方案的通知	2015.08	宽带中国试点申报以及评价标准
18	青海省人民政府办公厅	青海省人民政府办公厅关于印发促进云计算发展培育大数据产业实施意见的通知	2015.08	建立云计算平台，政策支持、人才培养、基础设施平台建设
19	青海省人民政府办公厅	青海省人民政府办公厅关于印发《推进青海省国家农村信息化示范省建设的实施意见》的通知	2015.04	建立信息资源共享技术支撑体系，实施六大农村信息化服务示范工程
20	青海省人民政府办公厅	贯彻落实《国务院办公厅关于促进地理信息产业发展的意见》的实施意见	2014.11	推进科技创新，充分开发利用地理信息资源；助推"智慧城市"建设，提升城市信息化水平
21	甘肃省人民政府办公厅	甘肃省人民政府办公厅关于印发加快大数据、云平台建设促进信息产业发展实施方案的通知	2015.08	推进基础设施建设；深化云平台服务；推进软件产业快速发展；推进电子制造业快速发展
22	云南省人民政府办公厅	云南省人民政府办公厅关于进一步加快地理信息产业发展的实施意见	2015.08	深化地理信息服务开发；加紧推进省级地理信息产业园建设

序号	发布单位	文件名称	发布时间	主要内容
23	四川省人民政府办公厅	四川省人民政府办公厅关于印发四川省 2015 年"互联网+"重点工作方案的通知	2015.06	"互联网+"制造、农业、能源、金融民生服务、政务、旅游等 13 各方面的工作方案
24	广东省人民政府	广东省人民政府关于印发《广东省智能制造发展规划（2015—2025 年）》的通知	2015.07	实施"互联网+"制造业行动计划；智能制造示范区、产业基地、示范工程
25	湖南省政府办公厅	湖南省人民政府办公厅关于加快农业互联网发展的指导意见	2015.08	促进农业互联网广泛应用；深化移动互联网与农业产业化合作；强化农村农业信息化服务
26	安徽省人民政府	安徽省人民政府关于促进云计算创新发展培育信息产业新业态的实施意见	2015.09	加快推进"宽带安徽"建设；建设基于"云、管、端"的计算、存储和网络资源等云计算项目；提升创新能力；实施"互联网+"行动计划
27	吉林省人民政府	吉林省人民政府关于促进互联网经济发展的指导意见	2015.01	推进"两化"深度融合，加快工业转型升级；大力发展云计算产业，打造云计算产业链；培育互联网新兴产业，形成新的经济增长点；支持互联网金融创新，建立金融服务新格局

27.2 发展特点

随着地方智慧城市建设的全面展开，推进速度较快的城市已开始进入项目建设阶段，其余城市也开始进行规划设计阶段。从总体上讲，我国智慧城市的建设发展呈现如下几方面特点。

1. 东部、中部地区发展相对领先

由于受经济发展水平、信息化发展基础、信息化支撑人才等因素的影响，我国东部、中部地区智慧城市建设相对领先，环渤海、长三角、珠三角三大经济区域是当前我国智慧城市发展较快的地区。此外，武汉城市群、成渝经济圈、关中—天水经济圈等地区也呈现出较好的发展趋势。

2. 信息惠民建设成果突出

随着信息惠民工程的实施推进，国家发展改革委联合多部门在全国 80 个城市开展了国家信息惠民试点，民生服务领域信息服务能力建设稳步推进，公共服务水平快速提升，逐渐成为地方智慧城市建设中的重点发展内容。智慧城市中"以人为本"发展原则也得以逐步体现。例如，广东省通过建设网上办事大厅，梳理简化办事流程，建立网上办事三级深度标准，"以信息流代替人流"，极大地增强了政务办理服务效能；武汉市通过建立的"市民之家"，推动部门间系统互通和数据共享，实现了 426 项行政审批和公共服务事项的"一站式"办理，大大缩短了审批数据的处理时间大大缩短；江西省上饶市通过简化审批流程，精简了 70.1% 的审批事项，使项目办理时限平均缩短 60.7%，立等可取项目由过去的"零项目"扩大到 9 项，实现了"让数据多跑路、让群众少跑腿"。

3. 建设运营呈现模式逐渐多元化趋势发展态势

随着各地对智慧城市工作重视程度的提升，越来越多的社会资金开始参与到智慧城市建设当中。地方智慧城市建设运营模式逐步呈现多元化发展态势，政府购买服务、建设—运营—转移（BOT）、PPP 等多元化发展建设运营模式开始在多地智慧城市建设中实施实践。"市场为主"发展原则得到也逐步体现逐渐落实。例如，上海浦东新区在 2010—2013 年投入的约 300 亿元的智慧城市建设项目资金中，政府投入仅为 10 亿元，社会化投入达到 290 亿元；武汉市智慧城市项目近 70% 都是民生项目，在总体投资 13 亿元当中，政府投资仅占 550 万元。

4. 管理机制体制进一步创新优化

随着智慧城市建设的落地，各地智慧城市监管管理体制机制也进一步在逐步创新优化。例如，深圳市将对电子政务绩效的评估纳入了政府绩效评估体系，并且每年根据政府政府工作重点滚动更新电子政务考核内容，有效促进了政务信息化持续健康发展；克拉玛依市智慧城市通过建设实行"统一组织、统一管理、统一标准、统一技术路线、统一技术支持"的原则，将市信息化管理局作为全市统一的信息化和智慧城市工作主管部门，对全市信息化项目申报、审批、建设、管理、评价实行统一管理，有力地保障了智慧城市建设的顺利开展；陕西咸阳市政务信息化办公室作为全市智慧城市工作的政府主管部门，不但对将市属各单位的智慧化建设项目进行纳入全市统一规划，并还对全市信息化项目规划、项目建设、资金审批、绩效评价实行统一归口、一体化管理，使得全市信息化建设得以快速推进。

27.3 发展趋势

虽然我国智慧城市建设在总体上尚处于起步探索阶段，但已在逐步从理念走向实践、从无序变为有序、从注重形式到追求实效、从政府自建走向社会共建共赢发展。具体来看，我国智慧城市建设日益呈现以下几个方面的发展趋势。

1. 互联网将作为创新要素对智慧城市发展产生全局性影响

互联网在促进创新发展、带动产业转型升级、提升社会管理服务精细便捷方面有独特作用，"互联网+"发展对重塑创新体系、激发创新活力、培养新兴业态和创新公共服务模式、推动经济社会发展具有重要意义，互联网与各领域的融合发展具有广阔前景和无限潜力，已成为不可阻挡的时代潮流，对未来我国经济形态、社会形态、创新体系、服务体系产生都将产生变革性影响。国务院 2015 年 7 月 4 日发布的《关于积极推进"互联网+"行动的指导意见》提出了"互联网+"创业创新、"互联网+"协同制造、"互联网+"现代农业、"互联网+"智慧能源、"互联网+"普惠金融、"互联网+"益民服务、"互联网+"高效物流、"互联网+"电子商务、"互联网+"便捷交通、"互联网+"绿色生态、"互联网+"人工智能等十一项重要行动，都和智慧城市息息相关。可以预见，随着"互联网+"时代的到来，通过互联网渠道将创新成果与经济社会各领域深度融合将加速推动经济社会、政府管理和公共服务等发展模式的变革，从而形成更广泛的以互联网为基础设施和创新要素的智慧城市发展模式。

2. 大数据应用将为智慧城市发展带来更多智慧建设的核心要素

随着信息技术与经济社会的交汇融合引发了数据迅猛增长，数据已成为国家基础性战略资源，大数据正日益对全球生产、流通、分配、消费活动以及经济运行机制、社会生活方式和国家治理能力产生重要影响。大数据已成为智慧城市建设中新兴热点技术的核心和代表，"无数据不智慧"已成为共识。2015 年 8 月 31 日，国务院印发《促进大数据发展行动纲要》，指出"坚持创新驱动发展，加快大数据部署，深化大数据应用，已成为稳增长、促改革、调结构、惠民生和推动政府治理能力现代化的内在需要和必然选择"，明确了"打造精准治理、多方协作的社会治理新模式，建立运行平稳、安全高效的经济运行新机制，构建以人为本、惠及全民的民生服务新体系，开启大众创业、万众创新的创新驱动新格局，培育高端智能、新兴繁荣的产业发展新生态"五大目标，提出"加快政府数据开放共享，推动资源整合，提升治理能力"、"推动产业创新发展，培育新业态，助力经济转型"、"健全大数据安全保障体系，强化安全支撑，提高管理水平，促进健康发展"三大重点任务。这些内容都和智慧城市息息相关。数据资源的建设、融合与共享开放程度会直接影响智慧城市建设，大数据成为智慧城市建设的核心要素。可以预见，随着大数据行动方案的实施落地，"用数据说话、用数据决策、用数据管理、用数据创新"必将会为推进智慧城市建设进程。

3. 集约化、延伸化、多渠道服务将促进公共服务创新发展

2014 年 1 月 9 日，国家发改委发布了《关于加快实施信息惠民工程有关工作通知》，提出"各地方在实施信息惠民工程中，要注重资源整合，逐步实现公共服务事项和社会信息服务的全人群覆盖、全天候受理和'一站式'办理"。同年 6 月 12 日，80 个城市被列为全国信息惠民国家试点城市，意在引导地方通过试点城市建设，以信息化发展促进社会管理和公共服务机制模式创新，从而优化公共资源配置、提升加快提升公共服务水平和均等普惠程度。可以预见，未来"一站式"综合服务平台将成为政府提供公共服务的主流形式。此外，除了公共服务的集约化，延伸化服务和多渠道服务的需求也将引入公共服务与互联网、移动互联网等新技术新模式，实现公共服务的进一步融合创新发展。

4. 公私合营 PPP 模式将成为社会资本参与智慧城市建设的主流模式

由于智慧城市建设投入大、周期长，全部依托依靠政府力量资金投入将极易导致带来城市发展建设资金财政不足、可持续发展能力低、管理效率低下等诸多问题，影响智慧城市健康可持续发展。借助引入社会力量以市场机制参与资本，将市场机制和经营理念引入智慧城市建设，既可以有效减轻财政压力，又能够提升智慧城市建设管理的能力和发展质量。2014年 12 月，财政部、发改委同日发布《政府和社会资本合作模式操作指南（试行）》、《关于开展政府和社会资本合作的指导意见》、《政府和社会资本合作项目通用合同指南（2014 版）》3份 PPP 文件，为政企协同进一步规范了 PPP 模式的发展，促进了 PPP 模式共建智慧城市奠定了基础的普及。近两年已有不少地方各地政府陆续与相关企业在智慧城市领域签订了战略合作协议，为地方智慧城市建设的有效推进奠定资金和专业运营保障基础。实践证明，市场参与比政府投资为主的方式更有利于智慧城市建设实施，未来这种合作将更为广泛。

（国家信息中心中国智慧城市发展研究中心　单志广、王　威、吴洁倩、唐斯斯）

第 28 章 2015 年中国电子政务发展状况

28.1 发展概况

2015 年以来，国务院先后出台多个政策，明确要加快互联网与政府公共服务体系的深度融合，加快推进"互联网+公共服务"，运用大数据等现代信息技术，推动公共数据资源开放，促进公共服务创新供给和服务资源整合，构建面向公众的一体化在线公共服务体系，提升公共服务整体效能。

2015 年中国政府网站建设水平进一步提升。各部委网站两极分化现象得以改善，地方政府网站整体水平显著提升，地市级政府网站发展势头较快，整体呈现健康发展水平。网站可用性、首页更新、链接可用性和网站栏目维护情况合格达标，整体处于健康发展阶段。行政办事服务明显改善，网站功能略有下滑，新技术应用领域成为建设热点。政府信息公开方面，基础信息公开稳步提高，重点领域信息公开参差不齐，仍需加强。政府网站在线办事方面、网上办事服务能力进一步加强，但便民服务水平仍需改善，地方政府网站重点服务建设仍是短板。

部委网站各项评估结果如图 28.1 所示，地方网站各项评估结果如图 28.2 所示。

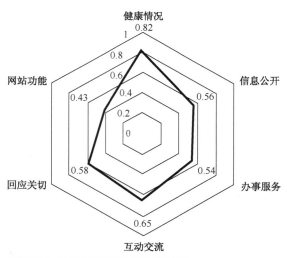

资料来源：2015 年政府网站绩效评估报告。

图28.1 部委网站各项评估结果

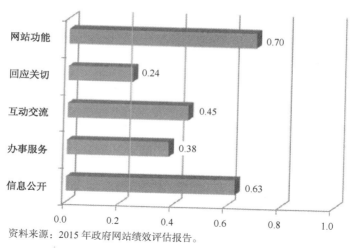

资料来源：2015 年政府网站绩效评估报告。

图28.2　地方网站各项评估结果

28.2　政府门户网站建设

28.2.1　整体情况

2015 年政府网站绩效评估结果显示，部委网站 2015 年平均绩效得分有所提升，两极分化现象得以改善。部委网站 2015 年平均得分为 69.06 分。各部委网站绩效水平分布情况如图 28.3 所示。

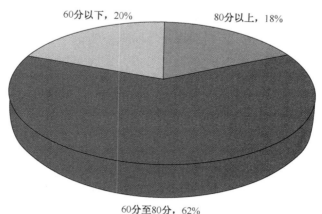

资料来源：2015 年政府网站绩效评估报告。

图28.3　部委网站得分情况

地方政府网站整体水平显著提升，地市级政府网站发展势头较快，整体呈现健康发展水平。2015 年政府网站绩效评估结果显示，2015 年度我国省级政府网站平均绩效指数 0.61，仍居省、地市、县级政府网站之首，领航地方政府网站发展。地市级政府网站平均绩效指数 0.52，总体发展势头较快，逐渐缩小与省级政府网站差距。区县政府网站整体发展相对较慢，整体水平为 0.34，较上一年度略有提高（见图 28.4）。

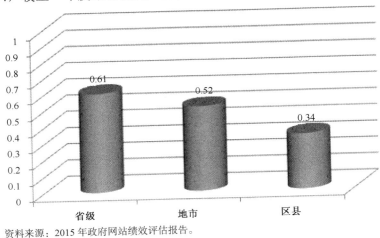

资料来源：2015 年政府网站绩效评估报告。

图28.4　地方政府网站得分情况

28.2.2　主要特点

一是门户网站的运维保障水平提升明显，"四不"问题得到有效解决。2015 年政府网站绩效评估数据显示，各级政府门户网站的可用性、更新性、回应情况有较为明显的改善，运维保障水平提升显著。监测期间，部委、省、市政府门户网站的可用性情况良好，站点可用性均超过了 95%；与 2014 年相比，首页链接、二级页面链接、附件下载和在线系统的链接可用性均大幅提升。

二是依托业务系统建设，政府数据的综合利用水平和服务能力进一步提升。交通运输部、商务部、水利部、工商总局、食药总局、林业局等部委网站结合各自的业务职能，加强业务系统建设，面向社会公众和企业提供全面、专业、深度的支撑服务，有效地提升了政府的互联网服务水平。例如，商务部网站推出了中小企业外贸软件（ERP）云服务平台，面向 3200 余家中小外贸企业出口业务提供营销管理、供应链执行等全流程 30 余个外贸环节的基础性、免费服务。平台预置了 20 余种国际标准化打印单证格式，充分满足了中小外贸企业在营销业务执行中的"敏捷处理"、"规范化操作"、"协同作业"和"网络服务"的需要。北京市、海南省、江西省、成都市、佛山市、广州市、禅城区等地方基于建设完善资源共享平台、加强与实体大厅的对接与融合，打通了下辖部门和地区的数据共享通道，提供了一门式、一口式服务，极大地方便了公众和企业办事。

三是不断创新服务手段、提升服务意识，以互联网思维指导政府网站建设。各级政府网站积极适应互联网发展新趋势，不断提升政府网站服务理念，创新服务模式。例如，浙江省政府网站建设数据统一开放平台，共开放 68 个省级单位提供的 350 项数据类目，其中包含 100 项可下载的数据资源，137 个数据接口和 8 个移动 APP 应用。广州市、厦门市、横琴新区等政府网站面向用户提供了定制化服务，能够结合用户的需求提供针对性强的办事服务，打造网上政府服务的 VIP 通道。林业局、海关总署、上海市、佛山顺德区等政府网站依托热线电话、网络咨询留言数据等资源，搭建了智能互动平台，面向用户提供自动化、及时化的交流支撑服务。

四是整合多平台多渠道资源，互动交流和舆论引导加强。微博微信、移动应用等新媒体、新技术应用突破瓶颈期，进入快速发展阶段，部委网站的政务微博、微信开通和使用情况，较上一年度有明显提高，移动应用情况也有明显改善，政务 APP 应用得到进一步扩展。70%的部委网站整合利用政务微博、政务微信、移动 APP 应用等新媒体，及时发布各类权威政务信息，尤其是涉及公众重大关切的公共事件和政策法规方面的信息，方便用户及时获取政府信息和服务。45%的地方政府整合利用政务微博、微信转发政府网站信息，37%的地方政府网站主动提供各类移动 APP 应用，新媒体建设成为地方网站发展热潮。

五是安全防护能力有所提升，但形势依然不容乐观。评估结果显示，各部委网站安全防护能力明显改善，安全防护措施加倍。80%的部委网站安全防护水平有所提高，安全漏洞数量明显减少，安全风险级别降低，但仍有少数网站仍存在不同程度地安全漏洞风险，超过 45%的地方政府网站仍不同程度上存在不同级别的 Web 类、信息收集类等安全漏洞风险，需要进一步采取系统加固、漏洞加固处理、更新漏洞库等方式进行针对性的安全加固。随着网络信息安全形势日益严峻，各级政府网站的安全防护能力还有待进一步提升。

28.3　政府信息公开

2015 年，各部门各地方按照国务院办公厅的要求，持续加大重点领域政府信息的公开力度。与 2014 年相比，部委、省、市、区县政府网站开通了公共资源配置类、食品药品安全类、环境保护类、安全生产类等重点领域的公开专栏比例达到了 60%，比 2014 年提升了 17 个百分点。交通运输部、国税总局、北京市、青岛市、济南市、成都市等政府网站围绕重点工作和社会关注热点，推出热点专题，及时发布最新的政策和业务信息，开展访谈解读。例如，交通运输部的"出租汽车行业改革"专题，国税总局"税收服务一带一路"等，及时了解和汇聚民情，较好地引导网络舆论。

28.3.1　部委网站

2015 年政府网站绩效评估结果显示，各部委网站对于概况信息、人事信息、通知公告、统计数据等基础信息公开及时、准确，信息公开年报、公开目录及时得到维护，绩效成绩明显提高。100%的部委网站主动发布通知、公告、公示、最新文件等信息，内容较为丰富、更新较为及时；超过 60%的部委网站对部分政策文件进行解读；75%的部委网站持续公开人事任免、干部选拔、人员考录、事业单位招聘等信息；超过 60%的部委网站及时发布业务统计数据，并对数据进行较为细致的解读、说明。重点领域信息公开稳步推进，但公开深度和质量还有较大上升空间，围绕部门职能范围开展的年度重点工作、公众广泛关注的重点领域信息公开仍有较大提升空间。财政性资金公开效果明显，50 余家部委网站公开了 2015 年财政预算和 2014 年财政决算、2015 年"三公"经费预算和 2014 年"三公"经费决算信息；多数部委网站能够按照国务院的工作部署，公开权力清单，包括项目名称、审批部门、行政类别、设定依据、共同审批部门、审批对象等内容，但较少对行政处罚结果、行政强制、行政给付等行政权力事项进行公开；财政预决算和"三公"经费明细、企业信用记录、行政收费、政府采购过程、年度计划执行过程等领域信息公开也需要改善。主要信息公开指标绩效水平如图 28.5 所示。

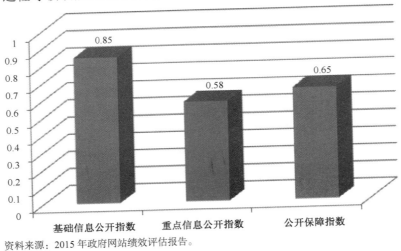

资料来源：2015 年政府网站绩效评估报告。

图28.5　部委网站信息公开绩效水平情况

28.3.2　地方政府网站

2015 年政府网站绩效评估结果显示，总体上，省、地市和区县级政府网站基础信息公开较好，绩效评估指数为 0.78，80%的省、地市、区县级政府网站能够按照政府信息公开条例的要求，主动公开地区介绍、机构职能、领导信息、政府文件、人事信息、财政资金、统计信息、发展规划、价格收费和政府工作报告等基础政府信息，并建立政府信息公开目录、提供依申请公开政府信息渠道。各地方政府网站更加重视政策文件、规划计划、人事信息、统计数据等基础信息的公开，内容更加丰富、更新更加及时。少数网站不仅及时公开政府集中采购目录，还及时发布招标、中标、废标、更正等公告信息，以及招投标违法违规行为、企业名单及处理情况，社会反响良好。

但重点领域信息公开普遍偏低，综合绩效评估指数仅为 0.32（见图 28.6）。40%以上的省、

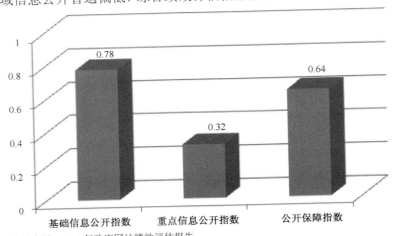

资料来源：2015 年政府网站绩效评估报告。

图28.6　地方政府网站信息公开绩效水平情况

地市和区县级政府网站开通了重点信息公开专栏，围绕民生、企业关注热点，及时公开行政权力清单、财政预决算、政府采购、保障性住房、价格与收费、安全生产、公共企事业单位信息、征地拆迁等相关信息。

28.4　政府网站在线办事

与 2014 年相比，2015 年部委行政办事服务明显改善，但服务绩效方面有所下滑，评估结果显示，2015 年部委网站办事服务平均绩效指数为 0.55，与 2014 年相比有所下滑；而各地方政府网站的办事服务绩效评估指数为 0.45，较上一年度有较大提高。多数部委网站能够全面提供行政许可事项的办事指南、表格下载、在线申报等服务，服务质量、服务范围和服务深度有明显改善。57% 的地方政府网站开通了网上行政服务大厅，整合便民公共服务资源，加强服务内容的实用化建设，网上办事服务能力显著增强。但与此同时，政府网站在线服务与社会公众需求还存在较大差距，服务深度、服务质量与服务水平仍需加强，存在公众关注度高的服务匮乏、服务内容不够实用、重点服务不好用、维护机制不畅通等情况。

28.4.1　部委在线服务

2015 年，多数部委网站网上办事服务能力进一步加强，评估显示，85% 的部委网站按照统一的规范要求提供了办事指南，内容涵盖了办理依据、办理程序、所需材料、收费标准与依据、办理时限、联系方式等信息；50% 的部委网站提供了示范文本、样表下载或填写说明等，多数部委网站能够结合业务职能和用户需求，提供办事指南、表格下载等基础性办事服务内容。然而，部委网站的公共服务能力体现不足，政府数据开放有较大限制，服务深度与广度普遍偏低，便民服务水平仍需改善。比如，在围绕社会公众、企业实际办事过程中，需要深度了解的审批环节、办理状态查询、提醒、告知等服务明显不足；针对部分办理量大、公众关注度高的事项没有提供在线预约、网上预审、在线申报等服务；在结合本部门职能，围绕社会民生、企业生产、科研事业等领域主动提供的公共服务信息、政府数据方面，80%的部委网站仍处于起步阶段，出现了不全面、不及时、不详细，甚至不提供等情况，政府网站上提供的公共服务信息开放数据量小、面窄，与公众、企业需求存在较大差距，政府网站在促进社会管理、提升政府公共服务水平上，优势不明显。

28.4.2　地方政府在线服务

2015 年，地方政府网站网上办事能力显著增强，民生领域服务内容不断丰富，行政办事服务水平显著提高。评估结果显示，近四成地方政府网站公开了本级政府及各部门的行政权责清单，并开通了网上行政服务大厅，提供各类行政许可、便民服务事项的办事指南、表格下载、网上办理、结果查询等服务；80% 的地方政府网站围绕用户和企业需求，相应整合了教育、医疗卫生、交通、就业、社保、住房、企业服务等领域的相关政策、指南信息、业务表格、名单名录、业务查询、常见问题等资源，信息内容不断丰富。然而各地方政府网站建设在重点服务上仍存在短板，大多数地方政府网站尚未整合提供重点服务，只是对事项进行简单罗列或初步分类，针对性不强，且服务资源仍是"共性化的、原则性的"办事指引，未能针对用户类别进行细分，提供个性化、实用化、人性化服务，同时在服务资源整合方面，缺少对相关查询服务、常见问题、前后关联事项的整合。

28.5 政府在线服务公众参与

2015 年，政府部门网站的互动交流效果日益显著，互动交流水平持续提升，大多数政府部门建立了较为完善的政务咨询、调查征集类互动渠道，政务咨询的答复反馈质量和及时性有了显著提高，答复内容有理有据、内容细致，基本能够满足用户咨询需求。同时，调查征集活动渠道功能趋于完善，围绕社会热点的调查征集次数明显增加。此外，各级政府开始重视回应公众关注问题，围绕当前工作重点和社会关注热点，通过互动访谈、热点专题、视频直（录）播等方式，对重要政策、重大决策进行解读；及时发布新闻发布会信息，妥善回应公众质疑、及时澄清不实传言、权威发布重大突发事件信息，政府回应关切的重视程度不断提升。

28.5.1 部委在线服务公众参与

1. 咨询投诉和调查征集渠道基本健全，新媒体应用水平显著提高

大多数部委网站政务咨询渠道较为健全，建立了完善的答复反馈机制，能够在规定时间内对用户留言给予有效答复，答复内容有针对性，语气和缓，内容较为细致，有理有据，基本满足了用户的问询需求，答复质量较高，反馈答复情况普遍较好。多数部委网站能够提供网上征集调查渠道，并围绕重大政策制定、社会公众关注热点等重点开展网上意见征集、调查活动，广泛征求社会公众意见，促进科学、民主决策，渠道建设趋于完善。同时，在微博微信、移动应用等新媒体、新技术应用方面，部委网站进入快速发展阶段，政务微博、微信开通和使用情况，较上一年度有明显提高，移动应用情况也有明显改善，政务 APP 应用得到进一步扩展。70%的部委网站整合利用政务微博、政务微信、移动 APP 应用等新媒体，及时发布各类权威政务信息，尤其是涉及公众重大关切的公共事件和政策法规方面的信息，方便用户及时获取政府信息和服务。

2. 互动交流水平显著提高，但实际应用效果有待提升

评估结果显示，部委网站回应关切重视程度不断提升，能够围绕当前工作重点和社会关注热点，通过多种方式对重要政策、重大决策进行解读。90%的部委网站能够在重要政策法规出台后，针对公众关切，及时通过网站互动访谈、热点专题、视频直（录）播等方式发布政策法规解读信息，加强解疑释惑。25%的部委网站能够以数字化、图表、音频、视频等方式予以展现，使政府信息传播更加可视、可读、可感。45%的部委网站设置了"网上直播"、"新闻发布会"等栏目，以文字、图片、视频等方式做好文件解读、妥善回应公众质疑、及时澄清不实传言、权威发布重大突发事件信息。然而，在实际应用过程中仍然存在不足，比如在征集调查活动组织上，30%的网站征集调查活动数量偏少，年度仅开展 1～2 期；18%的网站活动主题仅局限于网站页面改版等方面，与公众的需求相差甚远；75%的网站未对公众参与情况、意见采纳情况进行公开；少数部委网站 2015 年度政策解读信息较少，个别网站未发布政策解读，仍有超过半数网站未开通新闻发布相关栏目；仍有超过三成的部委网站还未开通整合政务微博、微信或移动 APP 应用，而已开通的部委网站，在信息发布频率、内容质量、服务推送、交流互动等方面还普遍存在不足。

28.5.2　地方政府在线服务公众参与

1. 互动渠道和形式多样，回应答复质量显著提高，但实际应用成效有待提升

90%以上的各省、地市和区县级政府网站提供网上征集调查渠道，并围绕重大政策制定、社会公众关注热点重点开展意见征集或网上调查活动。各级政府网站能够在重要政策法规出台后，针对公众关切，及时通过网站互动访谈、热点专题、视频直（录）播等方式发布政策法规解读信息，少数网站能够以数字化、图表、音频、视频等方式予以展现，解读形式更加多样化。同时，各级地方政府网站建立了完善的答复反馈机制，多数网站能够在 7 个工作日内对用户留言给予有效答复，答复内容比较有针对性，内容较为细致，基本能够满足用户问询的需求。然而，在实际应用过程中仍存在明显不足，45%的网站征集调查活动少，25%的网上调查活动问卷设计简单，调查主题仅局限于网站改版等方面，未能充分发挥作用，90%的网站未公开征集调查结果采纳情况，超过 30%的网站自身解读或转载的政策解读信息较少，少数网站未发布政策解读信息。

2. 新媒体建设成为发展热潮，网上新闻发布会是建设"洼地"

随着移动互联网的广泛普及，各级地方政府网站在微博微信、移动客户端等新媒体、新技术应用方面，建设力度不断加强，不断开通政务微博、微信，提供各类移动应用，网站移动用户访问量不断攀升。45%左右的地方政府网站利用政务微博、政务微信等新媒体，及时转发政府网站各类权威信息，尤其是涉及公众重大关切的公共事件和政策法规方面的信息，方便用户及时获取政府信息和服务，扩展了政府网站信息发布渠道，提高了政府网站信息传播效率。37%的地方政府网站主动提供各类移动 APP 应用，方便公众通过移动设备快速获取政府服务。与此同时，35%的省、地市和区县级政府网站设置了"新闻发布会"等栏目，以文字、图片、视频等方式，针对本部门重要工作，或社会广泛关注的热点事件，及时做好解读、妥善回应公众质疑、及时澄清不实传言、权威发布重大突发事件信息。然而，超过 70%的地方政府网站尚未开通新闻发布相关栏目，成为地方政府网站建设"洼地"。

28.6　政府在线服务特点

1. 互动交流效果日益显著，回应关切重视程度不断提升

评估显示，政府网站加强了信息内容建设管理，提升了发布信息、解读政策、回应关切、引导舆论的能力和水平。比如，部分部委和地方积极围绕党中央、国务院关于推进简政放权、放管结合和推行行政权力清单制度的要求，通过政府网站全面公开发布行政权力清单、责任清单。截至 11 月中旬，400 余家政府网站公开了本级政府的行政权力清单、责任清单，其中，湖北省、深圳市、青岛市、佛山市、常州市等政府网站将清理调整之后的部门权力、责任信息详细地向社会公众展示；浙江省、湖南省、南京市等在公开行政权力、责任清单的基础上，进一步探索实践简政放权放管结合的要求，公开了包括投资审批负面清单、行政事业性收费目录清单、工商登记前置审批清单、政府购买公共服务目录、政府部门专项资金管理清单等。

再比如，对部委、省、地市、区县的随机 400 家网站抽样发现，回复的平均时间由年初的 37 天减少至 14 天，网站回应速度大大提升，基本消除了互动交流长期不回应的现象，交流效果显著改善。

2. 聚焦重点办事和民生领域服务需求，在线服务的实用性不断提高

相比于 2014 年，政府网站在结合本部门职能，围绕社会民生、企业生产、科研事业等领域主动提供的公共服务信息、政府数据等方面加大了投入力度，能够结合业务职能和用户需求，提供更多实用的在线服务。比如，四川省、湖南省、长沙市、武汉市、合肥市、马鞍山市等 200 余家网站整合教育、就业、医疗卫生、社会保障、住房、公用事业、企业服务等领域的政策文件、行政办事、便民服务和互动资源，向提高网站在服务公众民生和企业基本办事需求能力的方向努力；北京市、深圳市、南京市、佛山市等网站进一步做实、做深网上办事服务，围绕公众办理量大的身份证件办理、生育服务证办理、老年人社会优待、残疾人服务、企业开办设立、投资审批等事项进行重点实用化建设，全面整合各部门的办事服务资源，优化网上服务展现形式；交通运输部、商务部、水利部、工商总局、食药总局、林业局等部委网站结合各自的业务职能，加强业务系统建设，面向社会公众和企业提供全面、专业、深度的支撑服务，有效地提升了政府的互联网服务水平；北京市、海南省、江西省、成都市、佛山市、广州市、禅城区等地方基于建设完善资源共享平台、加强与实体大厅的对接与融合，打通了下辖部门和地区的数据共享通道，提供了一门式、一口式服务，方便了公众和企业办事；北京市推出了"企业法人一证通平台"，与 35 个市级部门的 47 个业务系统实现了对接，企业只需通过申请唯一的企业法人证书，就可在多个政府部门、多个应用系统中获取办事服务，降低了企业办事成本。

3. 整合多平台、多渠道资源，互动交流和舆论引导作用持续增强

各地方、各部门越来越重视互联网的舆情引导和互动交流，以简政放权、放管结合、优化服务为宗旨，利用多元化的互动渠道，构建实体政务大厅、网上办事大厅、移动客户端、自助终端等多种形式相结合、相统一的公共服务平台，以提高政府综合服务能力，提升政府现代化治理水平，增强交流互动和舆论引导效果。比如，卫生计生委、湖北省、苏州市、宿迁市、深圳市罗湖区、仪征市等以网站为平台，利用微博、微信、移动终端等新渠道，以及新闻发布会、热线电话等传统渠道，同步开展重大政策、决策的宣传解读，引导网络舆情；交通运输部、国税总局、北京市、青岛市、济南市、成都市等政府网站围绕重点工作和社会关注热点，推出热点专题，及时发布最新的政策和业务信息，开展访谈解读；交通运输部的"出租汽车行业改革"专题，国税总局"税收服务一带一路"等，及时了解和汇聚民情，较好地引导了网络舆论。

（国家计算机网络应急技术处理协调中心　李　超、张文娟）

第29章 2015年中国网络教育发展状况

29.1 发展概况

互联网教育指将互联网的思想和技术与教育相结合，从而提升和改进教育教学、教育管理、教育培训的效率和过程，最终实现教育的现代化和教育公平。

互联网教育具有如下三方面优势。

1. 互联网打破传统教育的时空限制

互联网教育最大化地实现了全球性优质教育资源的共享，互联网打破了传统教育的时空、资源限制，给受教育阶段的学生，尤其是偏远地区的学生，带来了优质教育资源。

2. 互联网使学习变得轻松高效

通过互联网能够丰富课堂教学效果，提升学习效果，如通过知识可视化的微课程更新教学方法，通过互联网实现团队支持。

3. 互联网真正能实现有问必答

运用互联网，可以用最先进的技术和师资帮助提升教学质量和水准，让学生在快乐的环境里学到更为先进的知识，为国家的教育公平做出更大的贡献。

据互联网教育研究院数据，截至 2016 年年初，我国从事泛互联网教育相关业务的企业数量在 9600 家左右。从企业的区域分布来看，分布在北京、上海、广州和深圳四市的互联网教育企业，占整个企业数量的85%左右。

其中，北京是 IT 和教育培训人才最集中的地方，互联网教育相关企业的数量和档次，均遥遥领先于其他地区，大约有 50%的相关企业集中在北京，知名的企业如东大正保、一起作业网、猿题库等，均在北京。有些总部不在北京的企业，也在北京设立了分公司。值得注意的是，互联网教育的火热已经影响到很多二级甚至三级城市，二三线城市的创业者对互联网教育的热情也越来越高，如杭州、苏州、南京、福州等城市（见图 29.1）。

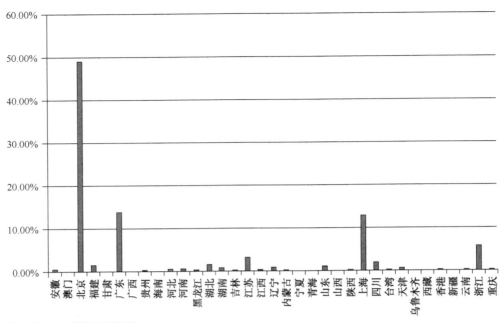

资料来源：互联网教育研究院。

图29.1 互联网教育产业区域分布

29.2 行业热点

29.2.1 主要商业模式

互联网教育产品和服务发展非常迅速，当前产品服务的商业模式主要有九种，分别是在线测评、在线答疑、在线教学、内容资源、教育游戏、C2C 交易平台、教学设备供应商、教育信息化服务商、在线教育技术供应商（见图 29.2）。

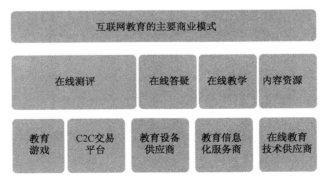

图29.2 互联网教育主要商业模式

1. 在线测评

在线测评指通过大数据技术或标准化的数据模型，对用户的知识或者能力进行测试和评价。目前市面上的在线测评产品主要有四种：口语测评、文本测评、基础知识测评、升学测评和职业规划测评。

2. 在线答疑

在线答疑指通过海量知识库或在线教学模式，及时线上解决用户遇到的问题。目前市面上的在线答疑主要有两种模式：拍照搜题和在线答题。通常这两者被集合在一个产品上，其中拍照搜题是免费的，在线答题是收费的。

3. 在线教学

在线教学指教师通过互联网实时对学习者进行授课。根据教师和学习者连接关系的不同，在线教学产品可分为在线教学班课，在线教学一对一，在线教学平台。

4. 内容资源

内容资源指的是所有与教育相关的教育线上材料。根据材料性质的不同，内容资源可分为课程、课件、试题。目前市面上的内容资源产品都是综合其两者或者三者的。

5. 教育游戏

教育游戏指的是将学习过程游戏化类的教学产品，多见于学前教育阶段产品。教育游戏类产品创意很多，在此不再细分。

6. C2C（Customer To Customer，用户对用户）交易平台

C2C 交易平台目前指在线找家教类产品。在线找家教类产品源于教育 O2O 的概念，希望将教育培训去中介化，直接连接学生/家长和家教老师。平台基于学科、地理位置、客单价等信息提供家教老师的服务信息，学生/家长在线下单交易，家教老师上门授课。

7. 教育设备供应商

教学设备供应商指为学校或培训机构提供与教育教学、教学管理相关的信息化教育产品的企业，不包括提供桌椅、床铺、体育设备等硬件产品的企业。教育设备主要有两种：一种是教育/实验教学设备，代表性公司有奥尔斯、中教股份；另一种是用于学生学习智能硬件。

8. 教育信息化服务商

教育信息化服务商指为学校提供教育信息化方案设计、教育信息化基础设施建设、教育信息化网络搭建、教育信息化后期维护等一系列服务的企业。按照产品和服务特性，教育信息化服务主要分为四种：家校互动、智慧课堂、云资源平台和网络学习空间。

9. 在线教育技术供应商

在线教育技术供应商主要指面向在线教育机构提供技术支持和产品服务的企业。在线教育技术供应商主要有五种：课程录播服务提供商、提供课件制作/录制工具的企业、提供直播教学平台的企业、提供网校平台的企业、提供课程外包开发服务的企业。

29.2.2　重点领域企业

据互联网教育研究院调研分析，我国互联网教育企业主要有以下四类：

（1）在线教学平台企业，如网校平台 EduSoho、直播教学平台展视互动、视频托管平台 CC 视频等，这些企业的营收规模增长均接近 100%以上。

（2）网络/硬件，如服务器托管、云服务平台、录播设备（如爱视恒恩）。互联网教育基本上是以课程为盈利收入点的，但是在最初的盈利模式中，是支撑这些课程的网络硬件最先赚钱。只有硬件设施跟得上了，在线产品才能推广起来。

（3）教育信息化类的公司。教育信息化每年所占的市场规模是 2000 亿元左右。这类公司基本上都是做体制内生意的企业，比如高校开始大量开发慕课，催生了一大批企业。还有硬件供应商、MOOC 开发商、技术供应商等。

（4）一些大型 B2C 类企业，这类互联网教育的企业营收规模较大，如学而思网校、沪江网、新东方在线等，这类企业的年增长率都较高。

29.3　行业概况

29.3.1　板块划分

互联网教育按照其教育和服务场景可以分为四大板块：一是教育信息化，二是在线教育，三是技术服务供应方，四是 C2C 交易平台。其中，教育信息化我们称为 B2G 市场，属于国家教育部门面向体制内学校的系统性建设工程，教育信息化被应用到教育教学和教育管理过程中。当前的教育信息化目标是三通两平台，整体上看教育信息化包含了线上和线下两个层面，不属于在线教育。在线教育板块包含了 B2B2C、B2C 市场，主要是面向于体制外的教育培训、课外辅导、职业培训等领域。技术服务供应方主要是为在线教育企业提供内容制作工具、平台搭建技术等三方服务的企业，不直接参与教学服务，所以不属于在线教育，而属于 B2B 市场。C2C 交易平台指的是线上找老师类平台，其交易服务在线上，但教学服务还是在线下完成，因此不属于在线教育，也不属于教育信息化，因此被独立出来成为第四大教育板块。每个大板块，按照教学阶段和属性，又可以分成多个小的板块（见图 29.3）。

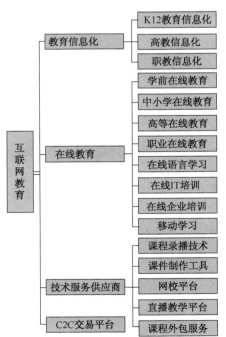

资料来源：互联网教育研究院。

图29.3　互联网教育板块

29.3.2 细分板块

1. 教育信息化发展概况

1）发展简史

中国教育信息化始于 1978 年，1978 年 4 月中央政府引发《关于电化教育工作的初步规划》，8 月，电化教育馆开始在各级教育单位建设，电化教育拉开了中国教育信息化的序幕。20 世纪 80 年代末 90 年代初，计算机和互联网逐步开始进入中国，国家教委颁布《国家教育管理信息总体规模纲要》，信息化技术被开始应用到教育管理过程中。随着全国性学术计算机互联网络的建设成功，中国教育信息化历程步入初级阶段。2000 年，校校通工程开始实施，教育信息化基础设施建设工作开始加强。2010 年，中国颁布信息化十年规划纲要，把教育信息化纳入国家信息化发展整体战略。2012 年 9 月，教育信息工作会议上首次提出"三通两平台"概念，明确了当前教育信息化的工作目标。2013 年，中国明确把教育信息化作为推动中国教育改革的重要内容。

2）政策环境

2015 年 5 月，首届国际教育信息化大会提出教育信息化倡议；2016 年，教育部印发《2016 年教育信息化工作重点》，重点指出要全面完善三通两平台建设的应用，重点推动"网络学习空间人人通"，深化普及"一师一优课，一课一名师"活动，加大教育信息化培训力度和典型示范推广力度。

我国的教育经费投入每年都在增加，据教育部公开的数据显示，2014 年全国教育经费总投入 32806.46 亿元，比上年增长 8.04%；国家财政性教育经费 26420.58 亿元，占 GDP 的比例为 4.15%。虽然目前教育部尚未公开 2015 年的教育投入数据，但可预计 2015 年的财政性教育经费将达 2.8 万亿以上（见图 29.4 和图 29.5）。

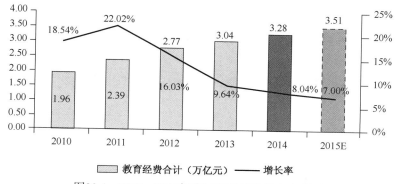

图29.4 2010—2015年我国教育经费投入变化图

2011 年颁布的《教育信息化十年规划纲要》中明确提出，各级政府在教育经费中按不低于 8% 的比例列支教育信息化经费，预计 2015 年的教育的教育信息化经费将达 2300 亿元以上，而且以后还会持续增长。

3）市场概况

教育信息化的核心内容是教学信息化，其技术特点是数字化、网络化、智能化和多媒体化。若将教育信息化细分，可分为 K12 教育信息化、职教信息化、高教信息化。

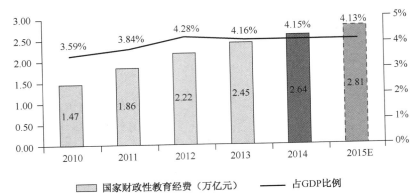

图29.5 我们财政性教育经费占GDP比例变化图

教育信息化企业数量逐年增加，基本呈上升趋势。其中，K12 领域教育信息化上升趋势最为明显（见图 29.6）。

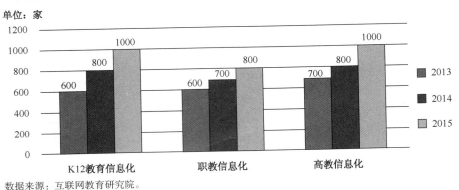

数据来源：互联网教育研究院。

图29.6 2013—2015年中国教育信息化企业数量

在教育信息化企业逐年增长的带动下，教育信息化的市场规模也呈逐渐递增的趋势，2015 年的教育信息化市场规模达 2000 亿元。其中，K12 教育信息化的市场规模最高，达 800 亿元以上。规模最小的职教信息化也达到了 500 亿元左右的市场份额（见图 29.7）。

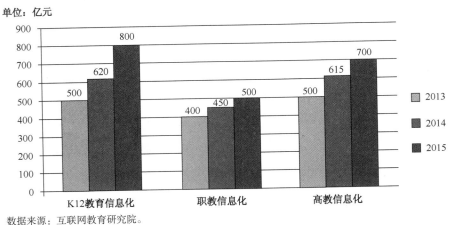

数据来源：互联网教育研究院。

图29.7 2013—2015年中国教育信息化市场规模

2. 中国在线教育发展现状

1）企业规模

总的来说，在线教育的企业数量在逐年攀升。据互联网教育研究院估测，面向 B2C 业务的互联网教育内的企业数量约有 5668 家。

其中，中小学教育领域拥有 1000 家左右，位列移动学习之后，排名第二。因为职业技能的社会必需性，职业教育领域内的企业数量也有大幅度的增长。自 2014 年起，国务院下放高等学历网络教育的审批权，意味着中国大学均可开展在线学历教育业务。当下高校网院领域，仍拥有着较高市场份额。在线企业培训市场属于互联网教育的 B2B 类型，即企业通过网络技术对员工进行培训的模式。这类企业早在 1999 年起就开始存在，在 2004 年左右市场规模仅有 1 亿元左右。经过十多年的发展，在线企业培训领域的市场规模增大很多，产生了数家年收入过亿元的大型企业，如时代光华、汇思等，并在业界形成了数百家大大小小的企业。2015 年在线企业培训的数量已达到 700 家左右，市场规模约为 30 亿元（见图 29.8）。

单位：家

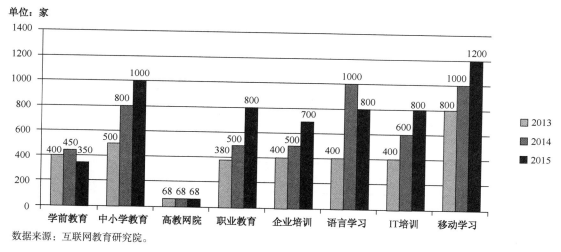

数据来源：互联网教育研究院。

图29.8　2013—2015年中国在线教育企业数量变化

2）市场规模

高等网络教育市场仍占据较大市场份额，但其他细分领域的互联网教育的市场容量已经超过高等网络教育。

如图 29.9 所示，2015 年在线教育的市场规模，发生了一些明显的变动，总的市场规模约为 399 亿元，相比于 2014 年，有了很大的提升。移动学习（Mobile Learning）发展突飞猛进，在 2015 年的市场中所占份额直达百亿元以上。移动学习是一种在移动设备（主要是手机和平板电脑）的帮助下，能够在任何时间、任何地点，部分产品已可以有效地支持师生双向交流，并呈现正确的学习内容的行为。按产品形态，中国当前移动学习市场主要分为两大类：移动学习 APP（应用软件产品）和专用移动学习设备（学习机、电子书包等硬件产品）。

单位：亿元

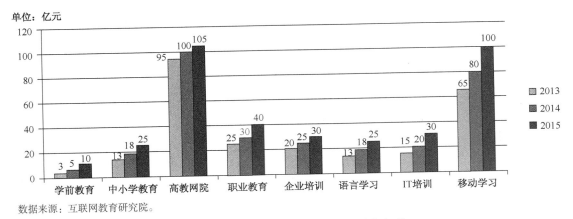

数据来源：互联网教育研究院。

图29.9　2013—2015年中国在线教育市场规模

IT 培训市场需求较大，其企业数量已超过 800 家，占有约 30 亿元的市场份额。所以，在图 29.9 中将 IT 培训单独列出，并没有包含在职业教育内。

3．在线教育技术供应商发展概况

1）企业规模

技术服务供应商，顾名思义，是指为互联网教育公司提供一些技术端的解决方案和云平台的技术服务。细分到企业，主要有课程录播技术的开发、网络平台、直播教学平台的建立、课程制作及录制工具和课程外包开发等领域。目前，在中国技术服务供应商中，课程外包开发技术的提供商和网校学习管理系统平台（LMS）企业分占前两位（见图 29.10）。

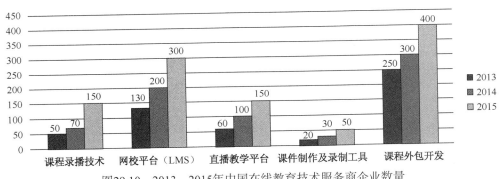

图29.10　2013—2015年中国在线教育技术服务商企业数量

2）市场规模

随着中小学在线教学领域的逐渐开发，直播教学技术越来越受到人们的欢迎。直播教学所带来的即视感和高度的师生互动性，被众多创业者看好。网络带宽的不断提高，给直播教学带来了极大的方便。虽然直播教学的技术提供商只有 150 家左右，但是其市场规模已达到 20 亿元左右。其在未来三五年内的发展局势，是不可小觑的（见图 29.11）。

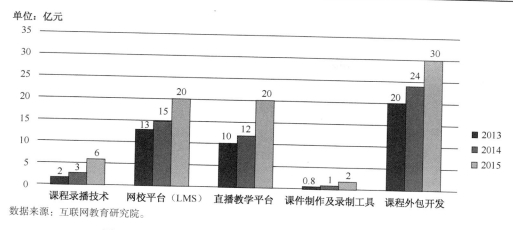

数据来源：互联网教育研究院。

图29.11　2013—2015年中国在线教育技术服务商市场规模

4. C2C 交易平台市场概况

互联网教育领域的 C2C 交易平台，是指一个第三方提供的交易安全保障平台，面向对象主要是各地的教师和学生。教师入驻此平台，学生可以在平台上寻找到自己心仪的家教老师或答疑老师。平台给双方提供了一个有保障的安全的网络环境。同时平台系统会依据教师课程售卖的数量和学生对其教学的评价，筛选出"推荐教师"列表，给不了解此平台的学生推荐优秀教师，这也同样保证了教师们的教学质量。国内的 C2C 交易平台企业大约有 100 家。各板块主要企业如表 29.1 所示。

表 29.1　各板块主要企业

教育信息化服务企业	1. K12 教育信息化服务企业
	科大讯飞、立思辰、方直科技、拓维信息、网龙教育
	2. 高教信息化服务企业
	超星、中文在线、学堂在线、高校邦
	3. 职教信息化服务企业
	东师理想、国泰安、康邦
在线教育企业	1. 学前在线教育
	宝宝树、小伴龙、宝宝巴士
	2. 中小学在线教育
	学而思网校、简单学习网、一起作业网、咪咕学堂、爱学堂、三好网、学科网、跨学网、学霸君、猿题库、龙文教育
	3. 高等在线教育
	网易公开课、学堂在线、高校邦、多贝公开课、MOOC 学院、慕课中国、华文慕课、中国大学 MOOC、小站教育
	4. 职业在线教育
	达内科技、极客学院、麦子学院、北风网、我赢职场、华图教育、找座儿
	5. 在线语言学习
	VIPABC、51Talk、ABC360、口语 100、爱乐奇
	6. 在线企业培训
	行动者、时代光华

续表

	1. 课程录播
在线教育技术供应商	课工厂、爱视恒恩、易偲环球
	2. 课件制作
	iSpring、Articulate、lectura、课工厂
	3. 网校平台
	Edusoho、高校邦、能力天空、268 教育、云学堂
	4. 直播教学平台
	CC 视频、展视互动、微吼
	5. 课程外包服务
	超星、德胜制课、时代光华
C2C 交易平台企业	跟谁学、请他教、疯狂老师、轻轻家教、神舟佳教、365 好老师

29.3.3　资本概况

2015 年中国在线教育投资规模在 160 亿元左右，同比增长 60%（见图 29.12）。在线教育不仅获得了原有教育培训行业相关的投资，而且吸引了主流互联网企业和传统行业的投资。

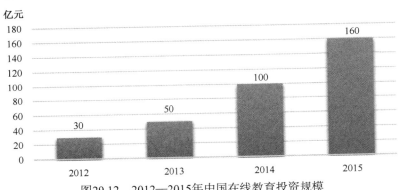

图29.12　2012—2015年中国在线教育投资规模

29.4　发展趋势

受到技术演进影响，在线一对一教学、虚拟现实（VR）、机器人教育、3D 打印、电子笔、主观题测评等新技术形态正在推动互联网教育与科技的新一轮融合高潮。《慧科教育集团教育趋势前瞻》2015 年度报告中以拥抱多样性为主题，指出教育技术的五个发展趋势，分别是：学习云服务、知识组装、敏捷制课、多样化路径和智慧学习流。从模式、内容、方法、体验和技术等层面指出了技术对教育起到对创新和变革作用。报告指出大数据、云计算等新兴技术和以共享经济为理念等模式将进一步推动互联网教育的创新。其中，目前最受关注的两大类技术是虚拟现实 VR 和人工智能 AI。

29.4.1　虚拟现实在教育中的应用

虚拟现实技术可广泛地应用于城市规划、室内设计、工业仿真、古迹复原、桥梁道路设计、房地产销售、旅游教学、水利电力、地质灾害、教育培训等众多领域，为其提供切实可行的解决方案。虚拟现实系统在媒体呈现上开辟了一个新的里程碑，而媒体呈现是与教学过程精密相连的一部分。VR 比较适合自然科学工程、语言文化、人文历史等领域的教育。例如，自然科学里面的生物、物理、化学，工艺加工、工程技术、飞行驾驶这样的基础学科，还有一些可视化的历史、人文，语言学习、文化叙述。

29.4.2　人工智能在教育中的应用

目前，人工智能技术在教育上的应用主要体现在图像识别和语音识别两个方面。这两个技术虽然得到了应用，但目前尚处于初级阶段。在技术和应用场景上还需要更多的探索。其中图像识别技术应用在在线答疑上，答疑的成功一方面依靠的是图像识别的准确性，另一方面依靠的是海量的知识库。图像识别的准确率越高，题目数量越多，答疑就越接近于用户需要的答案。当前市面上的在线答疑的产品有很多，答疑实力的高低层次不同。目前，那些答疑准确率不高的企业亟待提升他们的图像识别技术和题库储量，竞争之下，未来在线答疑产品的准确率会越来越高。

此外，机器人教育也是正在崛起的人工智能教育热点。当前的机器人教育只要被应用在幼儿教育阶段，小孩子通过拼接、组装、试用机器人，从而提升幼儿的动手能力并启发思维。当前的机器人更多的是被当成是教学的工具或者说是材料。严格意思上来说，不算是人工智能教育。未来的人工智能机器人，应当充当教学者，基于海量的云知识库、感知思维、认知思维，能够辅助教学，能与学生产生教学互动，进而有望成为传道、受业、解惑的人工智能教师。

（互联网教育研究院　吕森林　慧科教育研究院　陈　滢
中国互联网协会"互联网+"研究咨询中心）

第 30 章　2015 年中国网络医疗发展状况

30.1　发展概况

网络医疗是指利用互联网或是移动互联网提供医疗服务，包括向大众用户或者患者提供的在线健康保健、在线诊断治疗服务，以及与这些服务有关的提供药品、医疗用具的业务，和向医生提供的社交、专业知识（如临床经验、病例数据库、医学学术资源等）及在线问诊平台等服务和工具。按照服务终端形态可分为：在线医疗 PC 端和在线医疗移动端（移动医疗），移动医疗中健康保健类 APP 占据较大比重，其次是挂号问诊类。

2015 年，中国网络医疗的市场规模和用户规模继续保持增长，市场呈现在线问诊、线上挂号、自诊自查、线上售药、疾病管理等多个垂直细分领域共同发展的形势。在线问诊、在线买药紧密结合，进一步打通在线求医、买药等多个环节，尽管目前尚未有平台形成互联网医疗服务连贯完整的闭环，但已有一些平台初步获得了用户规模和品牌价值，并开始向产业的多个环节延伸，尝试构建网络医疗生态。在众多商业模式中，医患社交平台、医药电商、智能可穿戴医疗设备等模式显示出较大的发展潜力。

其中，网络医疗应用按功能与受众的不同，分为预约挂号、问诊咨询、医药服务、资讯文献、慢病辅助、医疗信息化等几大类别（见图 30.1）。

随着大数据、云计算、物联网等多领域技术与互联网的跨界融合，新技术与新商业模式快速渗透到医疗各个细分领域，推动互联网医疗产业升级与生态重构（见图 30.2）。

虽然网络医疗市场整体取得了较大发展，但仍面临较大挑战：当前的网络医疗政策呈"趋势向好，进度缓慢"的状态，国家对医疗行业的政策有望进一步完善；传统医疗利益链中医院和医生的既得利益难以被突破；现有互联网医疗的行业标准缺失，各机构间信息尚未实现互联互通。

资料来源：TalkingData。

图30.1　网络医疗应用分类图谱

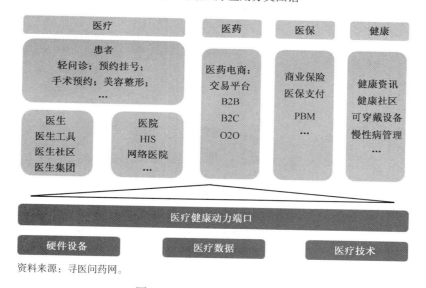

资料来源：寻医问药网。

图30.2　互联网医疗生态图谱

30.2　发展现状

30.2.1　用户情况

1. 用户规模

据 CNNIC 统计，2015 年我国互联网医疗用户规模达 1.52 亿，占网民的 22.1%，互联网医疗的使用习惯仍有待继续培养。其中，医疗保健信息查询、网上预约挂号和网上咨询问诊总使用率为 25.3%，诊前环节的网络医疗服务使用率最高；在医药电商和运动健身管理等领域，使用率分别占到网民的 4.6% 和 3.9%；而在手机疾病记录、网上预约体检、预约保健服务等 O2O 医疗健康领域，使用率都低于 1%（见图 30.3）。

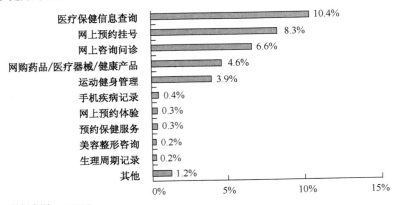

数据来源：CNNIC。

图30.3　2015年网络医疗用户使用率

据艾媒咨询数据显示，2015 年年底中国移动医疗健康市场保持强有力的增长趋势，用户规模已增长至 1.38 亿人，比 2014 年增长了 6600 万余人，同比增长率高达 91.7%（见图 30.4）。

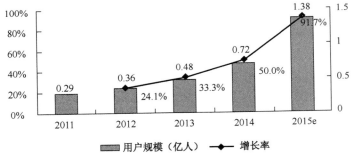

数据来源：艾媒咨询。

图30.4　2015年年底中国移动医疗健康市场用户规模及增长率

2. 用户特征

从创业邦创投库的监测数据来看，2015 年中国网络医疗的产品应用人群主要分为：医生、患者、母婴女性、老人以及普通用户，对前 4 种人群的应用进行对比后可以看出，针对患者的应用占比接近 60%（见图 30.5），资本也主要集中在"在线问诊"和"远程医疗"类型的产品上。

据艾瑞监测数据显示，移动端医疗应用的用户多以女性为主，覆盖范围和使用频次均高于男性。春雨医生、好大夫在线和平安好医生女性用户占比均超过 50%，其中平安好医生女性用户占比高达 59.6%，挂号网/微医男性用户与女性用户占比基本相等，用户性别属性较为均衡；快速问医生和易诊则以男性用户为主，男性用户占比分别为 64.2% 和 51.6%（见图 30.6）。

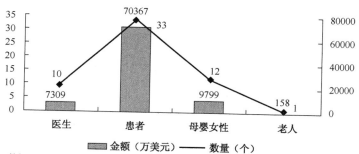

数据来源：创业邦创投库。

图30.5　2015年1～10月中国互联网医疗融资产品应用人群分布

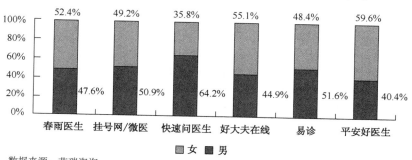

数据来源：艾瑞咨询。

图30.6　2015年主要在线问诊应用用户性别分布情况

3. 用户行为

据艾媒咨询数据显示，在目前的移动医疗产品中，移动医疗应用使用率最高，为 40.5%；其次为医疗机构服务号，占比为 29.4%；移动医疗智能硬件和医药电商的使用率相对前两者偏低（见图 30.7）。

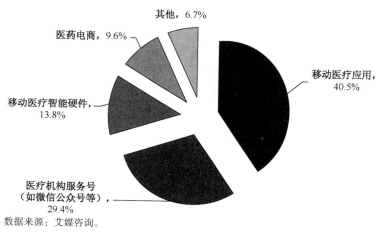

数据来源：艾媒咨询。

图30.7　2015年中国移动医疗用户使用产品类型分布

在功能需求上，68.6% 的移动医疗用户的主要需求为预约挂号，56.1% 的用户则认为移动医疗有助于搭建在线医患交流平台。列第三～第五位的功能需求分别为提前导诊、电子病历、网上药店（见图 30.8）。

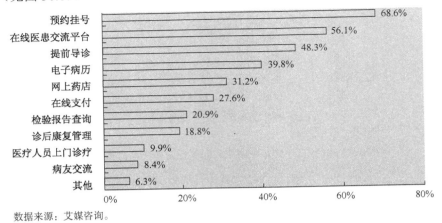

数据来源：艾媒咨询。

图30.8　2015年中国移动医疗用户功能需求类型分布

30.2.2　市场情况

1. 市场规模

据易观智库数据，近年来我国互联网医疗市场规模保持超过 28% 的增速。2015 年互联网医疗市场规模达 157.3 亿元，增长率为 62.0%（见图 30.9）。

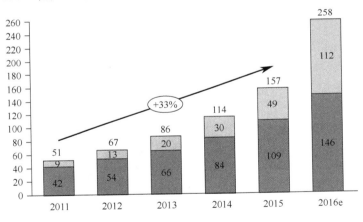

数据来源：易观智库，图中数据为四舍五入数据。

图30.9　近年来我国互联网医疗市场规模

据艾媒咨询数据显示，2011—2015 年中国移动医疗健康市场规模稳步扩大， 2015 年中国移动医疗市场规模达到 45.5 亿元，环比增长 54.2%（见图 30.10）。

近两年互联网医疗成为投资热点，从已公开的交易金额来看，2014 年投资数量出现井喷，总额达到 7 亿美元，2015 年全年投资总额超过 16 亿美元（见图 30.11）。

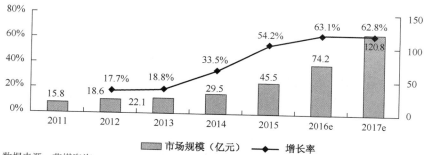

数据来源：艾媒咨询。

图30.10　2011—2017年中国移动医疗市场规模及预测

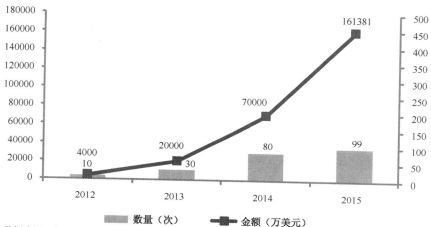

数据来源：创业邦、寻医问药网整理。

图30.11　2014—2015年中国互联网医疗投融资情况

　　在细分领域看，资本更多流向在线问诊，已公布的交易金额达到 2.9 亿美元以上，投资数量达到 29 起，其次是母婴女性和软硬件；资本市场也集中于挂号预约及在线问诊两个细分领域；医药研发是 2015 年网络医疗领域的亮点（见图 30.12）。参考美国互联网医疗投资发展情况，医药研发在未来将迎来更多资本青睐。

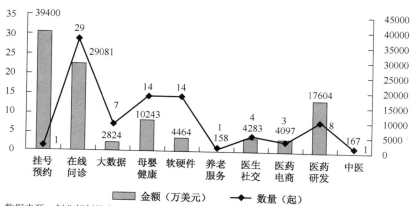

数据来源：创业邦创投库。

图30.12　2015年1～10月中国互联网医疗细分领域投融资情况

2. 市场结构

据易观智库的数据显示，2011—2015 年，在线医疗的市场占比呈现持续下降趋势，由 2011 年的 83%降至 2015 年的 69%。移动医疗则得到了迅猛的发展，由 2011 年的 17%上升至 2015 年的 31%。预计 2017 年，移动医疗的占比将超过在线医疗，达到 55%（见图 30.13）。

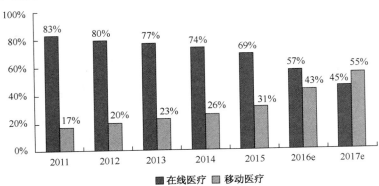

数据来源：易观智库。

图30.13 2015—2017年中国互联网医疗交易规模结构预测

2015 年，互联网医疗企业竞争日趋激烈，互联网医疗产业之间的合作也越来越频繁（见表 30.1）。

表 30.1 2015 年互联网医疗跨界合作重点事件

时间	合作方	内容
3 月 25 日	百度与就医 160 合作	就医 160 是成立于 2009 年的一家预约挂号平台，是深圳市以及东莞市卫生局的官方预约挂号网站
3 月 27 日	北纬通信与恒大健康产业集团有限公司	就打造移动互联网医疗健康平台及相关大数据信息挖掘等信息化战略拟进行合作
4 月 1 日	阿里健康与迪安诊断	共同探索"独立检验机构互联网运作模式"
4 月 17 日	鱼跃科技与阿里健康	共同签署《战略合作框架协议》，涉及鱼跃医疗、万东医疗以及医云健康
4 月 20 日	东华软件与国际医学、阿里云	建设中国第一家实体智慧云医院——西安国际医学中心
4 月 28 日	腾讯与宝莱特	携手推动移动医疗的流程创新与技术创新
4 月 30 日	北京银行与腾讯	将向腾讯提供意向性授信 100 亿元，双方将在"京医通"项目、第三方支付、集团现金流量管理、零售金融等领域开展合作
5 月 20 日	金蝶医疗与昆明医科大学第一附属医院	上线移动互联网医院——患者移动服务平台，并接入支付宝
5 月 25 日	康美药业与普宁市人民政府	签订《互联网医疗健康服务合作协议》，共同推进普宁市公立医院互联网健康医疗服务平台系统
5 月 25 日	贵州百灵、腾讯与贵州省卫生和计划生育委员会	签订了《贵州"互联网+慢性病医疗服务"战略合作协议》
5 月 27 日	朗玛信息与百度	将在共建网上医疗平台、提升网上医院品牌知名度、挖掘医疗大数据价值等方面建立战略合作伙伴关系
5 月 28 日	上海复星医药和挂号网	在技术、平台、市场、媒体等方面全面展开合作
6 月 25 日	翰宇药业与腾讯	在糖尿病慢病健康管理平台的建设和运营合作
6 月 30 日	乐视与卫宁软件	共同推出健康频道、医疗健康应用、云平台等
7 月 8 日	贵州百灵与腾讯	签订《百灵医患管理平台技术服务协议》与《血糖仪采购框架协议》
7 月 15 日	鱼跃医疗与辉瑞投资	在传统渠道和互联网医疗平台等方面开展合作

续表

时间	合作方	内容
10 月 20 日	康美药业和广州中医药大学	就共同建立"康美康复医院"项目、"康美研究院"项目、人才培养项目和互联网医疗项目方面
11 月 19 日	腾讯与丁香园、众安保险	基于大数据的"互联网+医疗金融"创新合作模式，发布"以患者为中心"的个性化糖尿病管理解决方案和全球首个智能医疗保障计划

资料来源：寻医问药网整理，2016.04。

3. 商业模式

目前网络医疗产业链已基本形成，在中后端发展更为集中和迅速，主要体现在对"医疗"和"药品"领域的互联网化。"互联网+"已经逐步覆盖全医疗流程——健康管理环节的日常管理应用；诊前环节的在线问诊平台、在线预约挂号及在线导诊服务；诊疗中间环节正在逐步实现远程问诊和诊疗结果的在线查询；诊后慢病管理环节出现了医患在线平台、慢病管理应用、可穿戴硬件健康设备、健康保健 O2O 服务等。在药品领域，问药、购药、用药的环节上则形成了在线药品信息平台、医药电商和药品 O2O、医患平台和在线药事服务的医药服务闭环。

网络医疗行业盈利模式可分为服务类、信息类、交易类，交易类与信息类是现阶段主要盈利模式。

（1）服务类盈利模式：利用互联网或移动互联网为用户（大众或医生）提供便捷的医疗服务，而向用户收取的增值费用的模式。包括利用互联网或移动互联网进行的保健服务、挂号、问诊及医疗费用支付等服务。

（2）信息类盈利模式：在健康咨询类网站设置广告位向广告主收取广告费，或向用户提供健康咨询而向用户收取增值费用的模式。

（3）交易类盈利模式：利用互联网或移动互联网向用户或企业提供在线药品和医疗用户交易平台或线上药店，而获得的佣金收入和销售收入。包括面向用户的线上药店和面向企业的线上药店（见图 30.14）。

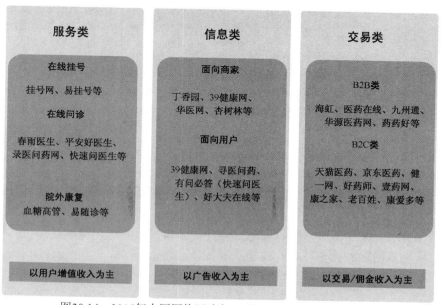

图30.14　2015年中国网络医疗行业主要盈利模式及典型案例

从细分领域看：

（1）医疗端：商业模式包括远程医疗、轻问诊以及围绕医院及医生资源打造整个医疗生态链，通过产品（药品、器械、保健品等）落地实现盈利，核心的医院及医生资源是掌握整个利益链条议价权的关键。平台对于医生资源的黏性，核心在于是否能够提升医生的效率。

（2）医药端：医药电商从单一去流通环节提供商转向健康方案服务商，引入移动医疗后，垂直电商迅速解决起步初期的流量问题，并有效降低推广费用，一站式解决方案将是未来的增长点。

（3）健康端：APP+大数据平台将成为医疗服务的核心价值端，最终有望形成"海量入口—数据处理—服务平台"的产业格局。体检健康平台对上下游辐射力度强，将成为健康管理 O2O 的载体，有望最先打通"流量—服务—变现"闭环。未来，向上将发展为健康云（APP健康互动专家），向下将发展医疗 O2O（专科医疗、增值服务、精准医疗）。

（4）医保端：IT 厂商抢占了市场先机，规模壁垒导致赢者通吃。医药流通龙头通过 GPO和药事增值服务，有望成为地方医保控费参与方。

4．行业热点

1）网络医院陆续开张，创新医患沟通模式

2015 年 12 月 10 日，全国首家互联网医院"乌镇互联网医院"正式上线，开出了首张在线处方。2015 年 8 月，阿里健康与武汉市中心医院正式开始启动网络医院的项目，2015年 11 月武汉市中心医院网络医院正式上线并服务。此前，广东省网络医院、宁波云医院等也开始纷纷从远程会诊、电子病历、药品远程配送等环节入手，建立医患、医医沟通的新模式。

2）线上转向线下诊所，盈利模式受人关注

在线问诊经过投资热潮转向落地。2015 年寻医问药网开始筹备布局线下医疗。5 月，春雨医生宣布将在全国开设线下诊所，可满足患者检查、开药、手术、住院需求。11 月，丁香园的线下诊所正式开业。2015 年年底，微医集团宣布将建立 5 大区域手术中心，开始布局线下。

据艾媒咨询数据显示，截至 2015 年年底，春雨医生以 25.5%的覆盖率列国内主流移动医疗健康应用领域的第一位。排名前 17 位的移动医疗健康应用主要包括问诊咨询类、女性经期健康管理类、母婴保健类、运动健身类。在综合竞争力方面，春雨医生以 7.5 分排名第一，易诊以 5.6 分排名第二，平安好医生、快速问医生、好大夫在线位列第三～第五位（见图 30.15）。

3）传统电商企业竞争医药电商市场

2015 年，医药电商开始发展。BAT 等传统互联网巨头试水医药电商，传统制药巨头仁和药业推出叮当快药，主打 28 分钟送药到家的 O2O 服务。其中，京东、阿里等传统电商分别通过医药、保健品、医疗器械、药妆、眼镜等多种品类展开激烈竞争，以及开展药企合作、上门配镜、药师上门服务等多种形式的健康服务。

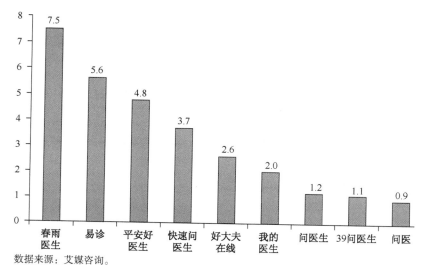

数据来源：艾媒咨询。

图30.15　2015年中国网络医疗问诊咨询类应用综合竞争力排行

4）商业健康保险进场，移动医疗跨界整合

2015 年，国家层面出台了《关于开展商业健康保险个人所得税政策试点工作的通知》《个人税收优惠型健康保险业务管理暂行办法》《关于实施商业健康保险个人所得税政策试点的通知》等关于个人税收优惠健康险的相关政策。在此背景下，互联网医疗企业与保险合作也成了最重要的盈利模式之一。寻医问药网很早就与惠泽网合作开放互联网健康保险销售渠道。2015 年 4 月，中国平安推出自己的平台"平安好医生"，聚焦通过移动医疗获取更多的商业健康保险收益。2015 年 10 月，春雨医生和人保健康合作，推出包含在线问诊服务的健康保险。2015 年 11 月，腾讯和医学社区丁香园、众安保险正式宣布进行商业合作，发挥各自的优势资源，共同推出糖尿病（内分泌科）领域的医疗保险产品。

5）医生集团不断涌现

2015 年 1 月，张强医生集团获得融资 5000 万元。医生集团促进了医生的身份自由和执业自由，是互联网医疗发展的一个重要前提。2015 年成立的医生集团如表 30.2 所示。

表 30.2　2015 年成立的医生集团

成立时间	名称	市场定位
4 月	凯尔锐肾内科医生集团	肾内科
5 月	心血管医生集团	心血管
5 月	神经外科医生集团（惠宇医疗）	神经外科
5 月	杏香园医生集团	心血管内科
5 月	中欧医生集团	医生经纪人角色
5 月	哈特瑞姆心律专科医生集团	心律医生集团
5 月	孙宏涛体制内医生集团（大家医联）	心血管科、脑外科、眼科、骨科、肝胆外科等多个学科
6 月	医学影像专家集团	医学影像
6 月	中康医生集团	恶性肿瘤、心血管疾病、神经外科等领域
9 月	"名医汇"医生集团	家庭医生全包服务模式
9 月	联合丽格医生集团	医美

续表

成立时间	名称	市场定位
9月	冬雷脑科医生集团	脑科
11月	秀中皮肤科医生集团	皮肤
11月	"世界顶级医生集团"中国上海临床基地	脑神经外科、乳腺外科、口腔科、放射治疗等多个学科
11月	中钰医生集团号	康复
12月	呼吸疾病医生工作室	呼吸疾病

数据来源：亿欧网、寻医问药网整理。

30.2.3 环境分析

2015年1月，国务院常务会议通过《全国医疗卫生服务体系规划纲要》；5月，国务院发布《关于大力发展电子商务加快培育经济新动力的意见》；7月，国务院发布《关于积极推进"互联网+"行动的指导意见》；9月，国务院办公厅印发《关于推进分级诊疗制度建设的指导意见》；11月，国务院外发《关于推进医疗卫生与养老服务相结合的指导意见》（见表30.3）。2015年5月6日，李克强总理主持国务院常务会议，明确指出要开展购买商业健康保险个人所得税优惠政策试点，国家以税收、数据、用户渗透构成组合拳促进商业健康险加速发展。互联网将为医疗体系的优化和改革提供技术支撑，成为推动变革的利器。

表30.3 国家政策助推互联网医疗行业发展

时间	政策发布	内容解读
2015年1月	国务院常务会议通过《全国医疗卫生服务体系规划纲要》	远程医疗、智慧医疗等新的模式将带来新的生机，O2O的购药模式推动医药分开的步伐，家用小型医疗设备以及可穿戴设备将进入城镇家庭
2015年2月	国家发改委联合卫计委	批准贵州等5个省区开展远程医疗政策试点
2015年3月	国务院办公厅印发《全国医疗卫生服务体系规划纲要（2015—2020年）》	首提开展健康中国云服务计划，积极应用移动互联网；继续鼓励社会办医院，并给出空间和方向
2015年5月	《国务院关于大力发展电子商务加快培育经济新动力的意见》	医药电商获得明确支持，发力推动医药电商发展，大趋势、大潮流已形成，国务院也要求"2015年年底前研究出台具体政策"
2015年7月	《国务院关于积极推进"互联网+"行动的指导意见》	推广在线医疗卫生新模式；促进智慧健康养老产业发展
2015年9月	《关于推进分级诊疗制度建设的指导意见》	部署加快推进分级诊疗制度建设，要求求加快推进医疗卫生信息化建设
2015年11月	国务院办公厅《关于推进医疗卫生与养老服务相结合的指导意见》	将互联网+融入新模式，利用老年人基本信息档案、电子健康档案、电子病历等，推动社区养老服务信息平台与区域人口健康信息平台对接，为开展医养结合提供信息和技术支撑
2015年12月	《财政部 国家税务总局 保监会关于开展商业健康保险个人所得税政策试点工作的通知》	对试点城市地区的个人购买符合规定的健康保险产品的支出，按照2400元/年的限额标准在个人所得税前予以扣除

资料来源：寻医问药网整理。

2014年我国开始步入老龄化社会，伴随人口老龄化，网民结构出现高龄化的发展趋势。截至2015年12月，我国网民30～39岁群体占比23.8%，与2014年相比，40岁以上中高龄的占比有所提升。随着网民年龄的高龄化发展趋势和人们生活水平的提高，越来越多的中老年人开始接触和使用互联网，对于网络医疗健康的需求也逐年增长，这为网络医疗的发展提供了新的机遇（见图 30.16）。

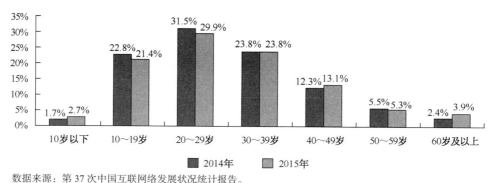

数据来源：第 37 次中国互联网络发展状况统计报告。

图30.16　中国网民年龄结构

30.3　应用分析

1. 移动医疗"自查+轻问诊"模式

搭建移动医患交流平台，通过整合患者的需求对接医生，帮助用户解决身体状况的初步咨询。春雨医生是目前这方面的代表，现已从轻问诊发展成为集移动问诊、私人医生、线下诊所和春雨国际于一体的移动医疗服务和移动健康管理平台。

2. 医疗服务平台的"诊前—诊中—诊后"闭环

精准定位庞大的用户群，在诊前提供健康管理，在诊中提供就医服务，在诊后提供健康消费，通过促进产业链相关机构企业深度合作构建"诊前—诊中—诊后"闭环。创建于 2010 年的挂号网，提供了分诊导诊、预约挂号、医疗支付服务，为用户提供线上线下闭环的医疗及健康服务保障。

3. 共享平台的医药电商模式

通过已有电商平台整合医药购物资源，汇集了 OTC 药品、医疗器械、计生用品、品牌保健品、传统滋补品等网购服务项目。2015 年，在天猫医药馆有开店的企业合计在 200 家左右，目前共设置六大类目，医疗器械销售额占比最大，为 36.67%，其次是 OTC 药品，占比为 23.07%；计生用品的销售额占比与隐形眼镜的相近。

4. 社交平台+智能穿戴设备模式

基于运动社交平台，开发和完善个人健康保健产品的模式。以"咕咚网"为例，其主打产品是"咕咚健身追踪器"（iCodoon），能够监测用户的卡路里（热量消耗单位）消耗、记录每天的步行步数、测算运动距离、跟踪睡眠状况，并将这些数据同步到网络，以此构筑自己的网上健身数据及社区。

5. 一站式健康服务平台模式

一站式互联网医疗服务平台成为近年来发展的热点。以寻医问药网为例，是目前国内最大的，也是国内最早探索和实践互联网医疗服务的平台之一。寻医问药网围绕患者、医生、医院、药企，通过对产业链中的角色整合，搭建互联网医疗服务产业链条的完整布局和生态体系建设。

从产品角度来看，寻医问药的产品针对医疗行为主体进行了布局，集中在患者端、医生端以及药企端。企业依托产品线进行整个就医服务链条闭环的打造。以用户直接接触的健康咨询作为信息入口，进而提供用户自诊自查的健康服务，从而切入用户的真实就医场景，通过互联网的链接功能将信息沟通的成本降到最低。公司平台通过覆盖从问答、电话做诊前的咨询、到医院就医的挂号、问诊的实体服务环节，以及后续介入复诊、用药配送的整个健康需求产业链条，减少了医生、医院、用户的信息壁垒，实现了渠道的时空压缩，提供了完整的健康服务。

寻医问药网生态链布局如图 30.17 所示。

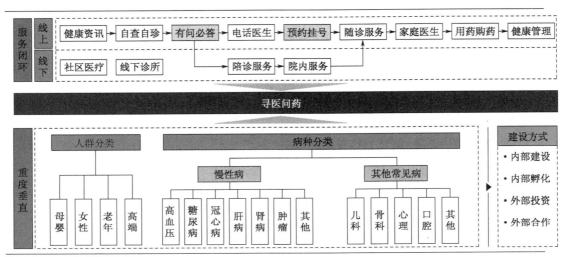

资料来源：寻医问药网。

图30.17 寻医问药网生态链布局

30.4 发展趋势

1. 商业模式从单一环节到服务闭环

闭环服务模式一站式使用户体验大幅改善，大大提高了医疗效率。未来，网络医疗的商业模式将引导行业资源整合、完成从单一环节到服务闭环的过渡。

2. 患者端产品趋向 O2O 模式发展

2015 年部分企业已开展线下服务实践，其医疗业务布局建立在解决患者就医的关键环节上。该种 O2O 创新模式对于医疗资源的要求甚高，实现线上线下资源紧密融合是未来移动医疗领先企业的突破点。

3. 医药电商有望迎来爆发式增长

医药电商的发展推动医药分离，通过互联网有效降低药品销售对医院渠道的依赖性，从而构建完整的购药电商平台生态。随着监管模式的创新，医药电商有望迎来爆发式增长。

4. 商业保险企业推动网络医疗行业生态链的优化

在商业保险方面，政策提出加快发展商业健康保险，不仅夯实多层次医疗保障体系，更有利于互联网医疗探索发展新的商业模式。商业医保可以方便地以分成方式与互联网医疗企业合作，随着互联网医疗业务量的提升，商业保险将形成更加规模化的商业模式。

5. 医疗数据的商业价值进一步显现

医疗数据应用主要有两大领域：公共卫生和商业应用。公共卫生主要是基于用户行为数据的疾病预测。商业应用领域形式更加多样，覆盖从治疗方案到药品研发的全产业链，其商业价值将进一步显现。

6. 慢病管理服务渐成主流

目前市场上已出现以糖尿病、高血压为代表的细化慢病管理产品，未来随着巨头、移动医疗企业的介入，细化慢病管理服务将逐渐主流化。

（闻康集团寻医问药网　饶小平、戴天逸、张　然、王　璐、姜天骄

国家计算机网络应急处理中心　任　艳）

第 31 章　2015 年中国网络交通发展状况

31.1　网络交通应用现状

31.1.1　发展阶段

1. 叫车软件的广泛应用实现互联网化出行

公共道路交通资源的紧张与人口向经济发达城市的富集流动造成大中城市交通运力供需矛盾和资源错配。表现为：一方面，受地下规划布局、路面安全保障，以及城市道路、停车场等基础资源的限制，社会上投入的地铁、公共电汽车、出租车等交通资源有限，难以满足市民舒适、畅通的潮汐式交通需求；另一方面，个人保有轿车数量急剧攀升，车辆空间的利用效率不高，造成资源结构失调、路面交通拥堵现象。面对交通运力不足和资源配置等问题，在市场导向下，中国企业引入"互联网约车平台"理念，利用互联网技术和运营模式提升市民的出行效率和用车体验。2014 年，随着滴滴打车、快的打车、专车/拼车等叫车软件广泛应用，我国居民的出行方式开始互联网化，进入"便捷出行"阶段。2015 年上半年，出租车叫车软件的用户规模达到 9664 万人，专车用户规模为 2165 万人，在使用各种叫车服务软件的用户群体中占比分别为 84.8% 和 19.0%。

2015 年，上海市第三方出租车打车软件被纳管接入统一的电调平台，率先实现了市场化软件与政府监管的对接与融合。滴滴专车、一号专车、Uber、神州专车等专车软件的出现，冲击了出租车行业旧有的运营模式，专车模式在一定程度上弥补了出租车运力的不足，并通过差异化竞争的市场定位提升用户体验。2015 年 10 月，上海市交通委向滴滴快的专车平台颁发国内首张网络约租车平台经营资格许可，这是政府和业界对交通领域移动互联网创新的支持与肯定，开启了互联网化出行模式创新的新局面。继出租车、专车软件之后，拼车、租车和巴士软件相继推出，秉承"分享型经济理念"进一步满足了广大市民便捷出行的需求。

2. 物联网的深度应用将开启智能出行阶段

2010 年，IBM 公司率先提出了"智慧城市"的概念，作为智慧城市的重要构成环节，智能交通提出了解决"拥堵"问题的方法——智能交通系统。其通过物联网化的方式，把交通基础设施、交通运载工具和交通参与者综合起来系统考虑，充分利用信息技术、数据通信传输技术、电子传感技术、卫星导航与定位技术、控制技术、计算机技术及交通工程等多项高新技术的集成及应用，使人、车、路之间的相互作用关系以新的方式呈现出来。其中的"人"是指一切与交通运输系统有关的人，包括交通管理者、操作者和参与者；"车"包括各种运输方式的运载工具；"路"包括各种运输方式的通路、航线。虽然"智能交通系统"正处于规划建设中，但是其初期效果已经在各国的"交通拥堵"治理中得到显现。"智能交通系统"的初期建设成果体现在：智能交通信号系统、智能路况预测系统、智能手机查询系统、智能电子收费系统四个方面。

　　智能交通信号系统监控路面车流情况，采集数据反馈到计算机系统，智能设定程序调节信号灯系统。智能路况预测系统利用安装在收费站、大桥、公路路面等地方的感应器收集交通密度和速度，运用交通预测工具预测 30 分钟以后的拥堵路段，提出路线规划建议。智能手机查询系统包括：①智能公交选择系统。公交公司利用智能手机程序、互联网向用户提供附近公交站点、实时时刻信息、更新延迟通知，车辆经过的频率以及途经的商店和服务等。②智能实时停车查询系统。实时查询可供停车的车位数及停车价格。③智能路线选择预测系统。利用智能手机软件和 GPS 导航收集用户驾驶路线和目的地，然后提供智能交通预测反馈给用户。④智能电子收费系统。在收费站安装智能电子收费系统，如 ETC。其收费通道的通行能力是人工收费通道的 5～10 倍。

31.1.2　服务形态

　　专车、拼车企业经历优胜劣汰进入寡头垄断局势。专车市场的出现主要得益于：双向市场需求爆发，乘客和车主均渴望改善用车环境和出行效率。随着个人保有轿车数量的急剧上升，部分城市道路、停车场等基础资源日渐紧张，节能减排要求也日趋严厉，城市对出租车严控数量，对私家车执行限号出行、严控牌照数量等措施，限制了一部分希望改善出行条件的需求。同时，私家车养车成本大幅提升，私人轿车通过降低车辆空置率来分担养车成本的需求逐渐显现。

　　专车运营模式形成于 2010 年，但一直无法形成规模。为了扭转局面，专车企业由 B2B 向 B2C 模式转型并采用多元化的布局方案。除易到用车外，滴滴和快的进入出租车软件叫车市场，并采用全民补贴策略抢占大众打车市场，帮助用户养成 APP 软件叫车和手机支付习惯。滴滴和快的企业在补贴大战中各投入数十亿元人民币。当用户发展到一定规模后，滴滴和快的又先后开启了专车、快车、拼车等细分领域的多元化业务，继续延用补贴策略通过大众市场的用户积累带动小众市场的发展需求。目前专车市场已经形成了滴滴一号专车以 87.2% 的使用率稳居第一，Uber 后起直追，神州、易到等凭借各自优势占据部分细分市场的稳定格局。

　　当"专车服务"还在与监管政策和传统出租车行业进行战略博弈之时，市场上衍生出具有公益性质的"拼车服务"模式。由于拼车服务平台和车主均不以盈利为目的，"拼车服务"成为行业和政府鼓励的对象。在这样的市场机遇下，拼车软件平台快速进入市场，在资本和补贴的运作下，如"雨后春笋"般迅速崛起，市场竞争愈演愈烈。

　　大多数用户不只使用过一款拼车软件。根据 CNNIC 调查数据，从品牌覆盖率来看，滴滴顺风车后来者居上占据行业领先者地位，品牌覆盖率占比为 79.7%。嘀嗒拼车紧随其后，品牌覆盖率为 53.5%，排名第二。天天用车和搭搭拼车以 24.2% 和 7.8% 的品牌覆盖率分列第三位和第四位（见图 31.1）。

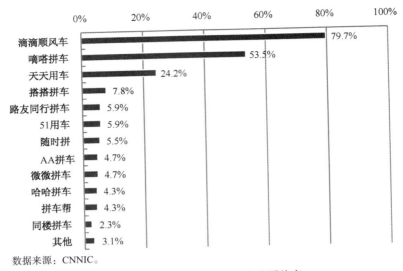

数据来源：CNNIC。

图31.1　2015年拼车市场品牌覆盖率

31.1.3　市场需求

1.　出租车仍为个性化出行主要载体，叫车软件提升服务质量

尽管互联网化出行衍生的专车软件、拼车软件用户规模在逐渐扩大，公共交通仍然扮演着城市生活主流交通载体的角色，不可替代。与地铁、公共电汽车等经济型交通工具相比，出租车载客量少、费用较高，占用资源和能源消耗较多，满足个性化出行需求，是城市公共交通的重要补充。出租车叫车软件出现以后，通过互联网化的手段提高了出租车的服务品质。根据 CNNIC 调查数据，84.4%的用户在路边打不到出租车的情况下会使用出租车叫车软件；77.6%的用户在对周围地方不熟悉的情况下使用；67.2%的用户由于使用了出租车叫车软件缓解了恶劣天气打车难的问题；65.9%的用户去机场、车站或需要预约用车时使用出租车叫车软件；还有 57.1%的用户觉得出租车叫车软件方便易用，习惯性的平时出行就会使用（见图31.2）。

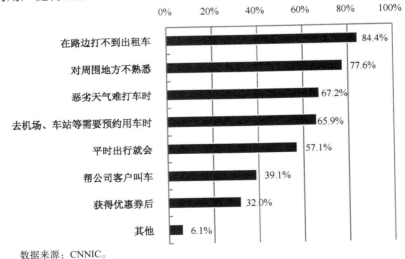

数据来源：CNNIC。

图31.2　2015年用户使用出租车叫车软件的动因

2. 专车、拼车为公交和出租车有益补充

公共交通线路时间较为固定，出租车数量受到严格管控，二者难以满足人们日益增长的个性化出行需求，而专车盘活私家车闲置资源，以便捷化、精细化、品质化的服务弥补了市场缺口。以北京为例，从 2004 年到 2015 年，常住人口从 1492 万增至 2115 万人，但从 2003 年到 2012 年，出租车数量仅从 6.5 万辆增至 6.6 万辆。此后，受道路资源的限制，根据节能减排要求，北京市出租车数量保持在 6.6 万辆。比较来看，现有出租车数量无法满足常住人口需求，造成打车难尤其是上下班高峰时间。专车的出现，在一定程度上缓解了打车压力。50%的专车用户是在打不着出租车的情况下选择专车服务。因此，目前专车仍为出租车的有益补充。根据 CNNIC 调查数据，在目前不使用专车软件的用户中，2.9%的用户表示未来肯定使用，14.2%的用户表示可能使用，16.6%的用户表示不一定使用（见图 31.3）。可见，专车市场仍然具有一定的用户增长潜力。用户不使用专车的原因主要是因为觉得不需要，该类用户占比为 46.5%；其次为不了解手机专车软件，占比为 28.6%。

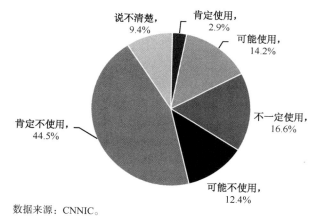

数据来源：CNNIC。

图31.3　非专车软件用户未来使用专车软件的转化态度

与专车服务相似，拼车服务秉承共享经济理念盘活闲置资源，依靠"低价"和"补贴"营销快速发展。拼车服务的价格普遍低于打出租车和专车，相当多的用户因为"低价"选择了拼车服务。由于拼车服务的价格已经很低，用户对补贴的敏感度有所下降，CNNIC 研究显示，只有 12.5%的用户获得优惠券后才会使用拼车服务。无论以后是否有补贴，近九成的拼车用户不会放弃使用拼车服务。手机打车软件用户中，非拼车用户未来愿意尝试拼车服务的占比为 24.4%，用户的拼车需求即将全面释放。那么，拼车软件用户使用拼车服务的具体需求动因如何呢？根据 CNNIC 调查数据，使用拼车软件已经成为多数用户的使用习惯，51.6%的用户平时出行就会使用拼车服务；31.3%的用户在打不到出租车的时候使用拼车软件（见图 31.4）。

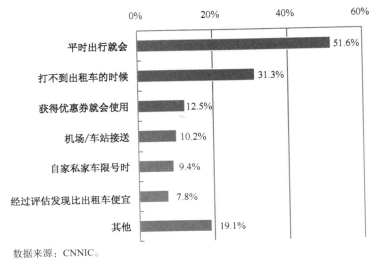

数据来源：CNNIC。

图31.4 2015年用户使用拼车软件的动因

31.2 网络交通公共效益

31.2.1 资源利用效率

1. 叫车软件节省时间、距离成本，提升服务效率

手机叫车软件降低了乘客和司机间的信任和连接成本，大大提高了叫车效率。从司机端来看，手机叫车软件以预约的方式减少了车辆的空驶率。从乘客端来说，手机叫车软件在时间和距离方面提升了出行效率。CNNIC 数据显示，91.5%的用户认为手机叫车软件提高了时间利用效率，77.2%的用户认为手机叫车软件缩短了徒步寻车的距离（见图 31.5）。此外，手机专车软件"就近派活"服务模式，利用 GPS 定位和数据匹配算法，辅以灵活的弹性价格体系，精准匹配撮合供应方和需求方，提高叫车的成功率和服务满意度。特别是在上下班高峰时刻，急于用车的乘客通过提升价格调动司机的积极性，缓解用车难题，达到出行目的。

2. 专车、拼车服务盘活闲置资源，提升车辆人员利用率

无论专车服务和还是拼车服务均推崇"共享经济理念"，即利用空闲时间，盘活闲置车辆，降低使用成本，提高车辆的利用效率。以拼车为例，CNNIC 调查数据显示，在拼车服务出现之前，私家车大多时候只乘坐司机一个人，空闲 3 个座位，却在路面上占用整个车身的空间。手机拼车软件出现后，47.7%的拼车服务乘坐 3 个人，车辆利用效率提高 3 倍；34%的拼车服务乘坐 2 人，车辆利用效率提高 2 倍；还有 7.8%的拼车服务乘坐 4 人，7.4%的拼车服务乘坐 5 人（见图 31.6）。

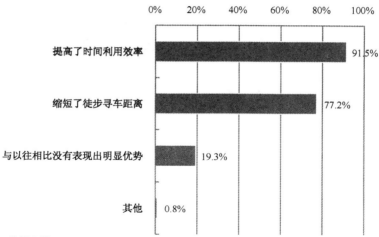

数据来源：CNNIC。

图31.5　用户对手机叫车软件在出行效率方面的评价

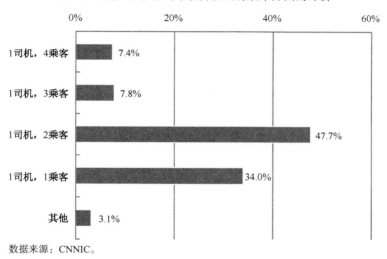

数据来源：CNNIC。

图31.6　拼车服务储量空间利用效率

根据 CNNIC 调查数据，使用手机拼车软件的人群中，虽然 77.7%的用户只当乘客，但也有 21.5%的用户在司机和乘客之间灵活转换，提高了人员的利用效率。其中，9.8%的用户偶尔当司机，多数时间当乘客；7.0%的用户一半时间当司机，一半时间当乘客；4.7%的用户多数时间当司机，偶尔当乘客（见图 31.7）。

3. 专车、拼车服务成为交通运力的有益补充

根据 CNNIC 测算，截至 2015 年 10 月，北京市专车的数量约为超过 10 万辆。同一时期，北京市出租车的数量超过 6.6 万辆。专车在数量上已经超过出租车。在不具备私家车量的用户中，其个性化出行服务需求原来由 6.6 万辆出租车承担，现在由 6.6 万辆出租车和 10 万辆专车以及相当数量的拼车、租车服务共同承担，则专车使打车市场运力提升 1.5 倍（10 万辆/6.6 万辆）倍以上。

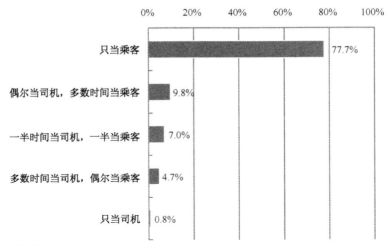

数据来源：CNNIC。

图31.7 司机与乘客，用户拼车角色转化

根据北京市交通委数据，2015 年上半年北京公共电汽车日均客流量超过 1000 万人次，北京地铁日均客流量超过 850 万人次。如果北京市专车的数量约为 10 万辆，假设平均每辆专车日均载客量为 12 次，则北京市专车日均载客量为 120 万人次，则专车相当于补充了公交系统 6.2% [120 万人次/（1100 万人次+850 万人次）] 的客流量运力。

31.2.2 社会公共效益

1. 城市交通引入互联网提升管理精细化水平

长期以来，我国城市特别是大城市的交通拥堵问题形势严峻，解决交通拥堵最根本的方法是控制车辆数量，路网智能化管理。"互联网+便捷交通"理念的提出，特别是打车软件的应用，使得各大城市重新审视"互联网"在城市交通中的作用，倡导智能出行，从而提升管理精细化水平。管理精细化体现在以下两个方面：

城市交通工具精细化定位分工。政策的扶植、市场化引导、民众的选择已经使城市交通工具形成了默契的分工。政府鼓励大众一般出行以公共交通工具为主，未来即将形成的智能公交管理系统将大大提升公共电汽车、地铁等出行方式的服务质量和利用效率。出租车满足大众个性化出行需求，政府通过价格杠杆调整出租车服务的供需矛盾，引导市民理性选择出行工具。专车服务满足高端消费人群的品质化出行需求，服务体验高水准、价格策略弹性化，缓解因为限购而无法拥有私家车的高端用户，并解决上下班高峰时段的出行难题。拼车满足城市中高端消费人群的常规出行需求，公益化的理念既提升了车辆的利用效率，又降低了车主和乘客的出行成本。

智能交通系统高效化管理监控。交通监管部门已经可以利用安装在重要道路和桥梁上的传感器以及 GPS 定位系统实施监督和播报路况，疏导交通拥堵。未来，智能出行系统将利用大数据算法根据实时车流量和用户提交的出行目的地信息提前预测拥堵路段，给出路线规划建议。与此同时，政府相关部门将引导搭建智能信号灯处理系统，根据人流量和车流量调整变灯时间以及各个路段信号灯的变灯次序。城市交通中，违规停车、违章行驶问题将通过手机 APP 系统实时传递给司机，约束其车辆使用行为。此外，车辆电子收费系统将大大提升服务效率，减少道路资源因收费停车而引起的交通拥堵问题。

2. 城市交通引入互联网促进信用约束机制形成

手机打车软件通过互联网技术提供乘客与司机的个人信息、位置信息以及车辆运营线路，不仅提升了便捷程度和用户效率，也在一定程度上降低了信任成本。比如，打车软件的应用为乘客对乘车服务提供了评价平台，可以筛选出行业优秀司机，发挥了对司机服务态度的监督作用。乘客和司机双方可以互评，彼此约束对方的诚信行为。如果司机爽约会遭到投诉惩罚，如果乘客爽约多次，上了黑名单，以后叫车难度增大。然而，互评系统偏重于在道德层面约束司机和乘客的行为，由于违约成本较低，仍然会有爽约现象发生，只能通过投诉维权。滴滴和快的对爽约的最高处罚力度为封停账号。北京市交通委则对出租车司机电召爽约按拒载处理，有两次违约就会在叫车调度系统中被列入"黑名单"。

随着专车、拼车等服务模式的规范化，政府相关部门会严格要求企业审查司机的资质，提交司机载客行为记录，有了信用记录的约束，司机的违法犯罪心理和行为会受到有效遏制。例如，政府可以建立互联互通的个人诚信、安全信息数据库，供符合相关资质的企业申请查询。在美国，得克萨斯州圣安东尼奥市政府要求对所有 Uber 司机进行十指指纹的背景调查；建立信息数据库，使政府及个人能够对司机本人有充分了解。美国加州公共事业部管理委员会要求 Uber 提交与载客行为有关的详细数据，以此作为 Uber 合法化的条件。

31.3　网络交通发展趋势

31.3.1　信息数据开放化、可视化

随着叫车 APP 软件的应用和普及推广，运用"互联网+"手段实现"便捷出行"成为时下概念设计的热点和技术攻克的难题。大数据时代，云技术手段不断推陈出新，基于 GPS 和传感器系统收集的交通运行数据成为缓解交通拥堵的有效资源。未来，利用互联网和大数据挖掘技术处理这些交通数据，将有价值的信息可视化，主动传播出去与市民共享，辅助市民选择合理的交通工具和线路；并利用互联网等信息技术手段，加强对交通运输违章违规行为的智能化监管，构建智能化的交通监控网络，提升交通治理能力，从而达到"便捷出行"的目的成为"互联网+便捷出行"的发展趋势。为达到这一目的，首先，需要政府和企业密切合作推动交通数据开放、共享，搭建互联互通的平台数据库，创建可视化信息服务平台。推动交通运输主管部门和企业将服务性数据资源向社会开放，在制度层面、技术层面和应用层面形成开放共享机制，鼓励互联网平台为社会公众提供实时交通运行状态查询、出行路线预测和规划、公交系统网上购票、智能收费停车等服务。

然而，目前交通运输行业的信息资源开放度不足。一些行业具体数据信息涉及其他部门，以及保密、个人隐私等问题，需要国家尽快制定相关的法律法规，明确向社会开放的资源类型和内容，以及开放程度。当前，相关部门正在编制有关政府信息资源开放的政策意见，以及关于跨政府部门的互联互通体系建设机制的意见，但是均尚未形成。政府购买服务、政府数据开放的可操作性还需要进一步明确。交通运输行业作为国民经济的一个领域，在信息化、数据可视化、开放共享发展方面亟须国家政策予以保障。

31.3.2　智能化向社会化迈进

目前，城市交通借助互联网和大数据技术，实现智能化管理，城市交通正处于"互联网+城市智能交通"阶段。例如，上海市路政局路网监测中心，以 2010 年上海世博会为契机开发的上海市交通信息综合服务平台，融合了城市道路交通（包括上海的高架路、各出入口闸道控制等）实时拥堵状况、公交、铁路、民航等多方面的信息。宁波市和衢州市建设的交通信息服务平台，也实现了跨界交通信息交互问题。2015 年 6 月，天津市交通运输委与阿里云计算公司签署合作协议，进行"互联网+城市智能交通"的大数据研判，此项目主要由天津市交通委主导，阿里云提供技术支持和解决方案，以"互联网+交通"的思路及方式，实现全市公交、地铁、出租、长途、铁路、航空等各种运输方式和综合交通信息的统一管理。

未来，城市交通将引入物联网概念，在智能化的基础上进一步实现有机的社会化管理。例如，智能交通实现了红绿灯控制车流量，而基于物联网的社会化交通则变革成车流量控制红绿灯。之所以说基于物联网的城市交通超越智能化，实现了社会化是因为：智能化把城市交通系统比作一个人，GPS 和传统器信息数据采集即"五官"、互联网线路传输即"神经"，大数据、云计算处理技术即"大脑"。物联网则把系统比成多个人、团队，有协同、有人工、有组织、有纪律的自主体系，物联网的终端是智能化的，但物联网系统是团队，具有社会化属性。物联网化的城市交通将考虑到"路"、"车"、"人"成为协调有机的整体，面向实体世界全面的感知和互动。

31.3.3　交通、产业、空间协同发展

缓解城市交通拥堵问题，除了提高科学治理能力，还要在新道路的规划上下工夫。当前国家级重大交通设施与城镇空间、产业布局不够匹配的现象时有发生，忽视了城市交通网络结构对城市空间结构的重大影响。《国家新型城镇化规划》明确提出要完善综合运输通道和区际交通骨干网络，强化城市群之间交通联系，加快城市群交通一体化规划建设，改善中小城市和小城镇对外交通，发挥综合交通运输网络对城镇化格局的支撑和引导作用。2015 年 5 月 27 日，《国家发展改革委关于当前更好发挥交通运输支撑引领经济社会发展作用的意见》要求加速转变交通发展方式，交通运输由"跟跑型"向"引领型"转变，尤其是重点区域交通要加快发展、取得突破。通过完善交通基本公共服务和交通安全保障体系推进以人为核心的新型城镇化。构建城市群和都市圈交通网络，以交通引领区域经济社会发展。

为此，未来实现"互联网+便捷出行"将从顶层设计上解决矛盾根源，打破就"交通"论"交通"的传统思维，从引导适应产业的空间转移和人口流动等角度出发，整个道路的交通规划布局要为产业的发展提供支撑，建立空间规划、产业规划和交通规划三者高度协同、交互融洽的新发展理论方法、技术工具和规划体系，统筹综合交通体系网络建设、要素资源配置、空间结构优化与产业升级转型。

（中国互联网络信息中心　陈晶晶）

第32章 2015年其他行业网络信息服务发展情况

32.1 房地产信息服务发展情况

32.1.1 市场动向

房地产信息化服务为房地产行业发展提供了重要支撑，信息不对称下传统的房产销售、信息服务等模式已经越来越不能适应消费者需求，在资本力量的推动下，2015年房产O2O等新业态迎来快速发展期，房产中介O2O经过厮杀奋战经历了一轮洗牌，分享经济下短租公寓如雨后春笋冒出来，家装O2O获得资本和市场热捧。同时，传统的房地产信息服务网站的有效浏览量主要集中在房地产政策法规新闻、新楼盘信息、二手房信息、租房信息、家装信息。

32.1.2 网站情况

根据Alexa网站2015年7月数据显示，从网站覆盖度指标看，全国房地产网站排名在前3位的分别为搜狐焦点网、安居客和搜房网。365房产家居网、智房网、居外网、吉屋网、房王网、城市房产、深圳房地产信息网分列第4～第10位（见图32.1）。

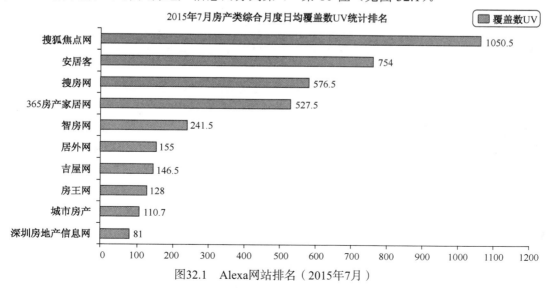

图32.1 Alexa网站排名（2015年7月）

32.1.3 用户情况

根据艾瑞网民监测数据产品 iUserTracker 数据显示，2015 年第四季度房产网站用户月度覆盖人数达 1.72 亿人，同比下降 1.4%。从用户人数规模来看，2015 年第四季度在经历第三季度"金九银十"的火爆市场后遇季节性调整，整体热度有所回调（见图 32.2）。

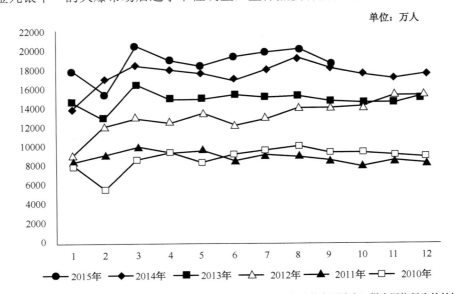

单位：万人

资料来源：iUserTracker2015.12，基于对40万名家庭及办公（不含公共上网地点）样本网络行为的长期监测数据获得。

© 2015.12 iResearch Inc.   www.iresearch.com.cn
资料来源：艾瑞咨询。

图32.2　2010—2015年中国房地产网站月度覆盖人数

2015 年前三季度房产网站用户季度总浏览页面量为 107.5 亿页，环比上涨 19.0%，和 2014 年同期相比，上涨 7.6%。2015 年前三季度房产网站人均单页有效浏览时间为 63.1 秒，相比 2014 年同期减少了 3.7 秒（见图 32.3）。在房产网站中，新浪乐居、腾讯房产、搜狐焦点网的人均单页有效浏览时间处于领先地位。

数据显示，在"在互联网房产交易平台进行的交易"方面，近六成用户选择了租房服务。部分网上交易平台因为只收成交价的 0.5%作为中介费，与传统房产中介 1.5%～3%的佣金相比，优势明显，有较多人愿意在网上进行租房服务。买卖房子涉及金额大且手续烦琐，传统中介经纪人经验丰富，相对来说，选择在互联网平台的人数较少（见图 32.4）。

时间	平均值	新浪乐居	搜房网	搜狐焦点网	腾讯房产	网易房产
12Q4	57.3	76.7	50.0	68.7	57.3	34.0
13Q1	63.3	83.7	50.3	81.7	63.3	37.3
13Q2	62.5	87.3	55.0	77.7	57.0	35.7
13Q3	55.9	65.3	52.7	72.3	58.0	31.0
13Q4	53.8	42.6	57.8	69.2	69.3	30.1
14Q1	56.5	58.9	57.0	68.6	72.3	25.9
14Q2	60.4	79.9	53.1	70.3	74.3	24.6
14Q3	66.8	104.0	52.0	74.0	75.0	29.0
14Q4	65.7	95.7	56.0	73.7	75.3	27.7
15Q1	64.3	93.2	53.7	72.7	74.9	27.1
15Q2	57.9	77.3	57.7	61.7	63.0	29.7
15Q3	63.1	90.3	62.0	62.7	69.0	31.3

资料来源：iUserTracker.2015.12，基于对40万名家庭及办公（不含公共上网地点）样本网络行为的长期监测数据获得。

© 2015.12 iResearch Inc.　　　　　　　　　www.iresearch.com.cn

资料来源：艾瑞咨询。

图32.3　2012Q4—2015Q3房产网站人均单页有效浏览时间

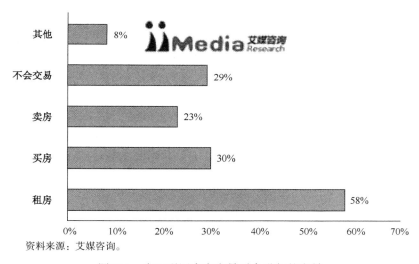

资料来源：艾媒咨询。

图32.4　在互联网房产交易平台进行的交易

32.2　IT 产品信息服务发展情况

32.2.1　市场情况

IT 信息服务网站是提供数码产品资讯的导购型媒体平台，但随着社交网络、电子商务的发展，传统卖场日渐势微，而电商的价格体系透明化，人们对于产品的需求转向在电商中直接购买，部分网站陷入转型困境。2015 年 IT 产品信息服务网站用户自然增长下降，电子产品厂商在 IT 垂直网站的广告支出继续走低，整个市场规模陷入萎缩。

2015 年 IT 信息服务市场也展现出一些新特点，具体表现为用户对于一体化全业务流程体系需求日益突出，新兴技术融合发展持续引领变革，平台化趋势丰富了产业生态模式，社交网络成为其传播价值的重要媒介。移动互联网的冲击正改变着用户传统的阅读习惯，也在越来越倒逼传统垂直资讯网站改变。

32.2.2　网站情况

根据艾瑞咨询 iUserTracker 数据显示，2015 年 12 月，垂直 IT 网站日均覆盖人数达 2807 万人。其中，中关村在线日均覆盖人数达 417 万人，网民到达率为 1.6%，位居第一（见图 32.5）。

排名	网站	日均覆盖人数	日均网民到达率	排名变化
		万人	%	
1	中关村在线	417	1.6%	→
2	太平洋电脑网	282	1.1%	→
3	泡泡网	278	1.1%	↑
4	CSDN	264	1.0%	↑
5	驱动之家	232	0.9%	↓
6	中国站长站	221	0.9%	↓
7	脚本之家	221	0.9%	↓
8	天极-Yesky	210	0.8%	↓
9	博客园	193	0.8%	→
10	cnBeta	145	0.6%	↑
注：日均网民到达率=该网站日均覆盖人数/所有网站总日均覆盖人数				
Source：iUserTracker.家庭办公版2015.12，基于对40万名家庭及办公（不含公共上网地点）样本网络行为的长期监测数据获得。				
© 2016.1 iResearch Inc.			www.iresearch.com.cn	

资料来源：艾瑞咨询。

图32.5　2015年12月垂直IT网站日均覆盖人数排名

艾瑞 iUserTracker 数据显示，2015 年 12 月，垂直 IT 网站有效浏览时间达 6006.1 万小时。2015 年 12 月垂直 IT 网站有效浏览时间排名如图 32.6 所示。

32.2.3　用户情况

数据显示，2014 年 8 月—2015 年 7 月，中国 IT 产品信息服务网站月度覆盖人数总体呈下降趋势（见图 32.7）。总体来看，IT 数码网站月度覆盖人数下滑明显，整体的用户规模呈萎缩态势。分析认为，中国 IT 产品信息服务网站重点受到电商冲击。

排名	网站	月度有效浏览时间	月度有效浏览时间比例	排名变化
		万小时	%	
1	中关村在线	791	13.2%	→
2	CSDN	577	9.6%	↑
3	驱动之家	497	8.3%	↓
4	太平洋电脑网	487	8.1%	↓
5	cnBeta	425	7.1%	→
6	博客园	373	6.2%	→
7	脚本之家	291	4.9%	→
8	泡泡网	287	4.8%	→
9	中国站长站	197	3.3%	→
10	51CTO	185	3.1%	↑

注：月度有效浏览时间比例=该网站月度有效浏览时间/该类别所有网站总月度有效浏览时间

Source：iUserTracker.家庭办公版2015.12，基于对40万名家庭及办公（不含公共上网地点）样本网络行为的长期监测数据获得。

© 2016.1 iResearch Inc.　　　　　　　　　　　　　　　　　www.iResearch.com.cn

资料来源：艾瑞咨询。

图32.6　2015年12月垂直IT网站有效浏览时间排名

单位：万人

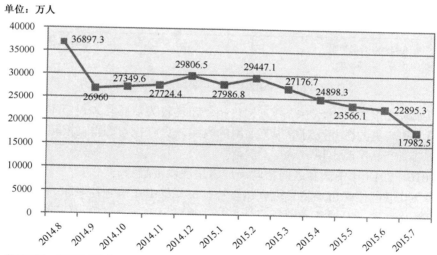

数据来源：根据艾瑞咨询 iwebchoice 数据整理。

图32.7　2014年8月—2015年7月中国IT信息服务网站月度用户覆盖人数趋势

32.3　网络招聘发展情况

32.3.1　市场分析

网络招聘已成为大部分求职者和企业获取工作和人才的重要途径，互联网招聘不仅帮助企业和求职者节约了时间成本和冗长的程序，也极大地减少了求职者和企业间信息不对称的问题。据易观智库《中国互联网招聘市场季度监测报告》显示，中国网络招聘市场处于相对稳定增长的发展局面，整体市场规模保持稳定增长态势，2015年网络招聘市场规模达38.3亿元；预计2016年市场规模将达到46.1亿元，2018年这一数字将达到63.7亿元（见图32.8）。

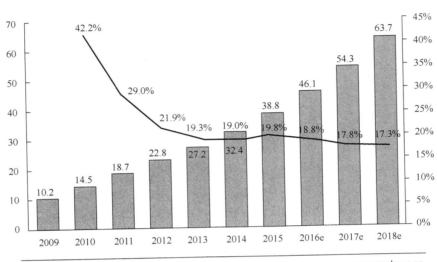

图32.8 2016—2018年中国互联网招聘市场规模预测

易观智库研究报告显示，2015年，网络招聘市场较为活跃且颇得资本的青睐，招聘市场除了58同城和赶集的合并及对中华英才网的收购，更有拉勾等垂直招聘厂商的产品持续创新，且移动端新产品不断出现。

预计2016—2018年中国互联网招聘市场将呈现以下趋势：

一是移动互联网招聘市场将呈现火热态势，主要集中在蓝领和兼职等领域。目前中国互联网招聘市场移动端正在涌现一批新产品，专注垂直招聘，用户群定位明确，或针对蓝领用户，或针对大学生群体，或以点评分享为主，或专注兼职领域，但都处于产品探索阶段。这些新产品为中国互联网招聘市场注入新鲜血液，推动了行业持续发展。

二是互联网将继续向人力资源服务市场渗透，互联网招聘市场已经渗透到人力资源服务市场产业链的多个环节，包括提供招聘猎头服务、职业测评、培训教育、人事外包及咨询等。随着中国企业的发展，对人事管理的重视程度将持续加大，人力资源服务市场潜力巨大，互联网招聘市场将继续渗透，且互联网将整合人力资源市场，使得资源利用达到最大化，服务效率达到最大化。

三是大数据技术将优化改善互联网招聘求职体验，有望将生活服务与之串联。目前，互联网招聘市场招聘效率低的现象普遍存在，未来几年，大数据技术将充分被利用，通过求职用户简历等一系列大数据分析，精准推送职位及应聘人员，提高求职招聘效率。而且通过简历数据可分析用户精准画像，特别在蓝领招聘领域，蓝领招聘有望成为生活服务的入口。

32.3.2　网站情况

目前网络招聘市场呈现综合性网站中少数网站领先，其他地方性、行业性、搜索型和社交型等多种网站并存发展的局面。

当前中国的互联网招聘市场呈现了巨头割据的主要形势，以前程无忧、智联招聘为龙头，分别占据市场总份额的 23.4% 和 22.6%。市场的第二阶梯分别是猎聘网、拉勾网和赶集网招聘，其中猎聘网是定位中高端的网络招聘平台，拉勾网是以垂直于互联网行业的人才招聘为主。此外，随着新兴社交网站不断涌现，以大街网、校内网为代表的 SNS 网站也开始进入网络招聘领域，共同构成了网络招聘行业竞争格局的第三阶梯（见图 32.9）。

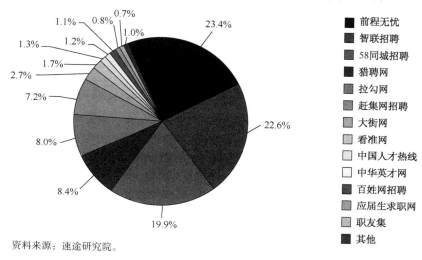

资料来源：速途研究院。

图32.9　2015年第三季度中国招聘网站市场份额

与此同时，随着智能手机的普及和移动互联网的发展，人们对于移动端的依赖程度逐渐提升，手机招聘开始成为重要的入口。

32.3.3　网站模式

中国网络招聘行业典型模式分为综合网络招聘模式、移动招聘模式、社交招聘模式、垂直招聘模式和分类信息网站模式。

（1）综合类招聘模式，代表企业有前程无忧、智联招聘等，综合招聘模式发展较早，目前是网络招聘的领军企业。

（2）移动招聘模式，其是网络招聘行业在移动互联网趋势下发展的新动向。目前在移动端发力的企业主要是前程无忧、智联招聘等综合招聘网站和大街网、Linkedin 等社交招聘网站。

（3）社交招聘模式，是基于社交圈子和行业人脉的招聘方式，代表企业有大街网、Linkedin 等网站。

（4）垂直招聘网站模式，是指专注于某个行业、特定人群或者是某个特定区域的招聘服务，代表企业有拉勾网、猎聘网、南方人才网等网站。

（5）分类信息网站模式，代表企业有 58 同城、赶集网等网站，这类网站主要发布蓝领人群的招聘信息，招聘业务只是这类网站的一部分业务。

32.3.4　用户情况

数据显示，2015 年中国网络招聘网站月度覆盖人数总体呈现前高后低的趋势，并且表现出较为明显的季节性特征。上半年网络招聘网站月度覆盖人数明显高于下半年的数据，用户月度覆盖人数最高点出现在 3 月。分析认为，每年春节前后为应届生招聘和在职人员"跳槽"的高峰期，网络招聘网站用户覆盖度和浏览量都随之升高；随着下半年招聘活动的减少，相关网站的用户覆盖度和浏览量也随之下降。中国网络招聘用户的覆盖人数虽然随着行业淡季旺季等因素波动变化，但整体上呈上升趋势，招聘网站的用户覆盖率持续增加，在 7 月、8 月招聘旺季达到高峰，互联网招聘开始成为越来越多的大学生和求职者找工作的首选途径（见图 32.10）。

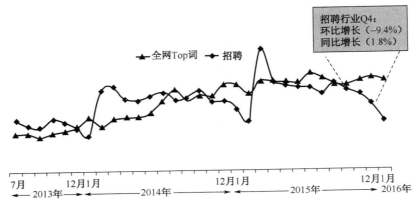

注：全网Top词和招聘搜索指数量级差异较大，此处数据为各月在总体中的份额占比，只说明数据趋势

资料来源：360 营销研究院。

图32.10　2015年中国网络招聘网站月度用户覆盖人数趋势

在 2015 年网络招聘关注职业中，IT 互联网最受关注，与消费零售、金融投资、制造行业、餐饮酒店等组成最受关注职业 TOP5（见图 32.11）。

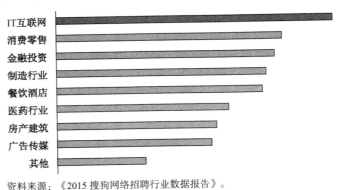

资料来源：《2015 搜狗网络招聘行业数据报告》。

图32.11　2015年网络招聘关注职业

32.4　旅游/旅行信息服务发展情况

32.4.1　市场动向

根据艾瑞咨询监测数据显示，2015 年中国在线旅游移动端月度覆盖人数始终保持增长态势。随着在线旅游用户持续向移动端转移，移动端用户未来发展增速会保持稳定。移动互联网的发展和旅游服务具有天然的结合黏性，移动互联网更能随时随地地满足用户的需求，因而能快速获得用户的接受及认可。

艾瑞统计数据显示，2015 年中国在线旅游市场交易规模为 3560 亿元，同比增长 28.4%（见图 32.12）。2015 年在线旅游格局基本分为：

（1）在线平台，代表企业为携程、去哪儿、去啊、同程。

（2）标准运营，代表企业为艺龙、航班管家。

（3）线上旅行社，代表企业为途牛、驴妈妈。

（4）创业公司，代表企业为海岛之家、大鱼自助游、下一站。

移动端旅游服务提供商迎合用户需求，产品类型丰富多样。主流的移动端旅行服务提供商主要分四大类别：综合 OTA、平台、攻略社区、出境游。企业根据自身定位并结合在线旅游移动端用户需求推出不同产品类型，产品类型丰富多样，各具特色。

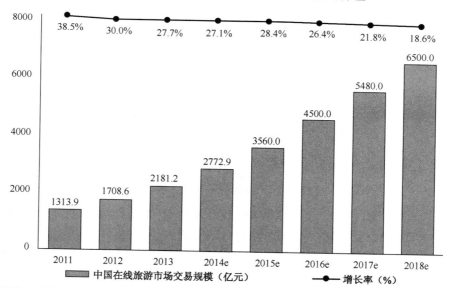

注释：1.在线旅游市场交易规模指在线旅游服务提供商通过在线或者Call Center预订并交易成功的机票、酒、度假等旅行产品的价值总额；2.包括供应商的网络直销和第三方在线代理商的网络分销。

资料来源：艾瑞咨询。

图32.12　2011—2018年中国在线旅游市场交易规模及增速

32.4.2 网站情况

艾瑞咨询数据显示，2015 年中国在线旅游网站服务综合水平排名前 3 位的是同城网、携程网、去哪儿网。分析显示，近年来，旅游线上交易平台越来越多，通过旅游网站预订出行的游客大幅增加。旅游网站价格更低、选择更丰富是吸引游客的主要原因。随着在线旅游市场逐渐细分，消费者需求存在多元化倾向，一些以移动互联网为核心的企业正在用新的维度来切入在线旅游市场。

32.4.3 用户情况

艾瑞咨询数据显示，2015 年中国旅游 APP 男性用户占 65.7%，高于女性用户占比的 43.3%。根据艾瑞咨询数据显示，旅游 APP 用户男女占比中，UGC 积累的用户群女性占比较多，其中面包旅行、蚂蜂窝、淘在路上女性占比均在 55%以上。携程、同程等老牌在线旅游 APP 则男性用户占比较高（见图 32.13）。

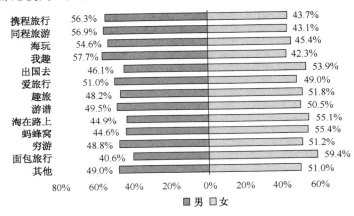

样本：N=1001；于2015年6月通过艾瑞iClick社区在线调查获得。

© 2015.7 iResearch Inc.　　　　　　　　　www.iresearch.com.cn

资料来源：艾瑞咨询。

图32.13　2015年中国在线旅游移动端用户性别分布

此外，调查显示，81%的用户 2015 年计划出游 1~3 次，而最长出行天数主要集中在 3~7 天（56%），其次 32%的用户表示最长出行天数会达到 8~15 天。不同类型用户的最长出行天数也有所差异。女性更愿意选择较长时间的旅行，同时年长用户（40 岁以上），尤其是 50 岁以上的用户更青睐 8 天以上的出行（见图 32.14）。

81%的用户选择避开公共假期,错峰出游。而 34%的用户全年计划人均旅游花费在 5001~10000 元，另有 29%的用户预算在 2000~5000 元，还有 34%的用户全年计划人均旅游花费在 10000 元以上。且随着年龄的增加，用户的年人均旅行预算也随之增加。可见年长用户，不仅有较强的旅游需求，且有较高的消费能力和意愿（见图 32.15）。

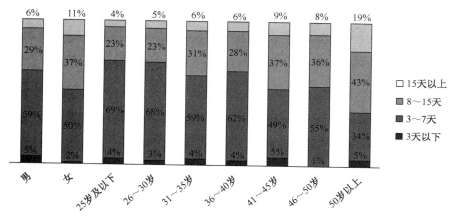

资料来源：携程网《2015 年中国游客旅游度假意愿报告》。

图32.14　不同类型用户出行天数差异

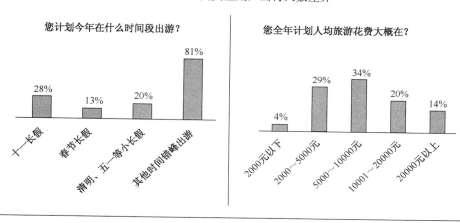

资料来源：携程网《2015 年中国游客旅游度假意愿报告》。

图32.15　用户旅游规划调研

32.5 体育信息服务发展情况

32.5.1 市场情况

根据艾瑞咨询《2015 年中国互联网+体育报告》显示，我国体育产业高速增长，但与发达国家仍有差距。2015 年，中国体育用品产业增加值超过 4000 亿元，占当年 GDP 的比例达 0.7%。尽管我国已经提倡全民健身，但中国的体育人口目前仍然只有 40%，而欧美发达地区已达 70%，市场前景广阔。

2015 年体育信息服务网站营收规模持续增加，增长率回归理性。行业总体发展状况良好。在 PC 端，虎扑看球、新浪体育等网站仍占据主流地位；PC 端互联网体育月度平均覆盖人数超 2.7 亿，人均月浏览时长为 52.8 分钟。在移动端，体育不仅是新闻、视频、电商等 APP 的重要内容题材，依托移动端较好的传感器资源，市场上出现了一大批运动记录、分享 APP，丰富和便利了人们的体育活动。目前，体育 APP 用户参透率达到了 26%。

同时，互联网在信息沟通、社交、数据采集上助力体育，体育信息服务的广度和深度也在不断拓展。体育信息服务网站的发展正呈现出一些新特点：全球化的信息让赛事天涯若比邻；互动的信息传播促使体育论坛讨论火爆；运动轨迹、心率等运动数据被实时采集；信息存储和交流近乎零成本；多媒体化展现形式使体育视频、图片等丰富生动；强大的社交聚合能力以社交扩散影响力，以兴趣聚合小众用户。

32.5.2 网站情况

据 iwebchoice 数据显示，2014 年 8 月—2015 年 7 月中国体育信息服务网站的月度覆盖人数最高的是新浪竞技风暴，2015 年的峰值出现在 3 月，达到 11087.4 百万人。

报告显示，阿里巴巴、乐视、PPTV 等互联网企业都已涉足"互联网+"体育行业，不少传统体育企业也与互联网企业合作。例如，361°与百度、李宁与小米都展开了战略合作。此外，体育明星也加入"互联网+"体育的创业潮，例如，吊环王子陈一冰创业做健身 APP，足球解说名嘴黄健翔创业推足球培训 O2O 产品。

2015 年中国互联网体育产业图谱如图 32.16 所示。

32.5.3 用户情况

艾媒咨询数据显示，2015 年中国互联网体育用户达到 2.8 亿人，到 2016 年中国互联网体育用户规模达到 3.8 亿人。80.0%的体育类互联网产品用户为男性，女性仅占 20.0%。在年龄分布上，以 20～40 岁为主，其中 20～30 岁占 48.0%、30～40 岁占 30.8%。分析认为，体育类互联网产品受众仍保留传统体育产业受众的基本特性，同时加入互联网成分又使得用户朝年轻化趋势发展。

2015 年中国互联网体育人群基本属性如图 32.17 所示。

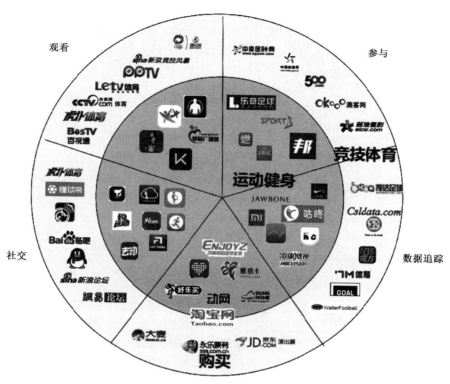

图32.16　2015年中国互联网体育产业图谱

注：小圆圈内指运动健身企业，大圆圈内指竞技体育。

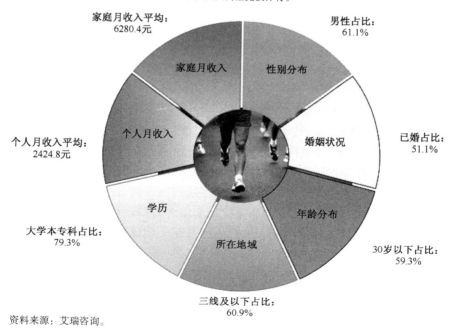

资料来源：艾瑞咨询。

图32.17　2015年中国互联网体育人群基本属性

注：样本 N=2848，于 2015 年 6 月通过艾瑞 iClick 社区联机调研获得。

中国互联网体育用户规模上，PC 端互联网体育覆盖人群超过 2.7 亿人，人均月度浏览时长 52.8 分钟。互联网体育月度平均覆盖人数为 27541.3 万人，PC 网民中渗透率为 54.5%。互联网体育视频平均月度观看人数为 8258.0 万人，互联网体育用户中渗透率为 30.0%。移动端体育 APP 在互联网体育用户中渗透率为 26.0%。

2014 年 10 月—2015 年 7 月体育类网站的月度覆盖人数整体呈下滑态势，2014 年 12 月—2015 年 2 月稍有反弹（见图 32.18）。

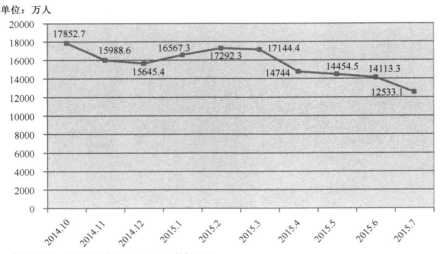

数据来源：根据艾瑞咨询 iwebchoice 数据整理。

图32.18　2014.10—2015.7中国体育信息服务网站月度用户覆盖人数趋势

32.6　婚恋交友信息服务发展情况

32.6.1　市场情况

根据艾瑞咨询统计数据显示，2015 年中国网络婚恋交友行业市场营收为 26.5 亿元，在整体婚恋市场中占比为 29.3%（见图 32.19）。线上增值服务、线下活动和网络营销成为其主要盈利模式。网络婚恋企业在线下市场与移动端积极布局，逐渐介入线下原有的婚介所等传统婚恋机构竞争市场，网络婚恋交友在整体婚恋市场中占比将逐渐提升。

从 2015 年中国网络婚恋核心企业动态变化来看，一方面，核心企业不断开拓业务创新。其中，世纪佳缘开启众包模式红娘经纪人项目，网易花田构建动态诚信体系，百合网开始免费线上沟通，有缘网举办相亲会开始尝试线下模式。另一方面，受资本大环境影响，核心企业加快资本角逐进程。其中，百合网登录新三板上市，有缘网提交《公开转让说明》，此外，2015 年 12 月世纪佳缘与百合网宣布合并，联合双方资源提高竞争筹码。整体来看，网络婚恋行业竞争加剧，各企业将面临更多业务创新和资本竞争挑战。

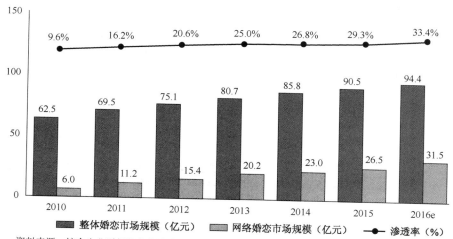

资料来源：综合企业财报及专家访谈，根据艾瑞统计预测模型核算及预估数据。

图32.19　2010—2016年中国整体婚恋与网络婚恋市场规模及预测

在目前市场格局下，网络婚恋各企业以婚恋为原点，通过涉足婚庆服务等方式，延展产业链去拓展新业务，希望借此留住已经解决婚恋需求的用户，延长平台用户生命周期，将高质量的客户数据转化为"金牛"。横向来看，行业整体向产业链下游延伸，开始试水婚庆服务、婚姻辅导等服务内容。纵向来看，各企业不断提高服务的多样性，在情感辅导、现场活动等方面进行尝试和拓展。从整体来看，网络婚恋交友服务向纵向发展，并不断延展服务范围的广度。

在行业发展趋势上，随着网民及移动网络的增长和移动网民占比逐渐提升，网络婚恋企业的业务布局重心将会持续向移动端倾斜。但由于移动端的服务模式与用户习惯仍在探索和创新中，网络婚恋企业需不断进行商业模式探索和多角度用户价值挖掘。

32.6.2　网站情况

在 PC 端方面，根据艾瑞咨询 iUserTracker 数据显示，2015 年 12 月，中国网络婚恋交友服务 PC 端月度覆盖人数为 1806.8 万人，相较 2015 年 1 月减少了 847.2 万人，从整体变化趋势来看，2015 年月度覆盖人数持续降低。网络婚恋行业受互联网整体大趋势影响，网民不断从 PC 端向移动端倾斜，PC 端持续受到挤压。

2015 年第四季度中国婚恋交友 PC 端月度访问次数 Top5 依次为世纪佳缘、百合网、网易 花田&同城交友、珍爱网和爱在这儿。从 2015 年 Top5 企业整体变化趋势来看，除世纪佳缘呈波动增长外，其他企业基本呈现平稳增长趋势（见图 32.20）。

在移动端，根据艾瑞咨询 mUserTracker 数据显示，2015 年第四季度婚恋交友服务移动端月度覆盖人数持续小幅降低。网络婚恋交友行业在移动端用户流量的争夺中，由于各类细分人群社交 APP 的出现，一定程度上影响了网络婚恋交友 APP 总覆盖人数的快速增长，但整体用户规模基本保持稳定（见图 32.21）。

根据艾瑞咨询 mUserTracker 数据显示，2015 年第四季度核心企业移动端月度覆盖人数各企业间差距逐渐缩小，世纪佳缘持续领先，有缘婚恋基本保持稳定，百合网趋向稳定，网易花田和珍爱网保持持续小幅增长。2015 年网络婚恋交友企业不断加强对于移动端用户资源的争夺，预计 2016 年整体市场竞争将更加激烈（见图 32.22）。

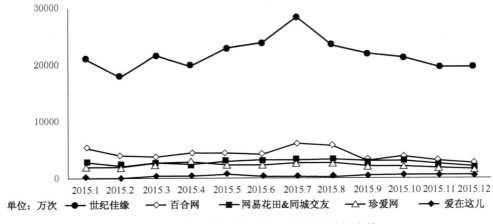

单位：万次 —●— 世纪佳缘 —◇— 百合网 —■— 网易花田&同城交友 —△— 珍爱网 —◆— 爱在这儿

图32.20　2015年中国婚恋交友服务PC端月度访问次数Top5

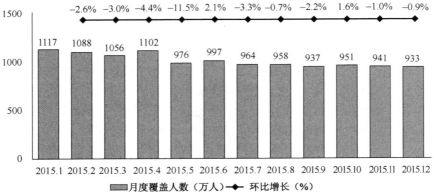

资料来源：艾瑞咨询。

图32.21　2015年中国婚恋交友服务移动端月度覆盖人数

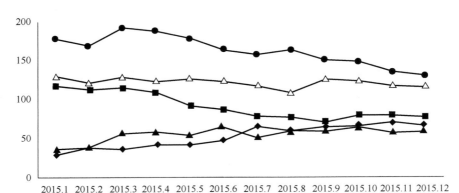

单位：万人 —●— 世纪佳缘 —△— 有缘婚恋 —■— 百合婚恋 —◆— 网易花田 —▲— 珍爱网

资料来源：艾瑞咨询。

图32.22　2015年婚恋交友网站服务核心企业移动端月度覆盖人数

　　婚恋 APP 的下载方面，相比于 2014 年，2015 年前 3 位 APP 的用户下载量占比均有大幅增长，都已经达到 50%以上，远远超越了其他 APP。其中，世纪佳缘继续保持行业领先地位，位居第一；百合婚恋和珍爱网继续位列第二和第三。整体看，用户对婚恋 APP 的下载呈现较为明显的集中化趋势。相比于 2014 年，2015 年用户最常使用世纪佳缘 APP 的比例从 29.1%上升到 41.2%，接近一半；其次是百合婚恋，接近 1/3，珍爱网排名第三，接近两成。整体看，前 3 个 APP 合计达到 88.8%，呈现出较高的行业集中度。

32.6.3　用户情况

　　网络婚恋用户主要集中在 26～34 岁，男性用户占比高于女性用户，且随着年龄增大，男性用户占比逐渐上升（见图 32.23）。相比较而言，2015 年男性用户中非常急迫和比较着急的用户占比高于女性，不太着急和慢慢找的用户占比低于女性；2015 年 26～39 岁用户中，非常着急和比较着急的用户占比合计在 60%左右，这部分人群是目前婚恋网站的用户主体。

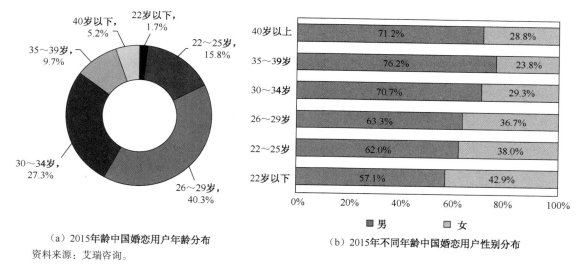

（a）2015年龄中国婚恋用户年龄分布
资料来源：艾瑞咨询。

（b）2015年不同年龄中国婚恋用户性别分布

图32.23　2015年中国婚恋用户年龄和性别分布

注：样本 N=1263，于 2015 年 12 月通过艾瑞 iUserSurvey 用户调研获得

　　网络婚恋用户多为本科学历，月均收入多集中在 5000～9999 元和 2000～4999 元两个区间（见图 32.24）。

　　在用户浏览时长方面，对于 PC 端，根据艾瑞咨询 iUserTracker 数据显示，2015 年第四季度各月 PC 端婚恋交友服务的人均月度有效浏览时长持续大幅增长。艾瑞分析认为，网络婚恋 PC 端产品已经比较成熟，而在此基础上，各企业不断增加金融等拓展性服务，对于用户的吸引力提高，用户满意度也随之增加，人均月度浏览时长持续大幅增长（见图 32.25）。

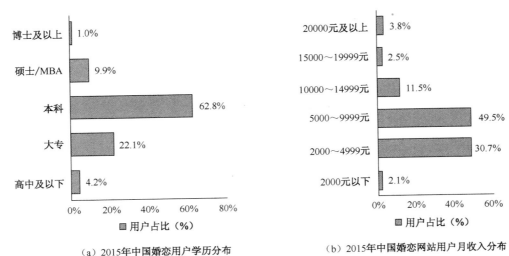

（a）2015年中国婚恋用户学历分布　　　　　（b）2015年中国婚恋网站用户月收入分布

资料来源：艾瑞咨询。

图32.24　2015年中国婚恋用户学历月收入分布

注：样本 N=1263，于 2015 年 12 月通过艾瑞 iUserSurvey 用户调研获得

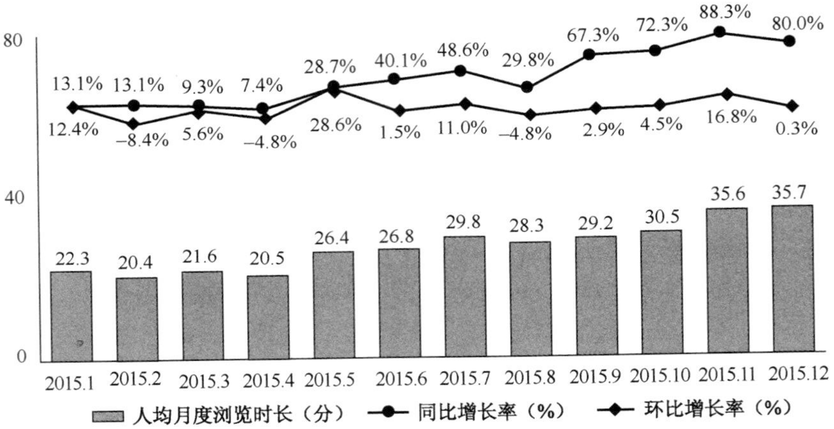

资料来源：艾瑞咨询。

图32.25　2015年中国婚恋交友服务PC端人均月度浏览时长增长趋势

在移动端，根据艾瑞咨询 mUserTracker 监测数据显示，婚恋交友服务移动端月度总有效使用时间保持增长。分析认为，在用户总量下降的同时，使用总时长不减反增，一方面是由于移动端产品完善，用户体验提升；另一方面是由于用户习惯不断养成，移动端接触频次提高（见图 32.26）。

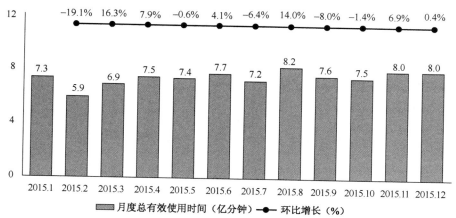

图32.26　2015年中国婚恋交友服务移动端月度总有效使用时间

32.7　母婴网络信息服务发展情况

32.7.1　市场动向

母婴网络信息平台是指为备孕、怀孕以及 0～6 岁的婴童父母提供包括育儿知识资讯及咨询、育儿经验分享及交流、婴幼儿教育产品及服务、母婴产品售卖等母婴类生活服务的在线平台。其中，电商平台可分为综合电商的母婴频道、品牌自建平台和垂直母婴电商平台；母婴社区、孕婴工具类平台是以媒体和社区业务形态为基础，提供孕婴童知识资讯问答、互动交流、记录工具等的平台，并在此基础上发展电商业务、早教业务等，以宣传推广和电商收入为收入来源。

2015 年中国母婴用品网络零售市场交易规模达到 2194 亿元，同比增长 39.9%。未来随着用户消费习惯的进一步迁移，以及单独二孩等利好政策的出台，母婴用品网络零售市场会继续保持高速增长的态势，预计到 2018 年中国母婴用品网络零售市场交易规模将达到 4944亿元。

未来母婴网络信息服务将有如下趋势：一是母婴行业“电商+社区”将成趋势，打造内容与商品兼具式平台。现在越来越多的母婴在线平台兼具各类功能，打造母婴一站式体验平台。二是母婴实物类商品品类逐步扩充，服务类产品将成重点拓展方向：医疗、金融、教育。母婴电商将不止于销售母婴类商品，而是围绕人群深耕。三是母婴消费场景由线上拓展至线下，各类创新场景涌现。未来，母婴电商将消费场景从线上拓展至线下，打造围绕母婴人群，而非仅仅母婴品类的母婴 O2O。包括传统门店场景、创新线下场景等，商品和服务的外延也随之扩大到教育、游乐、服装等。目前，一些企业已经开始在亲子园、亲子酒店试点。

32.7.2　网站情况

根据 CCID 综合统计分析，截至 2015 年上半年，我国母婴网站日均 PV 位居前 5 位的网站分别是妈妈网、宝宝树、育儿网、摇篮网和丫丫网，日均 PV 分别达到 4986 万、3800 万、

3500 万、1800 万和 1200 万。截至 2015 年上半年，母婴网站日均 IP 位居前 5 位的网站分别是妈妈网、宝宝树、摇篮网、育儿网和丫丫网，日均 IP 分别为 831 万、813 万、768 万、396 万和 300 万。妈妈网在日均 IP 和 PV 上均处于领先地位。对比母婴网站产品、业务线的布局可见，两家龙头企业妈妈网和宝宝树已经具备改变当前服务受限的资源和能力。

母婴社区和工具类 APP 仍然是目前用户规模最大的应用类别，但是电商购物类 APP 发展迅速，用户规模在快速扩大，此外，儿童教育类 APP 也在逐步兴起。根据 CCID 综合统计分析，目前市场排名前几的优秀 APP 其下载量均在千万级，其中妈妈网（妈妈圈、怀孕管家）达到 9300 万，宝宝树孕育下载量达到 7000 万；DAU 均在百万级，其中妈妈网（妈妈圈、怀孕管家）DAU 达到 530 万、宝宝树孕育（原快乐孕期）DAU 达到 350 万；用户留存率（IOS 月留存）普遍较高，普遍在 50% 以上（见图 32.27）。

所属平台	重点APP		下载安装置（万）	DAU（万）	用户留存率（IOS月留存）
妈妈网	妈妈圈		9300	530	73%
	怀孕管家				
宝宝树	宝宝树孕育（原快乐孕期）		7000	350	70%
辣妈帮	辣妈帮		5400	320	60%
育儿网	妈妈社区		5200	300	50%
	孕期提醒				
丫丫网	妈妈帮		2500	150	60%

数据来源：CCID。

图32.27　2015年上半年中国主要母婴网站发布的重点APP数据对比

在整个行业移动化趋势下，移动端产品的成功与否将在很大程度上决定厂商的竞争力。而经过十多年的发展，母婴社区平台的业务模式也开始逐渐完善成熟。宝宝树和妈妈网移动端产品布局完善，用户规模行业领先，业务模式也在不断完善。妈妈帮移动端用户规模增长迅速，移动端流量占比较高。育学园依靠崔玉涛医生在妈妈们心中的强大号召力，以创新模式逐步赢得用户青睐。而老牌母婴网站摇篮网也在积极转型，打造融合线上线下资源的"母婴健康管理"大平台。

32.7.3　用户情况

母婴类网站用户群体集中覆盖（准）孕妇及 0～6 岁父母亲群体。80、90 后已经进入生育高峰期，对于如何孕婴育儿，上一代人主要依靠祖辈的言传身教，而 80、90 后的年轻一代则更为信任互联网上的科学知识，所以 80、90 后妈妈们成了目前移动母婴社区的主要用户群体。母婴网站用户文化素质较高，其中大学本科用户占 77%，高中、大专占 19%，高中以下只占 4%。中国移动母婴社区用户特点如图 32.28 所示。

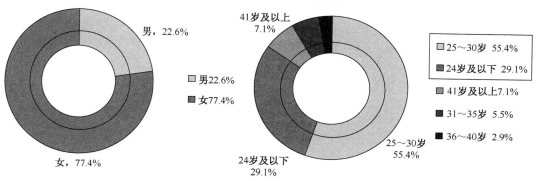

（a）中国移动母婴社区用户性别分布

（b）中国移动母婴社区用户年龄分布

资料来源：易观智库。

图32.28　中国移动母婴社区用户特点

2015 年中国移动母婴网络其中用户渗透率增长快速，从 1 月的 1.7% 增长到 12 月的 4.1%，说明母婴社区用户正在快速往移动端转移（见图 32.29）。根据易观数据显示，2015 年 12 月中国移动母婴社区活跃用户规模达到 2628 万人。移动母婴社区类应用已经成为大多数年轻父母孕育生活的主要助手。

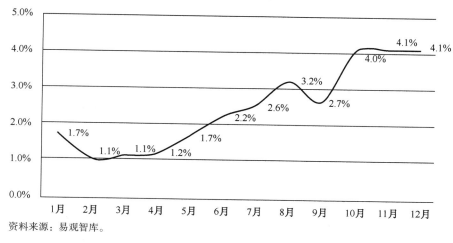

资料来源：易观智库。

图32.29　2015年中国移动母婴社区用户渗透率

32.8　网络文学服务发展情况

32.8.1　市场情况

2015 年互动娱乐进入 IP 元年，版权成泛娱乐核心竞争力，网络文学作为最大的 IP 源头，与影视、动漫、游戏等多方衍生联动，取得了优异的成绩。在成功改编的热门作品中，大多原著小说来自阅文平台。影视方面，网络文学 IP 改编热潮贯穿 2015，从年初的《何以笙箫默》、年中的《花千骨》到年末的《芈月传》，网文 IP 改编剧表现不俗，网络点播名列前茅。电影《寻龙诀》票房近 16 亿元，获得了超高的市场关注度。游戏方面，多个网络文学作品被改编成手游，《花千骨》通过影游联动，一度成为现象级产品。玄幻仙侠类小说是男性作品中最受欢迎的类型，也是改编游戏最为普遍和成功的类型。动漫方面，阅文集团斥资 5000 万元打造《择天记》动画片，开启了网络文学向二次元市场衍生的新征程。

网络文学内容类型多样、数量众多，目前多数网络文学平台的运营没有细分，导致受大众欢迎的作品类型如玄幻、言情等，可以获得平台优势资源，而小众类型受到冷落。网络文学平台与其他企业的合作不再局限于内容和 IP 开发，越来越多的跨界合作出现，也带来了新的营销模式。未来网络文学将有如下发展趋势：一是移动端成网络文学平台核心市场，阅读体验至上。随着移动互联网的发展普及，网络文学移动端用户规模持续超过 PC 端，网络文学的移动端时代已来临。二是 IP 衍生泛娱乐化，全产业链商业化逐渐完善。作为 IP 源头，网络文学将加速深耕泛娱乐领域，提高全产业链的商业化价值。三是内容运营细分化，平台打造个性化阅读体验。未来平台运营将产生细分，为读者打造更优质的个性化阅读体验。四是新营销模式频现，跨界合作成常态。网络文学平台与其他企业的合作不再局限于内容和 IP 开发，越来越多的跨界合作出现，也带来了新的营销模式。

32.8.2　网站情况

从 PC 端覆盖来看，2015 年 12 月，创世中文网、起点中文网和晋江原创网的月度覆盖人数超过 1500 万，位列前三，日均覆盖人数也在第一阶梯（见图 32.30）。

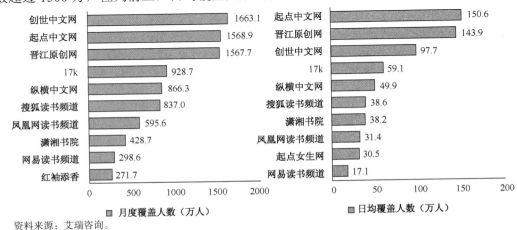

资料来源：艾瑞咨询。

图32.30　2015年12月PC网络文学用户规模

从移动端数据来看，2015 年 12 月，掌阅书城、QQ 阅读的月度覆盖人数超过 2000 万，日均覆盖人数在 500 万左右，遥遥领先其他平台（见图 32.31）。

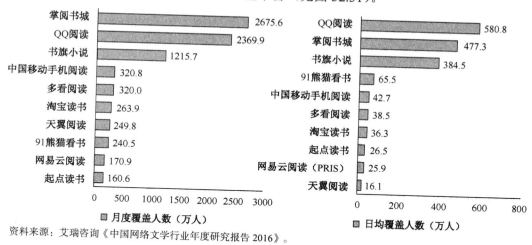

资料来源：艾瑞咨询《中国网络文学行业年度研究报告 2016》。

图32.31　2015年12月网络文学APP用户规模

32.8.3　用户情况

根据艾瑞 iUserTracker 和 mUserTracker 监测的数据，2015 年 12 月，网络文学 PC 端月度覆盖人数达到 1.41 亿，移动端达到 1.48 亿。而从活跃度来看，移动端大大超过 PC 端成为主流。移动端在抢占用户碎片化时间以及阅读体验方面都极具优势，未来也是各大平台的主要战场。日均覆盖人数上，移动端是 PC 端的 3 倍，达到 3297.5 万人；月度浏览时间上，移动端高达 8.03 亿小时，远超 PC 端的 1.62 亿小时。2015 年，PC 端和移动端网络文学服务基本保持稳定，其中双端月度覆盖人数相差不大，但移动端在日均覆盖人数和使用时间上大幅领先 PC 端（见图 32.32）。

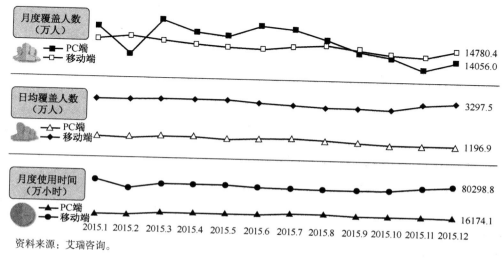

资料来源：艾瑞咨询。

图32.32　2015年网络文学服务趋势

　　网络文学用户的性别方面，男性居多，占比为 56.4%；婚姻方面，已婚略多于未婚；年龄方面，19～35 岁年龄区间覆盖了六成以上的网文用户；教育方面，本科学历占比最高，为 49.1%（见图 32.33）。

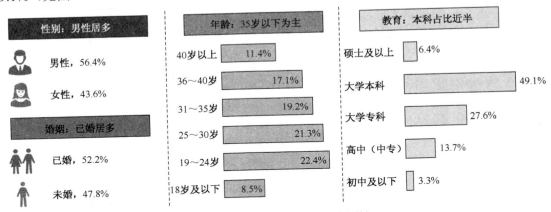

图32.33　2015年网文用户基本属性

　　在用户阅读习惯方面，用户看网文的频次普遍较高，近四成用户每天都看，男女差异不大；从时长上看，大部分用户的每天用时在 1 小时之内，女性在网文上花费的时间更多（见图 32.34）。

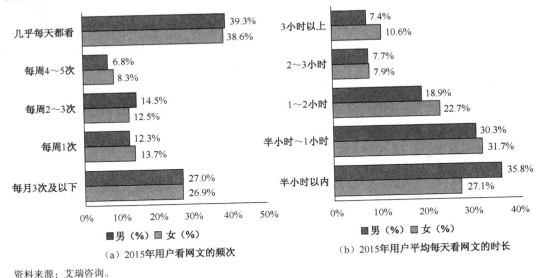

（a）2015年用户看网文的频次　　　　　　（b）2015年用户平均每天看网文的时长

资料来源：艾瑞咨询。

图32.34　2015年用户网文消费习惯

　　移动端网站和 APP 是用户看网文最主要的两大渠道，此外，实体书也占到 17.2%，网络文学出版前景较好；用户选择小说的主要依据是网文平台的排行榜，占比为 50.6%，另有 43.1% 的用户会参考网文平台的推荐。

32.8.4　网络文学版权问题

调查显示，网络文学用户对网络文学版权的认知度偏低，27.1%的用户不清楚看的是正版还是盗版；44.7%的用户表示正版和盗版都会看，而只看正版的用户仅占 26.5%（见图 32.35）。

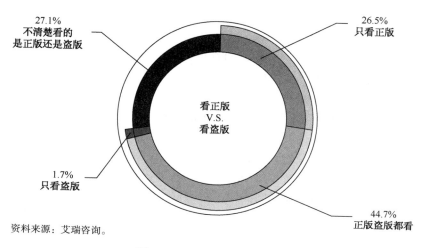

资料来源：艾瑞咨询。

图32.35　网文用户版权认知

艾瑞《2015 年中国网络文学版权保护白皮书》指出，2014 年全年，盗版至少使 PC 端付费阅读收入蒙受了 43.2 亿元的损失，使移动端付费阅读收入蒙受 34.5 亿元的损失，二者合计达到了惊人的 77.7 亿元，而盗版对网络文学行业带来的直接损失远高于此。白皮书还指出该年内，文化创意产业还会损失 21.8 亿元的衍生产品产值。网络文学盗版在一年之内就能给整个行业带来至少百亿元的损失。网络文学版权保护工作亟待加强。

32.9　中国互联网+养老产业发展状况

32.9.1　老龄化与养老服务

中国自 1999 年迈入老龄化社会，截至目前，中国已成为世界上老年人口最多，老龄化发展速度最快的国家。生育率低、人口结构老化、社保制度滞后已成为中国未来发展的重大影响因素。截至 2014 年年底，我国 65 岁及以上老年人口总数达 1.37 亿，占总人口的 10.1%，超过欧洲老年人口总和[1]。庞大的老年人口孕育了巨大的老年消费市场，养老服务业需求旺盛。据调查分析，2014—2050 年，中国老年人口的消费潜力将从 4 万亿元左右增长到 106 万亿元左右[2]。老年人对于生活照料（尤其老年人餐桌、家政服务）、医疗卫生、康复护理

---

[1] 国家统计局，2014 年国民经济和社会发展统计公报，2015.

[2] 中国老龄科学研究中心，中国老龄产业发展报告（2014），2015.

和精神文化服务的需求最为迫切。2015 年，我国失能老人的数量超过 4000 万[1]，再加上需要照顾的高龄老人，老年市场对于护理人员、老年日用品、医疗服务等的潜在需求正在急速增加。

32.9.2　养老服务政策现状

养老服务产业化发展以及促进互联网技术与养老服务融合发展是国家政策关注的重点领域。民政部等十部委于 2015 年 2 月 25 日发布《关于鼓励民间资本参与养老服务业发展的实施意见》（民发〔2015〕33 号），鼓励民间资本参与居家和社区养老服务、机构养老服务，对养老服务产业化发展起到了重要推动作用。而在养老服务产业化发展过程中，信息技术则是重要支撑之一。民政部在 2014 年重点推动了养老服务和社区服务信息惠民工程试点、国家智能养老物联网应用示范工程和面向养老机构的远程医疗政策试点三项工作，推进养老、保健、医疗一体化发展，大幅提升养老信息服务水平。

国务院在 2015 年 7 月 5 日发布的《国务院关于积极推进"互联网+"行动的指导意见》（国发〔2015〕40 号）提出促进智慧健康养老产业发展，将创新的互联网技术和产品运用到养老服务工作中，利用基于移动互联网的便携工具提高养老服务效率和水平。国务院在 2015 年 11 月 20 日发布的《关于推进医疗卫生与养老服务相结合的指导意见》（国办发〔2015〕84 号）强调，需要为老年人提供医疗卫生与养老相结合的服务，强化开展医养结合服务所需的信息和技术支撑。健康中国战略与国家"十三五"发展规划也进一步强调，要推进医疗卫生和养老服务结合，全面开放养老服务市场，加强养老服务信息化建设。

32.9.3　养老服务产业发展现状

目前养老服务产业的发展主要围绕建立以居家为基础、社区为依托、机构为补充的多层次养老服务体系。全国各个地区也在居家、社区、养老机构三个主要方面，结合不同的地区特点和需求发展出了多元化的服务模式，其中科技的融入是养老服务产业多元化发展的重要支撑[2]。

养老机构作为专业养老服务的主要提供方，为不同程度的失能老年人、养老服务保障对象和有特殊照护需求的老年人，构建了养老服务安全网并提升了专业养老服务水平。社区居家养老服务模式拓展了专业养老服务的范围，利用已有的成熟社区资源，为老年人提供了生活照料、家政服务和紧急救援等服务内容，让老年人可以在熟悉的环境中继续生活，获取社会支持，减轻社会养老压力，提升老年人生活质量。

信息技术在养老服务中的应用，让养老机构可以使用专业的养老机构管理信息系统，在日常服务过程中对院内的收费管理、老人信息、服务追踪和监督、服务人员管理、物资管理进行全方位的把握，提升了养老机构的服务能力和运营水平。社区居家养老服务则通过综合的社区居家养老服务信息平台，充分整合社区资源，及时了解老年人服务需求，合理分配服务人员，持续的跟踪老年人健康状况，快速进行紧急救援，解决了社区服务范围广、资源不

---

[1] 中国老龄科学研究中心，中国老年宜居环境发展报告（2015），2016.
[2] 田兰宁，试论我国养老服务发展的多样性态势，2015.

易调配追踪的问题。

同时，在养老地产、医养结合服务、老年旅游、电子商务、社区 O2O 服务等在养老服务产业逐渐形成规模的过程中，以信息技术、互联网技术等高新技术为支撑的一批创新型产品和模式也不断涌现。整合医疗资源为老年人提供云端医生远程问诊服务，专注筛选提供老年人产品的电子商务网站，将老年娱乐、旅游、科技产品体验结合在一起的新型老年社区，科技支撑社会资源不断进入养老服务产业，带来了丰富的养老服务产品，让养老服务产业呈现出多元化的发展模式，不断影响老年人的生命和生活质量，乃至全社会的发展。

32.9.4　产业发展趋势

近年来在国家宏观发展背景下，我国家庭结构发生了明显变化，家庭平均人口数由 1990 年的 3.96 人降至 2010 年的 3.10 人，家庭规模趋向小型化发展，老人独居家庭比例增高[1]。家庭结构的变迁直接冲击了传统家庭养老模式，使得以家庭为基础，以社区为依托，由政府和社会力量支撑的"居家式社区养老"成为未来养老服务产业发展过程中的重要养老服务模式，也是当前互联网+养老融合发展的重要方面。

"居家式社区养老"中的社区服务功能可以弥补家庭养老的缺欠，在协同互补中有效地避免服务与需求间失衡。以互联网技术为支撑，老人居家既与传统的"家"相关联，满足了心理及文化意愿，同时借助技术手段，家庭养老功能在社会助力下得到提升，老人嵌入在社会网络中，分享着社会化服务的福祉。

依照国家所规划的"9073"养老服务发展格局，未来 90% 的老年人将在社会化服务协助下通过家庭照料养老[2]。"居家式社区养老"蕴含着庞大的养老服务需求和产业化机遇，是互联网技术在释放市场消费活力，推动产业升级转型方面需要重点关注的领域，充分发挥互联网技术的跨时空性、便捷性价值，因地制宜地建设以社区为依托的信息化平台，应用云计算、大数据等技术，整合物联网、可穿戴等智能设备，帮助庞大的养老群体搭上互联网时代的列车，使其在有生之年享受到科技进步带来的福祉。

32.9.5　互联网+养老优秀实践案例

开放的养老信息平台借鉴了互联网成功经验，致力于在养老服务产业的发展过程中，建立一个整合多方服务资源，以老年人实际需求为驱动，更快、更好地匹配服务和需求的开放的养老服务体系。开放的养老信息平台主要包含三个环节的开放：首先，作为养老服务入口的终端开放。其次，数据接入、运算和传输的网关的开放。再次，数据和服务平台开放[3]。开放的养老信息平台如图 32.36 所示。

---

[1] 国家卫生计生委，中国家庭发展报告（2015），2015.

[2] 民政部，社会养老服务体系建设"十二五"规划，2011.

[3] 英特尔医疗和生命科学部门，构建开放式智慧养老平台，2015.

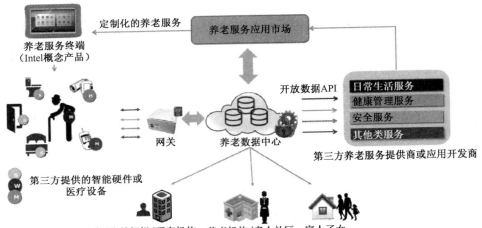

资料来源：英特尔医疗和生命科学部门。

图32.36 开放的养老信息平台

开放的养老信息平台解决方案已付诸实际应用，建立线上线下整合的养老服务平台，并通过逐步开放数据等方式，与核心合作伙伴挖掘数据价值，进而向老年人提供合理优质的服务。

（国家计算机网络应急技术处理协调中心 毕 涛

思德库养老信息化研究院 田兰宁、钟兰云）

第四篇

附录

 2015 年中国互联网产业综述与 2016 年发展趋势

 2015 年影响中国互联网行业发展的大事件

 2015 年通信运营业统计公报

 2015 年中国互联网发展状况报告

 2015 年中国互联网站发展状况及其安全情况

 2015 年中国网民权益保护调查报告

附录A 2015年中国互联网产业综述与2016年发展趋势

"互联网时代对人类的生活、生产、生产力的发展都具有很大的进步推动作用。"

——习近平

2015 年是中国互联网发展史上具有里程碑意义的一年。在年底召开的第二届世界互联网大会上，习近平总书记作主旨演讲，提出推进全球互联网治理体系变革的四项原则和共同构建网络空间命运共同体的五点主张。在这一年里，"网络强国"战略稳步推进、"互联网+"行动积极展开、"智能制造"加快发展，国家大数据战略"前瞻布局。在这一年里，互联网产业基础设施建设全力推进、应用服务创新能力显著增强、市场主体作用日益凸显、安全保障能力大幅提升。互联网已经成为"大众创业、万众创新"的聚集平台、促进产业融合发展和经济转型升级的重要引擎、壮大信息消费和拉动新兴消费的强劲动力、培育网络经济发展新动能和引领经济社会新常态的关键要素。在这一年里，互联网加速向经济社会各领域深度融合，推动网络经济发展，促进产业共同繁荣，并阔步迈向新的历史阶段。

2015 年中国互联网产业呈现出以下发展态势和特点。

一、产业发展基础篇

（一）党和政府高度重视互联网发展，相关政策密集出台

2015 年"两会"期间，李克强总理在政府工作报告中提出制定"互联网+"行动计划，推动移动互联网、云计算、大数据、物联网等与现代制造业结合。7 月，国务院印发了《关于积极推进"互联网+"行动的指导意见》。十八届五中全会公报明确指出，实施网络强国战略，实施"互联网+"行动计划，发展分享经济，实施国家大数据战略。2015 年，国务院共出台相关文件达 15 项，工信部、网信办、工商总局、交通运输部、中国人民银行也有相应的文件出台。互联网发展得到前所未有的重视。

（二）产业基础设施建设进一步加强

2015 年我国移动互联网高速发展，4G 网络实现跨越式增长。2015 年，我国已建成全球最大 4G 网络。截至 2015 年 11 月，手机上网用户超过 9.05 亿户，再创新高，月户均移动互联网接入流量已突破 366.5M，同比增长 85.3%。截至 2015 年 9 月，三大运营商 Wi-Fi 数量约 600 万。互联网正在向生产生活领域深度渗透，成为我国经济转型升级的"新引擎"。

宽带中国战略全力推进，网络提速降费初见成效。2015 年 3 月，我国正式实施《宽带接入网业务开放试点方案》，宽带接入开始向民间资本开放，并确定了首批 16 个试点城市。2015 年 5 月，工业和信息化部发布《关于实施"宽带中国"2015 专项行动的意见》。截至 2015 年

11 月，我国互联网宽带接入用户超 2.1 亿户，其中光纤宽带用户占比近 54%，全国固定宽带用户平均接入速率达 19.4Mbps。

同时，通过采取全面下调境外漫游费、京津冀手机漫游费取消、流量当月不清零等措施，2015 年网络提速降费得以大力推进。截至 2015 年 10 月底，我国固定带宽资费水平比 2014 年年底下降 50.6%，移动流量平均资费水平下降 39.3%。

（三）大数据、云计算和人工智能推动产业发展

大数据加速产业变革，新技术驱动产业发展。2015 年 4 月，全国首家大数据交易所在贵阳成立并完成首批大数据交易。贵阳大数据交易所的投入运营，率先推动了数据互联共享方面的探索，对大数据分析、挖掘和应用等相关产业的发展，具有重要意义。十八届五中全会正式提出了国家大数据战略，百度、腾讯、阿里、中国电信等企业也已经从日渐成熟的大数据市场中看到商机，开始加速其在大数据领域的布局。

云计算、人工智能等技术的进步同样也在推动产业发展。例如，云服务降低了中小企业的计算和存储成本，软件开源降低了人工智能研究门槛。一系列技术的成熟催化着万物互联、智慧城市等产业的前行。

二、互联网应用服务篇

（一）互联网引领信息经济，发展成果惠及百姓民生

O2O 进入传统零售业、房地产业，产业重心向线下转移。随着电商交易进入稳定期，对零售业的冲击开始减弱；同时，实体渠道也在积极探索电商转型，进一步模糊线上与线下商务服务界限。以互联、无缝、多屏为核心的全渠道营销成为趋势，给消费者带来更多更好的购物体验。阿里巴巴与苏宁、京东与永辉超市等分别展开不同形式的合作，将企业资源整合 O2O 化，实现业务平台开放和企业价值闭环。

电子商务跨境布局，促进全球消费资源优化。上半年我国跨境电商交易规模为 2 万亿元，同比增长 42.8%。到 2015 年年底，跨境电商进口试点城市已达 10 个，跨境电商已经成为中国进出口贸易的重要组成部分，成为打造开放型经济的重要引擎。借助专业的跨境电商平台和遍布全球的物流体系，中国产品的触角沿着"一带一路"不断延伸。

移动端网络购物首超 PC 端，电子商务发展步入新阶段。2015 年天猫"双 11"全球狂欢节全天交易额达到 912.17 亿元，其中移动端交易额占比为 68%。双 11 期间，各家主流电商移动端的支付比例为 60%~80%，移动端首超 PC 端，表明移动端正式成为与 PC 并驾齐驱的电商主流渠道。

互联网金融创新服务面向实体经济，数据分析促进产业纵深发展。互联网金融创新产品和服务不断推出；大数据技术推进个人征信业务市场化，网络征信和信用评价体系建设加快。

分享经济成为拉动经济增长的"新路子"。2015 年，分享经济以网络约租车的发展为代表，并向餐饮、房屋出租、家政服务等领域扩散，开创了互联网经济的新业态。

（二）智能制造成为主攻方向，协同发展促进产业转型升级

中国制造 2025 引领制造业转型升级，智能制造引发企业热情。2015 年 5 月，国务院发布《中国制造 2025》，提出了中国制造强国建设三个十年的"三步走"战略。2015 年 6 月，为推进实施制造强国战略，加强对有关工作的统筹规划和政策协调，国务院成立国家制造强国建设领导小组。在政策的指引下，互联网与各行各业融合创新步伐加快，成为制造业转型

升级的新引擎。汽车、家电、消费品等行业加快拥抱互联网，众包众设、大规模个性化定制等融合创新应用模式不断涌现。

互联网公司联合汽车制造商，推动汽车智能化进程。2015 年，腾讯与富士康、和谐汽车展开合作，乐视与北汽联手打造新能源汽车，阿里与上海汽车集团组建合资公司，专注互联网汽车的技术研发。百度无人车也在北京首次完成全自动驾驶测试。多家互联网企业凭借其在汽车导航、智能操作系统等方面的技术优势，纷纷跨界汽车制造领域，智能汽车市场正在成为互联网+的下一个"风口"。

（三）互联网构建新型农业生产经营体系，食品安全追溯机制逐步推广

互联网+现代农业，促进农贸产品提高产量加速流通。一方面，互联网促进传统的种养殖模式向集约化、精细化、智能化转变；另一方面，网络改变了农业经营理念和模式，助推农业订单，增加农产品销量。

农村电商平台加速落地，带动城市商品流向县城。政策红利下，农村电商市场越发红火。农村淘宝计划在 3～5 年内投资 100 亿元，在全国发展 1000 个县级服务中心，覆盖 1/3 左右的县和 1/6 左右的村；京东旗下的农村电商业务也加速布局。国务院、农业部、发改委、商务部也先后引发促进农村电子商务加快发展的相关指导意见，为推进以农产品和农业生产资料为主要内容的农业电子商务快速健康发展提供了政策支持。

三、互联网产业生态篇

（一）行业加速整合，市场竞争呈现新格局

大型互联网企业深入合作，增强产业链话语权。2015 年以来，面对行业内竞争的不断加剧，中国约有 12 家大型互联网公司完成合并，涉及金额超过 1000 亿美元。引人注目的事件包括滴滴与快的的合并、58 同城与赶集网的合并、携程与去哪儿的合并、美团和大众点评的合并以及百合网与世纪佳缘的合并。互联网企业加快强强联合，能够有效整合行业资源，提高市场竞争力。

（二）积极布局海外市场，国际合作取得新进展

国内市场主体对外投资，积极扩展海外市场。2015 年，阿里巴巴购买了美国母婴用品类电商 Zulily 的股份，并以 20.6 亿港元收购香港《南华早报》及其他相关媒体资产，还联合和富士康、软银等投资了印度电商平台 Snapdeal；腾讯 5000 万美元投资加拿大初创企业 Kik，并先后投资或收购 Glu Mobile、Pocket Gems 和 Riot Games 等国外游戏厂商；滴滴、快的等三家国内企业联合投资打车应用 Grabtaxi 公司。通过扩展海外市场，实现资源共享，强化自身优势，成为当前中国互联网企业发展的一个趋势。

四、网络安全与网络空间治理篇

（一）网络安全法治建设持续推进，产业发展法律环境日益优化

2015 年 7 月，第十二届全国人大常委会第十五次会议初次审议了《中华人民共和国网络安全法（草案）》，并面向社会公开征求意见。《草案》的制定为维护我国网络安全提供了保障和依据，进一步完善了我国的互联网法律体系。8 月，第十二届全国人大常委会第十六次会议表决通过了《中华人民共和国刑法修正案（九）》，明确了网络服务提供者履行信息网络安全管理的义务，加大了对信息网络犯罪的刑罚力度，进一步加强了对公民个人信息的保护。

（二）主管部门强化行业治理，市场竞争发展更加规范有序

主管部门出台文件，确保新兴业态有序发展。2015年4月，国家版权局发布《关于规范网络转载版权秩序的通知》，推动建立健全版权合作机制，规范网络转载版权秩序。为规范支付服务市场秩序，促进网络支付业务健康发展，2015年12月，中国人民银行发布《非银行支付机构网络支付业务管理办法》。国家工商总局也多次下发文件，对网络商品和网络服务质量进行规范。

（三）积极参与国际网络空间治理，打造网络空间命运共同体

2015年，中国政府参与全球网络空间治理的力度进一步加大，多次在国际场合阐述中国互联网治理的立场和主张并积极开展合作。

在2015年12月召开的第二届世界互联网大会上，习近平总书记作主旨演讲，提出推进全球互联网治理体系变革的四项原则和共同构建网络空间命运共同体的五点主张。这是中国对参与全球网络空间治理最全面、最系统的一次阐述，将对推动全球网络空间治理结构的良性变革产生深刻的影响。

2016年，中国互联网产业发展有如下趋势值得关注。

一、互联网发展基础条件进一步提升

基本建成宽带、融合、泛在、安全的下一代国家信息基础设施，提升对"互联网+"的支撑能力，促进中国制造2025的实施和网络强国的建设。

全国互联网普及率即将过半，农村与城市"数字鸿沟"进一步缩小。2015年上半年，我国互联网普及率已达48.8%，2016年我国互联网普及率将突破50%。高速光纤网络光网覆盖范围更广，20Mbps及以上接入速率成为高速宽带的发展重点。在农村及偏远地区宽带电信普遍服务补偿机制的引领下，农村互联网的普及率与接入速率将有显著提高。

高速移动网络加快普及，提速降费持续推进。随着4G网络城乡覆盖范围的进一步扩大，以及运营商提速降费政策的进一步推进，2016年4G移动互联网仍旧会维持高速发展的态势，有望新增加2亿～3亿4G新用户。同时，移动互联网接入流量也将继续保持翻倍增长的态势，移动互联网对信息社会的支撑能力将进一步增强。5G技术试验将全面启动，为下一代移动互联网奠定基础。

二、互联网技术进步带动市场发展

大数据交易相关标准逐步出台，市场交易转向活跃。大数据交易标准、技术标准、安全标准、应用标准等相应制定完成，大数据流通交易环节中的关键问题有望得以解决。在国家大数据战略的推动下，以大数据交易所为平台的大数据市场交易逐渐繁荣，可能会有里程碑意义的数据交易案例产生。

物联网推动城市生活智能化，平台入口之争越发激烈。智能家居产品、个人可穿戴智能设备进一步普及，城市基础设施将广泛相连推动智慧城市建设，以智能手机为核心的物联网将会加速融入生活。物联网市场的发展也将带动传感器、闪存市场的活跃，而各个企业也将围绕物联网入口的平台展开激烈竞争。

云计算2.0时代下数据资源成为核心资产。从注重底层技术到关注数据资源，云计算技术的发展使得云计算服务提供商会更加注重数据资源的聚集，并通过数据聚合而产生大数据利息，降低用户使用云计算的成本，从而推动云计算的普及。

三、产业互联网蓬勃发展

通过传统企业与互联网的融合，产业互联网寻求全新的管理与服务模式，为用户提供更好的服务体验，产生不局限于流量的更高价值的产业形态，如新型的生产制造体系、销售物流体系和融资体系。

（一）互联网+工业

工业互联网加速改造制造业，助推中国向制造强国转型。互联网+工业的软硬一体化将造就新的工业体系，智慧工业将成为工业互联网的重要部分。工业生产模式产生改变，两化融合日益加深，信息物理系统（CPS）产业化、标准化，智能制造将逐步成为新型生产方式，生产性服务业得到快速发展，加快从制造大国转向制造强国，重塑中国制造的全球优势。

互联网创新成果与能源系统逐步融合，智能电网加速发展。随着"互联网+"、能源互联网等战略措施的推进，互联网的新技术会加快升级现有的发电系统、输电系统、配电系统，夯实智能电网的基础性地位。工业园区和企业开展分布式绿色智能微电网建设，智能电网用输变电及用户端设备获得发展，智能电网成套装备产业化。

（二）互联网+农业

现代信息技术与农业融合加快，"互联网+"改变农业传统生产经营格局。生产方面，智慧农业逐渐普及，农业的自动化水平稳步提高；流通方面，通过互联网解决信息不对称问题，农业通过与互联网的结合将生产者和消费者直接链接起来，从而有效解决盲目生产的问题，实现农村生产营销一体化。互联网企业加速与地方政府合作建设，电商纷纷向村县扩展，将新信息、新商品、新资金带入农村。

（三）互联网+服务业

分享经济影响范围快速扩展，信用服务体系初步建立。"共享、协作"的理念大大普及，可分享的东西将从现有的出行、餐饮、酒店租赁迅速扩展到医疗、教育、家政等与人们日常生活密切相连的各个服务领域，同时分享经济中的信用体系、服务体系完成初步构建，分享经济的发展将进一步改变人们的生活。

移动互联网促进"互联网+健康"向个性化服务演进。移动互联网的快速发展，将使互联网+健康的服务更加定制化。移动健康类 APP 将会逐渐覆盖远程预约、远程医疗、慢病监控等服务，并逐渐改变现有的医疗健康服务模式。借助大数据技术完成健康数据的采集、管理和分析技术，从而实现个性化健康管理与医疗服务。

移动支付业务形态向金融生态圈演变。移动支付的比例将会进一步提升，快速变革传统的消费习惯。尤其在一线城市，随着移动支付终端数量更加广泛地布局，无现金生活或成为可能。通过引入大数据分析，移动支付和移动金融的界限会越来越模糊，而伴随着移动支付可信生态圈格局初步形成，移动支付开始从原有的单一支付应用向多元化的移动应用发展。

"互联网+"服务商开始出现。"互联网+"的兴起会衍生一批在政府与企业之间的第三方服务企业，即"互联网+"服务商。服务商通过帮助从事线上线下双方的对接工作，收取双方对接成功后的服务费用及各种增值服务费用。

四、网络安全产业前景广阔

工业系统网络与信息安全问题越发受到重视，专用设备技术快速发展。随着"互联网+"

与传统工业融合逐步加深，接入网络中的设备、信息将会面临新的安全风险。保障工业系统安全的设备、技术和服务的需求将会大幅增长，自主可控的技术将取得进展。

主动安全防御受到重视，智能化防御手段保障网络安全。充分利用大数据分析技术与人工智能技术的结合，实现对不安全行为或恶意攻击的自动预警，并融入机器学习技术，提高未知威胁的识别能力，形成被动防御与主动识别相结合的网络安全防护体系，从而确保关键基础设施的安全。

五、网络治理开创新局面

互联网立体治理体系的构建初步形成。标准协商机制逐步形成，网络技术标准在实际应用中达成共识；政府、行业组织、企业之间的多方协作治理机制逐渐完善；法律体系建设不断推进，个人、企业网络行为的法律边界更加清晰，隐私信息、敏感数据保护体系更加健全。

（中国互联网协会　谢程利、刘博元）

附录 B 2015 年影响中国互联网行业发展的大事件

一、习近平出席第二届世界互联网大会，就构建网络空间命运共同体提五点主张

2015 年 12 月，第二届世界互联网大会在乌镇举行。国家主席习近平出席大会开幕式并作主旨演讲，提出各国应该加强沟通、扩大共识、深化合作，共同构建网络空间命运共同体。习近平在讲话中提出了推进全球互联网治理体系变革的"四项原则"，并就共同构建网络空间命运共同体提出"五点主张"。本届大会以"互联互通·共享共治——构建网络空间命运共同体"为主题，与会代表围绕互联网基础设施建设、数字经济发展、网络空间治理、网络安全和文化传播等议题进行了探讨交流。

二、国家制定"互联网+"行动计划，推动产业融合创新发展

2015 年 3 月，在十二届全国人大三次会议上，李克强总理在政府工作报告中提出制定"互联网+"行动计划，推动移动互联网、云计算、大数据、物联网等与现代制造业结合，促进电子商务、工业互联网和互联网金融健康发展，引导互联网企业拓展国际市场。7 月国务院发布《关于积极推进"互联网+"行动的指导意见》，12 月工业和信息化部出台了 2015—2018 年的具体行动计划。"互联网+"行动计划的正式提出，标志着我国工业化和信息化的深度融合进入了新阶段。

三、"宽带中国"战略全力推进，网络提速降费惠及民生

2015 年 5 月，工业和信息化部发布《关于实施"宽带中国"2015 专项行动的意见》。10 月，39 个城市（城市群）被确定为 2015 年度"宽带中国"示范城市（城市群）。截至 2015 年 11 月底，光纤接入用户达到 1.14 亿户，相比 2014 年年底 4613 万户大幅增加；4G 用户总数达到 3.56 亿户，与 2014 年年底 9728 万户相比，呈现爆发式增长。2015 年 5 月，国务院常务会确定加快建设高速宽带网络促进提速降费的措施，鼓励电信企业发布提速降费方案。工业和信息化部随后出台 14 条举措积极推进网络提速降费。5 月底，三大运营商先后公布了具体的提速降费措施，并于 10 月起推行手机流量不清零的资费政策。

四、分享经济构建新商业模式，成为拉动经济增长新动力

2015 年以来，以网络约租车为代表的分享经济快速发展，并渗透到人们日常的出行、饮食、家政和住宿领域。分享经济的实质是通过互联网等新技术消除信息不对称，在更大范围内进行高效的资源优化配置。分享经济带来了新的商业模式和商业机会，是借助互联网思维改造升级传统产业的典型案例。2015 年 10 月，十八届五中全会公报中首次提出"发展分享经济"，分享经济的发展和繁荣将为中国经济找到新的增长点。

五、互联网金融创新与规范发展并重，为现代金融业注入新活力

2015 年 1 月，深圳前海微众银行试营业，并于 4 月正式对外营业，成为国内首家互联网民营银行。6 月，浙江网商银行正式开业。11 月，百度与中信银行宣布共同成立百信银行。互联网银行的诞生，成了"互联网+金融"的创新标志，也为现代金融业注入新活力。7 月，央行、工信部、银监会、证监会、保监会、网信办等十部委共同联合印发了《关于促进互联网金融健康发展的指导意见》，意见将发展普惠金融、鼓励金融创新与完善金融监管协同推进，引导、促进互联网金融这一新兴业态更加健康地发展。12 月，央行发布《非银行支付机构网络支付业务管理办法》，银监会联合工业和信息化部等三部门发布了《网络借贷信息中介机构业务活动管理暂行办法（征求意见稿）》。监管规则的陆续落地，对规范网络借贷市场，促进现代金融业健康发展将起到积极作用。

六、《中国制造 2025》发布，创新驱动助推制造强国建设

2015 年 5 月，国务院发布《中国制造 2025》，这是我国实施制造强国战略第一个十年的行动纲领，其核心是加快推进制造业创新发展、提质增效，实现从制造大国向制造强国转变。《中国制造 2025》的实施将坚持创新驱动、智能转型、强化基础、绿色发展，推动以智能制造为主攻方向的信息化与工业化的深度融合。云计算、大数据、物联网等新一代信息技术在未来制造业中的应用，将有助于实现制造过程的自动化、智能化。

七、移动端占比首超 PC 端，便捷购物成为网购主流选择

2015 年，各电商平台在移动端持续发力，移动端购物占比不断攀升。前三季度，移动端网购交易额占比分别达到 47.6%、50.8% 和 56.7%。双 11 期间，天猫交易额突破 912 亿元，其中移动端交易额占比 68%，京东移动端下单量占比达到 74%，其余各大电商平台移动端的支付比例也在 60%～80% 之间。移动端在 2015 年超越 PC 端，成为网购市场的主流选择。

八、重磅合并事件频现，互联网企业强强联合寻求突破

2015 年，我国互联网行业出现了多个影响重大的合并事件。2 月，滴滴、快的宣布两家实现战略合并；4 月，赶集网与 58 同城合并；5 月，携程以 4 亿美元收购艺龙 37.6% 的股份，共同布局旅游相关产业；10 月，美团和大众点评合并；10 月，携程宣布与百度达成股权置换交易，携程与去哪儿正式联姻；12 月，世纪佳缘和百合网宣布达成合并协议。在互联网市场竞争激烈而导致资本压力越来越大的情形下，互联网企业选择通过合作来实现资本的有效利用，从而寻求新的突破。

九、电商实体加速资源整合，打通线上线下实现融合互补

随着电商交易发展模式进入平稳期，线上线下各渠道加快融合。6 月，阿里巴巴与银泰商业宣布全面融合，银泰成为阿里集团打通整合线上线下商业的重要平台；8 月，阿里巴巴与苏宁共同宣布达成全面战略合作，双方将尝试打通线上线下渠道，对现有体系实现无缝对接；8 月，京东与永辉超市签署了战略合作框架协议，双方将发挥各自优势打通线上与线下，合作探索零售金融服务；9 月，由万达集团、腾讯公司和百度公司合力打造的飞凡电商也首次亮相。电商与实体的加速融合，有助于双方取长补短、共享资源，给消费者带来更多更好的消费体验。

十、互联网法治建设全面推进，网络安全法规体系日趋完善

2015 年 7 月，第十二届全国人大常委会第十五次会议初次审议了《中华人民共和国网络

安全法（草案）》，并面向社会公开征求意见。《草案》共 7 章 68 条，从保障网络产品和服务安全、保障网络运行安全、保障网络数据安全、保障网络信息安全等方面进行了具体的制度设计。《草案》的制定为维护我国网络安全提供了保障和依据，进一步完善了我国的互联网法律体系。此外，第十二届全国人大常委会第十五次会议通过的《中华人民共和国国家安全法》，第十六次会议通过的《中华人民共和国刑法修正案（九）》，以及第十八次会议通过的《中华人民共和国反恐怖主义法》，均对保护国家网络与信息安全、网络信息内容监管与责任做出了明确规定。

（中国互联网协会　刘博元）

附录 C　2015 年通信运营业统计公报

2015 年，我国通信运营业认真贯彻落实中央各项政策措施，围绕实施网络强国战略，推动网络提速降费，提升 4G 网络和宽带基础设施水平，积极推动移动互联网、IPTV 等新型信息服务普及，全面服务国民经济和社会发展，全行业保持健康发展。

一、综合

经初步核算，2015 年电信业务收入完成 11251.4 亿元，按可比口径测算 2 同比增长 0.8%，比上年回落 2.8 个百分点。电信业务总量完成 23141.7 亿元，同比增长 27.5%，比上年提高 12 个百分点。

2015 年，非语音业务收入占比由上年的 58.2%提高至 68.3%（见图 C.1）；移动数据及互联网业务收入占电信业务收入的比重从上年的 23.5%提高至 27.6%。移动宽带用户（3G/4G）在移动用户中的渗透率达到 60.1%，比上年提高 14.8 个百分点；8M 以上宽带用户占比达 69.9%，光纤接入（FTTH/0）用户占宽带用户的比重突破 50%。融合业务发展渐成规模，截至 12 月末，IPTV 用户达 4589.5 万户。

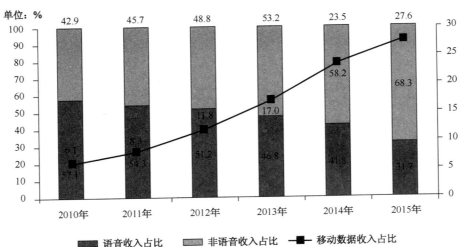

图C.1　2010—2015年语音业务和非语音业务收入占比变化情况

二、用户规模

2015 年，全国电话用户净增 121.1 万户，总数达到 15.37 亿户，同比增长 0.1%，比上年回落 2.5 个百分点。其中，移动电话用户净增 1964.5 万户，总数达 13.06 亿户，移动电话用户普及率达 95.5 部/百人，比上年提高 1 部/百人。固定电话用户总数 2.31 亿户，比上年减少 1843.4 万户，普及率下降至 16.9 部/百人（见图 C.2）。2015 年移动电话普及率各省发展情况如图 C.3 所示。

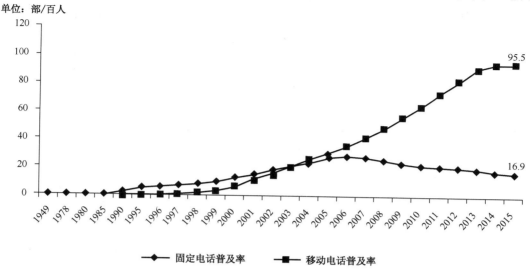

图C.2　1949—2015年固定电话、移动电话用户发展情况

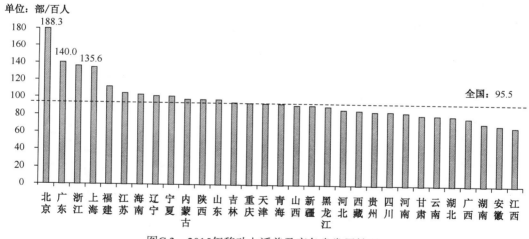

图C.3　2015年移动电话普及率各省发展情况

2015 年，2G 移动电话用户减少 1.83 亿户，是上年净减数的 1.5 倍，占移动电话用户的比重由上年的 54.7%下降至 39.9%（见图 C.4）。4G 移动电话用户新增 28894.1 万户，总数达 38622.5 万户，在移动电话用户中的渗透率达到 29.6%。2010—2015 年 3G/4G 用户发展情况如图 C.5 所示。

2015 年，3 家基础电信企业固定互联网宽带接入用户净增 1288.8 万户，总数达 2.13 亿户。其中，光纤接入（FTTH/0）用户净增 5140.8 万户，总数达 1.2 亿户，占宽带用户总数的 56.1%，比上年提高 22 个百分点。8M 以上、20M 以上宽带用户总数占宽带用户总数的比重分别达 69.9%、33.4%，比上年分别提高 29 个、23 个百分点（见图 C.6）。城乡宽带用户发展差距依然较大，城市宽带用户净增 1089.4 万户，是农村宽带用户净增数的 5.5 倍。

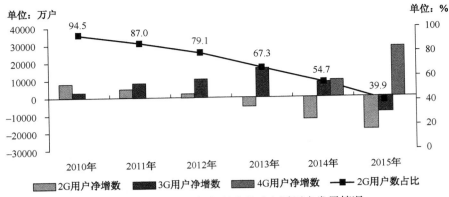

图C.4　2010—2015年各制式移动电话用户发展情况

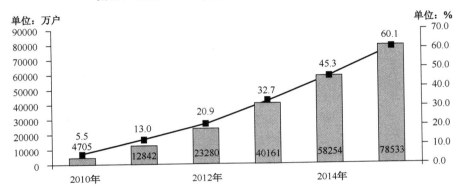

图C.5　2010—2015年3G/4G用户发展情况

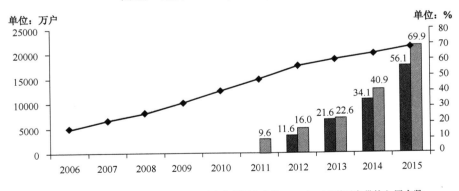

图C.6　2006—2015年互联网宽带接入用户发展和高速率用户占比情况

三、业务使用

2015 年，全国移动电话去话通话时长 28499.9 亿分钟，同比下滑 2.6%（见图 C.7）。其中，移动非漫游、国际漫游和港澳台漫游通话时长分别下滑 3.1%、11.3%和 12.6%。移动国内漫游通话去话通话时长同比增长 0.8%，增速下滑 9.9 个百分点。

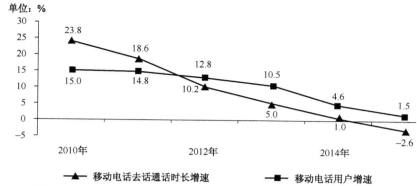

单位：%

图C.7 2010—2015年移动通话量和移动电话用户同比增长各年比较

2015 年，全国移动短信业务量 6991.8 亿条，同比下降 8.4%，降幅较 2014 年收窄 5.6 个百分点（见图 C.8）。其中，由移动用户主动发起的点对点短信量同比下降 22.7%，占移动短信业务量比重由上年的 45.8%降至 38.7%。彩信业务量 617.5 亿条，同比下滑 4.6 个百分点。移动短信业务收入同比下降 10.4%，收入规模减少 58.1 亿元。

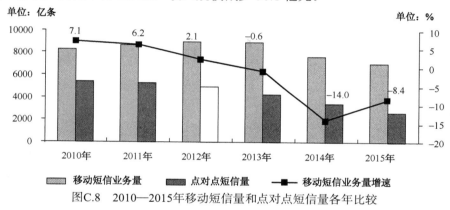

单位：亿条   单位：%

图C.8 2010—2015年移动短信量和点对点短信量各年比较

2015 年，移动互联网接入流量消费达 41.87 亿 G，同比增长 103%，比上年提高 40.1 个百分点。月户均移动互联网接入流量达到 389.3M，同比增长 89.9%（见图 C.9）。手机上网流量达到 37.59 亿 G，同比增长 109.9%，在移动互联网总流量中的比重达到 89.8%。固定互联网使用量同期保持较快增长，固定宽带接入时长达 50.03 万亿分钟，同比增长 20.7%。

单位：万G   单位：M/月·户

图C.9 2010—2015年移动互联网流量发展情况比较

四、网络基础设施

2015 年，互联网宽带接入端口数量达到约 4.7 亿个，比上年净增 7320.1 万个，同比增长 18.3%。互联网宽带接入端口"光进铜退"趋势更加明显，xDSL 端口比上年减少 3903.7 万个，总数降至 9870.5 万个，占互联网接入端口的比重由上年的 34.3% 下降至 20.8%。光纤接入（FTTH/0）端口比上年净增 1.06 亿个，达到 2.69 亿个，占比由上年的 40.6% 提升至 56.7%（见图 C.10 和图 C.11）。

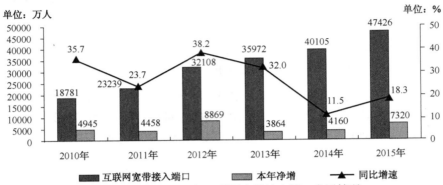

图C.10　2010—2015年互联网宽带接入端口发展情况

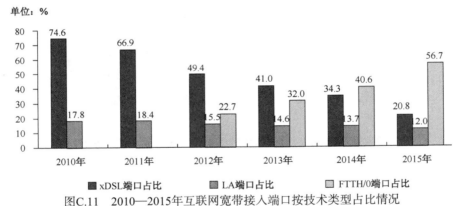

图C.11　2010—2015年互联网宽带接入端口按技术类型占比情况

2015 年，新增移动通信基站 127.1 万个，是上年净增数的 1.3 倍，总数达 466.8 万个。其中 4G 基站新增 92.2 万个，总数达到 177.1 万个（见图 C.12）。

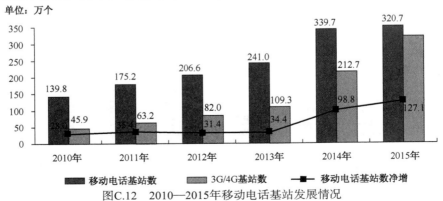

图C.12　2010—2015年移动电话基站发展情况

2015 年，全国新建光缆线路 441.3 万公里，光缆线路总长度达到 2487.3 万公里，同比增长 21.6%，比上年同期提高 4.4 个百分点（见图 C.13）。

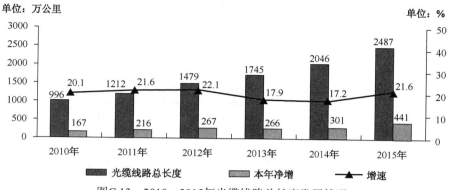

图C.13　2010—2015年光缆线路总长度发展情况

全国新建光缆中，接入网光缆、本地网中继光缆和长途光缆线路所占比重分别为 62.6%、36.7% 和 0.7%。接入网光缆和本地网中继光缆长度同比分别增长 28.9% 和 16.3%，分别新建 276.4 万公里和 161.8 万公里；长途光缆保持小幅扩容，同比增长 3.4%，新建长途光缆长度达 3.2 万公里（见图 C.14）。

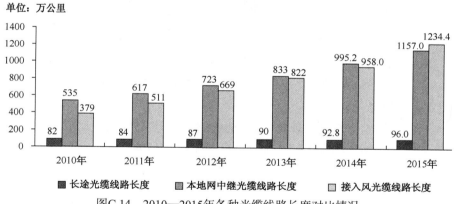

图C.14　2010—2015年各种光缆线路长度对比情况

五、收入结构

2015 年，移动通信业务实现收入 8307.6 亿元，按可比口径测算与 2014 年持平。移动通信业务收入占电信业务收入的比重达 73.8%，比上年下滑 0.7 个百分点（见图 C.15）。其中，语音业务收入在移动通信业务收入占比达到 37.97%，比上年下降 12.7 个百分点。固定通信业务实现收入 2943.8 亿元，按可比口径测算同比增长 3.2%，其中固定语音业务收入在固定通信业务收入占比达到 13.9%，比上年下降 2.1 个百分点。

2015 年，固定数据及互联网业务收入完成 1528.6 亿元，按可比口径测算同比增长 2.7%，比上年下降 2.8 个百分点。移动数据及互联网业务收入完成 3101.9 亿元，按可比口径测算同比增长 30.9%，比上年下降 10.9 个百分点（见图 C.16）。移动数据及互联网业务收入在电信业务收入中占比达到 27.6%，比上年提高 4.1 个百分点。

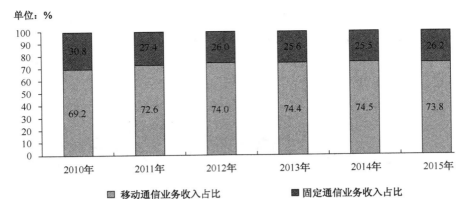

图C.15　2010—2015年电信收入结构（固定和移动）情况

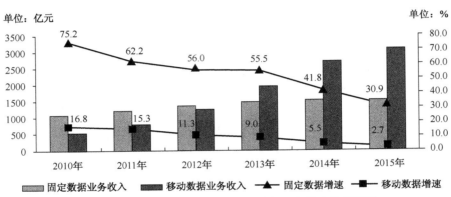

图C.16　2010—2015年固定与移动数据业务收入发展情况

六、固定资产投资

2015 年,全行业固定资产投资规模完成 4539.1 亿元。投资完成额比上年增加 546.5 亿元,同比增长 13.7%,比上年增速提高 7.4 个百分点（见图 C.17）。

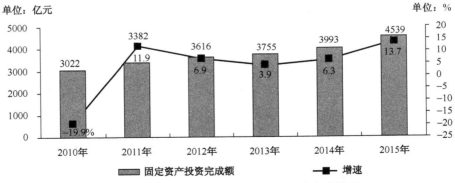

图C.17　2010—2015年电信固定资产投资完成情况

注：图中数据四舍五入,下同。

2015 年，移动投资 2047.5 亿元，同比增长 26.5%，占全部投资的比重达 45.1%，比上年提高 4.6 个百分点。互联网及数据通信投资完成 716.8 亿元，同比提高 79.9%，占比由上年的

10%提高至 15.8%（见图 C.18）。

单位：%

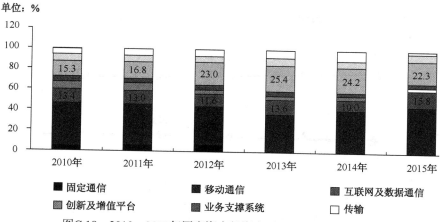

图C.18　2010—2015年固定资产投资主要业务投资变化情况

七、区域发展

2015 年，中部地区用户增速比东部地区和西部地区增速分别高 0.4 个和 2.1 个百分点。东中西部移动宽带电话用户占比分别为 50.6%、25.5%、24%（见图 C.19 和图 C.20）。

单位：%

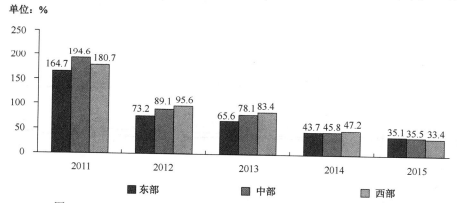

图C.19　2011—2015年东、中、西部地区移动宽带电话用户增长率

单位：%

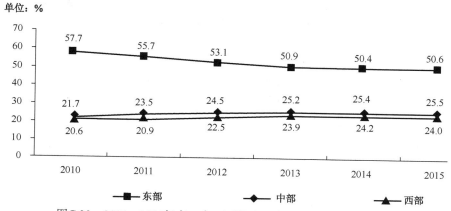

图C.20　2010—2015年东、中、西部地区移动宽带电话用户比重

2015 年，东部地区实现电信业务收入 6290.4 亿元，占全国电信业务收入比重为 54.2%，同比下降 0.4 个百分点（见图 C.21）。

单位：%

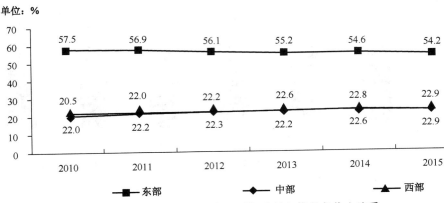

图C.21　2010—2015年东、中、西部地区电信业务收入比重

2015 年，东部地区完成电信固定资产投资 2085.6 亿元，占东、中、西部地区固定资产投资的比重为 47.7%，较上年提高 0.5 个百分点。东部与西部地区投资占比差距为 21.1%，较上年扩大 1.7 个百分点，东部与中部地区投资占比差距为 22.0%，较上年下降 0.1 个百分点（见图 C.22）。

单位：%

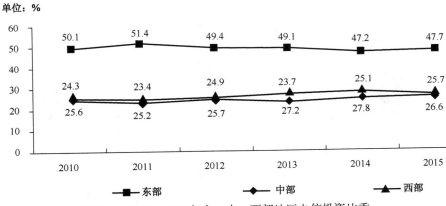

图C.22　2009—2015年东、中、西部地区电信投资比重

注：
（1）2014 年及以前的数据为年报最终核算数，2015 年的数据为 12 月快报初步核算数。下同。
（2）按可比口径是扣除"营改增"对电信业务收入的影响而测算。下同。
（3）按照 2015 年微调的 2010 年不变单价计算。

（工业和信息化部运行加测协调局）

附录D 2015年中国互联网发展状况报告

一、网民规模

（一）总体网民规模

截至 2015 年 12 月，我国网民规模达约 6.88 亿，全年共计新增网民 3951 万人。互联网普及率为 50.3%，较 2014 年年底提升了 2.4 个百分点（见图 D.1）。

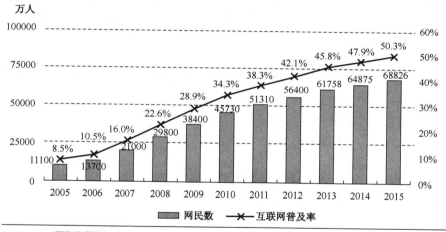

图D.1 中国网民规模和互联网普及率

（二）手机网民规模

截至 2015 年 12 月，我国手机网民规模达约 6.20 亿，较 2014 年年底增加 6303 万人。网民中使用手机上网人群的占比由 2014 年 85.8%提升至 90.1%，手机依然是拉动网民规模增长的首要设备（见图 D.2）。仅通过手机上网的网民达到 1.27 亿，占整体网民规模的 18.5%。

（三）分省网民规模

截至 2015 年 12 月，中国大陆 31 个省、自治区、直辖市中网民数量超过千万规模的达 26 个，与 2014 年相比增加了甘肃省；互联网普及率超过全国平均水平的省份达 14 个，与 2014 年相比增加了海南省和内蒙古自治区。

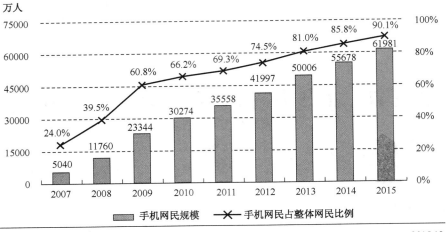

资料来源：CNNIC 中国互联网络发展状况统计调查。　　　　　　　2015.12

图D.2　中国手机网民规模及其占网民比例

由于各地经济发展水平、互联网基础设施建设方面存在差异，各省、市、自治区的互联网普及率参差不齐，数字鸿沟现象依然存在（见图 D.3）。未来，随着移动上网设备的不断普及、"宽带中国"战略的不断推进，我国互联网发展的地域差异将进一步减小。

（四）农村网民规模

截至 2015 年 12 月，我国网民中农村网民占比为 28.4%，规模达 1.95 亿，较 2014 年年底增加 1694 万人，增幅为 9.5%；城镇网民占比为 71.6%，规模为 4.93 亿，较 2014 年年底增加 2257 万人，增幅为 4.8%（见图 D.4）。农村网民在整体网民中的占比增加，规模增长速度是城镇的 2 倍，反映出 2015 年农村互联网普及工作的成效。

二、网民结构

（一）性别结构

截至 2015 年 12 月，中国网民男女比例为 53.6:46.4，网民性别结构趋向均衡（见图 D.5）。

（二）年龄结构

截至 2015 年 12 月，我国网民以 10～39 岁群体为主，占整体的 75.1%；其中 20～29 岁年龄段的网民占比最高，达 29.9%，10～19 岁、30～39 岁群体占比分别为 21.4%、23.8%。与 2014 年年底相比，10 岁以下低龄群体和 40 岁以上中高龄群体的占比均有所提升，互联网继续向这两部分人群渗透（见图 D.6）。

（三）学历结构

截至 2015 年 12 月，网民中具备中等教育程度的群体规模最大，初中、高中/中专/技校学历的网民占比分别为 37.4%、29.2% 。与 2014 年年底相比，小学及以下学历人群占比提升了 2.6 个百分点，中国网民继续向低学历人群扩散（见图 D.7）。

（四）职业结构

截至 2015 年 12 月，网民中学生群体的占比最高，为 25.2%，其次为自由职业者，占比为 22.1%，企业/公司的管理人员和一般职员占比合计达到 15.2%，这三类人群的占比相对稳定（见图 D.8）。

省份	网民数（万人）	普及率	网民规模增速	普及率排名
北京	1647	76.5%	3.4%	1
上海	1773	73.1%	3.3%	2
广东	7768	72.4%	6.6%	3
福建	2648	69.6%	7.1%	4
浙江	3596	65.3%	4.0%	5
天津	956	63.0%	5.8%	6
辽宁	2731	62.2%	5.9%	7
江苏	4416	55.5%	3.3%	8
新疆	1262	54.9%	10.8%	9
青海	318	54.5%	9.9%	10
山西	1975	54.2%	7.5%	11
海南	466	51.6%	10.8%	12
河北	3731	50.5%	3.6%	13
内蒙古	1259	50.3%	10.3%	14
陕西	1886	50.0%	8.1%	15
宁夏	326	49.3%	10.6%	16
山东	4789	48.9%	3.3%	17
重庆	1445	48.3%	6.5%	18
吉林	1313	47.7%	5.7%	19
湖北	2723	46.8%	3.7%	20
西藏	142	44.6%	15.3%	21
黑龙江	1707	44.5%	6.8%	22
广西	2033	42.8%	10.0%	23
四川	3260	40.0%	7.9%	24
湖南	2685	39.9%	4.1%	25
安徽	2395	39.4%	7.7%	26
河南	3703	39.2%	6.6%	27
甘肃	1005	38.8%	5.7%	28
江西	1759	38.7%	14.0%	29
贵州	1346	38.4%	10.1%	30
云南	1761	37.4%	7.2%	31
全国	68826	50.3%	6.1%	—

图D.3　2015年中国内地分省网民规模及互联网普及率

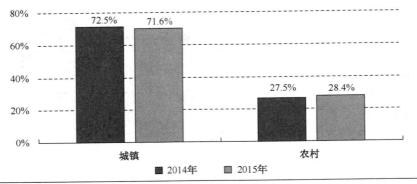

资料来源：CNNIC 中国互联网络发展状况统计调查。   2015.12

图D.4 中国网民城乡结构

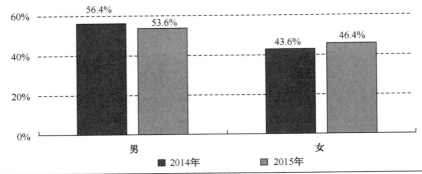

资料来源：CNNIC 中国互联网络发展状况统计调查。   2015.12

图D.5 中国网民性别结构

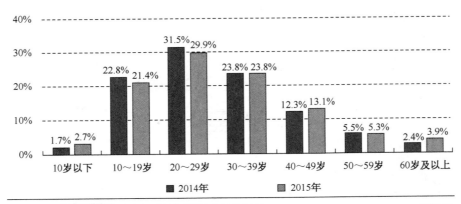

资料来源：CNNIC 中国互联网络发展状况统计调查。   2015.12

图D.6 中国网民年龄结构

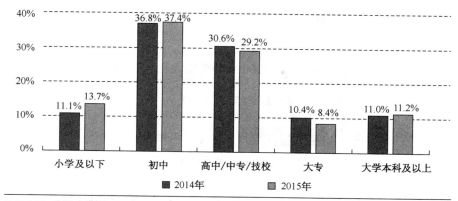

资料来源：CNNIC 中国互联网络发展状况统计调查。　　　　　2015.12

图D.7　中国网民学历结构

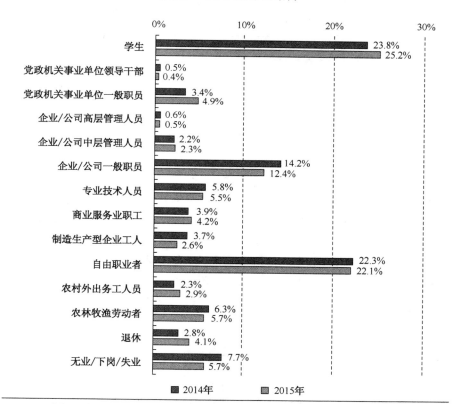

资料来源：CNNIC 中国互联网络发展状况统计调查。　　　　　2015.12

图D.8　中国网民职业结构

（五）收入结构

截至 2015 年 12 月，网民中月收入在 2001～3000 元、3001～5000 元的群体占比较高，分别为 18.4%和 23.4% 。随着社会经济的发展，网民的收入水平也逐步增长，与 2014 年年底相比，收入在 3000 元以上的网民人群占比提升了 5.4 个百分点（见图 D.9）。

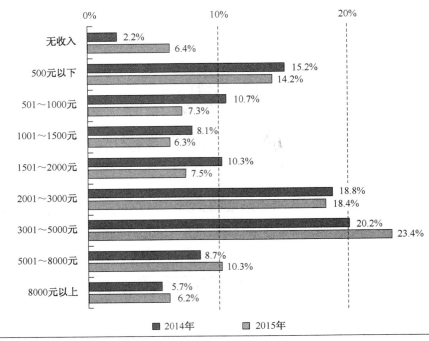

资料来源：CNNIC 中国互联网络发展状况统计调查。　　　　　　　　　　　　　2015.12

图D.9　中国网民个人月收入结构

三、互联网接入环境

（一）上网设备

网民个人上网设备进一步向手机端集中，手机上网比例不断增长，台式电脑、笔记本电脑、平板电脑的上网比例则呈下降趋势。截至 2015 年 12 月，我国网民中，使用手机上网的比例为 90.1%，较 2014 年年底增长了 4.3 个百分点，其中仅通过手机上网的网民占 18.5%，较 2014 年年底提升了 3.2 个百分点；使用台式电脑、笔记本电脑、平板电脑上网的比例分别为 67.6%、38.7%、31.5%，较 2014 年年底均下降了 4 个百分点左右。电视作为家庭娱乐上网设备，网民使用率为 17.9%，较 2014 年年底增长了 2.3 个百分点（见图 D.10）。

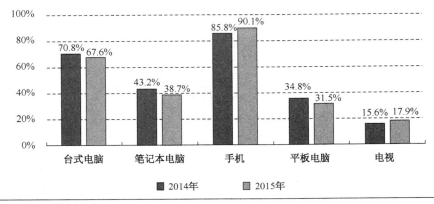

资料来源：CNNIC 中国互联网络发展状况统计调查。　　　　　　　　　　　　　2015.12

图D.10　互联网络接入设备使用情况

（二）使用场所

截至 2015 年 12 月，我国网民在家里通过电脑接入互联网的比例为 90.3%，与 2014 年年底相比基本持平，在单位、学校、公共场所通过电脑接入互联网的比例均有小幅上升，在网吧上网的比例略有下降，为 17.5%（见图 D.11）。

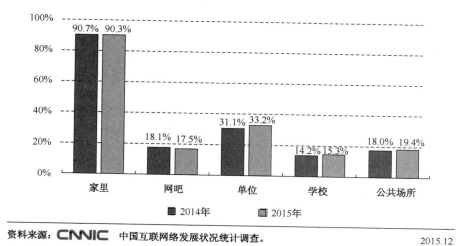

资料来源：CNNIC 中国互联网络发展状况统计调查。
2015.12

图D.11 网民使用电脑接入互联网的场所

（三）接入网络

截至 2015 年 12 月，91.8%的网民最近半年曾通过 Wi-Fi 无线网络接入互联网，较 2015 年 6 月增长了 8.6 个百分点。随着"智慧城市"、"无线城市"建设的大力开展，政府与企业合作推进城市公共场所、公共交通工具的无线网络部署，公共区域无线网络日益普及；手机、平板电脑、智能电视等无线终端促进了家庭无线网络的使用，Wi-Fi 无线网络成为网民在固定场所下的首选接入方式（见图 D.12）。

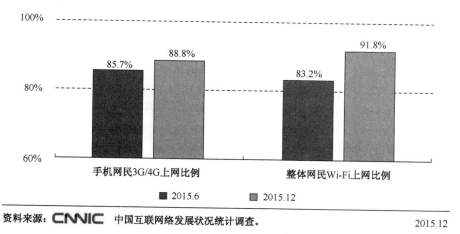

资料来源：CNNIC 中国互联网络发展状况统计调查。
2015.12

图D.12 网民网络接入情况

（四）上网时长

2015 年，中国网民的人均周上网时长为 26.2 小时，与 2014 年基本持平（见图 D.13）。

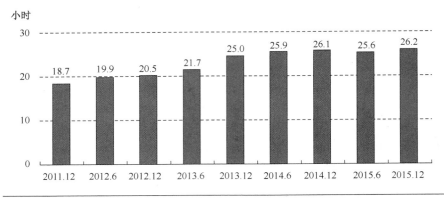

资料来源：CNNIC 中国互联网络发展状况统计调查。 2015.12

图D.13 网民平均每周上网时长

（五）安全环境

2015 年，42.7%的网民遭遇过网络安全问题，较 2014 年年底下降了 3.6 个百分点。在安全事件中，电脑或手机中病毒或木马情况最为严重，发生率为 24.2%，其次是账号或密码被盗，发生率为 22.9%，这两类安全事件的发生率与 2014 年年底相比均有所下降。同时，随着网络购物群体的不断增大，网络消费安全问题明显上升。2015 年，在网上遭遇到消费欺诈比例为 16.4%，较 2014 年提升了 3.8 个百分点（见图 D.14）。

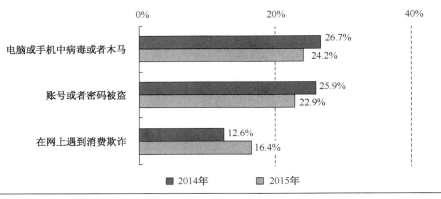

资料来源：CNNIC 中国互联网络发展状况统计调查。 2015.12

图D.14 互联网络安全事件发生比例

四、应用情况

（一）基础应用类应用发展

截至 2015 年 12 月，网民中即时通信用户规模达到约 6.24 亿，较 2014 年年底增长了 3632 万，占网民总体的 90.7%，其中手机即时通信用户约 5.57 亿，较 2014 年年底增长了 4957 万，占手机网民的 89.9%（见图 D.15）。

截至 2015 年 12 月，我国搜索引擎用户规模达约 5.66 亿，使用率为 82.3%，用户规模较 2014 年年底增长 4400 万，增长率为 8.4%；手机搜索用户数达约 4.78 亿，使用率为 77.1%，用户规模较 2014 年年底增长 4870 万，增长率为 11.3%。搜索引擎是基础互联网应用，使用率仅次于即时通信；手机搜索在手机互联网应用中位列第三，使用率低于手机即时通信和手机网络新闻（见图 D.16）。

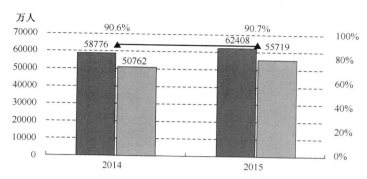

资料来源：CNNIC 中国互联网络发展状况统计调查。 2015.12

图 D.15 2014—2015 年即时通信/手机即时通信用户规模及使用率

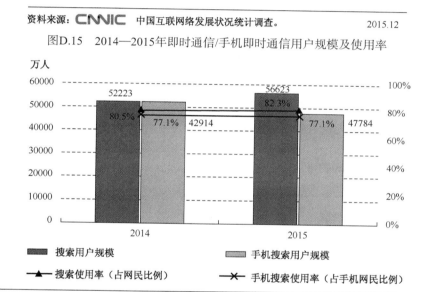

资料来源：CNNIC 中国互联网络发展状况统计调查。 2015.12

图 D.16 2014—2015 年搜索/手机搜索用户规模及使用率

截至 2015 年 12 月，我国网络新闻用户规模约为 5.64 亿，较 2014 年年底增加 4546 万，增长率为 8.8%。网民中的使用率为 82.0%，比 2014 年年底增长了 2 个百分点。其中，手机网络新闻用户规模约为 4.82 亿，与 2014 年年底相比增长了 6626 万，增长率为 16.0%，网民使用率为 77.7%，相比 2014 年年底增长 3.1 个百分点（见图 D.17）。

在综合社交领域，典型应用主要有 QQ 空间、微博，网民使用率分别为 65.1%、33.5%（见图 D.18）。其中 QQ 空间主要满足用户对个人关系链信息的需求，在产品形态和商业营销方面一直坚持变革，凭借良好的用户基础，在基于大数据的关系营销方面做了诸多有益的探索，回报显著；微博则主要满足用户对兴趣信息的需求，是用户获取和分享"新闻热点"、"兴趣内容"、"专业知识"、"舆论导向"的重要平台。同时，微博在帮助用户基于共同兴趣拓展社交关系方面也起到了积极的作用。过去一年里，微博通过坚持去中心化战略，扶植各垂直行业自媒体，刺激原创内容产生，以优质内容吸引和维持用户的活跃，用户规模稳步增长，内容平台价值得到进一步提升。

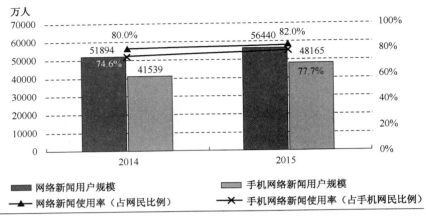

资料来源：CNNIC 中国互联网络发展状况统计调查。 2015.12

图D.17　2014—2015年网络新闻/手机网络新闻用户规模及使用率

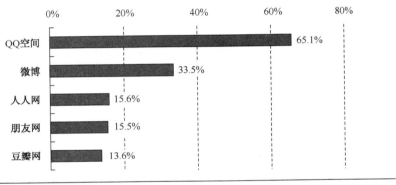

资料来源：CNNIC 中国互联网络发展状况统计调查。 2015.12

图D.18　典型社交应用使用率

（二）商务交易类应用发展

截至 2015 年 12 月，我国网络购物用户规模达到约 4.13 亿，较 2014 年年底增加 5183 万，增长率为 14.3%，我国网络购物市场依然保持着稳健的增长速度。与此同时，我国手机网络购物用户规模增长迅速，达到约 3.40 亿，增长率为 43.9%，手机网络购物的使用比例由 42.4% 提升至 54.8%（见图 D.19）。

截至 2015 年 12 月，我国团购用户规模达到约 1.80 亿，较 2014 年年底增加 755 万人，增长率为 4.4%，有 26.2% 的网民使用了团购网站的服务。相比整体团购市场，手机团购继续保持快速增长，用户规模达到约 1.58 亿，增长率为 33.1%，手机团购的网民使用比例由 21.3% 提升至 25.5%（见图 D.20）。

截至 2015 年 12 月，网上外卖用户规模达到 1.14 亿，占整体网民的 16.5%，其中手机网上外卖用户规模为 1.04 亿，占手机网民的 16.8%。网上外卖在 2015 年明确了以短途物流为核心价值的生态化平台模式后，实现快速发展，并在下半年的 O2O 行业整合大潮中逐渐形成了较为清晰的行业格局，市场集中度很高，但在高速发展的背后也同样存在很多问题需要解决。

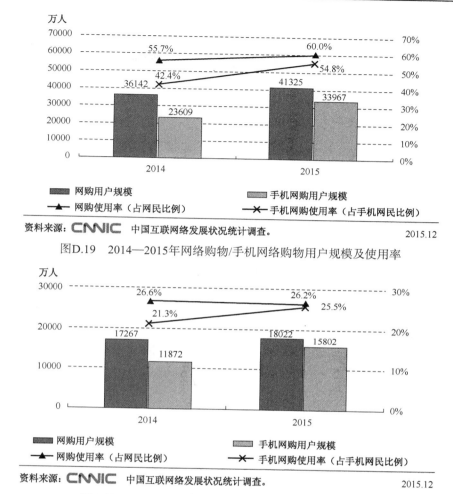

图D.19　2014—2015年网络购物/手机网络购物用户规模及使用率

资料来源：CNNIC 中国互联网络发展状况统计调查。　　　　2015.12

图D.20　2014—2015年团购/手机团购用户规模及使用率

资料来源：CNNIC 中国互联网络发展状况统计调查。　　　　2015.12

　　截至 2015 年 12 月，在网上预订过机票、酒店、火车票或旅游度假产品的网民规模达到约 2.60 亿，较 2014 年年底增长 3782 万人，增长率为 17.1%。在网上预订火车票、机票、酒店和旅游度假产品的网民占比分别为 28.6%、14.5%、14.7% 和 7.7%。与此同时，手机预订机票、酒店、火车票或旅游度假产品的网民规模达到约 2.10 亿，较 2014 年 12 月底增长 7569 万人，增长率为 56.4%。我国网民使用手机在线旅行预订的比例由 24.1% 提升至 33.9%（见图 D.21）。

　　（三）网络金融类应用发展

　　2015 年互联网理财市场发展进一步深化，产品格局发生重大变化，已由发展初期活期理财产品包打天下转变为活期、定期理财产品共同发展的新局面。截至 2015 年 12 月，购买过互联网理财产品的网民规模达到 9026 万，相比 2014 年年底增加 1177 万，网民使用率为 13.1%，较 2014 年年底增加了 1.0 个百分点（见图 D.22）。

　　截至 2015 年 12 月，我国使用网上支付的用户规模达到约 4.16 亿，较 2014 年年底增加 1.12 亿，增长率达到 36.8%。与 2014 年 12 月相比，我国网民使用网上支付的比例从 46.9% 提升至 60.5%。值得注意的是，2015 年手机网上支付增长尤为迅速，用户规模达到约 3.58 亿，增长率为 64.5%，网民手机网上支付的使用比例由 39.0% 提升至 57.7%（见图 D.23）。

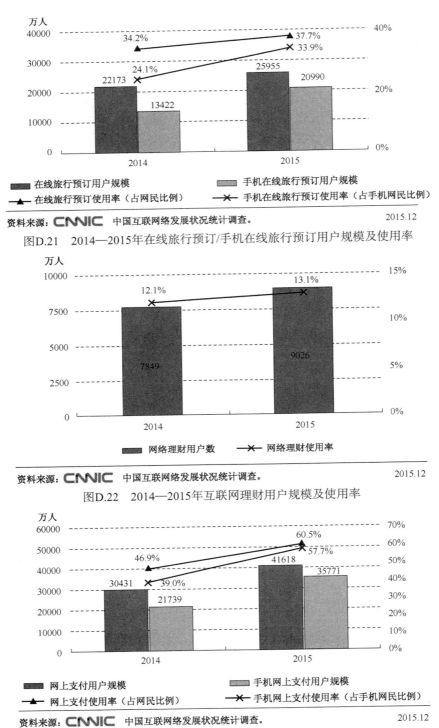

资料来源：CNNIC 中国互联网络发展状况统计调查。 2015.12

图D.21 2014—2015年在线旅行预订/手机在线旅行预订用户规模及使用率

资料来源：CNNIC 中国互联网络发展状况统计调查。 2015.12

图D.22 2014—2015年互联网理财用户规模及使用率

资料来源：CNNIC 中国互联网络发展状况统计调查。 2015.12

图D.23 2014—2015年网上支付/手机网上支付用户规模及使用率

（四）网络娱乐类应用发展

截至2015年12月，网民中网络游戏用户规模达到约3.91亿，较2014年年底增长了2562

万，占整体网民的 56.9%，其中手机网络游戏用户规模约为 2.79 亿，较 2014 年年底增长了 3105 万，占手机网民的 45.1%（见图 D.24）。

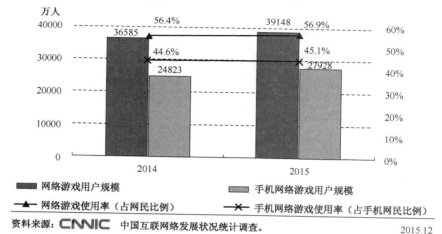

资料来源：CNNIC 中国互联网络发展状况统计调查。　　　　　　　　　　　2015.12

图 D.24　2014—2015 年网络游戏/手机网络游戏用户规模及使用率

截至 2015 年 12 月，网络文学用户规模达到约 2.97 亿，较 2014 年年底增加了 289 万，占网民总体的 43.1%，其中手机网络文学用户规模约为 2.59 亿，较 2014 年年底增加了 3283 万，占手机网民的 41.8%（见图 D.25）。

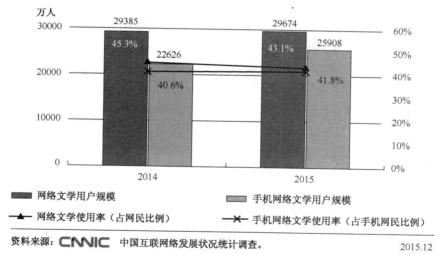

资料来源：CNNIC 中国互联网络发展状况统计调查。　　　　　　　　　　　2015.12

图 D.25　2014—2015 年网络文学/手机网络文学用户规模及使用率

截至 2015 年 12 月，中国网络视频用户规模达到约 5.04 亿，较 2014 年年底增加 7093 万，网络视频用户使用率为 73.2%，较 2014 年年底增加了 6.5 个百分点。其中，手机视频用户规模约为 4.05 亿，与 2014 年年底相比增长了 9228 万，增长率为 29.5%。手机网络视频使用率为 65.4%，相比 2014 年年底增长 9.2 个百分点（见图 D.26）。

截至 2015 年 12 月，网络音乐用户规模达到约 5.01 亿，较 2014 年年底增加了 2330 万，占网民总体的 72.8%。其中手机网络音乐用户规模达到约 4.16 亿，较 2014 年年底增加了 4997 万，占手机网民的 67.2%（见图 D.27）。

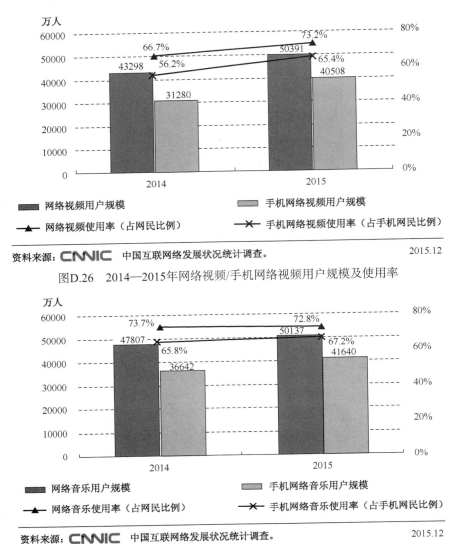

图D.26 2014—2015年网络视频/手机网络视频用户规模及使用率

图D.27 2014—2015年网络音乐/手机网络音乐用户规模及使用率

（五）公共服务类应用发展

截至 2015 年 12 月，我国在线教育用户规模达 1.10 亿人，占网民的 16.0%，其中手机端在线教育用户规模为 5303 万人，占手机网民的 8.6%。国家对教育行业的高度重视以及云计算等新技术的应用和推广，促进了在线教育的兴起和发展。传统的教育培训机构、大型互联网企业、垂直领域的创业企业，都纷纷展开在线教育领域的布局。目前，我国在线教育还处于发展初期，普及在线教育还需要较长时间（见图 D.28）。

截至 2015 年 12 月，我国互联网医疗用户规模为 1.52 亿，占网民的 22.1%，相比于其他网络应用，互联网医疗的使用习惯仍有待培养。其中，诊前环节的互联网医疗服务使用率最高——医疗保健信息查询、网上预约挂号和网上咨询问诊总使用率为 25.3%；在医药电商和运动健身管理等领域，使用率分别占到网民的 4.6% 和 3.9%；而在手机疾病记录、网上预约体检、预约保健服务等 O2O 医疗健康领域，使用率都低于 1%（见图 D.29）。

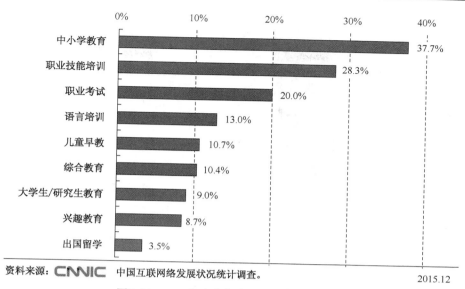

资料来源：CNNIC 中国互联网络发展状况统计调查。　　　　　　　　2015.12

图D.28　2015年在线教育各领域用户使用率

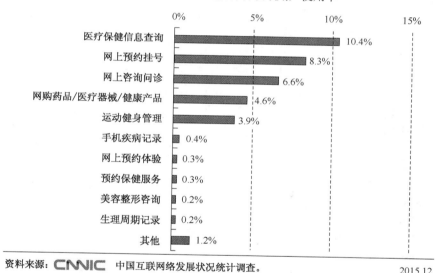

资料来源：CNNIC 中国互联网络发展状况统计调查。　　　　　　　　2015.12

图D.29　2015年互联网医疗用户使用率

2015 年上半年，网络约租车市场中以网络预约出租车用户规模最大，为 9664 万人，在使用各种叫车服务软件的用户群体中占比为 84.8%。网络预约专车用户规模为 2165 万人，在使用各种叫车服务软件的用户群体中占比为 19.0%（见图 D.30）。

（六）个人移动互联网应用

2015 年，我国个人互联网应用发展迅速，除论坛/BBS 外，其他应用的用户规模均呈上升趋势，其中网上炒股或炒基金成为网民投资热点，用户规模增长了 54.3%，网上支付场景不断丰富，用户规模增长 36.8%；在移动端，仍是商务交易、网络金融类应用领跑，其他各项应用的用户规模均出现不同幅度上涨（见图 D.31 和图 D.32）。

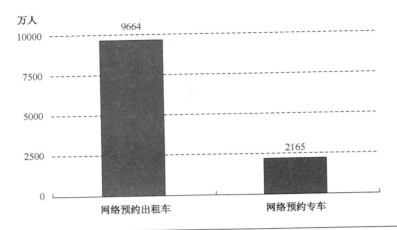

资料来源：**CNNIC** 中国网络约租车应用状况调查。 2015.6

图D.30 2015年上半年网络约租车用户规模

应用	2015年		2014年		全年增长率
	用户规模（万）	网民使用率	用户规模（万）	网民使用率	
即时通信	62408	90.79%	58776	90.6%	6.2%
搜索引擎	56623	82.39%	52223	80.5%	8.4%
网络新闻	56440	82.0%	51894	80.0%	8.8%
网络视频	50391	73.2%	43298	66.7%	16.4%
网络音乐	50137	72.8%	47807	73.7%	4.9%
网上支付	41618	60.5%	30431	46.9%	36.8%
网络购物	41325	60.0%	36142	55.7%	14.3%
网络游戏	39148	56.9%	36585	56.4%	7.0%
网上银行	33639	48.9%	28214	43.5%	19.2%
网络文学	29674	43.1%	29385	45.3%	1.0%
旅行预订	25955	37.7%	22173	34.2%	17.1%
电子邮件	25847	37.6%	25178	38.8%	2.7%
团购	18022	26.2%	17267	26.6%	4.4%
论坛/BBS	11901	17.3%	12908	19.9%	−7.8%
互联网理财	9026	13.1%	7849	12.1%	15.0%
网上炒股或炒基金	5892	8.6%	3819	5.9%	54.3%
社交应用	53001	77.0%	—	—	—
在线教育	11014	16.0%	—	—	—
互联网医疗	15211	22.1%	—	—	—

图D.31 2014—2015年中国网民各类互联网应用的使用率

应用	2015年		2014年		
	用户规模（万）	网民使用率	用户规模（万）	网民使用率	全年增长率
手机即时通信	55719	89.9%	50762	91.2%	9.8%
手机网络新闻	48165	77.7%	41539	74.6%	16.0%
手机搜索	47784	77.1%	42914	77.1%	11.3%
手机网络音乐	41640	67.2%	36642	65.8%	13.6%
手机网络视频	40508	65.4%	31280	56.2%	29.5%
手机网上支付	35771	57.7%	21739	39.0%	64.5%
手机网络购物	33967	54.8%	23609	42.4%	43.9%
手机网络游戏	27928	45.1%	24823	44.6%	12.5%
手机网上银行	27675	44.6%	19813	35.6%	39.7%
手机网络文学	25908	41.8%	22626	40.6%	14.5%
手机旅行预订	20990	33.9%	13422	24.1%	56.4%
手机邮件	16671	26.9%	14040	25.2%	18.7%
手机团购	15802	25.5%	11872	21.3%	33.1%
手机论坛/BBS	8604	13.9%	7571	13.6%	13.7%
手机网上炒股或炒基金	4293	6.9%	1947	3.5%	120.5%
手机在线教育课程	5303	8.6%	—	—	—

图D.32   2014—2015年中国网民各类手机互联网应用的使用率

（中国互联网络信息中心）

附录 E　2015 年中国互联网站发展状况及其安全情况

一、中国互联网站发展概况

中国网站规模发展迅猛。据工信部备案管理系统统计，截至 2015 年 12 月底，中国网站总量达到 426.7 万余个，同比年度净增长 62 万余个，超过前 5 年中国网站净增量总和，其中单位主办网站 323.5 万余个、个人主办网站 103.1 万余个。为中国网站提供互联网接入服务的接入服务商 1122 家，网站主办者达到 327.3 万余个，中国网站所使用的独立域名共计 561.7 万余个，每个网站主办者平均举办网站 1.3 个，每个中国网站使用的独立域名平均 1.3 个。全国提供教育、医疗保健、药品和医疗器械、新闻等专业互联网信息服务的网站 2.3 万余个。近 3 年中国网站总量变化情况如图 E.1 所示。

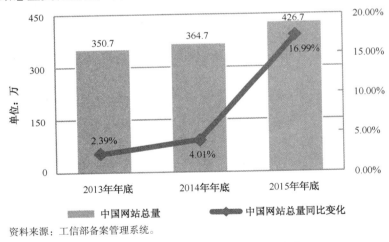

资料来源：工信部备案管理系统。

图E.1　2013—2015年中国网站总量变化

互联网接入市场竞争日趋激烈，市场集中度进一步提升。一是互联网接入市场竞争日趋激烈。从事网站接入服务业务的市场经营主体快速增长，2015 年全国新增已从事网站接入服务业务的市场经营主体 54 家。二是市场集中度进一步提升。3 家基础电信企业直接接入的网站为中国网站总量的 6%，同比下降 1 个百分点。而接入网站数量排名前 20 的接入服务商接入网站数量占比由 2014 年年底的 58.13%提高到 2015 年年底的 64.96%。接入网站数量在 1 万以上的重点接入服务商数量比 2014 年减少 2 家，为 54 家，54 家重点接入服务商接入网站总量为中国网站总量的 77.1%，比 2014 年提高 4 个百分点。三是市场份额相对均衡。2015

年单一接入服务商市场份额均未超过 30%。四是民营接入服务商发展成就显著。以腾讯云为代表的新型云计算公司发展迅速，接入网站数量排名前 10 的接入服务商均为民营接入服务商，接入网站数量排名前 20 的接入服务商中只有一家基础电信企业省级公司，且排名在第十五。近 3 年中国接入服务商数量变化情况如图 E.2 所示。

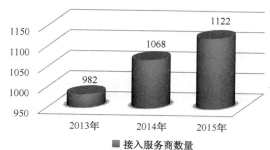

资料来源：工信部备案管理系统。

图E.2　2013—2015年中国接入服务商数量变化

中国网站区域发展不协调、不平衡，区域内相对集中。跟中国经济发展高度相似，中国网站在地域分布上呈现东部地区多、中西部地区少的发展格局，区域发展不协调、不平衡的问题较为突出。据工信部备案管理系统统计，截至 2015 年年底，东部地区网站占比为 69.28%，中部地区占比为 18.01%，西部地区占比为 12.71%。无论从网站主办者住所所在地统计，还是从接入服务商接入所在地统计，网站主要分布在广东、北京、江苏、上海、浙江、福建、山东等东部沿海省市；中部地区网站主要分布在河南、安徽和湖北，西部地区网站主要集中分布在四川、重庆和陕西。2015 年中国网站总量地域分布情况如图 E.3 所示。

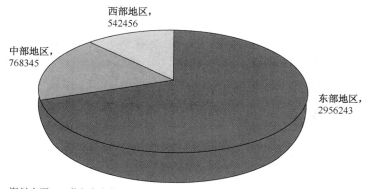

资料来源：工信部备案管理系统。

图E.3　2015年中国网站总量地域分布

中国网站主办者中单位举办网站所占比例进一步提高。据工信部备案管理系统统计，在 426.7 万个网站中，网站主办者为"单位"举办的网站达到 323.5 万余个，占中国网站总量的 75.8%，同比提高 18.7%。其中"企业"举办网站达到 301.9 万余个，较 2014 年年底增长 49.3 万余个。主办者性质为"个人"的网站 103.1 万余个，较 2014 年年底增长 11 万余个，主办者性质为"事业单位"、"政府机关"、"社会团体"的网站较 2014 年年底分别出现小幅增长。近 3 年中国网站主办者组成及历年变化情况如图 E.4 所示。

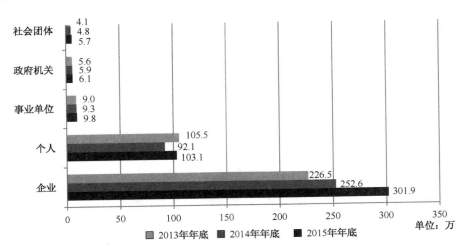

资料来源：工信部备案管理系统。

图E.4 2013—2015年中国网站主办者组成变化情况

网站主办者配置使用网站域名的选择性增多，但仍相对集中。据工信部备案管理系统统计，在中国网站注册使用的 561.7 万余个独立域名中，涉及的顶级域 414 个，较 2014 年（302个）增长 112 个，其中注册使用".cn"、".com"、".net"域名的中国网站数量仍最多，".cn"、".com"、".net"独立域名使用数量占整个独立域名总量的 94.3%。截至 2015 年 12 月底，".com"域名使用数量最多，达到 350 万余个，其次为".cn"和".net"域名，各使用 146.9 万余个和33 万余个，较 2014 年年底分别增长 54.1、17.4 和 3.5 万余个。中国网站注册使用各类顶级域使用情况如图 E.5 所示。

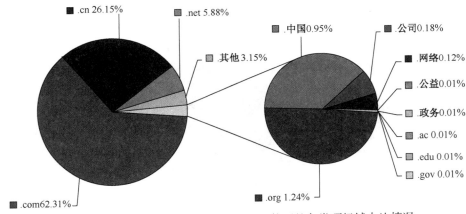

图E.5 截至2015年12月底中国网站注册使用的各类顶级域占比情况

中国网站注册使用新通用顶级域和中文域名的积极性显著提高。截至 2015 年年底，全球新通用顶级域注册量接近 1164 万个，注册量排在前十名的新通用顶级域依次为：xyz、top、wang、win、club、网址、science、ren、party、link，各新通用顶级域注册量和市场份额如图E.6 所示。

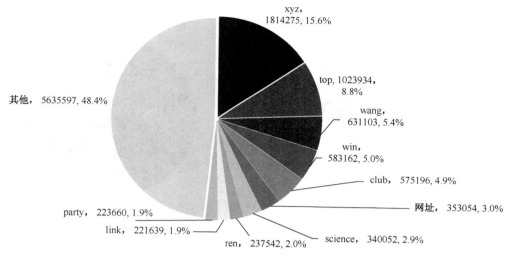

图E.6　各新通用顶级域注册量和市场份额

2015 年全年，网站注册使用 ".wang"、". ren"、".商城"、".我爱你"、".集团" 等多个新通用顶级域名的备案数量持续增长，其中.wang 占比为 64.7%，在新通用顶级域中占领半壁江山，其次为.ren 和.网址，2015 年 ".wang"、".ren" 等新通用顶级域占比情况如图 E.7 所示。

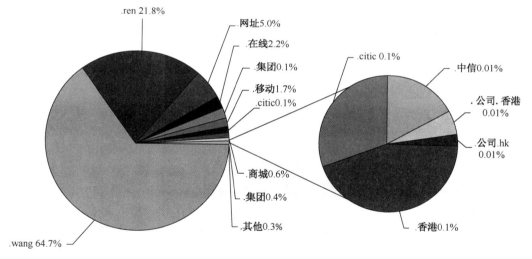

图E.7　2015年 ".wang"、".ren" 等新通用顶级域占比情况

截至 2015 年 12 月底，".中国"、".公司"、".网络" 等 24 类中文顶级域名达到 7.3 万余个，其中 ".商城" 等作为我国最新一批开通的新顶级域名，目前国内外各大企业已争先抢注，谷歌、亚马逊、星巴克等国际巨头纷纷亦成为这些域名的注册者。2015 年中文域名总量使用情况如图 E.8 所示。

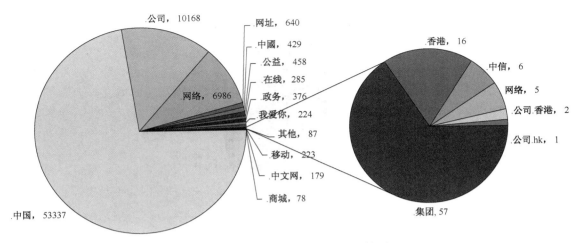

图E.8　2015年中文域名总量使用情况

专业互联网信息服务网站持续增长，文化类网站增幅最大。截至 2015 年 12 月底，专业互联网信息服务网站共计 2.3 万余个，主要集中在教育、医疗保健、药品和医疗器械等行业和领域，新闻、视听节目、出版等行业和领域发展规模相对较小。与 2014 年年底相比，各类专业互联网信息服务网站均有所增长，其中文化类网站增幅最大，同比增长 43.3%。近 3 年全国各专业互联网信息服务的网站具体变化情况如图 E.9 所示。

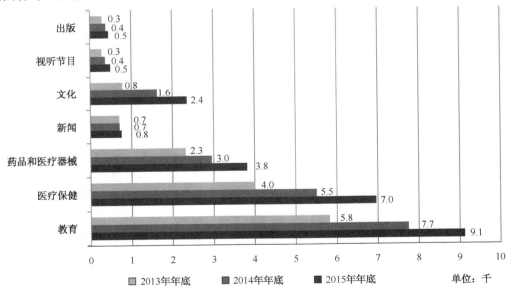

资料来源：工信部备案管理系统。

图E.9　2013—2015年全国各专业互联网信息服务的网站具体变化情况

互联网金融等新业态发展态势良好。2015 年，随着国家系列战略规划的部署和互联网信息技术的快速发展，互联网与金融的融合程度越来越深、融合广度不断拓展，传统的金融机构以及业内优秀的互联网金融企业不断探索，逐步形成了一个业务形态丰富、服务形式创新、参与主体多样化的生态系统。据公信点评网（dianping.wang）统计，截至 2015 年年底，金融类网站共计 4045 个，其中广东（733 个）、山东（494 个）、北京（462 个）、上海（379 个）、浙江（369 个）位列全国前五名。互联网金融相关主管部门正在不断完善互联网金融的规则、制度，为互联网金融的健康发展营造良好的政策环境。

网站接入、网站加速、网站安全已成为互联网接入市场中的 3 项基本业务。采用网站加速、网站安全防护等互联网新技术、新业务的网站数量及规模正在快速增长。2015 年从事网站加速、网站安全防护等互联网新技术、新业务的网宿科技、知道创宇、奇虎 360 等互联网企业的规模也在日益扩大。截至 2014 年年底，Alexa 网站排名前 100 和前 500 的中国网站使用 CDN 服务的比例已分别达到 91% 和 73%，相对前几年的 CDN 渗透率显著提升。2015 年网宿科技在 CDN 产业的龙头优势进一步扩大，业绩增长持续超预期，全年网宿营业收入 29.3 亿元，同比增长 53.4%，同时网宿开始为对抗海量 DDoS 攻击提供一站式云安全服务，为客户提供更全面的一站式、定制化云计算服务。随着互联网技术的快速发展和应用，威胁互联网网络安全的行为呈快速增长趋势。自 2015 年 7 月 31 日互联网网络安全威胁治理专项行动启动以来，知道创宇安全团队将监测到的威胁情报常态化进行通报，用于安全建设，以及威胁应急支撑，同时知道创宇旗下云安全防御平台已对全国 80 余万网站做出安全防护。2015 年前三季度，360 安全卫士、360 杀毒共为全国用户拦截恶意程序攻击 705.6 亿次，平均每天为用户拦截恶意程序攻击约 2.61 亿次。随着 360 安全产品的推出及普及，迎来了国内免费安全的时代，用户网络安全意识逐渐提升，让我国个人电脑的安全软件普及率从 2006 年的 53.9% 飙升至现在的 99%。2015 年，作为国内三大基础电信企业之一的中国电信率先推出了运营商级网络安全产品"云堤"，云堤产品充分利用一级运营商海量带宽、先进设备、丰富的运维经验和覆盖全国的保障体系，为超过 1000 家政企客户提供 DDoS 防护、域名无忧、反钓鱼和网站安全专家等专业服务。

中国网站语种呈多元化发展趋势，中国网站语言日益丰富。截至 2015 年 12 月底，中国网站中除简体中文、繁体中文和英语之外，使用其他语言网站的数量较 2014 年年底增长 6000 余个，其中包含法语、藏语、维吾尔语、蒙古语、哈萨克语、柯尔克孜语、西班牙语、日语、俄罗斯语等 14 种语言，多语言网站的持续增长，体现了中国网站内容和受众的多样性和广泛性，有力地支撑了中国人民的对外友好交往和中国改革开放的伟大事业。

创业创新是否成功与网站生存周期关系密切，2015 年全年新开通的中国网站数量 110.3 万余个，平均每月新开通网站 9.1 万余个；全年网站主办者自行停办的中国网站 48.3 万余个，平均每月自行停办的网站 4 万余个。经过激烈的市场竞争和洗礼，在电商、搜索、社交、游戏、文学、旅游、安全等众多领域涌现出具有一定规模的互联网企业。2015 年网站主办者新开通及自行停办的中国网站数量月变化情况如图 E.10 所示。

二、中国网站安全整体态势情况

2015 年，公共互联网环境仍然面临较为严峻的安全态势，互联网站作为互联网的主要入口，面临着黑客以瘫痪目标业务系统、窃取用户有价值信息、控制大规模服务器（或设备）资源等为主要目的的攻击威胁。2015 年，网页仿冒、拒绝服务攻击等已经形成成熟地下产业链的威胁仍然呈现增长趋势，网页篡改、网站后门等攻击事件层出不穷，党政机关、科研机构、重要行业单位网站依然是黑客组织攻击特别是 APT 攻击的重点目标。网站数据泄露风险则成为网站运营管理方需要直面的突出问题，同时也直接成为用户能具体感知的安全事件。

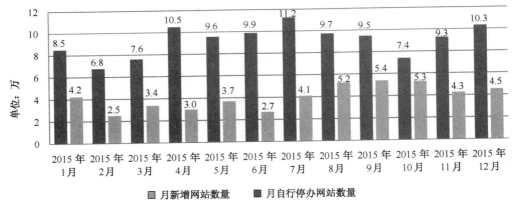

资料来源：工信部备案管理系统。

图E.10　2015年网站主办者新开通及自行停办的中国网站数量月变化情况

国家互联网应急中心（以下简称 CNCERT）对当前主要的网站攻击事件，如网页篡改、网站后门、拒绝服务攻击等，进行全面的监测，并对漏洞、仿冒等对网站信息系统和网站用户造成高风险威胁的情况进行检测。目前，本部分数据主要来源于 CNCERT 2015 年的监测情况。2015 年中国网站安全主要态势情况如下：

钓鱼（仿冒）网站地下产业高度成熟，骗局手段更新，为逃避打击服务器大部分位于境外。2015 年 CNCERT 监测发现针对我国境内网站的仿冒页面（URL 链接）191699 个，较 2014 年增长 85.7%，涉及 IP 地址 20488 个，较 2014 年增长 199.4%，平均每个 IP 地址承载约 9 个仿冒页面。CNCERT 全年接收到网页仿冒类事件举报 75860 起、处置事件 75135 起，分别较 2014 年大幅增长 324% 和 319%。据 CNCERT 监测，针对我国境内网站的钓鱼站点（IP 地址）有 83.2% 位于境外，共有 17044 个境外 IP 地址承载了 167507 个针对我国境内网站的仿冒页面，其中 IP 地址较 2014 年增长 179%，所承载仿冒页面数量较 2014 年增长 79.8%。从所承载仿冒页面数量来看，位于中国香港的 IP 地址承载了 60317 个钓鱼页面，居于首位，较 2014 年大幅增长 106%，其次是美国和韩国，分别承载了 18186 个和 16031 个钓鱼页面。进一步对网页仿冒的内容进行分析发现，仿冒信用卡积分和提升额度、针对基础电信企业通话积分换购和第三方支付链接的仿冒信息最多。针对热门的娱乐节目的"中奖"诈骗活动数量也在不断上升。此外，结合伪基站短信以及基于个人信息的社会工程学手段，一些网络诈骗活动让互联网用户难以及时识别和防范。

政府网站被篡改出现下降，植入后门数量则出现大幅增长。据 CNCERT 监测，我国境内被篡改网站的数量为 24550 个，较 2014 年下降 33.6%，其中政府网站 898 个，较 2014 年下降 49.1%。在篡改的类型中，主要以植入广告黑链为主，占比超过 85%。2015 年网页篡改数量下降的原因源于 CNCERT 在下半年开展了针对黑链植入的专项治理，取得了较好的成效。但是，以控制为目的网站后门攻击呈现大幅增长态势。我国境内被植入后门的网站数量为 75028 个，较 2014 年增长 86.7%，其中政府网站为 3514 个，较 2014 年增长 130%。在受境外攻击方面，2015 年 3.1 万余个境外 IP 地址通过植入后门对境内 6.0 万余个网站实施远程控制，境外控制端 IP 地址和所控制境内网站数量分别较 2014 年增长 63% 和 82%。其中，位于美国的 4361 个 IP 地址通过植入后门控制了我国境内 11245 个网站，入侵网站数量居首位，其次是中国香港和菲律宾，分别控制了我国大陆境内 10100 个和 5566 个网站。

网络安全高危漏洞频现，网络设备安全漏洞、Web 系统软件漏洞对网站信息系统构成较大威胁。2015 年，国家信息安全漏洞共享平台（CNVD）收录安全漏洞 8080 个，同比 2014 年 9163 个减少 11.8%，但高危漏洞收录数量增长至 2909 个，占 36%，与 2014 年 2394 个相比增长了 21.5%。零日漏洞（披露时厂商未提供补丁）数量 1207 个，占 14.9%，比 2014 年减少 63%，表明漏洞披露行为得到了有效规范。2015 年，CNVD 电信行业漏洞库收录漏洞数量为 657 个，其中网络设备（如路由器、交换机等）漏洞占 54.3%。网络设备漏洞可能导致网络设备或节点被操控，被用于渗透网站管理方 DMZ 区或其他外围网站信息系统服务区域，进而实施窃取用户信息、传播恶意代码、破坏网络稳定运行等攻击。此外，2015 年被披露的 Web 系统软件漏洞也对互联网站构成全网大面积威胁。2015 年 11 月，"Java 反序列化远程代码执行漏洞"的爆发使得互联网大量的 JBoss/Weblogic/Websphere/Jenkins 服务器主机受到威胁。根据 CNVD 对境内主机 IP 的测试情况，JBoss、Weblogic、Jenkins 受到漏洞影响的未修复比例分别是 13.9%、50.4%、33.4%。从绝对数量看，Weblogic 受到影响的数量最多。后续 CNVD 共接收和处置涉及境内党政机关、重要行业单位和企事业单位的该漏洞案例超过 1200 起。

涉及政府部门和重要行业单位网站系统的高危漏洞事件持续增多，漏洞披露和处置机制亟待完善。2015 年，CNCERT 通报了涉及政府机构和重要信息系统部门网站信息系统的事件型漏洞超过 2.3 万起，较 2014 年的 9068 起增长达 2.5 倍，继续保持快速增长态势。历史漏洞不补，"邀请"黑客来攻击，也是当前安全漏洞威胁越来越严重的重要原因之一。近年来较为活跃的境外黑客组织"反共黑客"，2012 年 4 月起每 3 天就能制造一起针对境内党政机关、企事业单位的网页篡改事件，就是因为这些网站未能及时修复已公开漏洞。根据 CNVD 开展的安全漏洞事件修复验核验情况，发现政府部门网站系统漏洞隔月修复率为 52.7%，涉及基础电信企业业务系统的漏洞隔月修复率为 81.3%。为有效控制披露漏洞之前未及时通知涉事单位并考虑到涉事单位修复时间周期，同时也为了避免披露信息过于详细容易被黑客组织利用、漏洞信息描述不准确或漏洞披露信息夸大造成社会恐慌等情况，工业和信息化部指导 CNCERT 与乌云、补天、漏洞盒子等多家民间漏洞平台建立了工作联系，并于 2015 年 6 月组织国内 32 家单位在北京共同签署了《中国互联网协会漏洞信息披露和处置自律公约》，首次以行业自律的方式共同规范漏洞信息的接收、处置和发布方面的行为。

拒绝服务攻击仍然是主流攻击手段，2015 年得到有效治理。拒绝服务攻击的方式和手段在不断变化，利用互联网传输协议的缺陷发起的分布式反射型拒绝服务攻击日趋频繁，互联网上页出现了提供拒绝服务攻击服务的售卖平台，致拒绝服务攻击事件频发，且难以抵抗。2015 年 1 月至 8 月，据 CNCERT 监测分析发现，攻击流量在 1Gbps 以上的拒绝服务攻击次数日均达千余次，且有愈演愈恶劣的趋势。2015 年前三季度，1Gbps 以上的分布式拒绝服务攻击（以下简称"DDoS 攻击"）次数近 38 万次，日均攻击次数达到了 1491 次。面对日均如此大量的攻击次数，在工业和信息化部的指导下，CNCERT 联合中国互联网协会网络与信息安全委员会组织包括基础电信企业、互联网企业、域名注册服务机构、应用商店等在内 56 家企业启动了互联网网络安全威胁治理行动，将 DDoS 攻击治理工作列为行动的首要任务。此次治理工作，采取从源头治理方式，对 DDoS 攻击服务售卖平台和攻击控制服务器进行打击。7 月 31 日行动启动以来，经过近半年的集中打击，处置了 DDoS 攻击服务售卖平台 14 个和攻击控制服务器 343 个，将日均 DDoS 攻击事件次数下降到日均 358 次，大幅下降了 76.7%，为维护正常的互联网服务提供了有力保障。

网络数据和用户个人信息泄露事件的曝光度不断上升，并引发严重的"后遗症"。在网络数据和用户个人信息价值凸显的背景下，信息遭泄露的事件影响面不断扩大。根据 2015 年媒体曝光的信息泄露事件来看，全球平均每月至少发生一起较大的信息泄露事件，有的泄露信息数量达几百 GB。根据媒体披露的情况，包括人力资源和社会保障系统公民信息泄露事件、移动应用商店用户信息泄露事件、高考考生信息泄露事件、酒店房客信息泄露事件、票务系统用户信息泄露事件等，在互联网上立即引起网民的广泛讨论。在工信部的指导下，CNCERT 做好相关事件的分析和协调处置工作，及时发布最新情况通报，力求客观实际，避免造成了不必要的猜测和用户恐慌。此外，相关信息泄露（如用户购物信息、收件地址、联系方式等详细信息均被详细描述）为精准诈骗或网络欺诈活动提供了更多机会，使得迷惑性变得更强，对用户更容易造成财产损失。10 月，网上爆出国内某知名邮箱服务器过亿用户数据"疑似泄露"，虽然至今还没有证据验证该数据量的真实性，但因数据泄露导致因使用该邮箱账号注册苹果公司 ID 的用户遇到多起苹果手机 ID 被锁遭敲诈勒索的事件。

APT 攻击黑客组织不断浮出水面，网络空间的博弈愈演愈烈，党政机关、科研院所甚至商业公司都成为重要攻击目标。2015 年，互联网上爆出了多起典型的 APT 攻击事件，APT28、图拉、方程小组、海莲花等多个具有特殊目的开展黑客活动的黑客组织逐渐进入视野，引发人们对敏感数据长期遭窃取的担忧。2015 年 5 月，我国安全厂商 360 曝光针对中国攻击的境外 APT 攻击组织——海莲花（OceanLotus）。该组织自 2012 年 4 月起，针对中国的海事机构、海域建设部门、科研院所和航运企业，使用木马病毒攻陷和控制政府人员、外包商、行业专家等目标人群的电脑，甚至操纵电脑自动发送相关情报。2015 年 6 月，卡巴斯基实验室在一次安全扫描中检测到了影响几个内部系统的网络入侵活动，并最终分析发现此次入侵活动来自 APT 组织之一的恶意软件平台 Duqu。

（中国互联网协会）

附录 F　2015 年中国网民权益保护调查报告

关于网民权益

网民权益的初步定义：网民因使用互联网产品、服务及相关设备而应该享有的权益。网民权益与网络安全、净化互联网环境、消费者权益等概念有相似、重合部分，但又都有明显的区别。

网民权益主要包括：

安宁权。 即避免骚扰的权利。未经用户请求或许可，不得发送商业性信息，包括电子邮件、短信、电话等。非请自来的广告信息，侵犯了网民的安宁权，对网民形成了骚扰和侵害。对于各类商业性信息，网民有拒绝的权利，相关产品和服务应该设置便捷有效的拒绝方式，任何人和机构不得为网民的拒绝设置障碍。

接收真实信息的权利。 即避免遭受不实信息诈骗的权利。假冒网站、钓鱼网站，冒充公众机构的诈骗电话、伪基站短信等，均向网民传递虚假信息，对网民获取真实信息的权利形成了侵害。网站上的下载量、销售量及网友点评情况造假，也是对网民权益的侵犯。

知情权和选择权。 比如，网民对自身上网设备上的软件，在安装、卸载、获取、上传信息等情况具有知情权和选择权。"我的手机我做主"，任何人不得代替用户进行选择。静默安装、新手机预装、无法卸载等行为均在一定程度上侵害了网民的选择权。

信息保护的权利。 即避免个人信息泄露的权利。任何组织和个人不得窃取或者以其他非法方式获取公民个人电子信息，不得出售或者非法向他人提供公民个人电子信息。收集、使用公民个人电子信息，应当遵循合法、正当、必要的原则，明示收集、使用信息的目的、方式和范围，并经被收集者同意，不得违反法律、法规的规定和双方的约定收集、使用信息。网民发觉个人信息泄露之后具有主张的权利，即被遗忘权，相关互联网企业应予以配合。

报告说明

本版本报告之样本数据统计截至 5 月 15 日。本版本是报告的简化版，但内容基本反映了本次调查的范围、深度、重点以及观点，报告完整内容请参见 12321 网络不良与垃圾信息举报受理中心发布的最终版。

报告摘要

（1）**2016 年网络不良与垃圾信息概况。** 2016 中国网民权益保护调查报告显示：近半年用户平均每周收到垃圾邮件 17.4 封[1]、垃圾短信 20.4 条[2]、骚扰电话 19.7 个。12321 网络不良

---

[1] 2015 年下半年邮箱用户平均每周接收到的垃圾邮件数量为 17.0 封。

[2] 2015 下半年调查显示，用户平均每周收到的垃圾短信息数量为 16.0 条。

与垃圾信息举报受理中心的举报数据显示：2016 年 1 月至 3 月底，12321 举报中心共收到举报 416977 件次。其中举报垃圾短信 41478 件次（占举报总量的 10%）。举报骚扰电话 72810 件次（占 17%）。举报诈骗电话 57494 件次（占 14%）。举报垃圾邮件 21105 件次（占 5%）。举报手机应用安全问题（APP)的 134190 件次（占 32%）。

①网民受到骚扰的情况。"骚扰电话"成为用户最反感的骚扰来源，占比 **43%**。"电脑广告弹窗"和"APP 推送信息"紧随其后，占比分别为 22% 和 15%。

②网民收到不实信息的情况。**38% 的用户因收到以下不实信息而遭受钱财损失。**本次调查显示，"冒充银行、互联网公司、电视台等进行中奖诈骗的网站"的现象严重，占 77%。其次是"冒充 10086、95533 等伪基站短信息"，占 68%。"冒充苹果、腾讯等公司进行钓鱼、盗取账号的电子邮件"，占 54%。"冒充公安、卫生局、社保局等公众机构进行电话诈骗"的占 51%。在"社交软件上冒充亲朋好友进行诈骗"的占 45%。而 12321 举报中心每周收到举报钓鱼网站 54 件次，收到诈骗邮件 694 封。假冒电视娱乐节目和冒充银行诈骗是钓鱼网站的最爱。

③网民个人信息泄露现状。**54% 的用户认为个人信息泄露严重。**其中 22% 的用户认为非常严重，32% 的用户认为严重。83% 的网民亲身感受到了个人信息泄露带来的不良影响。通过 12321 举报中心的举报数据发现，2016 年 1～4 月举报个人信息泄露的达 515 件次，典型案例如："用户在 58 同城发布求租信息后却收到诈骗分子发来的出租信息来骗取中介费"；还有近期刷屏的"一条短信盗走积蓄"事件等。互联网成数据泄露的重灾区，个人信息买卖形成黑色产业链，并且个人信息泄露引发的网络诈骗已给用户带来了严重的损失。

（2）**"诱导用户点击"是侵犯用户知情权和选择权的主要现象，占比 83%。**其次是"预装软件无法卸载"，占 70%。如何既方便用户体验又不伤害用户利益，合理的为用户提供选择，让用户自己决定要不要安装和卸载，是值得手机厂商思考的一个命题。

本次调查显示，"APP 获取个人信息，用户并不知情"的现象占 67%。结合 12321 举报中心核查人员对 APP 调用敏感权限（安卓系统）分析，2016 年第 1 季度 APP 获取用户信息排名前五位的是：获取用户网络状态、Wi-Fi 状态、访问网络、手机地理位置和读取电话状态这五项权限；另外还有开机自动启动、读取系统日志、读取联系人、修改联系人信息及读取短信内容也是安卓系统获取用户手机敏感权限的主要行为。

"手机、电脑中有些软件不知怎么来的"占 65%。这些不请自来的软件大部分通过强制捆绑和静默安装两种途径进入用户手机和电脑，不仅让用户在使用过程中受到侵扰，甚至拖累了电脑的运行速度和手机存储空间。

"浏览器首页被绑架"占 53%。1～4 月 12321 举报中心接到用户举报某导航网站更改用户主页 286 件次。这种现象是流量劫持的一种表现形式。在 2015 年 11 月 10 日，上海法院依照《中华人民共和国刑法》第二百八十六条的规定，首次在司法层面将流量劫持认定为犯罪。

本次调查显示"无法拒收的商业短信"占 52%。"无法拒收的商业邮件"占 42%。而《通信短信息服务管理规定》和《电子邮件服务管理办法》均规定未经用户同意，不得向用户发送商业性信息。如向用户发送商业性信息，应当提供便捷和有效的拒收方式。

随着智能手机的普及，各种 APP 让人眼花缭乱。但部分 APP 暗藏陷阱，在用户不知情的情况下扣取用户话费，这也是一种严重侵犯用户知情权的现象。12321 举报中心在 3·15 曝光 APP 恶意吸费现象后，截至 4 月底共下架了 343 款扣费 APP，占下架总量的 61%。

（3）估算经济损失达 1032 亿元，比 2015 年增长 227 亿元。近一年，我国网民[1]因为垃圾信息、诈骗信息、个人信息泄露等遭受的经济损失为人均 150 元，总体经济损失约为 1032 亿元（我国网民数量 6.88 亿*网民平均经济损失 150 元=1032 亿元）。高达 10% 的用户近一年由于各类权益侵害造成的经济损失在 1000 元以上。

调查内容和目的

（1）了解网民对网民权益的认知情况，进一步唤醒网民权益保护意识；

（2）了解网民权益损失状况，明确权益保护工作的重点；

（3）对当前侵犯网民权益的热点问题进行专项调查；

（4）总结典型网络应用场景侵权现象；

（5）对部分典型应用场景的具体保护措施进行探索。

调查方式

网民权益保护调查采用定性和定量调查相结合的方法。

定性部分，主要依靠桌面研究的方式；定量部分，主要采用在线问卷调查的方式进行，问卷名称为《2015 中国网民权益保护调查问卷》（以下简称"问卷"），辅以第 17 次中国反垃圾短信半年度调查、第 39 次中国反垃圾邮件季度调查、2016 年 1 月至 2016 年 4 月期间网民向 12321 网络不良与垃圾信息举报受理中心（下称 12321 举报中心）举报的数据。

问卷调查对象为中国大陆网民。通过在中国互联网协会网站、12321 举报中心网站、微信和微博，以及部分中国互联网协会会员企业网站挂载问卷链接的方式，由网民主动参与填写问卷的方式，获得样本。

问卷调查时间：4 月 15 日～5 月 15 日。

整个问卷调查历时一个月，获得答卷 1212 份。

一、网民权益认知

1. 最重要的网民权益

本次调查显示：94% 的网民认为"隐私权"是用户最重要的权利；其次是"知情权"和"选择权"，分别有 83% 和 81% 的网民选择（见图 F.1）。

2. 安宁权

对网民安宁权的调查显示："骚扰电话"成为用户最反感的骚扰来源，占比为 43%。"电脑广告弹窗"和"APP 推送信息"紧随其后，占比分别为 22% 和 15%。6% 的用户最反感"APP 强制用户评价"这一现象（见图 F.2）。

12321 举报中心提醒用户，手机中的"APP 推送信息"可以通过设置关闭消息推送功能或设置防打扰时段来有效减少对用户的干扰。

---

[1] 根据 CNNIC 发布的第 37 次《中国互联网络发展状况统计报告》，截至 2015 年 12 月，我国网民规模达 6.88 亿。

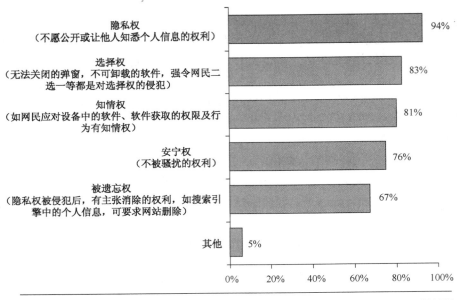

2016.05

图F.1 网民权益重要性认知调查

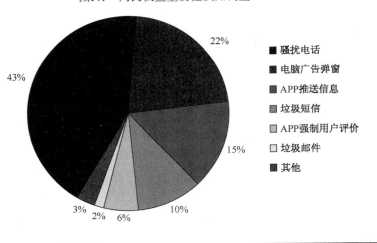

2016.05

图F.2 网民安宁权调查

3. 知情权和选择权

调查显示："诱导用户点击"是侵犯用户知情权和选择权的主要现象，占比为 83%。

其次是"预装软件无法卸载"，占 70%。12321 举报中心认为如何既方便用户体验又不伤害用户利益，合理地为用户提供选择，让用户自己决定要不要安装和卸载，是考验终端制造商的一个命题。

"APP 获取个人信息，用户并不知情"的现象占 67%。结合 12321 举报中心核查人员对 APP 敏感权限（安卓系统）进行的个案分析，2016 年第一季度 APP 获取用户信息排名前五位的是：获取用户网络状态、Wi-Fi 状态、访问网络、手机地理位置和读取电话状态这五项权限；另外，还有开机自动启动、读取系统日志、读取联系人、修改联系人信息及读取短信内容也是安卓系统获取用户手机敏感权限的主要行为。

"手机、电脑中有些软件不知怎么来的"和"无法关闭广告信息" 分别各占 65%。

"浏览器首页被绑架"占 53%。1～4 月 12321 举报中心接到用户举报某导航网站更改用户主页 286 件次。这种现象是流量劫持的一种表现形式。在 2015 年 11 月 10 日，上海法院依照《中华人民共和国刑法》第二百八十六条的规定，首次在司法层面将流量劫持认定为犯罪。

"无法拒收的商业短信"占 52%，"无法拒收的商业邮件"占 42%（见图 F.3）。而《通信短信息服务管理规定》和《电子邮件服务管理办法》均规定未经用户同意，不得向用户发送商业性信息。

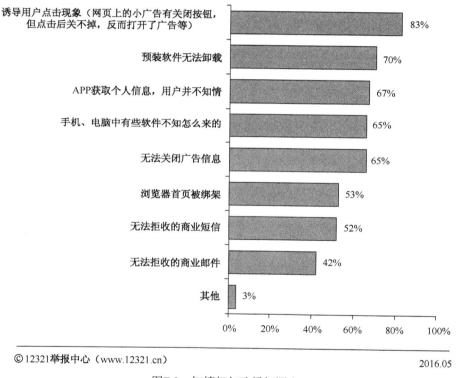

© 12321举报中心（www.12321.cn）   2016.05

图 F.3   知情权与选择权调查

4. 接收真实信息的权利

获取真实信息，是网民最基本的权利。本次调查了五种网民日常生活中最常见的诈骗现象，其中"冒充银行、互联网公司、电视台等进行中奖诈骗的网站"的现象严重，占 77%。其次是"冒充 10086、95533 等伪基站短信息"，占 68%。"冒充苹果、腾讯等公司进行钓鱼、盗取账号的电子邮件"占 54%，"冒充公安、卫生局、社保局等公众机构进行电话诈骗"占51%，"社交软件上冒充亲朋好友进行诈骗"占 45%，如图 F.4 所示。

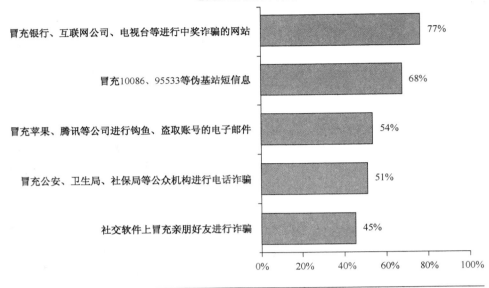

您是否遇到过下列现象？

冒充银行、互联网公司、电视台等进行中奖诈骗的网站	77%
冒充10086、95533等伪基站短信息	68%
冒充苹果、腾讯等公司进行钩鱼、盗取账号的电子邮件	54%
冒充公安、卫生局、社保局等公众机构进行电话诈骗	51%
社交软件上冒充亲朋好友进行诈骗	45%

2016.05

图F.4　网络骚扰与欺诈调查

钓鱼网站调查如图 F.5 所示，经济损失情况调查如图 F.6 所示。

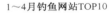

1~4月钓鱼网站TOP10

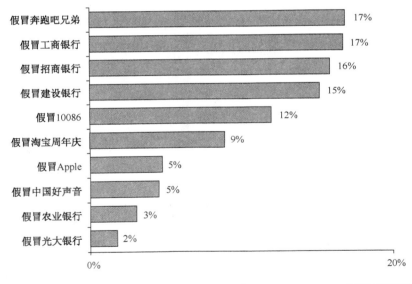

假冒奔跑吧兄弟	17%
假冒工商银行	17%
假冒招商银行	16%
假冒建设银行	15%
假冒10086	12%
假冒淘宝周年庆	9%
假冒Apple	5%
假冒中国好声音	5%
假冒农业银行	3%
假冒光大银行	2%

2016.05

图F.5　钓鱼网站调查

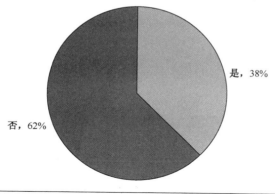

因收到不实信息而造成除时间、精力外的真实经济损失

是，38%

否，62%

© 12321举报中心（www.12321.cn）　　　　　　　　　　　2016.05

图F.6　经济损失情况调查

5. 每周收到垃圾邮件、垃圾短信和骚扰电话的数量

近半年用户平均每周收到垃圾邮件 17.4 封[1]、垃圾短信 20.4 条[2]、骚扰电话 19.7 个，具体情况如图 F.7 所示。

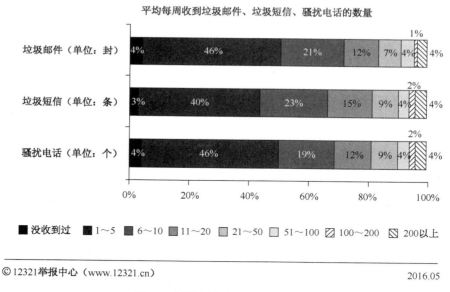

平均每周收到垃圾邮件、垃圾短信、骚扰电话的数量

© 12321举报中心（www.12321.cn）　　　　　　　　　　　2016.05

图F.7　网络骚扰与网络欺诈调查

---

[1] 2015 年下半年邮箱用户平均每周接收到的垃圾邮件数量为 17.0 封。
[2] 2015 下半年调查显示，用户平均每周收到的垃圾短信息数量为 16.0 条。

6. 总体经济和时间损失

近一年，我国网民[1]因为垃圾信息、诈骗信息、个人信息泄露等遭受的经济损失为人均150元，总体经济损失约为1032亿元，每个网民平均时间损失为3.6小时，具体情况如图F.8所示。

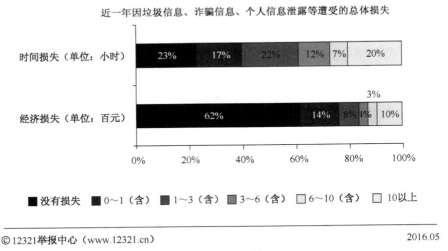

近一年因垃圾信息、诈骗信息、个人信息泄露等遭受的总体损失

图例：■ 没有损失　■ 0～1（含）　■ 1～3（含）　■ 3～6（含）　□ 6～10（含）　□ 10以上

© 12321举报中心（www.12321.cn）　　　　　　　　　　　　2016.05

图F.8　经济损失情况

二、个人信息认知和保护

1. 最重要的个人信息

本次调查罗列的二十项个人信息中，用户认为最重要的个人信息排名前五的是"网络账号和密码"、"身份证号"、"银行卡号"、"手机号码"和"个人生活信息"，占比都超过半数，分别为83%、82%、70%、68%和52%。

"个人生活信息"包括购房、购车、生子、考试、医疗、保险等。

事实上，随着互联网和移动网的发展，用户的"网购记录"（占34%）、"位置信息"（31%）、"IP地址"（占30%）、"网站注册记录"（占28%）、"网站浏览痕迹"（占28%）、"软件使用痕迹"（占16%）也是很重要的用户个人信息（见图F.9），应值得网民重视。

2. 个人信息泄露经历

在调查中，网民"个人身份信息"泄露最严重，占71%，包括用户的姓名、手机号、电子邮件、学历、住址、身份证号码等信息。其次是个人网上活动信息，占55%，包括通话记录和内容、网购记录、网站浏览痕迹、IP地址、位置信息等内容（见图F.10）。

3. 个人信息泄露程度

54%的用户认为个人信息泄露严重。其中22%的用户认为非常严重，32%的用户认为严重，46%的用户觉得一般（见图F.11）。

---

[1] 根据CNNIC发布的第37次《中国互联网络发展状况统计报告》，截至2015年12月，我国网民规模达6.88亿。

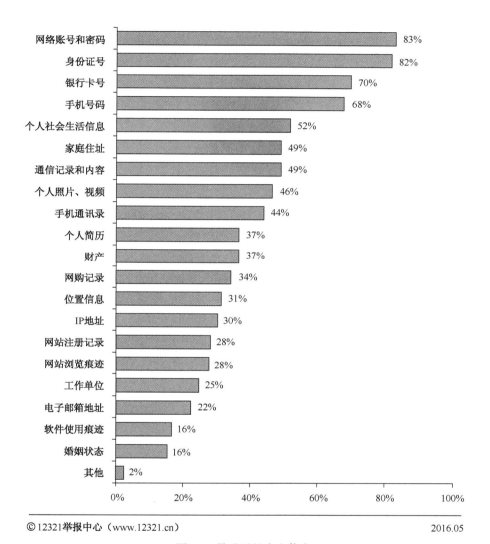

　　　　　　　　　　　　　　　　2016.05

图F.9　最重要的个人信息

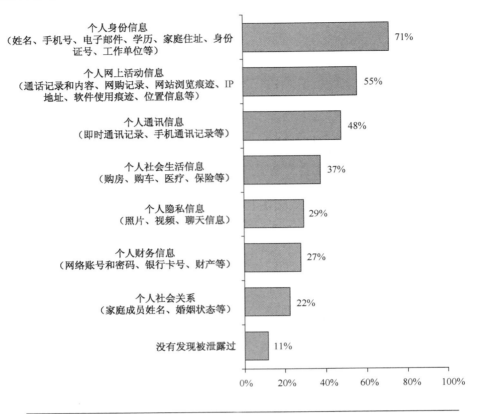

　　　　　　　　　　　　　　2016.05

图F.10　网民个人信息曾被泄露情况

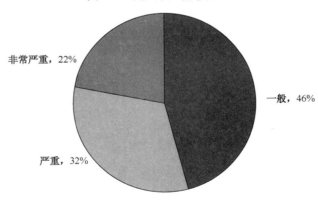

　　　　　　　　　　　　　　2016.05

图F.11　个人信息泄露程度评价

4. 个人信息泄露带来的不良影响

83%的网民亲身感受到了个人信息泄露带来的不良影响，17%的用户无明显感受（见图F.12）。

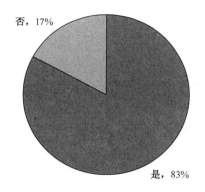

　　　　　　　　　　2016.05

图F.12　个人信息泄露不良影响

三、典型应用的侵权现象及防护措施

（一）搜索引擎

1. 使用搜索引擎时遇到的侵权现象

用户使用搜索引擎时，"搜到假冒网站/诈骗网站"（占 68%）的现象略高于"搜索结果不是我想要的"（占 67%）和"竞价排名和推广破坏了搜索引擎的准确性"（占 67%）。"搜到的网站有淫秽色情信息或附带木马病毒"占 60%。"搜索条件所匹配的官方网站位置靠后"占 58%（见图 F.13）。12321 提醒：针对搜索引擎的竞价排名和"推广"信息，用户在查询信息时需多留心眼，多查阅几页而不仅仅查看推广信息。对于用语夸张、比较绝对化的信息，还是不要相信的好。

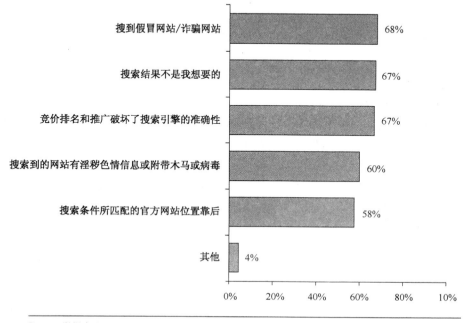

　　　　　　　　　　2016.05

图F.13　搜索引擎情况调查

2. 搜索引擎在保护网民权益上所做的最有效的保护措施

网民认为搜索引擎给网站增加"网站标识"是保护网民权益最有效的措施，占77%。其次是"提示风险网站"，占73%。"提供个人信息保护服务，应网友请求可对个人信息进行删除"，占69%。"搜索结果中增加举报标识"占65%。"屏蔽色情网站，保护未成年人"占60%（见图F.14）。

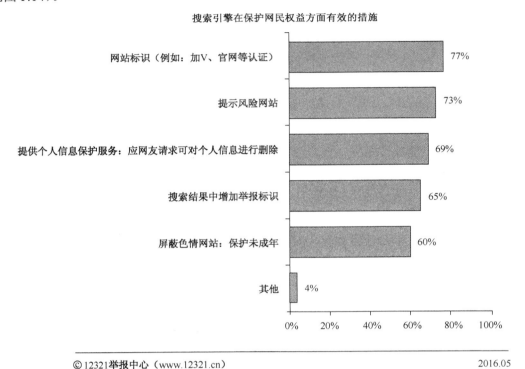

搜索引擎在保护网民权益方面有效的措施

© 12321举报中心（www.12321.cn）　　　　　　　　　　　　　　　　　　2016.05

图F.14　搜索引擎情况调查（2）

（二）网络购物

1. 网络购物的时候遇到的侵权现象

"网络水军/虚假评价"是用户在网购过程遇到的最严重的侵权现象。其次是网购买到"假冒伪劣商品"的现象，占60%。"个人信息被泄露"和"假冒网站/诈骗网站"分别占50%。

"差评后被商家恶意骚扰"占36%，排第五位。虽然该项占比不高，但却严重影响了网民的正常生活（见图F.15）。

2. 网购渠道的风险

81%的网民认为"不明来源的购物APP"是风险最大的购物渠道。其次是"网页广告展示的商品"，占比为67%。"社交网站/聊天好友/微商等朋友圈推荐的网购渠道"占比为62%（见图F.16）。

您在网购的过程中，是否碰到过下列情况？

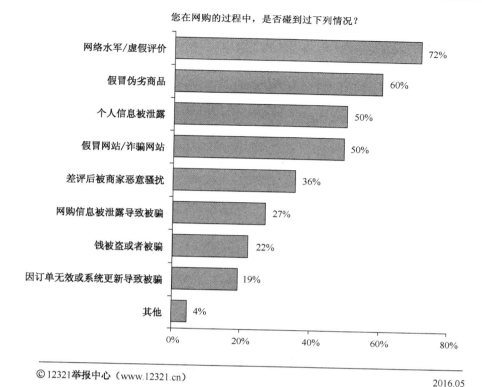

© 12321举报中心（www.12321.cn）   2016.05

图F.15 网络购物情况调查（1）

您认为哪种网购渠道风险较大？

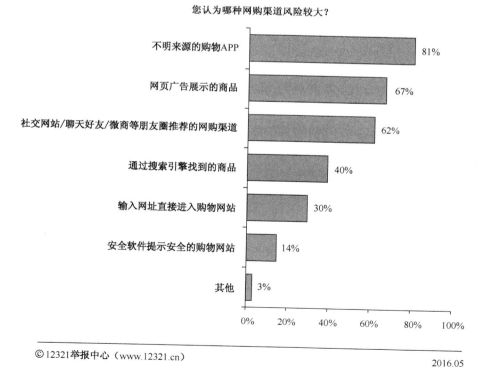

© 12321举报中心（www.12321.cn）   2016.05

图F.16 网络购物情况调查（2）

（三）电子商务

电商在保护网民权益的措施上，"买卖双方实名认证"和"商户信息真实性保障措施"的占比不分上下，占比分别为 79% 和 78%。其次是"畅通举报渠道"和"一定期限内无理由退换"，占比分别为 70% 和 69%。"信用等级评价"和"物流跟踪"占比分别为 60% 和 58%（见图 F.17）。

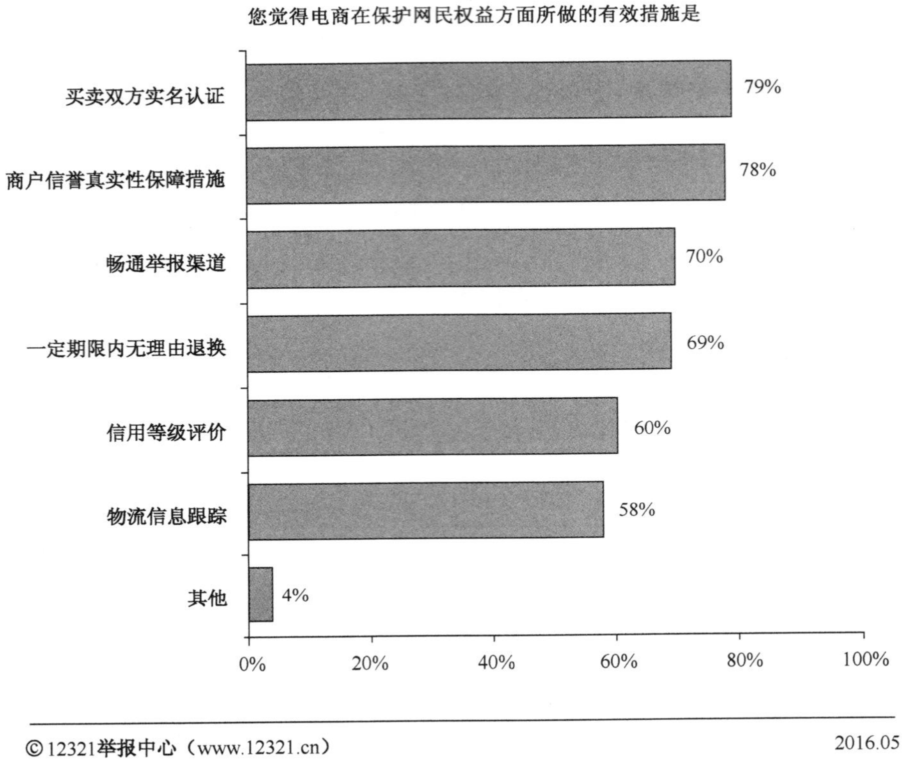

您觉得电商在保护网民权益方面所做的有效措施是

© 12321举报中心（www.12321.cn）　　　　　　　　　　2016.05

图F.17　电子商务情况调查

（四）即时通信

1. 使用即时通信中遇到的侵权现象

即时通信作为基础的互联网应用，已与网民的日常生活密不可分。而在使用的过程中，66% 的网民会遇到"收到假冒、诈骗网站/网址"的现象；59% 网民遇到过"收到带有木马/病毒的链接"。"冒充好友诈骗"占 47%。"账号或密码被盗"占 43%。12321 举报中心提醒：QQ、微信等即时通信工具成为被不法分子利用进行诈骗的重要渠道，因此不建议点击陌生人发来的链接或压缩包等陌生信息。即使是好友发送的信息，也要谨慎判断，避免因好友账号被盗而被遭受损失。

"收到色情信息"的现象占 48%（见图 F.18）。12321 举报中心提醒：如遇到有人利用 QQ、微信等传播色情信息，建议截图留存证据，并向我中心进行举报。

2. 即时通信在保护网民权益方面做的措施

即时通信目前所做的保障网民权益的措施，除"针对敏感词语进行提示"（占比 46%）外，其他措施均得到网民较高的认可。其中"非正常登陆提醒"的认可度最高，占 72%。其次是"实名认证"，占 70%。"个人信誉记录"占 66%。"提供举报方式"（占 65%）和"对网址网站进行安全提示"（占 62%）的认可度也均超过 60%（见图 F.19）。

使用即时通信软件过程中碰到过的问题

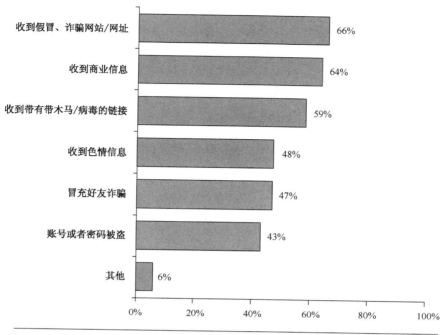

© 12321举报中心（www.12321.cn）　　　　　　2016.05

图 F.18　即时通信情况调查（1）

即时通信软件提供的如下权益保障方式，您认为有效的是

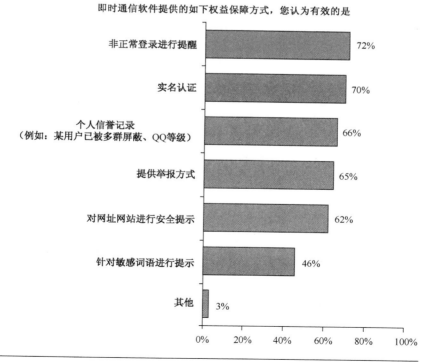

© 12321举报中心（www.12321.cn）　　　　　　2016.05

图 F.19　即时通信情况调查（2）

（五）电子邮件

1. 使用电子邮件的过程中遇到的现象

"收到不良内容（病毒、欺诈、违法等）的邮件"是邮箱使用过程中遇到的最严重的现象，占比为 72%。"收到未经订阅的商业邮件"（占 64%）和"商业邮件无法退订"（占 41%）、"商业邮件退订不成功"（占 36%） 是《电子邮件服务管理办法》中明确规定不允许的，但调查结果显示，在实际使用中，还需要进一步落实执行效果，如图 F.20 所示。

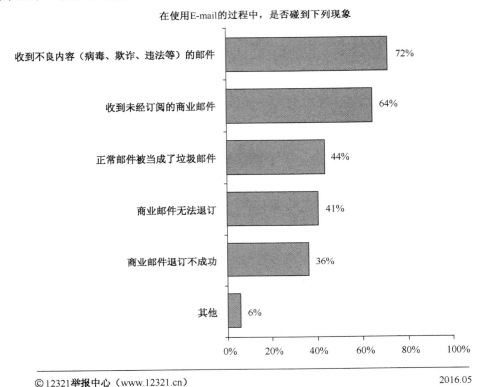

在使用E-mail的过程中，是否碰到下列现象

© 12321举报中心（www.12321.cn）　　　　　　　　　　　　2016.05

图F.20　电子邮件情况调查（1）

2. 邮件服务商保护网民权益的措施

"账号安全提醒"和"垃圾邮件自动过滤"两项措施的认可度较高，各占 71%。"垃圾邮件箱定期提供垃圾邮件报告（避免错拦）"占 58%（见图 F.21）。该措施与网民的工作生活相关性较大，建议用户同意此设置。

（六）手机 APP

1. 手机 APP 使用中遇到的现象

"推送广告"和"给用户发送垃圾信息"是手机 APP 在使用过程中最常见的侵权现象，分别占 75%和 68%，侵犯了网民的安宁权。针对手机中的"APP 推送信息"，12321 举报中心提醒用户，可以通过设置关闭消息推送功能或设置防打扰时段来有效减少对用户的干扰。其次是"窃取用户信息"和"擅自使用付费业务"，分别占 60%和 52%，侵犯了网民的知情权和选择权（见图 F.22）。

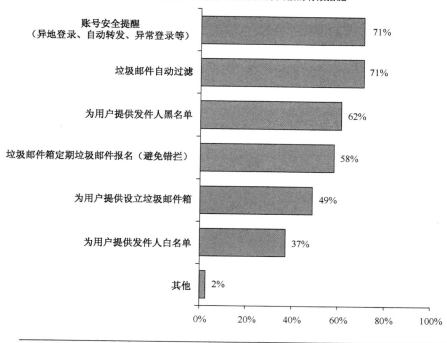

邮件服务商在保护网民权益方面做的有效措施

图F.21　电子邮件情况调查（2）

　2016.05

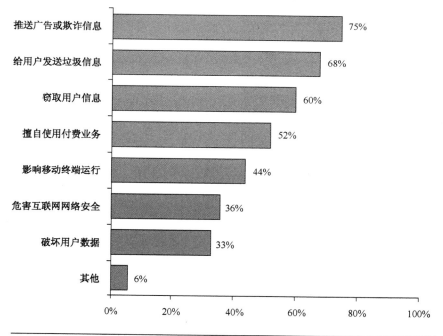

使用手机APP的过程中是否碰到过下列现象

图F.22　手机APP情况调查（1）

　2016.05

2. 防止恶意 APP 的保障措施

在防止恶意 APP 的措施中，主要来自用户自身的防范意识，认为"不下载来历不明的 APP"有效的占 79%。"不扫码来历不明的二维码"占 74%。"不连接来历不明的 Wi-Fi"占 68%。"尽量不开启 root 权限"占 47%。"不随意刷机更换系统"占 37%。除了用户养成良好的使用习惯外，加强"举报、联动处置机制"也很重要，占 73%。另外，56%的用户认为"安装手机安全软件"比较有效（见图 F.23）。

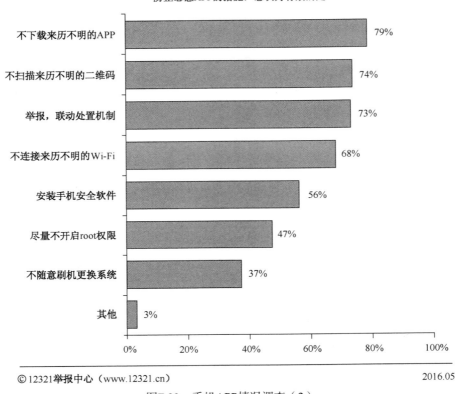

© 12321举报中心（www.12321.cn）   2016.05

图F.23　手机APP情况调查（2）

（七）网络游戏

"广告太多"远超其他侵权现象，占 73%。其次是"遭遇不文明言语攻击"，占 56%。

其他的侵权现象可以归为两类：玩家待遇不公平和玩家信息不安全。

"其他玩家使用外挂"（占比 54%）、"厂商安排托高价卖装备"（占比 35%）、"账号无故被锁或者降级"（占 34%）、"点卡没有用完就被停了"（占 21%）是在玩游戏的时候遇到的不公平现象。

"个人信息被泄露"（占 36%）、"游戏账号被盗造成损失"（占 31%）、"游戏安装软件带有木马或病毒"（占 43%）是在玩游戏的时候存在的不安全现象（见图 F.24）。

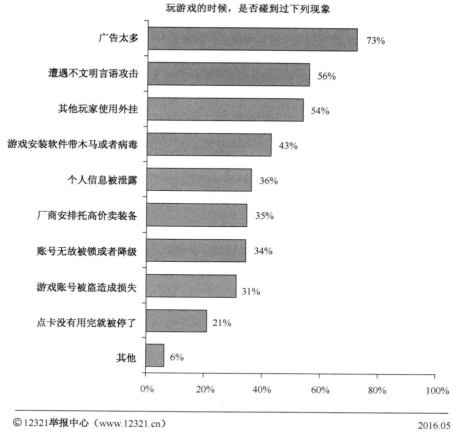

玩游戏的时候，是否碰到过下列现象

现象	百分比
广告太多	73%
遭遇不文明言语攻击	56%
其他玩家使用外挂	54%
游戏安装软件带木马或者病毒	43%
个人信息被泄露	36%
厂商安排托高价卖装备	35%
账号无故被锁或者降级	34%
游戏账号被盗造成损失	31%
点卡没有用完就被停了	21%
其他	6%

© 12321举报中心（www.12321.cn）　　　　　　　　　　2016.05

图F.24　网络游戏情况调查

（八）交友/社交网站/APP

1. 交友/社交网站/APP 使用中遇到的现象

在交友/社交网站/APP 使用中的侵权现象排名前三位的是："广告信息多"，占 73%；"打色情擦边球"，占 61%；"交友对象信息虚假"，占 54%（见图 F.25）。

2. 交友/社交网站/APP 保障网民权益的措施

交友/社交网站/APP 所做的保障网民权益的措施，认可度都比较高，所占比例不分上下。排名依次为："投诉举报机制"（占 79%）、"实名认证"（占 77%）、"不良信用记录共享"（占 76%）、"对网站上传信息的审查机制"（占 75%），如图 F.26 所示。

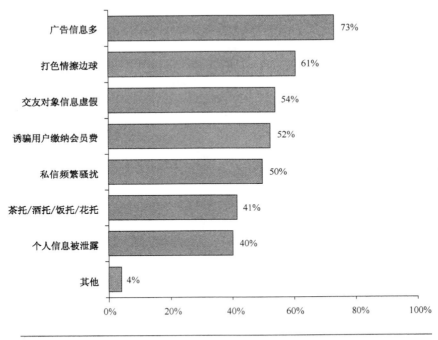

使用交友/社交网站/APP的过程中，是否碰到过下列现象

广告信息多	73%
打色情擦边球	61%
交友对象信息虚假	54%
诱骗用户缴纳会员费	52%
私信频繁骚扰	50%
茶托/酒托/饭托/花托	41%
个人信息被泄露	40%
其他	4%

©12321举报中心（www.12321.cn）   2016.05

图F.25　社交类应用情况调查（1）

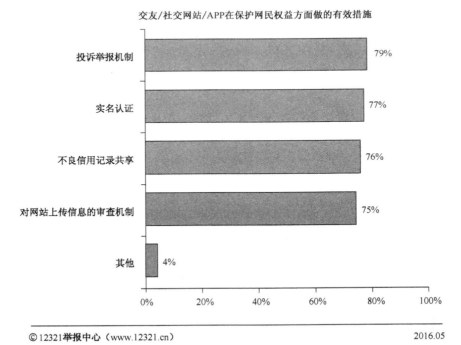

交友/社交网站/APP在保护网民权益方面做的有效措施

投诉举报机制	79%
实名认证	77%
不良信用记录共享	76%
对网站上传信息的审查机制	75%
其他	4%

©12321举报中心（www.12321.cn）   2016.05

图F.26　社交类应用情况调查（2）

（中国互联网协会）